新工科暨卓越工程师教育培养计划电子信息类专业系列教材
普通高等学校“双一流”建设电子信息类专业特色教材
丛书顾问/郝 跃

DANPIANJI YUANLI YU GONGCHENG YINGYONG

单片机原理与工程应用

——从MCS-51到ARM

■ 主 编/郑传涛 刘 洋

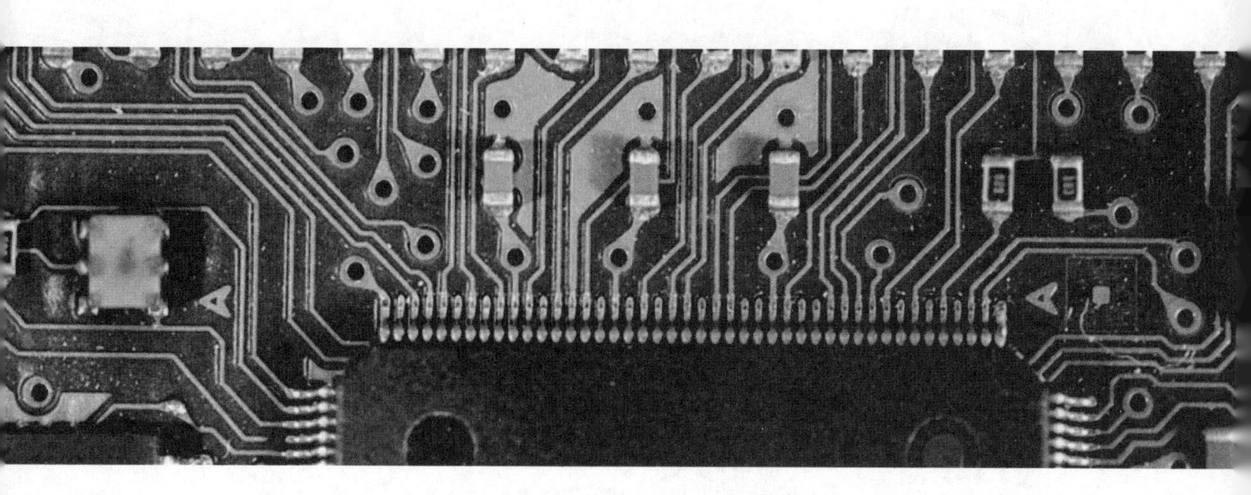

華中科技大學出版社
http://www.hustp.com
中国·武汉

内容简介

MCS-51系列单片机与ARM单片机是目前嵌入式系统应用中的两种重要单片机机型，在传感、通信、计算机、控制等四大信息支柱技术领域均具有广泛的应用。单片机的应用属于芯片级应用，需要设计者掌握单片机的硬件结构与指令系统，了解其他集成电路的应用技术，并熟悉设计单片机系统所需要的相关理论和技术方法。

作者结合自身在单片机应用技术与系统集成方面的科研经历和教学积累，以MCS-51单片机、ARM9单片机为主要对象，系统介绍了两种单片机的原理与应用技术。具体内容包括：单片机的发展与应用概述、嵌入式系统及其设计方法、单片机的硬件架构与原理、单片机的软件设计、单片机存储系统的扩展、单片机的定时/计数器及应用、单片机的并行口及其扩展与应用、单片机的中断/异常及应用、单片机的串行通信及应用、单片机的数据采集及应用、单片机的输出控制及应用、单片机的人机交互系统设计与应用。本书着重从实用化的角度阐述两种单片机的核心技术，并采用对比的方式讲述二者的知识点与应用技术的异同，使读者能够全面掌握单片机原理与应用技术。

本书可作为电子信息类相关专业的本科生、研究生的教学用书，也可作为从事自动控制、智能仪器仪表、电力电子、机电一体化以及各类单片机应用的工程技术人员、科研人员、电子爱好者的参考用书。

图书在版编目(CIP)数据

单片机原理与工程应用：从MCS-51到ARM/郑传涛，刘洋主编. —武汉：华中科技大学出版社，2020.9

ISBN 978-7-5680-6614-3

Ⅰ.①单… Ⅱ.①郑… ②刘… Ⅲ.①微控制器 Ⅳ.①TP368.1

中国版本图书馆CIP数据核字(2020)第172653号

单片机原理与工程应用——从MCS-51到ARM 郑传涛 刘 洋 主编
Danpianji Yuanli yu Gongcheng Yingyong—cong MCS-51 dao ARM

策划编辑：祖 鹏
责任编辑：余 涛
封面设计：秦 茹
责任监印：徐 露
出版发行：华中科技大学出版社(中国·武汉) 电话：(027)81321913
武汉市东湖新技术开发区华工科技园 邮编：430223
录 排：武汉市洪山区佳年华文印部
印 刷：武汉科源印刷设计有限公司
开 本：787mm×1092mm 1/16
印 张：19.75
字 数：475千字
版 次：2020年9月第1版第1次印刷
定 价：49.80元

编　委　会

作者简介

郑传涛，1982年10月生，河南商丘人。现任吉林大学电子科学与工程学院、集成光电子学国家联合重点实验室教授、博士生导师。2005、2007、2010年分别获得吉林大学学士、硕士和博士学位，2010年7月留校任教，2013年9月被聘为副教授、硕士生导师，2016年12月被破格聘为博士生导师，2018年9月被聘为教授。吉林省中青年科技创新领军人才及团队项目负责人(2018)，吉林省光学学会理事、光谱专业委员会副主任委员，吉林大学电子科学与技术学科学位评定委员会委员。在科研方面，主要研究红外激光光谱学与气体传感系统，承担国家自然科学基金、国家重点研发计划子课题、国家科技支撑计划子课题等项目17项，已发表第一/通讯作者论文160余篇(被SCI检索110余篇，被EI检索50篇)，申请国家发明专利12项(授权7项)，出版学术专著1本，获吉林省自然科学学术成果奖1项。在教学方面，主讲“单片机原理与应用”“ARM单片机”“ARM单片机实验”“模拟电子技术”“信息论”等本科生和研究生课程，主持吉林大学教改及教材建设项目2项，获得吉林大学学院教学比赛一等奖、学校教学比赛二等奖、学校本科课堂教学优秀奖、优秀本科毕业论文指导教师、优秀研究生学位论文指导教师、全国大学生电子设计竞赛国家二等奖/省级一等奖指导教师等荣誉或称号。

刘洋，1982年4月生，吉林长春人，博士，现任吉林大学通信工程学院讲师。2005、2007、2010年分别获得学士、硕士和博士学位，2010年7月留吉林大学任教。主讲“模拟电子技术”“电路分析基础”“电路设计CAD”等课程，主持吉林大学教学改革/课程建设项目3项，获得2020年吉林大学本科教学质量卓越奖、2019年吉林省首届本科高校智慧课堂教学创新大赛一等奖、2019年长春市高技能职工、2019年吉林大学首届智慧课堂教学创新大赛一等奖、2018年长春市高技能职工、2018年吉林大学青年教师教学水平大赛一等奖、2018年吉林大学本科课堂教学优秀奖，2020年指导第七届“大唐杯”全国大学生移动通信5G技术大赛并获得吉林省一等奖2项。在科研方面，主要研究图像信号处理技术、可见光通信技术等，主持博士后面上基金项目、吉林省科技发展计划项目、吉林大学科学前沿与交叉学科创新项目，参加国家、省市级科研项目20余项，发表被SCI、EI检索的论文近20篇。

前言

20世纪七八十年代，人们采用超大规模集成电路(VLSI)，将具有数据处理能力的中央处理器(CPU)、存储器(程序存储器、数据存储器)、输入/输出接口(I/O)、定时/计数器、串口等多个功能电路集成在同一个芯片上，构成一种片上计算机硬件系统，从而形成单片机。从本质上讲，单片机是一种集成电路芯片，其硬件系统能够在程序的控制下，准确、迅速、高效地完成程序设计者事先规定的任务。

不同的单片机有着不同的硬件特征和软件特征，即它们的技术特征不尽相同。单片机的技术特征包括功能特性、控制特性和电气特性等。硬件特征取决于单片机芯片的内部结构。用户要使用某种单片机，必须了解该型号的单片机是否能实现需要的功能，是否符合应用系统所要求的特性与指标。软件特征包括指令系统特性和开发支持环境。指令系统特性包括单片机指令的寻址方式、数据处理和逻辑处理方式等；开发支持环境包括指令的兼容及可移植性、支持的开发软件及硬件资源。因此，要利用某型号的单片机开发实用化的应用系统，必须掌握好单片机的技术特征。

单片机控制系统的优势在于，它能够取代利用复杂电子线路、数字电路等构成的控制系统，可以通过软件实现控制功能，并做到智能化、高可靠和低功耗。目前，单片机的应用领域非常广泛，如通信终端、家用电器、智能仪器仪表、过程控制和专用控制装置。一般来讲，单片机的应用属于芯片级应用，需要用户掌握单片机的硬件结构与指令系统，了解其他集成电路的应用技术，并熟悉设计单片机系统所需要的相关理论和技术方法。

本书主要讲授两种架构单片机的原理与应用技术：MCS-51单片机(简称51单片机)和ARM单片机。在讲授基础知识的同时，结合作者的科研经历和教学心得体会，主要从应用的层面阐述单片机应用系统的设计理念、方法，并给出具有鲜明科研背景的工程应用实例。

作者撰写本书的理由如下：

首先，作者具有丰富的单片机科研经历和教学积累。作者自大学二年级开始从事单片机应用技术开发，所在科研团队承担了近20项与单片机应用技术相关的科研项目。这些项目的核心任务是，面向国家在工业、农业、社会发展、公共安全、资源勘探、军事安全等领域的气体检测需求，研制基于红外吸收光谱技术的气体传感系统。在该类系统中，单片机是核心控制部件，主要起到数据采集、数据处理、数据通信、智能化控制等作用，因此，在单片机应用技术方面有着较好的积累。同时，作者自2007年起讲授“ARM单片机”与“单片机原理与应用”课程，积累了一定的教学经验，形成了具有自己特色的讲义和心得体会。作者希望能将课程教学积累和掌握的单片机前沿技术相结合，编写出一套具有鲜明特色的教材，这对于提高教学质量、提升课程的实用化程度、提高学生的单片机应用技术水平都是大有益处的。

其次，本书符合“新工科”教育/教学理念和要求。“新工科”教学理念强调，教学内容和方法要具有多元化、工程化、交叉性、融合性，让工程教育回归工程，让学生不仅能学到交叉知识，更能运用这些交叉知识，培养出能在工程实践活动中不断创新的工程师，培养出复合型、多元化、能跨界思考创新的人才。针对这些理念和要求，工科教材亟待将科研前沿内容纳入理论与实验教学中，采用实际工程案例引导学生构建工程空间问题，并运用所学知识解决工程问题；书中涵盖的适量科学前沿知识，使学生能“对接产业，引领未来”，清楚自己的定位和担当。

最后，作者在编写本书时，从学生所需掌握的知识点出发，仍然采纳了已有优秀教材的内容框架，但相比已有教材，本书的优势和特色在于：① MCS-51 和 ARM 属于两种架构的单片机，前者是后者的基础，后者是前者的递进。本书结合作者的科研经历和工程设计经验，着重从实用化的角度阐述两种单片机的核心技术，并采用对比的方式讲述二者的知识点与应用技术的异同，使读者能够全面掌握单片机原理与应用技术。② 作者具有丰富的教学与科研经历，有较多的教学积累(讲义、课件、习题)、工程技术积累(项目与工程实践案例、学生电子竞赛作品)，为编写本书提供了大量的素材。③ 本书注重多学科交叉融合；注重理论与实践相融合；注重科研教学相融合；考虑普及性，强调实用性，力求“通用、实用、易用”。④ 融入新技术、新方法，体现教材的时代性、先进性。⑤ 以激发学生学习兴趣为出发点，让学生在探究中学习，能够使学生将学习过程由被动变为主动。⑥ 本书配有多媒体教学课件和相关科研项目案例(如有需要，可直接与华中科技大学出版社联系)。

本书的主要章节及内容安排如下：

第 1 章，单片机发展与应用概述。主要讲述 51 单片机和 ARM 单片机的发展与现状、特点以及应用领域。

第 2 章，嵌入式系统及其设计方法。主要介绍嵌入式系统的相关概念和发展历程，阐述嵌入式系统的组成及功能、硬件构成及设计原则、软件结构及开发特点。

第 3 章，单片机的硬件架构与原理。主要介绍 51 单片机和 ARM 单片机的核心架构、硬件资源、工作原理和方式。

第 4 章，单片机的软件设计。概述面向单片机的编程语言，重点讲述单片机的寻址方式、指令系统、片上资源的定义、汇编程序设计、C 语言程序设计以及混合编程。

第 5 章，单片机存储系统的扩展。主要讲述单片机 RAM、ROM 存储资源的扩展原理，以及存储器接口电路的设计方法。

第 6 章，单片机的定时/计数器及应用。主要讲述定时/计数器的一般原理、51 单片机和 ARM 单片机的定时/计数器资源及应用技术。

第 7 章，单片机的并行口及其扩展与应用。主要讲述并行输入/输出口的一般特征，51 单片机 4 个片上并行 I/O 口的典型操作以及扩展多个输入/输出接口的方法，以及 ARM 单片机 I/O 口的一般操作。

第 8 章，单片机的中断/异常及应用。主要讲述中断/异常的概念，以及 51 单片机和 ARM 单片机的中断/异常管理系统、应用与编程方法。

第 9 章，单片机的串行通信及应用。主要讲述串行通信的基础知识，着重阐述 51 单片机和 ARM 单片机的串口资源、编程方法及应用技术。

第 10 章，单片机的数据采集及应用。围绕单片机系统中常用的开关量、数字量、频率量和模拟量，给出各类型信号量的采集原理、硬件电路及编程方法。

第 11 章，单片机的输出控制及应用。主要讲述单片机产生开关量、数字量、频率量和模拟量的方法，给出运用这些信号量控制外部典型设备的一般原理、接口电路及编程方法。

第 12 章，单片机的人机交互系统设计与应用。主要讲述单片机应用系统的人机交互设备、接口设计及其编程技术，包括键盘/触摸屏、发光二极管/数码管/液晶显示器、语音播报等模块。

在本书编写过程中，硕士生姚丹、杨硕、李亚飞、张天羽、皮明权、陈稳稳、张明辉、闫格、马卓、张磊等同学做了查阅资料、绘制图表、编写程序、调试软件等大量工作，在此表示感谢；还参阅了国内外的一些优秀教材，在此向这些作者表示感谢。

本书可作为电子信息类相关专业的本科生、研究生的教学用书，也可作为从事自动控制、智能仪器仪表、电力电子、机电一体化以及各类单片机应用的工程技术人员、科研人员、电子爱好者的参考用书。

本书难免有错误和不足之处，恳请各位读者批评、指正。

作　者

2020 年 7 月于吉林大学

目录

1 单片机的发展与应用概述 …… (1)
1.1 51单片机的发展现状与趋势 …… (1)
1.2 ARM单片机的发展与现状 …… (3)
1.3 单片机的技术特点 …… (5)
1.4 单片机的应用领域 …… (9)
1.5 单片机的应用选型 …… (11)
1.6 51单片机与ARM单片机的发展历史与技术特点对比 …… (12)
思考题 …… (12)
2 嵌入式系统及其设计方法 …… (13)
2.1 嵌入式系统的概念及发展历程 …… (13)
2.2 嵌入式系统的组成及功能 …… (14)
2.3 嵌入式系统的硬件 …… (20)
2.4 嵌入式系统的软件 …… (28)
2.5 相关理论知识 …… (33)
2.6 嵌入式系统的选型 …… (34)
2.7 嵌入式系统的开发 …… (35)
2.8 嵌入式系统的集成与测试 …… (38)
思考题 …… (38)
3 单片机的硬件架构与原理 …… (40)
3.1 单片机的片上结构 …… (40)
3.2 单片机的时钟系统 …… (42)
3.3 单片机的中央处理器 …… (44)
3.4 单片机的流水线架构 …… (47)
3.5 单片机的存储器组织 …… (48)
3.6 单片机的特殊功能寄存器 …… (50)
3.7 单片机的堆栈 …… (52)
3.8 单片机的异常与中断 …… (53)
3.9 单片机的引脚与功能 …… (55)
3.10 单片机的工作方式 …… (57)
3.11 单片机的程序固化方式 …… (59)
3.12 单片机的最小系统 …… (60)
3.13 51单片机与ARM单片机的硬件架构和资源对比 …… (64)

思考题 …… (65)
4 单片机的软件设计 …… (66)
4.1 单片机的编程 …… (66)
4.2 单片机的汇编语言程序设计 …… (70)
4.3 单片机的 C 语言程序设计 …… (77)
4.4 单片机的 C 语言与汇编语言混合编程 …… (82)
4.5 单片机的程序设计方法 …… (84)
4.6 51 与 ARM 单片机的程序设计对比 …… (87)
思考题 …… (88)
5 单片机存储系统的扩展 …… (89)
5.1 外部并行总线的扩展 …… (89)
5.2 51 单片机的存储系统扩展 …… (93)
5.3 ARM 单片机的存储系统扩展 …… (100)
5.4 51 与 ARM 单片机的存储资源对比 …… (107)
思考题 …… (107)
6 单片机的定时/计数器及应用 …… (108)
6.1 定时/计数器的一般工作原理 …… (108)
6.2 51 单片机的定时/计数器 …… (109)
6.3 ARM9 单片机的定时/计数器 …… (113)
6.4 ARM9 单片机的看门狗定时器 …… (121)
6.5 51 与 ARM 单片机的定时/计数器资源对比 …… (123)
思考题 …… (124)
7 单片机的并行口及其扩展与应用 …… (125)
7.1 输入/输出接口特征及其一般扩展方法 …… (125)
7.2 51 单片机的输入/输出接口及其扩展 …… (126)
7.3 ARM 单片机的输入/输出端口及应用 …… (134)
7.4 51 与 ARM 单片机输入/输出并口资源及功能对比 …… (137)
思考题 …… (137)
8 单片机的中断/异常及应用 …… (138)
8.1 中断/异常概述 …… (138)
8.2 51 单片机的中断系统及应用 …… (141)
8.3 ARM 单片机的异常/中断系统及应用 …… (144)
8.4 51 与 ARM 单片机的中断资源的对比 …… (152)
思考题 …… (152)
9 单片机的串行通信及应用 …… (153)
9.1 通信的概念 …… (153)
9.2 串行通信 …… (154)
9.3 51 单片机的异步串行通信与应用 …… (156)
9.4 ARM 单片机的异步串行通信设计与应用 …… (162)
9.5 异步串行通信电平及转换 …… (173)

9.6 多机通信 …… (179)
9.7 同步串行通信 …… (184)
9.8 51 与 ARM 单片机的串行通信性能对比 …… (188)
思考题 …… (189)
10 单片机的数据采集及应用 …… (190)
10.1 开关量的采集 …… (190)
10.2 数字量的采集 …… (192)
10.3 脉冲量的采集 …… (194)
10.4 基于 ADC 的模拟量采集与应用 …… (199)
10.5 基于 VF 变换的模拟量采集与应用 …… (206)
10.6 51 与 ARM 单片机的数据采集功能对比 …… (209)
思考题 …… (209)
11 单片机的输出控制及应用 …… (210)
11.1 开关量的输出与控制应用 …… (210)
11.2 数字量的输出与控制应用 …… (214)
11.3 脉冲量的输出与控制应用 …… (216)
11.4 模拟量的输出与控制应用 …… (223)
11.5 51 与 ARM 单片机的输出控制资源对比 …… (231)
思考题 …… (231)
12 单片机的人机交互系统设计与应用 …… (232)
12.1 单片机应用系统的输入和输出 …… (232)
12.2 按键输入设备的接口设计与编程 …… (237)
12.3 触摸屏输入设备的接口设计与编程 …… (243)
12.4 字符型输出设备的接口设计与编程 …… (248)
12.5 数码管的接口设计与编程 …… (249)
12.6 字符型 LCD 输出设备的接口设计与编程 …… (252)
12.7 点阵型 LCD 的接口设计与编程 …… (256)
12.8 彩色 LCD 的接口设计与编程 …… (266)
12.9 语音输出设备的接口设计与编程 …… (284)
12.10 51 与 ARM 单片机的人机交互功能对比 …… (292)
思考题 …… (293)
附录 …… (294)
参考文献 …… (301)

1

单片机的发展与应用概述

人们对单片机的一般定义：单片机，又称微控制器(microcontroller)，是在一块硅片上集成了各种功能部件的微型计算机，包括中央处理器(central processing unit，CPU)、数据存储器 RAM(random access memory)、程序存储器 ROM(read only memory)、定时器/计数器(timer/counter)和输入/输出(input/output，I/O)接口等。MCS-51 系列单片机(以下简称 51 单片机)和先进精简指令集机器(advanced RISC machine，ARM)单片机是两大类架构单片机的总称，分别诞生于 20 世纪七八十年代和 20 世纪八九十年代。世界上许多半导体公司都有各自生产的单片机机型，尽管这些单片机的厂家和型号不同，但它们都具有相同的架构和指令体系，因此是通用的。随着人们需求的变化，这两类单片机也在封装、数据处理能力、片上功能等方面有了较大程度的发展和变化。本章主要阐述 51 单片机以及 ARM 单片机的发展现状、特点以及应用领域。

1.1　51 单片机的发展现状与趋势

1.1.1　51 单片机的发展历史

继 1971 年微处理器被研制成功不久，就出现了单片微型计算机即单片机，但最早的单片机的数据线只有 1 位。根据操作处理的数据线的位数，单片机可分为 1 位机、4 位机、8 位机、16 位机、32 位机。MCS-51 系列单片机的发展大致经历了四个历史阶段。

第一阶段(1974—1976 年)：单片机初级阶段。因工艺限制，单片机采用双片(CPU 芯片、存储器芯片)形式且功能比较简单。例如，仙童公司生产的 F8 单片机只包含 8 位 CPU、64 字节 RAM 和 2 个并行 I/O 口，还需附加一块 3851(由 1K(即 $1K=2^{10}=1024$)字节 ROM、定时器、计数器和 2 个并行 I/O 口构成)才能组成一台完整的计算机。

第二阶段(1976—1978 年)：低性能单片机阶段。以 Intel 公司推出的 MCS-48 单片机为代表，这种单片机片内集成有 8 位 CPU、并行 I/O 口、8 位定时器/计数器、RAM 和 ROM 等。不足之处是：无串行口、中断处理比较简单，片内 RAM 和 ROM 容量较小，寻址范围小于 4 KB。

第三阶段(1978 年——至今)：高性能单片机阶段。这个阶段推出的单片机普遍带有串行口、多级中断系统、16 位定时器/计数器、片内 ROM 及 RAM 容量加大、寻址范围可达 64 KB,有的片内还带有 A/D 转换器。这类单片机的典型代表有 Intel 公司的 MCS-51 系列(本课程的主讲机型之一)、Motorola 公司的 6801 和 Zilog 公司的 Z8 等。这类单片机的特点:结构体系完善,性能已大大提高,面向控制的特点进一步突出。目前,MCS-51 系列已成为公认的单片机经典机种。由于这类单片机的性价比高,所以仍被广泛应用,是目前应用数量较多的单片机。

第四阶段(1982 年—至今):8 位单片机巩固发展及 16 位单片机、32 位单片机推出阶段。此阶段的主要特征:一方面发展 16 位单片机、32 位单片机及专用型单片机;另一方面不断完善高档 8 位单片机,改善其结构,以满足不同的用户需求。16 位单片机的典型产品如 Intel 公司生产的 MCS-96 系列单片机,其集成度已达 120000 管子/片,主频为 12 MHz,片内 RAM 为 232 B,ROM 为 8 KB,中断处理为 8 级,而且片内带有多通道 10 位 A/D 转换器和高速输入/输出部件(HSI/HSO),实时处理的能力很强。32 位单片机除了具有更高的集成度外,其主频已达 20 MHz,这使 32 位单片机的数据处理速度比 16 位单片机增快许多,性能比 8 位、16 位单片机更加优越。该阶段单片机的特点:片内面向测控系统的外围电路有所增强,使单片机可以方便灵活地用于复杂的自动测控系统及设备。

1.1.2 51 单片机的发展趋势

1. 低功耗与 CMOS 化

在便携式应用中,低功耗是单片机最为重要的性能要求。早期推出的 8051、8031、8751 机型都采用 HMOS(高密度金属氧化物半导体)工艺,功耗较高,如 8051 单片机的功耗为 630 mW。采用 CMOS(互补金属氧化物半导体)工艺的单片机可以显著降低单片机的功耗,如 ATMEL 公司 AT89C51 单片机的功耗只有 120 mW,STCmicro(宏晶)科技公司的 STC89C51 单片机的功耗仅为 100 mW,Winbond(华邦)公司的 W77E58 单片机的功耗最大为 250 mW。

2. 微型单片机

单片机的微型化与芯片化是目前乃至今后较长一段时期的主要发展趋势,主要目的是尽可能将全部功能器件实现片上集成,从而增强芯片功能,这主要依赖于集成半导体材料、工艺的进步和发展。

3. 主流与多品种共存

51 系列单片机主要是指 Intel 公司推出的 MCS-51 系列单片机以及其他公司推出的衍生产品。这些衍生产品不同程度地增加了片上功能单元,如 A/D 转换功能、多个串口、具有通用串行总线(USB)接口、具有在应用编程(IAP)功能、能够直接访问存储器(DMA)等,这些单片机又称为增强型 51 单片机。另一方面,随着片上系统(SoC)技术的需求与发展,人们推出了兼容 51 单片机指令系统的知识产权(IP)核,从而可利用这类 IP 核设计具有 51 单片机功能的专用集成电路(ASIC),这种设计方式在工程领域呈现出巨大的灵活性和吸引力。

1.2 ARM单片机的发展与现状

1.2.1 ARM的发展历史

ARM单片机采用了新型的32位ARM核处理器，使其在指令系统、总线结构、调试技术、功耗以及性价比等方面都超过了传统的MCS-51系列单片机，同时ARM单片机在芯片内部集成了大量的片内外设，所以功能和可靠性都大大提高。

1985年，Acorn计算机公司诞生了第一个ARM原型，并由美国San Jose VLSI（超大规模集成）技术公司制造。20世纪80年代后期，ARM很快被开发成Acorn公司的台式机。1990年，成立了ARM公司，总部位于英国的剑桥，该公司专门从事基于RISC（精简指令集）技术的芯片设计与开发，供应知识产权，转让设计许可，由合作公司生产具有自己特色的芯片。ARM公司将其技术授权给世界上许多著名的半导体、软件和OEM（光电模块）厂商，这些厂商得到独特的ARM相关技术和服务。利用合作关系，ARM公司很快成为许多全球性RISC标准的缔造者。

世界各大半导体厂商从ARM公司购买其设计的ARM微处理器核，根据各自不同的应用领域，加入适当的外围电路，形成自己特色的ARM微处理器芯片并投入市场。2004年，ARM公司的合作厂商生产了约12亿片ARM处理器；2006年，该数字增至20亿片；2010年达到了60亿片；2014年为120亿片。目前，共有超过100家公司与ARM公司签订了技术使用许可协议，其中包括美国Intel（英特尔）、美国IBM（国际商用机器公司）、韩国LG（Lucky Goldstar，乐喜金星）、日本NEC（Nippon Electric（Electronic）Company）、日本索尼（SONY）、荷兰NXP（Newton Express Productions）、美国NS（National Semiconductor Corporation，国家半导体公司）等大公司。软件系统的合伙人包括美国微软（Microsoft）、美国升阳（Sun Microsystems）等知名公司。由于ARM技术获得了更多的第三方工具、制造、软件的支持，使得整个系统的成本得以降低，因此，基于ARM的嵌入式产品更容易进入市场并被消费者所接受，相比其他类似嵌入式技术更具有竞争力。

1.2.2 ARM处理器的核心体系结构

ARM架构从ARMv1发展到ARMv8，在指令集、扩展功能、应用领域等方面得到了长足发展。目前，应用较多的是ARMv4以后的版本，对这些版本特点的介绍如下。

ARMv4：不仅支持长度为32位的ARM指令集，同时，还产生了T变种，即支持长度为16位的Thumb指令集。

ARMv5：改进了ARM与Thumb状态之间的切换效率；产生E变种，可以支持DSP指令；产生了J变种，可以运行Java指令。

ARMv6：增加了SIMD（single instruction multiple data，单指令多数据）功能，用于视频编解码与三维绘图等数字信号处理；拓展了Thumb-2（新型混合指令集），进一步融合了16位和32位指令；拓展了TrustZone（硬件安全）技术。

ARMv7：① ARMv7A：注重提高运算性能，增强了SIMD型指令，推出了NEON技术——即具有64位或128位数据运算的混合型SIMD指令集；支持VFPv3协处理器；② ARMv7R：重视实时处理，可以减少数据输入/输出延迟时间，提高指令预测精度；支持 NEON 和 VFPv3 协处理器；③ ARMv7M：无 NEON、VFPv3、SIMD，是加强版的 ARMv6。

ARMv8：包含两个执行状态，即 AArch64 和 AArch32。AArch64，针对 64 位处理技术，引入了一种全新指令集 A64；而 AArch32 执行状态将支持现有的 ARM 指令集。目前 ARMv7 架构的主要特性都将在 ARMv8 架构中得以保留或进一步拓展，如 TrustZone 技术、虚拟化技术及 NEON advanced SIMD 技术等。

1.2.3 ARM 处理器体系的演化

Thumb 指令集：称为 T 变种，由 ARM 指令集的子集重新编码形成。相比 ARMv4 中的 T 版本，ARMv5 以后的 T 版本提高了 ARM 指令和 Thumb 指令的混合使用效率。

增强型 DSP 指令：称为 E 变种，首先应用于 ARMv5TE，用于执行复杂的浮点数运算、改善 DSP 算法的性能。

Jazelle：称为 J 变种，首先应用于 ARMv5TEJ。引入 Java 虚拟机器码（称为 ARM 的第三套指令集）。采用 Jazelle 技术，可显著地降低 Java 应用程序对内存的占用空间，提高性能并降低功耗。

SIMD：用于高性能的音频/视频处理，包括在 ARMv7 中推出的 NEON 技术，这是一种 64/128 位 SIMD 指令集。

TrustZone（硬件安全）技术：可识别系统的安全码和数据，能通过硬件区分安全信息和非安全信息，这种功能不损伤系统性能，并使系统对病毒免疫。

1.2.4 ARM 处理器系列

ARM7：低功耗 32 位 RISC 处理器，3 级流水线，高代码密度，兼容 Thumb 指令集，主频可达 130 MHz。

ARM9：哈佛结构，具有高速闪存、高性能的内存管理单元、32 位 AMBA 高性能总线接口。支持 32 位 ARM 指令集、16 位 Thumb 指令集，5 级流水线，主频可达 203 MHz。

ARM9E：支持 VFP9 浮点协处理器，主频可达 300 MHz，增强了 DSP 处理能力。

ARM10E：6 级流水线，支持 VFP10 浮点协处理器。

ARM11：主频可达 1 GHz，提高了 SIMD 性能，采用 ARMv6 技术，耗电更低。

Cortex：采用 ARMv7 指令集技术，分为 R、A 和 M 系列，可满足不同应用需求。

SecurCore：高性能、低功耗，提供了对安全解决方案的支持，应用于对安全性要求较高的领域，如电子银行。

Intel 的 Xscale：采用 ARMv5TE 体系，支持 Thumb 指令集、DSP 指令集。

Intel 的 StrongARM：采用 32 位 RISC 微处理器架构，兼容 ARMv4 体系。

1.2.5 ARM 处理器的发展趋势

如今 ARM 嵌入式系统已经渗透到人们生活和工作中的各个角落，ARM 凭借其各种优势逐渐成为嵌入式技术的代名词。随着信息技术和网络技术的快速发展，嵌入式技术展示出非常广阔的市场发展前景。嵌入式技术自从20世纪90年代末便开始推广应用,并在通信领域和消费品领域取得了巨大成果。信息时代的到来,为嵌入式技术提供了巨大的发展契机,同时也向各个厂家提出了挑战:首先,嵌入式技术不仅要提供相应的软件和硬件,还要提供软件包支持和硬件开发工具;然后,随着电子产品结构的复杂化以及性能的不断提高,嵌入式技术产品也需要进行功能升级;最后,嵌入式系统经常要在极其恶劣的环境中运行,很容易受到温度、湿度等因素的影响,所以有必要增设防振、防水以及防电磁干扰等功能。另外,需要通过技术优化进一步提高系统可靠性和系统执行速度。

1.3 单片机的技术特点

1.3.1 51单片机的特点

Inter公司推出的MCS-51系列单片机是一种通用型单片机,包含8031、8051、8751三个基本型号。这三种型号的单片机的内部ROM的制造工艺不同。8031片内无ROM,需要外接ROM;8051的ROM为掩膜型ROM,芯片出厂时,已经将程序固化到ROM中,无法擦除和再次编程。8751的片内ROM为EPROM,使用中可以擦除ROM中已经固化的程序,实现其他功能。

8051单片机的基本结构如图1.1所示。除片内ROM类型不同外,Intel公司推出的8031(片内无ROM)、8051(掩膜型ROM)、8751(EPROM)的其他性能完全相同,其结构特点如下:

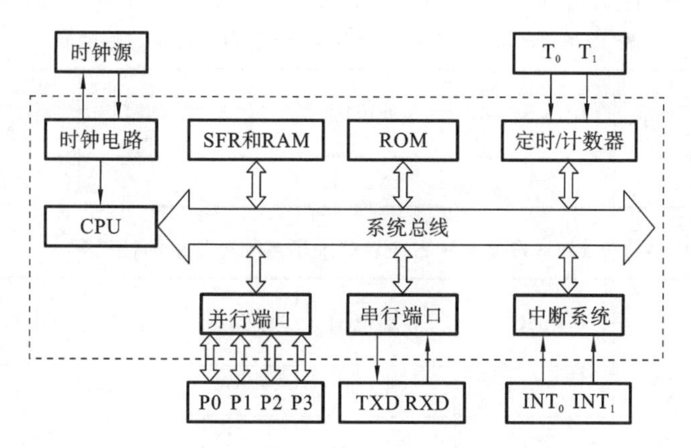

图1.1 MCS-51系列单片机的结构

- RISC架构;
- 准哈佛结构;
- 三级流水线;
- 变长指令集;
- 大端存储格式;
- 8位CPU;
- 片内振荡器、时钟电路;
- 32根I/O线;

- 外部存储器的寻址范围：ROM、RAM 各 64 KB；
- 2 个 16 位的定时器/计数器；
- 5 个中断源、2 个中断优先级；
- 全双工串行口；
- 布尔处理器（处理位数据）。

在 MCS-51 系列单片机的基础上，各大单片机厂商先后推出了 52、55、58、516 系列的单片机。以 Intel 公司为例，MCS-51 系列单片机已有多个产品。表 1.1 中列出了 3 组性能上略有差异的单片机，分别为 31 系列、51 系列、52 系列单片机。相比 51 系列单片机，52 系列单片机的片内 ROM、RAM 容量分别增加到了 8 KB、256 B，定时器的数量增加到 3 个，中断源及优先级的数量分别为 6 个和 2 个。

表 1.1 Intel 公司 80Cxx 子系列单片机的技术特点

子系列	片内 E^2PROM	片内 RAM	寻址范围	计数器	并口	串口	中断/优先级
31 系列	无	128 B	2×64 KB	2×16	4×8	1	5/2
51 系列	4 KB	128 B	2×64 KB	2×16	4×8	1	5/2
52 系列	8 KB	256 B	2×64 KB	3×16	4×8	1	6/2

ATMEL 公司的 AT89C55 系列单片机的片内 ROM 为 Flash 型存储器，支持 IAP（在应用编程）功能，容量增加至 8 KB，中断源增加至 8 个，如表 1.2 所示。

宏晶科技 STC89C58 及 STC89C516 的片内 Flash 容量分别增加至 32 KB、63 KB，二者的片内 RAM 容量增加至 1280 B，中断的优先级扩展为 4 级，如表 1.3 所示。

表 1.2 ATMEL 公司 AT89Cxx 子系列单片机的性能表

子系列	片内 Flash	片内 RAM	寻址范围	计数器	并口	串口	中断/优先级
55 系列	20 KB	256 B	2×64 KB	3×16	4×8	1	8/2

表 1.3 宏晶科技 STC89Cxx 子系列单片机的性能表

子系列	片内 Flash	片内 RAM	寻址范围	计数器	并口	串口	中断/优先级
58 系列	32 KB	1280 B	2×64 KB	3×16	4×8	1	8/4
516 系列	63 KB	1280 B	2×64 KB	3×16	4×8	1	8/4

1.3.2 ARM 单片机的特点

ARM 单片机是 ARM 公司面向市场设计的第一款低成本 RISC 微处理器。它具有高集成度、高性价比、高代码密度、实时中断响应、极低的功耗，从而使它成为嵌入式系统的理想选择。

ARM 单片机的一般特点：

(1) RISC 架构；

(2) 多级流水线操作；

(3) 哈佛与冯·诺依曼结构并存；

(4) 等长指令集:32 位 ARM 指令、16 位 Thumb 指令；

(5) 多种处理器模式；

(6) 大端、小端存储格式；

(7) 多种衍生变量,支持新功能。

下面以三星公司的单片机为例,给出 ARM7 单片机、ARM9 单片机、ARM11 单片机、Cortex A9 单片机的技术特点。

1. ARM7 单片机(型号:S3C44B0X)的技术特点

- 2.5 V 静态 ARM7TDMI CPU 内核,8 KB 闪存(SAMBA II 总线架构,主频 66 MHz)；
- 外部存储器控制器 (FP/EDO/SDRAM 控制, 片选逻辑)；
- LCD 控制器 (256 色 DSTN 屏),1 通道的 LCD DMA；
- 2 通道通用 DMA,2 通道具有外部请求引脚的并行 DMA；
- 2 通道,具有握手功能的 UART 接口(IrDA1.0, 16 字节 FIFO)/1 通道 SIO；
- 1 通道多从机 IIC 总线控制器；
- 1 通道多从机 IIS 总线控制器；
- 5 通道的 PWM 定时器,1 通道的内部定时器；
- 看门狗定时器；
- 71 个通用 I/O 口,8 通道的外部中断请求源；
- 功耗控制:正常、慢速、空闲、终止模式；
- 8 通道、10 位 ADC；
- 具有日历功能的实时时钟；
- 基于锁相环的片上时钟发生器。

2. ARM9 单片机(型号:S3C2410)的技术特点

- 基于 ARM920T 处理器核,1.8 V/2.0 V 内核供电,3.3 V 存储器供电,3.3 V 外部 I/O 供电；
- 具备 16 KB 的 I-Cache 和 16 KB 的 D-Cache/MMU；
- 外部存储控制器(SDRAM 控制和片选逻辑)；
- LCD 控制器(最大支持 4K 色 STN 和 256K 色 TFT)提供 1 通道 LCD 专用 DMA；
- 4 通道 DMA 并有外部请求引脚；
- 3 通道 UART(IrDA1.0,16 字节发送 FIFO 和 16 字节接收 FIFO)/2 通道 SPI；
- 1 通道多主 IIC-BUS/1 通道 IIS-BUS 控制器；
- 兼容 SD 主接口协议 1.0 版和 MMC 卡协议 2.11 兼容版；
- 2 端口 USB 主机/1 端口 USB 设备(1.1 版)；
- 4 通道 PWM 定时器和 1 通道内部定时器；
- 看门狗定时器；
- 117 个通用 I/O 口和 24 通道外部中断源；
- 功耗控制模式:具有普通、慢速、空闲和掉电模式；

- 8 通道、10 位 ADC，触摸屏接口；
- 具有日历功能的 RTC；
- 具有 PLL 片上时钟发生器 ARM11 单片机(型号：S3C6410)的技术特点。

3. ARM11 单片机(型号：S3C6410)的技术特点

- 基于 ARM1176JZF-S 的 CPU 子系统，具有 Java 加速引擎和 16 KB/16 KB I/D 缓存和 16 KB/16 KB I/D TCM(tightly coupled memory，紧凑型耦合内存)；
- 400/533/667 MHz 工作频率；
- 8 位 ITU 601/656 相机接口，高达 4M 像素(可缩放)、固定的 16M 像素；
- 多标准编解码器：MPEG-4/H.263/H.264 的编解码速率为 30 f/s；VC1 视频解码达到 30 f/s；
- 具有位传输和循环的 2D 图形加速；
- 具有 4M triangles/s(@133 MHz)的 3D 图形加速；
- AC-97 音频编解码器接口、PCM 串行音频接口；
- 1 通道多主设备 IIC 总线，2 通道串行外设接口；
- 专用的 IRDA 端口，用于 FIR、MIR 和 SIR；
- 188 个灵活配置 GPIO；
- 端口 USB 2.0 OTG 支持高速(480 MB PS，片上收发器)；
- 端口 USB 1.1 主设备支持全速(12 MB PS，片上收发器)；
- MMC/SD/SDIO/CE-ATA 主控制器实时时钟、锁相环、PWM 定时器、看门狗定时器；
- 32 通道 DMA 控制器；
- 8 通道、10/12 位的 ADC；
- 支持 8×8 键盘矩阵用于移动应用的先进电源管理；
- 存储器子系统：① 具有 8 位或 16 位数据总线的 SRAM/ROM/NOR Flash 接口；② 具有 16 位数据总线的 MUXED ONENAND 接口；③ 具有 8 位数据总线的 NAND Flash 接口；④ 具有 32 位数据总线的 SDRAM 接口；⑤ 具有 32 位数据总线的移动 SDRAM 接口；⑥ 具有 32 位数据总线的移动 DDR 接口。

4. Cortex A9 单片机(型号：Exynos 4412)的技术特点

- 带 NEON 的基于 ARM Cortex-A9 的四核 CPU 子系统，工作频率高达 1.4 GHz；
- 用于移动应用程序的高级电源管理；
- 64 KB ROM 用于安全启动，256 KB RAM 用于安全功能；
- 8 位 ITU 601/656 相机接口；
- 支持 2D 图形加速；
- TFT 24 位真彩色 LCD 控制器；
- HDMI 接口，支持带有图像增强器的 NTSC 和 PAL 模式；
- MIPI-DSI 和 MIPI-CSI 接口；
- 1 个 AC-97 音频编解码器接口，3 通道 PCM 串行音频接口；
- 3 个 24 位 I2S 接口支持；

● 1个TX的S/PDIF接口支持数字音频；

● 8个IIC接口；

● 3个SPI接口；

● 4个UART接口；

● 1个片上USB 2.0高速运行设备(480 Mb/s,片上收发器)；

● 1个片上USB 2.0主设备；

● 2个片上USB HSIC；

● 4个SD/SDIO/HS-MMC接口；

● 24通道DMA控制器(8个通道用于内存到内存DMA,16个通道用于外设DMA)；

● 支持14×8键盘矩阵；

● 可配置GPIO,304个多功能输入/输出端口引脚和164个内存端口引脚,有37个常规端口组和两个内存端口组；

● 实时时钟、PLL、PWM计时器、看门狗计时器；

● 多核计时器支持,可在掉电模式(睡眠模式除外)中提供准确的时间；

● 10位或12位CMOS模数转换器(ADC),4通道模拟输入；

● 内存系统具有专用的DRAM端口和静态内存端口；专用DRAM端口支持LPDDR2接口以实现高带宽；静态内存端口支持NOR Flash和ROM类型的外部存储器和组件；

● 内存子系统；

● 具备8位或16位数据总线的异步SRAM/ROM/NOR Flash接口；

● 具备8位数据总线的NAND Flash接口；

● LPDDR2接口(800 Mb/s/pin DDR)。

1.4 单片机的应用领域

1.4.1 51单片机的应用领域

51单片机以其卓越的性能,得到了广泛的应用,并已深入各个领域。单片机应用在检测、控制领域时,具有如下特点:

(1) 小巧灵活、成本低、易于产品化。它能方便地组装成各种智能测控设备及仪器仪表。

(2) 可靠性好、适应的温度范围宽。单片机芯片本身是按工业测控环境要求设计的,能适应各种恶劣环境。51单片机的温度使用范围也较微处理器芯片宽,其温度范围为

民品:0～70 ℃；

工业品:－40～85 ℃；

军品:－65～125 ℃。

(3) 易扩展,很容易构成各种规模的应用系统,控制功能强。此外,由于单片机指

令系统中具有各种控制功能的指令，所以单片机的逻辑控制功能较强。

(4) 可以很方便地实现多机、分布式控制系统。

51 单片机可以广泛应用于下述领域。

1) 工业自动化

在自动化技术中，无论是过程控制技术、数据采集技术，还是测控技术，都离不开单片机。在工业自动化领域中，机电一体化技术将发挥愈来愈重要的作用，在这种集机械、微电子和计算机技术为一体的综合技术(如机器人技术)中，单片机将发挥非常重要的作用。

2) 智能仪器仪表

目前对仪器仪表的自动化和智能化要求越来越高。在自动化测量仪器仪表中，单片机的应用十分普及。单片机的使用有助于提高仪器仪表的精度和准确度，简化结构，减小体积而易于携带和使用，加速仪器仪表向数字化、智能化、多功能化方向发展。

3) 消费类电子产品

该应用主要反映在家电领域。目前家电产品的一个重要发展趋势是不断提高其智能化程度，如洗衣机、电冰箱、空调、电视机、微波炉、手机、IC(身份识别)卡、汽车电子设备等。在这些设备中使用了单片机后，其功能和性能大大提高，并实现了智能化、最优化控制。

4) 通信方面

在调制解调器、程控交换技术方面，单片机得到了广泛应用。

5) 武器装备

在现代化的武器装备中，如飞机、军舰、坦克、导弹、鱼雷制导、智能武器装备、航天飞机导航系统，都用到了单片机技术。

6) 终端及外部设备控制

计算机网络终端设备(如银行终端)、计算机外部设备(如打印机、硬盘驱动器、绘图机、传真机、复印机等)都使用了单片机。

7) 多机分布式系统

可用多个单片机构成分布式测控系统，它使单片机的应用进入一个新的水平。

综上所述，从工业自动化、智能仪器仪表、家用电器，到国防尖端技术领域，单片机都发挥着十分重要的作用。

1.4.2　ARM 单片机的应用领域

一般来讲，ARM 单片机适用于 51 单片机的全部应用领域。相比 51 单片机，ARM 单片机的主要技术优势包括数据处理能力、数据处理速度、片上外设单元的数量、存储容量、对操作系统的支持程度等方面，这些功能都要明显优于 51 单片机。因此，ARM 单片机主要占据各个应用领域的高端处理器市场，51 单片机主要占据低端处理器市场。概括来讲，ARM 单片机主要面向如下应用：

(1) 32 位/64 位高速数据处理领域，如复杂的编解码、通信技术领域。

(2) 音频、视频复杂数据处理领域，如数字音频播放器、视频电话、高清电视等领域。

(3) 智能网络终端产品，如手机、平板电脑、笔记本电脑等。

(4) 高端控制领域,如测控设备、机电一体化装备、人机交互系统。

(5) 网络银行等安全系统领域,如电子银行、电子商务、信用卡、SIM 卡等。

1.5 单片机的应用选型

单片机的生产厂家、品种众多,功能配置组合千变万化,给开发人员在选择方案时带来一定的困难。针对该问题,围绕单片机的应用,对选择单片机型号时的原则进行如下说明。

1. 是否支撑操作系统

操作系统是目前嵌入式系统开发中的重要单元,主要负责管理硬件以及提供用户接口函数。51 单片机由于内存小、无 MMU(内存管理单元)等原因,一般不能支持操作系统。ARM9 及其以上版本的处理器均可支持操作系统,如 Linux。

2. 面向控制、运算等具体功能

单片机作为嵌入式系统的核心,主要完成控制和运算功能,同时随着用户需求的增加,又派生出多媒体、安全等专用功能。MCS-51 及 ARM7 等单片机擅长控制功能,扩展了 DSP 指令、SIMD、Trust Zone 等功能的单片机则擅长复杂的浮点数运算及多媒体处理、安全等功能。

3. 速度与数据线的位数

速度与数据线宽度是衡量处理器运算能力的重要指标。51 单片机的工作频率一般小于 24 MHz,执行一条单机器周期的指令需要 0.5 μs,速度较慢;再加上其数据线宽度仅为 8 位,处理能力十分有限。相比而言,ARM 单片机通过倍频可将工作频率提升至百兆赫兹及吉赫兹以上,数据线宽度为 32 位(64 位),同时出现了多核处理器架构(如 Cortex A9),数据处理能力得到了大幅度的提升。

4. 存储器容量

片上存储器的容量决定了程序、数据的存储深度,这对复杂应用和数据处理意义重大。51 单片机的存储器小于 64 KB,容量有限,不适合复杂程序和数据的存储。ARM 单片机的地址线可达 32 根,虚拟地址空间大,且依托 MMU 的虚拟地址和物理地址的映射功能、专用的硬盘控制器接口,可存储海量数据和程序,从而满足更广泛的应用。

5. 片上外围电路的功能

51 单片机的片上功能有限,需要扩展外围器件才能满足应用需求,如 ADC、DAC、LCD 控制器等。相比较而言,ARM 单片机集成了更多的片上外围电路,从而无需扩展外围器件,降低了嵌入式系统的开发难度,缩短了开发周期,也提高了系统的可靠性和集成度。

6. 多核结构

综合考虑各种嵌入式处理器的优势,利用多核结构可以显著提升系统的性能。例如,利用 ARM 的控制功能以及 DSP 的运算能力、利用 FPGA 的较强时序信号处理功能和 DSP 的浮点数处理能力;也可采用多个相同处理器(或者单片多核处理器)通过分工分别处理不同任务,从而解决复杂的应用需求。

1.6 51 单片机与 ARM 单片机的发展历史与技术特点对比

表 1.4 列出了 51 单片机与 ARM 单片机在发展历史和技术特点方面的对比结果。

表 1.4 51 单片机与 ARM 单片机的对比

对比点	51 单片机	ARM 单片机
诞生年代	1970—1980s	1980-1990s
IP 核归属公司	美国 Intel 公司	英国 ARM 公司
应用领域	控制领域	处理领域
主频	几十兆赫兹	GHz
指令集	RISC	RISC
流水线	三级	多级
片上功能单元	少	多
运行操作系统	一般不可以	可以
多核结构	无	有
数据处理能力	弱,8 位机	强,16/32/64 位机

思 考 题

1. 简述 51 单片机、ARM 单片机架构的基本特点。
2. 为什么 51 单片机适用于控制领域,而 ARM 单片机适用于数据处理领域?
3. 为什么说单片机的控制功能是依靠软件实现的?
4. 精简指令集的计算机主要具有什么优势?
5. 列举使用单片机技术的仪器、设备,说明单片机在其中起到的关键作用。
6. 在实际应用中,如何选择单片机的种类及其型号?

2

嵌入式系统及其设计方法

本章首先介绍嵌入式系统的概念及发展历程；其次，阐述嵌入式系统的组成及各部分功能；然后，介绍嵌入式系统的硬件构成及设计原则、软件结构及开发特点；最后，从嵌入式系统设计及选型的角度，介绍嵌入式系统的开发流程、集成和测试方法。

2.1 嵌入式系统的概念及发展历程

电子数字计算机诞生于 1946 年。随后在较长的时期内，计算机始终被放置在机房，用于数值计算，是一种大型、昂贵的设备。20 世纪 70 年代，微处理器出现后，计算机才发生了历史性的变化。以微处理器为核心的微型计算机以其小型、价廉、高可靠等特点，迅速走出机房。具有高速数值计算能力的微型机，表现出的智能化水平引起了控制领域专业人士的兴趣。他们希望将微型机嵌入一个对象体系中，实现对对象体系的智能化控制。例如，将微型计算机经电气加固、机械加固，并配置各种外围接口电路，安装到大型舰船中构成自动驾驶系统或轮机状态监测系统。此时，计算机失去了原来的形态与通用的计算机功能。为了区别于原有的通用计算机系统，把嵌入到对象体系中、实现对象体系智能化控制的计算机，称为嵌入式计算机系统。

人们对嵌入式系统有两种定义：① 根据英国电气工程师协会（U. K. Institution of Electrical Engineer）的定义，嵌入式系统为控制、监视或辅助装置、机器，或者用于工厂运作的设备；② 嵌入式系统是以应用为中心，以现代计算机技术为基础，能够根据用户需求（功能、可靠性、成本、体积、功耗、环境等）灵活裁剪软硬件模块的专用计算机系统。

嵌入式系统的发展过程，大致经历以下三个阶段。

第一阶段：嵌入式系统的早期阶段。嵌入式系统以功能简单的专用计算机或单片机为核心的可编程控制器形式存在，具有监测、伺服、设备指示等功能。这种系统大部分应用于各类工业控制和飞机、导弹等武器装备中。

第二阶段：以高端嵌入式处理器和嵌入式操作系统为标志。这一阶段嵌入式系统的主要特点是计算机硬件出现了高可靠、低功耗的嵌入式处理器，如 ARM（advanced RISC machine）、PowerPC（performance optimization with enhanced RISC——performance computing）等，且支持操作系统，支持复杂应用程序的开发和运行，具有大量的应用程序接口（application programming interface，API）。

第三阶段：以芯片技术和互联网技术为标志。微电子技术发展迅速，片上系统

(system-on-a-chip,SoC)使嵌入式系统越来越小,功能却越来越强。目前大多数嵌入式系统还独立于互联网之外,但随着互联网的发展及互联网技术与信息家电、工业控制等技术的结合日益密切,嵌入式系统正在进入快速发展和广泛应用的时期。

嵌入式系统是将计算机技术、半导体技术和电子技术与各行各业的具体应用相结合的产物,是一门综合技术学科。嵌入式系统的硬件和软件必须根据具体的应用任务,以功耗、成本、体积、集成度、可靠性、处理能力等为指标来进行选择和裁剪。嵌入式系统的核心是系统软件和应用软件,由于存储空间有限,因而要求软件代码紧凑、可靠,且对实时性有严格要求。嵌入式系统本身不具备自我开发能力,必须借助通用计算机平台来开发。设计好嵌入式系统以后,如果普通用户想修改其中的程序或硬件结构,则必须拥有一套开发工具和环境。

2.2　嵌入式系统的组成及功能

2.2.1　嵌入式系统的硬件

1. 嵌入式处理器及其基本外围电路

目前,具有嵌入式功能特点的处理器已经超过 1000 种,嵌入式处理器的流行体系结构包括 MCU(microcontroller unit)、MPU(microprocessor unit)等 30 多个系列。例如,51 单片机的生产厂家有 20 多个,超过 350 种衍生产品,仅 Philips 就有近 100 种。鉴于嵌入式系统广阔的发展前景,很多半导体制造商都大规模生产并自主设计嵌入式处理器,形成单片机、DSP(digital signal processing)、FPGA(field programmable gate array)等多个品种,处理器的速度越来越快,性能越来越强,价格也越来越低。嵌入式处理器的寻址空间从 64 KB 到 16 MB,处理速度最快可以达到 2000 MIPS(million instructions per second),封装从 8 个引脚增加到成百上千个引脚。

嵌入式处理器可分为嵌入式微处理器(EMPU)、嵌入式微控制器(EMCU)、嵌入式 DSP(EDSP)、嵌入式片上系统(ESoC)4 类。

嵌入式处理器的基本外围电路包括时钟电路、复位电路、电源电路以及相关的处理器启动/加载/仿真/下载等配置电路。

2. 程序存储器

在基于处理器/控制器的嵌入式系统中,存储器是重要部件。有些处理器/控制器含有内置存储器,称为片上存储器(on-chip memory)。有些处理器/控制器内部不含存储器,需要使用外部存储器连接到处理器/控制器上,此类存储器称为片外存储器(off-chip memory)。嵌入式系统的程序存储器用于存储程序指令,即使在关闭电源后,程序存储器中的数据也不会发生改变,因此程序存储器也称为非易失性存储器(ROM)。根据制造工艺、擦除与编程技术的不同,非易失性存储器包括掩模型 ROM(MROM)、可编程 ROM(PROM)、可擦除可编程 ROM(EPROM)、电可擦除可编程 ROM(E^2-PROM)、Flash、NVRAM。它们的特点如下。

1) 掩模型 ROM(MROM)

掩模型 ROM 是一次性编程器件。掩模型 ROM 采用硬件技术来存储数据。在制造该器件时,厂家根据终端用户提供的数据,使用掩模和金属喷镀工艺进行编程。

2）可编程 ROM(PROM)

与掩模型 ROM 不同，可编程 ROM 并非由厂商执行预编程操作，终端用户可以自己对该器件进行编程。

3）可擦除可编程 ROM(EPROM)

在开发阶段，需要经常修改代码，而每次载入代码相当费时。可擦除可编程 ROM 能够灵活地对同一个存储器芯片进行重新编程。EPROM 上具有石英晶体窗口，如果使用紫外线持续照射该窗口一段时间，就可以擦除存储器中的全部信息。尽管 EPROM 芯片具有可以重新编程的能力，但是该过程需要将芯片从电路板上取出，然后在紫外线擦除器中放置 20～30 min，也是较为费时的。

4）电可擦除可编程 ROM(E^2PROM)

E^2PROM 使用电信号修改其中的信息，其擦除范围可以精细到寄存器/字节级。此外，可以直接在电路板上擦除和重新编程 E^2PROM。在擦除模式中，只需要几毫秒就能完成擦除，这为设计系统提供了更大灵活性。与标准 ROM 相比，E^2PROM 唯一的不足是其容量有限，通常只有几千字节。

5）Flash

Flash 是最新的 ROM 技术，也是当前嵌入式设计中最常用的 ROM 技术。Flash 存储器技术源于 E^2PROM 技术；Flash 存储器不仅具备 E^2PROM 可重新编程的能力，还具有标准 ROM 的大容量存储空间。Flash 存储器内部分为若干个互不重叠的子空间，称为扇区（sector）、块区（block）或页面（page）。在 Flash 存储器中，信息存储在 MOSFET 晶体管的浮栅阵列中。可以选定扇区或页面，对存储器执行擦除操作，这不会影响其他扇区或页面。在对 Flash 进行重新编程之前，必须擦除相应的扇区或页面。Flash 存储器又分为 NOR Flash 和 NAND Flash 两种。

（1）NOR Flash。

应用程序可以直接在 NOR Flash 中运行，不需把代码读到系统 RAM 中运行。NOR Flash 的传输效率很高，其容量在 1 MB～4 MB 时具有很高的成本效益，但是其写入和擦除速度较低。

（2）NAND Flash。

具有高存储密度，写入和擦除的速度快，但需要特殊的系统接口来扩展 NAND Flash，还需要将程序复制到 RAM 中运行。

6）NVRAM

NVRAM 是由电池支持的随机存取存储器。NVRAM 包含基于静态 RAM 的存储器和小型电池；当外部电源切断的时候，电池可以给存储器供电。在 NVRAM 中，存储器和电池是封装在一起的，其生命周期大约是 10 年。

3. 数据存储器

数据存储器用于暂存运行期间的数据、中间结果、缓冲和标志位等，可随程序运行而随时写入或读出数据存储器的内容。当系统掉电时，数据全部会丢失。因此，数据存储器的英文为 random access memory，即可随机读写的存储器。一般在单片机内部设置一定容量(64～256 B)的 RAM，并以高速 RAM 的形式集成在单片机内部，以加快单片机的运行速度。同时，单片机还把专用的寄存器和通用的寄存器放在同一片内 RAM，统一编址，以利于提高运行速度。对于某些应用系统，还可以扩展外部数据存储器。

根据是否需要刷新，RAM 分为静态随机存储器（static RAM，SRAM）和动态随机存储器（dynamic RAM，DRAM）。SRAM 存储器只要保持通电，内部存储的数据就可以一直保持，不需要刷新电路即能保存它内部存储的数据。DRAM 内部存储的数据需要周期性地更新，即需要刷新充电，否则内部的数据就会消失。

SRAM 具有较高的性能，其缺点在于：集成度较低且功耗较大。SRAM 的主要应用有两种：一是 CPU 与主存之间的高速缓存；二是 CPU 内部的高速缓存。

根据是否需要同步时钟，SRAM 分为同步 SRAM（synchronous SRAM，SSRAM）和异步 SRAM（asynchronous SRAM，ASRAM）。SSRAM 在工作时需要同步时钟，且所有访问都在时钟的上升/下降沿启动。ASRAM 的访问独立于时钟，数据输入和输出都由地址的变化控制。

DRAM 的结构简单且集成度高，通常用于制造内存条中的存储芯片。其缺点是需要周期性刷新，以保持电荷状态。根据内存技术标准，DRAM 可分为 SDRAM（synchronous dynamic RAM）、DDR SDRAM（double data rate SDRAM）、DDR2 SDRAM、DDR3 SDRAM 以及 DDR4 SDRAM。SDRAM 与 CPU 通过一个相同的时钟频率锁在一起，使两者以相同的速度同步工作。SDRAM 在每一个时钟脉冲的上升沿传输数据。DDR SDRAM 即双倍速率同步动态随机存储器，其在一个时钟脉冲传输两次数据，分别在时钟脉冲的上升沿和下降沿各传输一次数据。DDR SDRAM 的等效频率是时钟频率的 2 倍，采用 2 位数据预读取，也就是一个脉冲取 2 位数据。DDR2 内存的时钟频率是核心频率的 2 倍，而且具有 4 位数据预读取能力。因此，DDR2 在一个时钟脉冲内能够传输 4 位数据。DDR3 的时钟频率是核心频率的 4 倍，等效频率是时钟频率的 2 倍，即等效频率是核心频率的 8 倍，具有 8 位数据预读取能力，DDR4 具有 16 位数据预读取能力，时钟频率是核心频率的 8 倍，在一个 CPU 时钟周期内，能够传输 16 位数据。

4. 接口

根据通信形式，嵌入式系统接口可以分为串行数据传输接口和并行数据传输接口。

按照数据线上的信号形式来划分，串行数据传输接口具有单极性/双极性、差分/非差分、同步/异步、全双工/半双工、归零/非归零之分；模拟数据传输接口包括幅值键控 ASK（amplitude-shift keying）、频移键控 FSK（frequency-shift keying）、相移键控 PSK（phase-shift keying）。例如，常见的串行接口有：RS-232 接口（双极性、非归零、全双工异步）；I^2C、JTAG、1-Wire 接口（单极性、非归零、半双工串行接口）；USB、1394、RS-485、CAN、EMAC 接口（非归零、差分串行接口）。

从实现的功能上分，接口可以分为人机通信接口、工业板卡接口、现场总线接口、网络通信接口等。人机通信接口：主要是具有并行总线的设备与处理器之间的接口，如键盘、鼠标、显示器接口。工业板卡设备接口：如 PCI、ISA、1394 接口。现场总线接口：如 RS-485、RS-232、RS-422、I^2C、SPI、CAN、USB。网络通信接口：如以太网、广域网、蓝牙、WIFI 接口。

5. 外部设备

常用的外部设备（简称外设）分为人机交互、数据采集、输出控制、传感、通信、存储、卫星与导航等设备。

人机交互设备：如键盘、发光二极管(LED)、数码管、液晶显示(LCD)、鼠标、触摸屏；

数据采集设备：如按键、模数转换器(ADC)、摄像头；

输出控制设备：如数模转换器(DAC)、开关、阀、继电器；

通信设备：如红外通信、蓝牙、Zigbee、射频模块；

传感设备：如温湿度传感器、气体传感器、光学传感器；

存储设备：如移动硬盘、U盘、存储卡；

卫星与导航设备：如移动终端、全球定位系统(GPS)设备。

2.2.2 嵌入式系统的软件

嵌入式系统的核心是系统软件和应用软件，由于存储空间有限，因而要求软件代码紧凑、可靠，这些软件对实时性有严格要求。

1. 底层驱动程序

底层驱动程序以访问底层硬件的形式，配合应用程序，实现人机交互。驱动程序和应用程序之间需要实现相应的信息交互：一方面，应用程序通过对驱动程序发送指令，实现对硬件的控制；另一方面，驱动程序将硬件的读/写状态以及从硬件上获得的数据，传送给应用程序。

2. 内核程序

内核是操作系统的核心，提供操作系统的最基本功能，是操作系统工作的基础，它负责管理系统的进程、内存、设备驱动程序、文件和网络系统，决定着系统的性能和稳定性。内核是为众多应用程序提供对计算机硬件的安全访问的一部分软件，这种访问是有限的，并且内核决定一个程序在什么时候对某部分硬件操作多长时间。内核可分为单内核、微内核、混合内核以及外内核。

1) 单内核

单内核(monolithic kernel)本质上是一种很大的进程。单内核能够被分为若干模块，模块间的通信是通过直接调用函数实现的，并非消息传递。在硬件上，单内核定义了一个高阶的抽象界面，由应用系统调用来实现操作系统的功能，如进程管理、文件系统、存储管理等。现有多数单内核结构，如Linux、FreeBSD内核，都能够在运行时调入模块执行，从而扩充内核的功能。

总体来讲，由于单内核能够在同一个地址空间实现所有低级操作，代码效率会比在不同地址空间上更高，所以单内核结构是非常有吸引力的一种内核结构。单核结构的发展趋势是易于设计，因此它的发展会比微内核结构更迅速。

2) 微内核

微内核(microkernel)由一个硬件抽象层和一组关键的原语或系统调用组成，这些原语仅仅包括了建立一个系统必需的几个部分，如线程管理、地址空间和进程间通信等。

微内核的目标是将系统服务的实现和系统的基本操作规则分离开来。微内核将许多操作系统服务放入分离的进程，如文件系统、设备驱动程序。进程通过消息传递调用操作系统服务。

第一代微内核提供了较多的核心服务，因此被称为“胖微内核”，它的典型代表是

MACH。第二代微内核只提供最基本的操作系统服务，典型的操作系统是 QNX。微内核的例子如下：AIX、BeOS、L4 微内核系列、Minix、MorphOS、QNX、RadiOS、VSTa。

3）混合内核

混合内核的实质是微内核，只不过它让运行在用户空间的代码运行在内核空间，这样可以让内核的运行效率更高。

混合内核的例子如下：BeOS 内核、DragonFly BSD、ReactOS 内核、Windows NT、Windows 2000、Windows XP、Windows Server 2003 以及 Windows Vista 等基于 NT 技术的操作系统。

4）外内核

外内核也称为纵向结构操作系统，不提供任何硬件抽象操作，但是允许为内核增加额外的运行库，通过这些运行库，应用程序可以直接地或者接近直接地对硬件进行操作。

外内核的设计理念是让用户程序的设计者来决定硬件接口的设计。传统的内核设计(包括单内核和微内核)都对硬件作了抽象，把硬件资源或设备驱动程序都隐藏在硬件抽象层下。

外内核的目标就是让应用程序直接请求一块特定的物理空间。系统本身只保证被请求的资源当前是空闲的，应用程序允许直接存取它。既然外核系统只提供了比较低级的硬件操作，而没有像其他系统一样提供高级的硬件抽象，那么就需要增加额外的运行库支持。这些运行库运行在外核之上，给用户程序提供了完整的功能。理论上，这种设计可以让各种操作系统运行在一个外核之上，如 Windows 和 Unix，设计人员可以根据运行效率调整系统的各部分功能。

目前，外内核设计还停留在研究阶段，没有任何一个商业系统采用了这种设计。人们正在开发几种概念上的操作系统，如剑桥大学的 Nemesis、格拉斯哥大学的 Citrix 系统；此外，瑞士计算机科学院、麻省理工学院也在开展类似的研究。

3. API 程序

1）API 的定义及功能

API(application programming interface，应用程序接口)是一些预先定义的函数，或指软件系统不同组成部分衔接的约定。其目的是提供应用程序与开发人员基于某软件或硬件得以访问一组例程的能力，用户无需访问原码或理解内部工作机制。

操作系统是用户与计算机硬件系统之间的接口，用户通过操作系统，可以快速、有效、安全、可靠地操作计算机系统中的各类资源。设计编程接口，首先要合理划分软件系统的功能。良好的接口设计可以降低系统各部分的相互依赖性，提高组成单元的内聚性，降低组成单元间的耦合程度，从而提高系统的可维护性和可扩展性。

为使用户能方便地使用操作系统，操作系统向用户提供了如下两类接口。

(1) 用户接口：操作系统专门为用户提供了“用户与操作系统的接口”，通常称为用户接口。该接口支持用户与操作系统之间进行交互，即由用户向操作系统请求提供特定的服务，而系统则把服务的结果返回给用户。

(2) 程序接口：操作系统向编程人员提供了“程序与操作系统的接口”，简称程序接口，又称 API。该接口为程序员在编程时使用，系统和应用程序通过这个接口，可访问系统中的资源和取得操作系统服务，它也是程序能取得操作系统服务的唯一途径。大多数操作系统的程序接口是由一组系统调用组成，每一个系统调用都是一个能完成特定功能的子程序。

2）API的封装性

通常情况下，可以给变量赋值一些合法但不合理的数值，在编译阶段和运行阶段都不会报错或给出任何提示信息，此数值虽然合法但与现实生活不符。为了避免上述问题的发生，就需要对成员变量进行密封包装处理，来保证该成员变量的合法合理性，这种机制就叫封装。

操作系统预先把对硬件的复杂操作写在一个函数里面，编译成一个组件，随操作系统一起发布，并配上说明文档，程序员只需要简单地调用这些函数就可以完成复杂的工作，让编程变得简单。这些封装好的函数就是API。

4. 协议

协议是网络协议的简称，是通信双方必须共同遵守的一组约定，如怎样建立连接、怎样互相识别等。只有遵守这个约定，计算机之间才能相互通信交流。它的三要素是：语法、语义、定时。

为了使数据在网络上从源端到达目的端，网络通信的参与方必须遵循相同的规则，它最终体现为在网络上传输的数据包的格式。协议往往分成几个层次进行定义，这样可使某一层协议的改变不影响其他层次的协议。

5. 图形界面

图形界面(GUI)是指采用图形方式显示的计算机操作用户界面。GUI是一种结合计算机科学、美学、心理学、行为学以及各商业领域需求分析的人机系统工程，强调人—机—环境三者作为一个系统进行总体设计。GUI可以应用于如下领域：手机通信、计算机操作、软件、掌上电脑(PDA)、数码、车载系统、智能家电、游戏等。

6. 浏览器

嵌入式浏览器是运行在各种嵌入式设备中的浏览器软件。浏览器是一个交互程序，是由一组客户、一组解释器与一个管理它们的控制器所组成的。控制器形成了浏览器的中心部件，它解释鼠标点击与键盘输入，并且调用其他组件来执行用户制定的操作。

7. 应用程序

应用程序是指为针对用户的某种特殊应用目的所撰写的软件。应用程序运行在使用者模式，它可以和使用者进行交互，一般具有可视的使用者界面。应用程序可分为系统应用程序、桌面应用程序、驱动应用程序、网络应用程序、手机应用程序、物联网应用程序等。

2.2.3 嵌入式系统的开发工具

1. 编译、链接、调试、下载

1）编译器

将采用某一种程序设计语言编写的程序，翻译成等价的另一种语言的程序，如C编译器。

2）汇编器

将汇编语言程序翻译为机器语言程序。

3）链接器

将一个或多个由编译器或汇编器生成的目标文件链接为一个可执行文件。

4）调试器

负责控制软件的运行、查看软件运行的信息以及修改软件的执行流程。

5）仿真器

仿真器是一种在电子产品开发阶段代替单片机芯片进行软硬件调试的开发工具。在集成开发环境的帮助下，使用仿真器可以对单片机程序进行单步跟踪调试，也可以使用断点、全速等调试手段，并可观察各种变量、RAM 及寄存器的实时数据，跟踪程序的执行情况。还可以对硬件电路进行实时调试。利用单片机仿真器可以迅速找到并排除程序中的逻辑错误，大大缩短单片机开发的周期。

6）下载/编程器

编程器负责向可编程的集成电路写入数据，主要用于单片机/存储器之类的芯片的编程。编程器通常与计算机连接，再配合编程软件来使用。

2. 集成开发环境

上边提及的所有工具都需要创建嵌入式软件，如果分开使用这些软件会很不方便，无疑增加了项目构建的复杂度。因此，需要使用集成开发环境(IDE)。IDE 就是对一系列的开发工具进行打包，从而为开发者提供服务。一些受欢迎的 IDE 软件有 Qt Creator、WebStorm、Visual Studio、MATLAB、LabVIEW、Arduino、ARM Keil、Keil C51、CCS 等。

3. 下载工具、调试工具

常见的下载/调试工具包括 ISP、JTAG、J-LINK 等。

(1) ISP(in-system programming)：是一种无需将存储芯片(如 EPROM)从嵌入式设备上取出就能对其进行编程的过程。ISP 是 Flash 存储器的固有特性(通常无需额外的电路)，Flash 器件几乎都采用这种方式编程。

(2) JTAG(joint test action group，联合测试工作组)：是一种国际标准测试协议(IEEE 1149.1)，主要用于芯片内部测试。目前多数高级器件都支持 JTAG 协议，如 DSP、FPGA 等。标准的 JTAG 接口是 4 线：TMS、TCK、TDI、TDO，分别为模式选择、时钟、数据输入和数据输出。

(3) J-LINK：J-Link 是 SEGGER 公司为支持仿真 ARM 内核芯片推出的一种 JTAG 仿真器。J-LINK 支持 ARM7/ARM9/ARM11、Cortex M0/M1/M3/M4、Cortex A4/A8/A9 等内核芯片，支持 ADS、IAR、KEIL 等开发环境。

需要注意的是，为了实现通信接口/电平的匹配，需要将 PC 输出的接口/电平转换为目标板处理器的接口/电平，比如利用 CH340、PL2303 模块将 USB 接口转为 TTL 接口。

2.3 嵌入式系统的硬件

2.3.1 嵌入式系统的硬件组成

1. 嵌入式最小硬件系统

提供嵌入式处理器运行所必需的硬件电路，与嵌入式处理器共同构成最小硬件系统，它包括如下几部分。

(1) 电源电路。

为处理器提供必要的工作电源。常用电源模块包括交流变直流(AC-DC)模块、直流变直流(DC-DC)模块以及线性集成稳压器。

(2) 时钟电路。

目前所有嵌入式处理器均为时序电路，需要一个时钟信号才能工作，大多数处理器内置时钟信号发生器，因此时钟电路只需要外接一个石英晶体振荡器和两个电容就可以工作了。有些场合还可以直接使用有源晶振产生时钟信号。

(3) 复位电路。

为保证系统可靠复位，复位信号有效电平的时间宽度必须为若干个处理器时钟周期，也可以使用外接复位芯片来保证系统的可靠复位。

(4) 存储器。

用于存储程序、数据，也可作为数据栈。

(5) 调试、测试接口。

大多数 ARM 处理器芯片都具有调试接口，如 JTAG 接口。

(6) 嵌入式处理器。

每个嵌入式系统至少包含一个微处理器，可以是 MCU、MPU、DSP、SoC 等。

2. 嵌入式硬件系统的其他模块

典型嵌入式硬件系统由嵌入式最小硬件系统及相关通道或接口组成。

(1) 前向通道(输入接口)：模拟量输入接口(传感器)、数字量输入接口等。

(2) 后向通道(输出接口)：模拟量输出接口、数字量输出接口等。

(3) 人机交互通道：键盘、触摸屏、LED、LCD 等。

(4) 互联与通信通道：以太网接口、USB 接口等。

3. AMBA

AMBA(先进微控制器总线体系结构)是用于连接和管理 SoC 中功能模块的开放标准和片上互联规范。AMBA 有多个版本，已从 1995 年的 1.0 版本发展到了 2011 年的 4.0 版本，性能逐步提高，ARM7 采用 AMBA1，而 ARM9 采用 AMBA2。AMBA 包含以下几部分。

(1) 系统总线 ASB：ARM 内核及测试接口的工作时钟。

(2) 高速设备总线 AHB：高带宽快速组件的工作时钟，包括电源管理、时钟控制器、直接存储器访问、中断控制器、LCD 控制器、USB 主机等。

(3) 外围设备总线 APB：所有通用外设组件，如定时器、实时时钟(RTC)、并行接口、串行接口等的工作时钟。

(4) 测试方法。

2.3.2 嵌入式处理器的体系架构

1. 存储器架构

1) 冯·诺依曼结构

冯·诺依曼结构也称普林斯顿结构，是一种将程序指令存储器和数据存储器统一编址、采用相同的指令进行访问的存储器结构。

现代计算机发展所遵循的基本结构始终是冯·诺依曼结构。该结构的特点是“程序存储，共享数据，顺序执行”，需要 CPU 从存储器取出指令和数据进行处理。其主要特点：单处理器结构，以运算器为中心；采用程序存储思想；指令和数据一样可以参与运算；数据以二进制表示；将软件和硬件完全分离；指令由操作码和操作数组成；指令顺序执行。

2）哈佛结构

哈佛结构的计算机分为三大部件：CPU、程序存储器、数据存储器。哈佛结构是为了高速数据处理而提出的，可以同时存取指令和数据，大大提高了数据吞吐率。其缺点是结构复杂。

哈佛结构处理器有两个明显的特点：使用两个独立的存储器模块，分别存储指令和数据，每个存储模块都不允许指令和数据并存；使用独立的两条总线，分别作为 CPU 与每个存储器之间的专用通信路径，这两条总线之间毫无关联。

改进的哈佛结构的结构特点：具有一条独立的地址总线和一条独立的数据总线；利用公用地址总线分时访问两个存储模块（程序存储模块和数据存储模块）公用数据总线则被用来完成程序存储模块或数据存储模块与 CPU 之间的数据传输。

2. 指令架构

1）复杂指令集计算机

复杂指令集计算机（CISC）体系结构的设计策略是使用大量的指令，包括复杂指令，从而简化了运行程序。把原来由软件实现的常用功能改用硬件指令系统实现，编程者的工作因而减少许多，在每个指令周期可同时处理一些低阶的操作或运算，提高了计算机的运行速度。

在 CISC 指令集的各种指令中，其使用频率却相差悬殊，大约有 20%的指令会被反复使用，占整个程序代码执行时间的 80%。而余下的 80%的指令却不经常使用，在程序设计中的程序代码执行时间只占 20%。

2）精简指令集计算机

由于 CISC 架构中，大约 20%的计算机指令完成大约 80%的工作，这个 80/20 规则促进了 RISC 体系结构的形成和发展。

RISC 是一种执行少量计算机指令的微处理器，起源于 20 世纪 80 年代的 MIPS 主机（即 RISC 机），RISC 机中采用的微处理器统称为 RISC 处理器。它能够以更快的速度执行操作（每秒执行百万条指令，即 MIPS）。

RISC 架构提高了处理器的效率，但需要更复杂的外部程序。RISC 结构的特点：优先选取使用频率最高的简单指令，避免复杂指令；将指令长度固定，指令格式和寻址方式的种类减少；以控制逻辑为主，采用流水线提高运算速度。

当然，与 CISC 架构相比，尽管 RISC 架构有上述优点，但不能认为 RISC 架构就可以取代 CISC 架构。事实上，RISC 和 CISC 各有优势，而且界限并不那么明显。现代的 CPU 往往采用 CISC 的外围架构，内部加入 RISC 特性，如超长指令集 CPU 就是融合了 RISC 和 CISC 的优势，成为未来 CPU 的发展方向之一。

2.3.3 嵌入式处理器

1）EMPU

嵌入式微处理器（EMPU）是由通用计算机中的 CPU 演变而来的，具有 8/16/32/

64 位数据总线。在实际应用中，只保留和嵌入式应用紧密相关的功能硬件，去除冗余功能，以最低的功耗和资源实现嵌入式应用的特殊要求。嵌入式微处理器虽然在功能上和标准微处理器基本是一样的，但在工作温度、抗电磁干扰、可靠性等方面都作了各种增强。与工业控制计算机相比，嵌入式微处理器具有体积小、重量轻、成本低、可靠性高的优点。由于电路上必须包含 ROM、RAM、总线接口、各种外设等模块，降低了系统的可靠性，技术保密性也较差。若将嵌入式微处理器及其存储器、总线、外设等安装在一块电路板上，则称为单板计算机。单板计算机的功能比单片机的强，适用于生产过程的控制。

目前，嵌入式微处理器主要有 Am186/88、386EX、SC400、Power PC、68000、MIPS、ARM/StrongARM 系列。

2) EMCU

嵌入式微控制器(EMCU)又称单片机，是将整个计算机系统集成到一块芯片中。微控制器的片上外设资源一般比较丰富，适合于控制。嵌入式微控制器一般以某种微处理器内核为核心，在芯片内部集成 ROM、RAM、总线及总线逻辑、定时器/计数器、看门狗、I/O、串口、脉宽调制输出、模数(AD)、数模(DA)等各种必要功能和外设。为适应不同的应用需求，一般一个系列的单片机具有多种衍生产品，每种衍生产品的处理器内核都是一样的，不同的是存储器和外设的配置及封装。这样可以使单片机最大限度地和应用需求相匹配，减少功耗和成本。

与嵌入式微处理器相比，微控制器的最大特点是单片化——体积大大减小，从而使功耗和成本下降，可靠性提高。微控制器是目前嵌入式系统在工业中的主流应用。

嵌入式微控制器的品种和数量最多，比较有代表性的通用系列包括 8051、P51XA、MCS-251、MCS-96/196/296、C166/167、MC68HC 05/11/12/16、68300 等。另外还有许多半通用系列，如支持 USB 接口的 MCU8XC930/931、C54O、C541；支持 I^2C、CAN-Bus、LCD 的众多专用 MCU 及其兼容系列。目前 MCU 占嵌入式系统约 70%的市场份额。值得注意的是，近年来提供 X86 微处理器的著名厂商 AMD 公司，将 Am186CC/CH/CU 等嵌入式处理器称为微控制器，Motorola 公司把以 Power PC 为基础的 PPC505 和 PPC555 亦列入单片机行列，TI 公司亦将其 TMS320C2XXX 系列 DSP 作为 MCU 进行推广。

3) EDSP

数字滤波、FFT(fast Fourier transform)、谱分析等应用需求，是嵌入式 DSP 发展的一个关键推动因素。DSP 的应用正在从通用单片机以普通指令实现 DSP 功能，过渡到采用专用嵌入式 DSP。嵌入式 DSP 是对嵌入式系统的结构和指令进行特殊设计，使其适合于执行 DSP 算法。DSP 编译效率较高，指令执行速度也较快。嵌入式 DSP 有两个发展来源：一是传统 DSP 经过单片化、EMC 改造、增加片上外设，成为嵌入式 DSP，如 TI 的 TMS320C2000/C5000；二是在通用单片机或 SoC 中增加 DSP 协处理器，使之成为嵌入式 DSP，如 Intel 的 MCS-296 和 Siemens 的 TriCore。

推动嵌入式 DSP 发展的另一个因素是嵌入式系统的智能化，如各种智能消费类产品、生物信息识别终端、带有加解密算法的键盘、非对称数字用户线路(ADSL)接入、实时语音压解系统、虚拟现实显示等。这类智能化算法需要的运算量较大，特别是向量运算、指针线性寻址等较多，而这些正是 DSP 的长处所在。

具有代表性的嵌入式 DSP 有德州仪器(Texas Instruments)的 TMS320 系列和摩托罗拉(Motorola)的 DSP56000 系列。TMS320 系列处理器包括用于控制的 C2000 系列、移动通信的 C5000 系列以及性能更高的 C6000 和 C8000 系列。DSP56000 目前已经发展成为 DSP56100、DSP56200 和 DSP56300 等不同系列的处理器。

4) ESoC

随着超大规模集成电路(VLSI)设计的普及化以及半导体工艺的迅速发展,在一个硅片上实现一个更为复杂系统的时代已来临,这就是 SoC。各种通用处理器内核将作为 SoC 设计公司的标准库,与许多其他嵌入式系统外设一样,成为 VLSI 设计中一种标准的器件,用标准的 VHDL(very high speed hardware description language)等语言描述,存储在器件库中。用户只需定义出整个应用系统,仿真通过后就可以将设计图交给半导体工厂制作样品。除个别无法集成的器件外,整个嵌入式系统大部分均可集成到一块或几块芯片中去,应用系统电路板将变得很简洁,这对于减小体积和功耗、提高可靠性非常有利。

SoC 可分为通用和专用两类。通用系列包括 Siemens 的 TriCore、Motorola 的 M-Core、某些 ARM 系列器件、Echelon 和 Motorola 联合研制的 Neuron 芯片等。专用 SoC 一般专用于某个或某类系统中,不为一般用户所知。一个有代表性的产品是 Philips 的 SmartXA,它将 XA 单片机内核和支持超过 2048 位复杂 RSA(rivest-shamir-adleman)算法的 CCU(center control unit)单元制作在一块硅片上,形成一个可加载 Java 或 C 语言的专用 SoC,可用于公众互联网,如 Internet 安全方面。

2.3.4 嵌入式系统相关硬件电路及其设计

1. 基本元件及其电路设计

1) 电阻

电阻在电路中的主要作用是分流、限流、分压、偏置、滤波(与电容器组合使用)和阻抗匹配等。

电阻通常分为三大类:固定电阻、可变电阻、特种电阻(如精密电阻)。在电子产品中,以固定电阻应用最多。

按照材料不同,常见的电阻有碳膜电阻、金属膜电阻、线绕电阻。按照功率,电阻可以分为小功率电阻和大功率电阻。此外还有一些特殊电阻,如热敏电阻、湿敏电阻、压敏电阻等。

2) 电感

电感的基本作用是滤波、振荡、延迟、陷波,更为直观的说法是通直流、阻交流。

按照电感的封装形式,电感可分为片状电感(贴片绕线电感和贴片叠层电感)、立式电感、功率电感(贴片功率电感、屏蔽式功率电感)、磁珠(贴片或者直插式)、色环电感、轴向滤波电感、磁环电感、空气芯电感。

3) 电容

电容在电路中的作用是隔断直流、连通交流、阻止低频,广泛应用在耦合、隔直、旁路、滤波、调谐、能量转换和自动控制中。

电容器的种类很多,不同种类的电容器,其作用也不同。按照功能分,常用的电容有滤波电容、退耦电容、旁路电容、耦合电容、调谐电容、衬垫电容、补偿电容、中和电容、稳频电容等。

4) RLC 电路

与纯电阻电路不同，由于 L、C 为储能元件，可使含 L、C 的电路形成暂态和稳态。采用 RLC 电路可以构建线性变换电路、积分电路、微分电路、滤波电路等。

LC 串联谐振电路：谐振时阻抗最小，利用这一特性可以构成许多电路，如陷波电路、吸收电路等。LC 并联谐振电路：谐振时阻抗最大，利用这一特性可以构成许多电路，如补偿电路、阻波电路等。若再结合运算放大器，则可以进一步构建相应的有源电路，应用更加广泛。

2. 模拟电路设计

模拟信号是指时间和幅值连续变化的电信号。模拟电路是指用来对模拟信号进行传输、变换、处理、放大、测量和显示的电路。模拟电路是电子电路的基础，它主要包括放大电路、信号运算和处理电路、振荡电路、调制和解调电路及电源电路等。模拟电路设计的基本流程如下。

(1) 系统定义。

根据设计要求，对电路系统及子系统做出相应的功能定义，并确定面积、功耗等相关性能的参数范围。

(2) 电路设计。

根据模拟电路需要实现的功能要求、设计规范及相应的参数指标，选择合适的电路结构，并在此基础上确定元器件的组合方式等。

(3) 电路仿真。

电路仿真是模拟电路的设计过程中必不可少的一个环节，是判断模拟电路是否可以达到设计要求的重要依据。

根据仿真结果，不断对电路进行修改和调整，直到模拟电路的仿真结果可以达到设定的指标及相应的功能要求。

(4) 物理验证。

对设计的模拟电路进行设计规则检查，对其最小线宽、孔尺寸、最小图形间距等限制工艺进行检查，衡量版图工艺实现上的可行性。

(5) 寄生参数的优化。

考虑电路/电子元件寄生参数的影响，不断修改电路参数（尤其晶体管的寄生参数），必要时调整电路结构，直至仿真结果达到系统设计要求。

3. 数字电路设计

数字电路是用数字信号完成对数字量进行算术运算和逻辑运算的电路。由于它具有逻辑运算和逻辑处理功能，所以又称数字逻辑电路。现代数字电路由半导体工艺制成的若干数字集成器件构造而成。数字电路可以分为组合逻辑电路和时序逻辑电路。数字电路设计的一般流程如下。

(1) 分析设计要求，明确性能指标。

仔细分析系统的要求、性能指标及应用环境。分清楚要设计的电路属于何种类型，如何获得输入信号，输出执行装置是什么，工作的电压、电流参数是多少，主要性能指标如何。查找相关资料，构思总体方案，绘制结构框图。

（2）确定总体方案。

比较各种方案，以电路的先进性、结构的繁简、成本的高低及制作的难易等方面作综合比较，并考虑各种元器件的来源，最后确定一种可行的方案。

（3）设计各子系统。

将总体方案化整为零，分成若干个子系统或单元电路，然后逐个设计。每一个子系统一般均能归结为组合电路与时序电路两大类。在设计时，尽可能选用合适的现成电路，优先使用中、大规模集成电路，简化设计，提高系统的可靠性。

（4）设计控制电路。

控制电路的功能诸如系统清零、复位、安排各子系统的时序先后及启动停止等，在整个系统中起核心和控制作用。设计时画出时序图，根据控制电路的任务和时序关系反复构思电路，选用合适的器件，使其达到功能要求。

（5）组成系统。

各子系统设计完成后，要绘制总系统原理图。在一定幅面的图纸上合理布局，通常是按信号的流向，采用左进右出的规律排布各部分电路，并标出必要的说明。

（6）安装调试，反复修改，直至完善。

4. 高频电子线路设计

高频电子线路基本上是由无源元件、有源器件和无源网络组成的。高频电子线电路中使用的元器件与低频电子线路中使用的元器件频率特性是不同的。高频电子线路主要包括功放、振荡、混频/鉴频、调制/解调、反馈控制等。相比于模拟电路，高频电子线路的设计难点在于，电路以及印刷电路板的分布参数的影响较大，布局布线也是设计该类电路的重要考虑要素之一。

设计高频电子线路的常见问题：① 电路的寄生参数；② 时钟同步；③ 信号完整性等。

5. 片上集成电路设计

集成电路设计，是指以集成电路、超大规模集成电路为目标的设计。需要建立电子器件（如晶体管、电阻器、电容器等）及器件间的互联模型，所有的器件和互连都需在一块半导体衬底上进行，最终形成电路。

FPGA 器件属于专用集成电路中的一种半定制电路，是可编程的逻辑阵列，能够有效地解决原有的器件门电路数较少的问题。FPGA 的基本结构包括可编程输入/输出单元、可配置逻辑块、数字时钟管理模块、嵌入式模块 RAM、布线资源、内嵌专用硬核、底层内嵌功能单元。由于 FPGA 具有布线资源丰富、可重复编程和集成度高的特点，在数字电路设计领域得到了广泛应用。集成电路设计可以大致分为数字集成电路设计和模拟集成电路设计两大类。不过，实际的集成电路还有可能是混合集成电路。基于 FPGA 的数字集成电路的开发步骤如下。

（1）源程序的编辑和编译；

（2）逻辑综合和优化；

（3）目标器件的布线/适配；

（4）目标器件的编程/下载；

（5）设计过程中的有关仿真；

(6) 硬件仿真/硬件测试。

2.3.5 嵌入式系统硬件设计的基本原则

1. 供电电源与系统特征的匹配

在单片机系统的电源设计中,电源的精度、可靠性等各项指标,直接影响系统的整体性能。数字和模拟电路对电源的要求不同。数字部分以脉冲方式工作,电源功率的脉冲性较为突出;模拟放大、ADC 等电路对电源电压的精度、稳定性、纹波系数的要求很高。电源电路的馈电方式也是需要考虑的要素,如直流、交流、电池、太阳能等方式,这与嵌入式系统的功耗、体积、成本均直接相关。

2. 电子元件集成度、电路板、接插件、外观等与产品需求的匹配

用户对嵌入式产品的需求是多方位的,这也直接关乎如何设计电路、如何选择元器件的型号、如何设计产品的外观和人机交互接口。例如,手机、MP3、掌上电脑从本质上都属于嵌入式产品,但是所使用的电子元件、电路板、接插件都表现出很大的不同。

3. 人机交互系统与用户需求的匹配

一般的嵌入式系统都会有一个用户可操作的界面,用来进行人机交互。在人机交互系统的设计中,要充分考虑面向的对象与使用的环境。例如,选择何种输入设备,是键盘还是触摸屏?键盘的键粒需要多大?如面向的对象是老年人,就需要使用大键粒的键盘。用数码管显示还是 LCD 显示?此时要重点考虑产品的使用环境,如果使用环境好,则可以使用 LCD;如果是阴暗环境,则可以采用亮度更好的数码管。

4. 系统的功耗、价格、体积、重量与实际需求的匹配

实际需求决定了硬件系统的性能和所要达到的各项指标,如功耗、价格、体积、重量等。例如,在手持式智能仪表方面,不仅需要一个便于携带、体积小、重量轻的硬件系统,还需要考虑价格,这样更便于产品的推广和应用。

5. 调试口、观测口、数据口与操作便携的匹配

设计嵌入式系统时,需要预留调试口、观测口、数据口,它们对整个硬件设备的调试以及数据的观测提供了便利。一块电路板从焊接完成到交付产品,需要做大量的测试,在调试的时候要尽可能的从简单到复杂,一个单元一个单元地逐个进行。如果事先在板上预留了调试口,这个工作就会变得相对简单,缩短调试时间。

6. 系统整体性能指标与各单元协调作用的匹配

一个嵌入式系统的性能是由系统各个单元协调作用形成的,这就需要设计各部分的功能,尤其是匹配不同单元的性能指标,如分辨率、总线宽度、速率等。例如,即使所选择的 ADC 的分辨率和速率再高,如果处理器的速率达不到,也无法发挥 ADC 的最佳性能。

7. 系统应用与实际环境的匹配

外部环境的复杂多样性会对电子产品产生不同程度的影响,主要是气候因素、机械因素和电磁干扰(噪声干扰)。每种电子元件受温度的影响不同,比如一个电解电容在温度 20 ℃的条件下工作,可以保证 18 万个小时正常工作,但如果在极限温度条件下工作,正常工作时间只能保证 2000 个小时。晶体管:一般硅的 PN 结耐高温极限值为

175 ℃，应用时温度不应高于 70 ℃；锗材料最高温度是 85 ℃左右，应用中不应超过 60 ℃。电阻的耐高温值为 125～235 ℃。

潮湿对半导体的危害主要表现在：潮湿能够渗透集成电路塑料封装，从引脚等缝隙侵入集成电路内部，产生集成电路的吸湿现象。在 SMT（表面组装技术）过程的加热环节中形成水蒸气，产生的压力导致集成电路树脂封装开裂，并使集成电路内部器件金属氧化，导致产品故障。此外，在 PCB 板的焊接过程中，水蒸气压力的释放，会导致虚焊现象。

灰尘对硬件电路的影响也比较大，由于电路板工作时会产生一定电场，这些电场会吸引灰尘使其洒落到电路板上。如果时间长了未能及时将灰尘清除，就会对电路板中的印制线、电子元器件的金属引脚等产生腐蚀作用，严重的会使印制线发生霉断，使控制失效或不起作用，或者造成电子元器件的金属引脚锈蚀甚至锈断。灰尘会造成电路板时好时坏：通常表现在天气晴朗、气候干燥时电路板运行正常，遇到潮湿天气时，设备就会发生故障。这种情况主要是由于灰尘积累过厚，干燥天气不会对电路板造成什么影响，但潮湿天气时，灰尘与湿气结合会形成无形的电阻网络，这个电阻网络就会影响到电路板中电路的电气参数。如果无形的电阻加在电源部分就会使电源部分短路，致使电源部分的电流增大、输出电压被拉低；如果无形的电阻发生在控制电路中，则会造成控制失灵。

2.4 嵌入式系统的软件

2.4.1 嵌入式软件的开发特点

嵌入式软件开发主要是针对嵌入式 CPU 进行的程序开发，尤其是体积小、功耗低、运算能力有限的专用 CPU。在这种 CPU 上运行的操作系统就是嵌入式操作系统，这些操作系统占用比较少的硬件资源，但是却有相对较高的执行、调度效率。

嵌入式软件开发的特点：

(1) 嵌入式软件设计时更强调软硬件协同工作的效率和稳定性；

(2) 嵌入式软件的结果通常需要固化在目标系统的存储器或处理器内部存储器中；

(3) 嵌入式软件的开发一般需要开发工具、目标系统、测试设备；

(4) 嵌入式软件对实时性的要求更高；

(5) 嵌入式软件对抗干扰性和可靠性的要求很高；

(6) 嵌入式软件的代码通常很小；

(7) 在模块化设计方面，需要按功能划分成若干程序模块，每个模块实现特定的功能。

2.4.2 嵌入式软件的体系结构

1. 无操作系统的嵌入式软件

在早期的软件中，程序功能比较单一，控制系统简单，不需要多任务调度、文件系统、内存管理等复杂功能。利用一个无限循环加上按键、中断的处理就能完成功能设计。在这种情况下,应用和驱动分割得不是那么清楚,设备驱动接口直接交给了应用软件工程师,应用软件可以直接访问设备驱动接口。设备驱动包含的接口函数也与硬件的功能直接吻合,没有任何附加功能。甚至把应用和驱动写在同一程序中。无操作系统的嵌入式软件实时性较差、可裁剪性较差、可靠性较低,且无法确定系统的执行时间。

无操作系统的嵌入式软件有以下两种实现方式。

(1) 循环轮转。

优点:简单、直观、开销小、可预测。缺点:过于简单,所有代码顺序执行,无法处理异步事件,缺乏并行处理能力。

(2) 前后台系统。

在循环轮转的基础上增加了中断处理功能。前台(事件处理级):中断服务程序,负载处理异步事件。后台(任务级):一个无限循环,负载资源分配、任务管理和系统调度。

2. 有操作系统的嵌入式软件

有操作系统的嵌入式软件可以更加高效、快速、方便地管理嵌入式硬件的有限资源,能够完成复杂的控制,使得应用工程师完全不必关心硬件的变化,这对应用开发来说十分方便。存在操作系统时,驱动变成了硬件和内核直接的桥梁,它对外呈现的是统一的接口,操作系统会根据实际使用的设备调用相应的驱动,不用每次都重新匹配。

有操作系统的嵌入式软件具有如下优点:

(1) 提高了系统的可靠性、稳定性、实时性;

(2) 提高了系统的开发效率,降低了开发成本,缩短了开发周期;

(3) 有非常好的开放性、可伸缩性体系结构;

(4) 提高了系统的可移植性;

(5) 可以确定系统的执行时间。

2.4.3 嵌入式软件的组成

嵌入式软件包含系统软件和应用软件两部分。系统软件也就是常说的嵌入式操作系统。

嵌入式操作系统是一种支持嵌入式系统应用的操作系统软件,它是嵌入式系统软件极为重要的组成部分,通常包括与硬件相关的底层驱动软件、系统内核、设备驱动接口、通信协议、图形界面、标准化浏览器、应用程序等。嵌入式操作系统具有通用操作系统的基本特点,能够有效管理越来越复杂的系统资源;能够把硬件虚拟化,使得开发人员从繁忙的驱动程序移植和维护中解脱出来;能够提供库函数、驱动程序、工具集以及应用程序。与通用操作系统相比较,嵌入式操作系统在系统实时高效性、硬件的相关依赖性、软件固态化以及应用的专用性等方面具有较为突出的特点。

嵌入式操作系统按照用途可以分为工业控制、交通管理、信息家电、家庭智能管理、POS 网络、环境工程与自然、机器人、机电产品应用等嵌入式操作系统;按照实时性可以分为实时系统和分时系统,其中实时系统又分为硬实时系统和软实时系统。在实时系统中,如果系统在指定的时间内未能实现某个确定的任务,会导致系统的全面失败,则该系统称为硬实时系统。在软实时系统中,虽然响应时间同样重要,但是超时却不会导致致命错误。一个硬实时系统往往在硬件上需要添加专门用于时间和优先级管理的控制芯片,而软实时系统则主要在软件方面通过编程实现时限的管理。例如,Windows

CE 就是一个多任务分时系统，而 Ucos-II 则是典型的实时操作系统。

2.4.4 应用程序的开发

1. 开发语言

1）机器语言

机器语言是用二进制代码表示的计算机能直接识别和执行的一种机器指令的集合。用机器语言编写程序，编程人员要熟记所用计算机的全部指令代码和代码的含义。编程序时，程序员得自己处理每条指令和每一数据的存储分配和输入输出，还要记住编程过程中每步所使用的工作单元处在何种状态，这是一件十分烦琐的工作。编写程序花费的时间往往是实际运行时间的几十倍或几百倍。而且，编出的程序全是由 0 和 1 构成的指令代码，直观性差、容易出错。

2）汇编语言

汇编语言(assembly language)是一种用于电子计算机、微处理器、微控制器或其他可编程器件的低级语言，亦称为符号语言。在汇编语言中，用助记符代替机器指令的操作码，用地址符号或标号代替指令或操作数的地址。在不同的设备中，汇编语言对应着不同的机器语言指令集，通过汇编过程转换成机器指令。特定的汇编语言和特定的机器语言指令集是一一对应的，不同平台之间不可直接移植。

汇编语言是计算机提供给用户最快、最有效的语言，也是能够利用计算机的所有硬件特性并能够直接控制硬件的唯一语言。但是由于编写和调试汇编语言程序要比高级语言复杂，因此目前其应用不如高级语言广泛。

汇编语言比机器语言的可读性要好，但与高级语言比较而言，可读性还是较差。不过采用它编写的程序具有存储空间占用少、执行速度快的特点，这些是高级语言所无法取代的。在实际应用中，是否使用汇编语言，取决于具体应用要求、软件开发时间和质量。

3）BASIC

BASIC(beginners' all-purpose symbolic instruction code，又译培基)，是一种直译式的编程语言，在完成编写后不须经由编译、链接即可执行。BASIC 语言是国际通用的算法语言，其特点是语言比较简单、会话式的语言、立即执行方式、一种小型的算法语言。

4）C、C++、C#

C 语言是一种面向过程的、抽象化的通用程序设计语言，广泛应用于底层软件的开发。C++既可以进行 C 语言的过程化程序设计，又可以进行以抽象数据类型为特点的基于对象的程序设计，还可以进行以继承和多态为特点的面向对象的程序设计。C# 是一种全新、简单、安全、面向对象的程序设计语言，是专门为.NET 的应用而开发的语言。它吸收了 C++、Visual Basic、Delphi、Java 等语言的优点，体现了当今最新的程序设计技术的功能和精华。C#继承了 C 语言的语法风格，同时又继承了 C++的面向对象特性。其特点是：语言简洁、保留了 C++的强大功能、快速应用开发功能、语言的自由性、强大的 Web 服务器控件、支持跨平台、与可扩展标记语言(XML)相融合等。

5）G 语言

图形化的程序语言，又称为“G”语言。编程时，不写程序代码，仅绘制流程图。利用了技术人员、科学家、工程师所熟悉的术语、图标和概念，可以增强构建科学和工程系统的能力，提供了实现仪器编程和数据采集系统的便捷途径。使用它进行原理研究、设计、测试并实现仪器系统时，可以大大提高工作效率。

6）R 语言

R 作为一种统计分析软件，是集统计分析与图形显示于一体的。它可以运行于 Unix、Windows 和 Macintosh 操作系统上。相比于其他统计分析软件，R 还有以下特点：自由软件、可编程的语言、所有函数和数据集保存在程序包里面、具有很强的互动性。

7）Python

Python 是一个高层次的结合了解释性、编译性、互动性和面向对象的脚本语言。Python 具有很强的可读性，相比其他语言经常使用英文关键字、标点符号，它具有更有特色的语法结构。其特点是：一种解释型语言、交互式语言、面向对象的语言、初学者的语言。

8）Java

Java 语言是一个支持网络计算的程序设计语言，也是一种简单、可移植、面向对象、分布式语言。Java 语言的健壮性主要体现在强类型机制、异常处理、安全检查机制等方面。

9）HTML

HTML 称为超文本标记语言，是一种标识性的语言。通过标签，它可以将网络上的文档格式统一，使分散的网络资源连接为一个逻辑整体。HTML 文本是由 HTML 命令组成的描述性文本，HTML 命令可以说明文字、图形、动画、声音、表格、链接等。

2. 开发软件

1）Visual Studio

Visual Studio 是一个基本完整的开发工具集，它包括了整个软件生命周期中所需要的大部分工具，如统一建模语言（UML）工具、代码管控工具、集成开发环境等。所写的目标代码适用于微软支持的所有平台，包括 Microsoft Windows、Windows Mobile、Windows CE、.NET Framework、.NET Compact Framework 和 Microsoft Silverlight 及 Windows Phone。

2）C-Free

它是一种 C/C++集成开发环境，集成了 C/C++代码解析器，能够实时解析代码，并且在编写的过程中给出智能提示。C-Free 支持目前业界主流的 C/C++编译器。

3）RStudio

RStudio 是针对 R 语言的一种开发语言环境工具，RStudio 提供可视化的编程环境，全面支持 R 脚本，让编程开发变得更加得心应手。

4）LabVIEW

LabVIEW 是一种程序开发环境，由美国国家仪器（NI）公司研制开发，类似于 C 和 BASIC 开发环境。LabVIEW 使用图形化编辑语言 G 编写程序，产生的程序是框图的形式。LabVIEW 也是通用的编程系统，有庞大函数库，包括数据采集、通用接口总线（GPIB）、串口控制、数据分析、数据显示及数据存储。LabVIEW 也有传统的程序调试工具，如设置断点、以动画方式显示数据及其子程序（子 VI）的结果、单步执行等，便于程序的调试。

5）Jupyter Notebook

Jupyter Notebook 是学习与开发 Python 的一种 IDE，支持实时编写并运行代码、方程式，同时支持可视化图像输出，安装与启动方式简单。

6）Eclipse IDE

Eclipse 是跨平台的自由集成开发环境（IDE），最初主要用于 Java 语言开发，后来通过安装不同的插件，Eclipse 可以支持不同的计算机语言，如 C＋＋和 Python 等开发工具。

Eclipse 优点：提供关于代码完成、重构和语法检查；提供一系列工具包括各种插件工具，帮助开发各种 Java 应用；允许开发人员使用不同语言；Eclipse 是免费的。Eclipse 缺点：版本间不兼容，与 JDK（Java development kit，Java 软件开发工具包）的捆绑过于紧密。

2.4.5 嵌入式系统软件设计的基本原则

设计嵌入式系统软件时，需要考虑如下几条基本原则：

1. 极差性能指标的需求是什么

嵌入式系统的极差性能是在操作环境及条件非常苛刻的情况下获得的。此时，如果仍要确保嵌入式系统的功能，则需要探究如何通过软件方式重新启动系统或者恢复系统。

2. 任务复杂度和数量如何

嵌入式系统执行任务的数量及其复杂度是设计软件必须要考虑的因素，它同时决定了所使用的嵌入式系统的资源及分配方法。

3. 任务如何分配

在多任务的情况下，需要着重考虑这些任务由哪些模块实现，采用硬件方式实现还是利用软件方式实现，需要平衡硬件资源和软件资源，需要协调二者的功能。

4. 任务耦合度如何

嵌入式系统执行的多个任务中，如果存在冲突，则必须通过软件方式来解决。这就需要考虑任务执行时间的先后性，也将影响任务的实时性。可以通过将任务分配给前后台系统，或者采用中断方式、顺序方式或者查询方式等解决。

5. 存储空间如何分配

这里主要是指数据存储空间。执行不同任务时，存在函数调用、跳转，需要不断定义局部或动态变量，还会涉及出栈和入栈操作。因此，在设计嵌入式软件时，必须为全局变量、局部变量合理分配存储空间。

6. 优先级如何设置

优先级是指操作系统给任务指定的优先等级。它决定任务在使用资源时的优先次序，也决定了设备在提出中断请求时，得到处理器响应的先后次序。任务调度优先级主要是指任务被调度运行时的优先级，主要与任务本身的优先级和调度算法有关。特别在实时系统中，任务调度优先级反映了一个任务的重要性与紧迫性。

任务的优先级需要按照任务类型进行安排，遵循以下规则。

(1) 中断关联性：与中断服务程序相关的任务应该安排尽可能高的优先级，这样有利于处理异步时间以提高系统的实时性，如果优先级设置得较低，则可能发生由于CPU一直被高优先级的任务占据，导致在第二次发生中断时还没来得及处理上一次中断发生的事件，导致信号的丢失。

(2) 紧迫性：紧迫任务要求在规定的时间内完成，有很强的时间关联性，对时间要求较严，在安排紧迫任务的优先级时要按照紧迫程度将任务进行划分，越紧迫的任务优先级越高。一般来说，紧迫任务与中断服务程序关联。

(3) 关键性：任务越关键，优先级越高。如果关键任务安排在较低的优先级，则不能获得更多的执行机会。

(4) 频繁性：越频繁的任务(周期越短)优先级应该设置得越高，以便及时得到执行。

(5) 快捷性：前面的条件相同或相近时，越是快捷的任务优先级越高，这样使得后面的就绪任务的延时短。

(6) 传递性：信息传递的上游任务优先级高于下游任务的优先级。例如，信息采集任务的优先级要高于信息处理的优先级。

7. 堆栈如何设置

设置堆栈时，深度非常重要。处理器在执行不同的任务或调用时，会存在任务嵌套的情况，这就存在多次保护和恢复现场的操作，都涉及堆栈。如果中断的深度设置得不合理，则势必导致数据溢出或覆盖等情形，造成结果错误。

2.5 相关理论知识

设计嵌入式系统，不仅要懂得嵌入式系统软件、硬件及其开发方法方面的知识，还要深入了解相关的理论知识。这是因为，嵌入式系统的作用主要体现在专用上，如用于信号处理、图像、语音、视频、雷达等方面。这就要求设计者具备这些领域的理论知识。密切相关的一些理论知识包括：

(1) 信号处理。信号的产生、变换、运算、滤波、调制、解调、检测以及谱分析和估计等。

(2) 噪声理论。系统噪声的来源、特征、类别；如何估计系统噪声，以及如何有效抑制噪声。

(3) 图像处理理论。图像的预处理方法包括：二值化，图像的压缩、编码，图像的传输理论。

(4) 传感与检测技术。各种类型传感器的工作原理与机制；传感信号的特征与处理方式；如何提升传感器的性能指标。

(5) 通信与信息论。信息论是在信息可以度量的基础上，研究有效地、可靠地传递信息的科学，它涉及信息量度、信息特性、信息传输速率、信道容量、干扰对信息传输的影响等方面的知识。

(6) 智能控制理论。智能控制是以控制理论、计算机科学、人工智能、运筹学等学科为基础，包括模糊逻辑、神经网络、专家系统、遗传算法等理论和自适应控制、自组织控制、自学习控制等技术。智能控制理论在激光制导、自动驾驶、机器人导航、船舶/飞行器控制等领域都有着十分广泛的应用。

(7) 计算机理论。包括数据结构、数据处理算法、云计算、大数据、数据挖掘、机器学习、神经网络等理论和应用技术。

2.6 嵌入式系统的选型

2.6.1 硬件平台选型

嵌入式系统硬件平台的选型需要重点考虑处理器及外围电路的选型。

1. 处理器选型

选择处理器时主要考虑以下因素。

(1) 任务需求。根据处理器要实现的功能及以后要扩展的功能去选择相应的处理器，本着够用的原则去选择相应功能的处理器，尽量使得大部分或者所有的功能都能在一个芯片上实现，这样可以减少外围电路。例如，如果需要有大量的浮点数计算，可选用 DSP，或选用带 DSP 功能的 SoC；如仅仅完成一些简单的控制功能，同时没有大量的数据通信时，可选用一般的单片机。

(2) 处理器生产厂家。尽量选择技术实力较强的处理器生产厂家，他们有相应的配套开发工具、技术成熟。

(3) 性能。如集成度、功耗、所需资源、速度、加密程度等。

(4) 应用环境。如用于工业、民用、军用领域。对于工业领域，功能更重要；对于民用领域，性价比更重要；对于军用领域，可靠性更重要。

(5) 有无片上存储器、调试/仿真的周期，用户是否熟练该型号的处理器的开发，是否有一定的技术积累、供货周期等。

2. 外围电路选型

设计外围电路可以采用分立器件、专用集成电路或可编程逻辑电路。

分立器件就是具有单一功能的电路基本元件，如晶体管、二极管、电阻、电容、电感等，单独拿出来看它们就是分立器件。分立器件的性能好，但采用分立器件构建电路的集成度低、功耗大、可靠性差。

专用集成电路是一种微型电子器件或部件。采用一定的工艺，把一个电路中所需的晶体管、二极管、电阻、电容和电感等元件及布线互连一起，制作在一小块或几小块半导体晶片或介质基片上，然后封装在一个管壳内，成为具有所需电路功能的微型结构。专用集成电路的优势就是体积小，重量轻，引出线和焊接点少，寿命长，可靠性高，性能好等。劣势是，在面积受限制的情况下，集成电路无法将其每一个部件都做得非常好。而且一般而言，专用集成电路的上市时间相对较晚，某些情况下无法满足抢占市场先机的需求。

可编程逻辑器件即 PLD，可按照用户需要，对器件编程来确定其功能。PLD 的集成度很高，足以满足设计一般的数字系统的需要。PLD 在设计过程中为客户提供了更大的灵活性,因为对于 PLD 来说,只需要简单地改变编程文件就可以了,而且设计改变的结果可立即在工作器件中看到。PLD 的缺点是价格和功耗较高。

2.6.2 操作系统选型

选择操作系统时,需要重点考虑以下几方面因素。

(1) 硬件平台是否支持。

在进行嵌入式系统开发时,需要重点考虑操作系统的可移植性,一种好的嵌入式操作系统通常可以运行在不同体系结构的处理器和开发板上。为了使嵌入式操作系统可以在某种具体的目标设备上运行,嵌入式操作系统的编写者通常无法一次性完成整个操作系统的代码,而必须把一部分与具体硬件设备相关的代码作为抽象的接口保留出来,让提供硬件的 OEM 厂商来完成。

(2) 开发工具是否支持。

嵌入式软件开发工具的集成度和可用性将直接关系到嵌入式系统的开发效率。例如,Linux 具备一套完整的工具链,容易自行建立嵌入式系统的开发环境和交叉运行环境,并且可以跨越嵌入式系统开发中仿真工具的障碍。一般地,嵌入式操作系统的程序调试和跟踪都是使用仿真器来实现的,而使用 Linux 系统做原型的时候就可以绕过这个障碍,直接使用内核调试器来进行操作系统的内核调试。

(3) 是否满足应用需求。

嵌入式应用场景非常广泛,分为多种应用模式,分别需要不同特征、架构的嵌入式操作系统。应用需求包括以下几个方面:任务需求、用户需求、功能需求、非功能需求等。在选择嵌入式系统的时候需要关心系统的性能,具体表现为系统的实时性、安全性、稳定性;其次还需要关心系统的能耗以及一些其他标准,如系统的完成时间、用户界面等。

(4) 可否自己更改操作系统。

嵌入式系统在设计完成后,用户通常是不能对其中的程序功能进行修改的,必须有一套开发工具和环境才能进行开发。嵌入式系统中既有软件也有硬件,如果进行硬件设计,有时要开发一些与硬件关系最密切的最底层软件。如果进行嵌入式操作系统和应用软件的开发,我们需要对硬件原理和接口有较好的掌握。嵌入式硬件设计完毕,各种功能就全靠软件来实现了,嵌入式设备的增值很大程度上取决于嵌入式软件,这属于嵌入式系统的最主要工作。

2.7 嵌入式系统的开发

嵌入式系统的开发过程需要遵循从需求分析到总体设计、详细设计到最后产品定型的过程,包含嵌入式软件、硬件两部分。

2.7.1 开发流程

第一,根据经验、客户需求、市场需求,进行需求分析。明确系统的总体需求情况,包括硬件功能需求、硬件性能需求、软件功能需求、软件性能需求等,如处理器的处理能力、I/O 端口的分配、接口的要求、电平的要求、存储容量和速度的需求、性能指标、可靠性指标等。

第二，制作总体方案。从软件方面来说，需要对软件系统进行设计，包括系统的基本处理流程、系统的组织结构、模块划分、功能分配、接口设计、数据结构设计、出错设计、主要算法、数据结构、类的层次结构和调用关系等。这些可以为以后的软件编程提供很好的基础。硬件方面，充分考虑电路的可行性、可靠性以及成本。这个阶段是原型设计阶段，主要是对硬件单元电路和局部电路进行设计和验证。

第三，在总体方案设计的基础上，需要进行软硬件的详细设计。软件方面，开始编写程序，并根据制定的详细方案，依照设计要求，分别实现各个模块的功能。硬件方面，绘制硬件的原理图与 PCB 图，完成开发物料清单等。

第四，开展软硬件调试。硬件方面，做好 PCB 后，焊好单板，开始做单板调试，分别对原理图中各个功能进行调试。要进行严格、有效的技术评审，以保证产品的可靠性。同时，结合硬件，对软件开展模块级的测试。

第五，在软件、硬件的设计与分立调试后，进行系统集成与综合调试，等到调试完成后，进行功能验收以及指标检验与参数标定，然后进行电磁兼容或者伏安特性的测试，如果需要，进行第二次制板。

第六，在软件、硬件全部达到要求后，撰写出一份最终的产品总结或者用户要求的安装手册和使用指南。

2.7.2 开发方法

嵌入式操作系统开发方法分为：硬件优先法、软件优先法、软硬件并行开发法。

(1) 硬件优先法：先设计好硬件，再根据硬件结构和接口，设计软件，然后分模块逐个调试。

(2) 软件优先法：先设计好软件，再依据软件需要，设计、焊接硬件，再分模块逐个调试。

(3) 软硬件并行开发法：软件与硬件的设计同步进行，并同步调试，直至完成全部模块的开发。

2.7.3 开发模式

嵌入式系统开发主要包括宿主机与目标机两个部分的开发，宿主机能够对嵌入式系统中的代码进行编译、定位、链接、执行，而目标机则是嵌入式系统中的硬件平台，负责具体执行相应的代码。

在开发嵌入式系统时，需要将应用程序转换成相应的二进制代码，这些二进制代码能够在目标机中运行。主要分为三个步骤：编译、链接与定位。其中，嵌入式系统中的交叉编译器能够进行编译，交叉编译器属于一种计算机平台中的代码生成编译器，它会将所有编译完成的目标文件均和一个目标文件进行链接，这便是链接过程。定位过程则会在目标文件的各个偏移位置对相应的物理存储器地址进行指定，在定位过程中所生成的文件便是二进制文件。

在嵌入式系统调试过程中，主要是利用交叉调试器进行，其调试方式通常采用宿主机-目标机形式，宿主机与目标机之间的连接是通过以太网或串行口线来实现的。交叉调试主要包括任务级调试、汇编级调试与源码级调试，在调试过程中需要将宿主机中存储的系统内核与应用程序分别下载到目标机中的RAM或ROM中。当目标机运行后，会接收宿主机中的调试器控制命令，同时配合调试器来对应用程序进行下载、运行与调试，然后将调试信息发送到宿主机。在嵌入式系统的开发中，要有一些连接口，它们是各种集成电路与其他外围设备交互连接的通信通路或总线。

2.7.4 开发环境

集成开发系统一般提供一种高效明晰的图形化嵌入式开发平台，包括一整套完备的面向嵌入式系统的开发和调试工具。下面介绍一些常用的面向51单片机和ARM单片机的集成开发软件。

1. Keil

Keil C51是美国Keil Software公司推出的51系列兼容单片机的C语言软件开发系统。Keil提供了包括C编译器、宏汇编、链接器、库管理和一个功能强大的仿真调试器等在内的完整开发方案，通过一个集成开发环境（μVision）将这些部分组合在一起。

2. Code Composer Studio

Code Composer Studio是代码调试器和代码设计套件，缩写为CCS，可提供强健、成熟的核心功能，以及简便易用的配置和图形化可视化工具，使系统设计更快，一般用于调试DSP。Code Composer Studio包含一整套用于开发和调试嵌入式应用的工具。它包含适用于每个TI器件系列的编译器、源码编辑器、项目构建环境、调试器、描述器、仿真器以及多种其他功能。

3. ADS

ADS是ARM公司的集成开发环境软件，功能强大。其前身是SDT，目前SDT早已经不再升级。ADS包括了四个模块，分别是SIMULATOR、C编译器、实时调试器和应用函数库。ADS的编译器、调试器较SDT有了非常大的改观，ADS1.2提供了完整的Windows界面开发环境。

4. RealView MDK

RealView MDK是ARM公司目前最新推出的针对各种嵌入式处理器的软件开发工具。RealView MDK集成了业内最领先的技术，包括μVision3集成开发环境和RealView编译器，支持ARM7、ARM9和最新的Cortex-M3核处理器，自动配置启动代码，集成Flash烧写模块，强大的Simulation设备模拟功能。

5. Embedded Workbench for ARM

Embedded Workbench for ARM是IAR Systems公司为ARM微处理器开发的一个集成开发环境（简称IAR EWARM）。相比其他ARM开发环境，IAR EWARM具有入门容易、使用方便和代码紧凑等特点。EWARM包含一个全软件的模拟程序。用户不需要任何硬件支持就可以模拟各种ARM内核、外部设备甚至中断的软件运行环境。

6. Multi 2000

Multi 2000是美国Green Hills软件公司开发的集成开发环境，支持C/C++/Embedded C++/Ada 95/Fortran编程语言的开发和调试，可运行于Windows平台和Unix平台，并支持各类设备的远程调试。Multi 2000支持Green Hills公司的各类编译器以及其他遵循应用程序二进制接口(EABI)标准的编译器，同时 Multi 2000 支持众多流行的 16 位、32 位、64 位处理器和 DSP，如 PowerPC、ARM、MIPS、x86、Sparc、TriCore、SH-DSP 等，并支持多处理器调试。Multi 2000 包含完成一个软件工程所需要的所有工具，这些工具可以单独使用，也可集成第三方系统工具。

7. Embest IDE

Embest IDE(Embest integrated development environment)，是深圳市英蓓特信息技术有限公司推出的一套应用于嵌入式软件开发的新一代集成开发环境。Embest IDE 是一个高度集成的图形界面操作环境，包含编辑器、编译器、汇编器、链接器、调试器等工具，其界面与 Microsoft Visual Studio 类似。Embest IDE 支持 ARM、Motorola 等多家公司不同系列的处理器，对于 ARM 系列处理器，目前支持 ARM5、ARM7、ARM9 等系列芯片。

2.8 嵌入式系统的集成与测试

2.8.1 集成技术

对嵌入式系统的集成不仅仅是一种简单的组装，要充分考虑接口、引线、型号命名、通信协议、防护性能(防水、防尘、防振、防火)、电磁辐射、电磁兼容等因素。同时，还需要考虑工作环境参数、寿命等是否符合行业标准和国家标准。

2.8.2 测试方法

对嵌入式系统的测试方法有黑盒测试和白盒测试。

黑盒测试也称功能测试，它是通过测试来检测每个功能是否都能正常使用。在测试中，把程序看作一个不能打开的黑盒子，在完全不考虑程序内部结构和内部特性的情况下，在程序接口处进行测试，只检查程序功能是否按照需求规格说明书的规定正常使用，程序是否能适当地接收输入数据而产生正确的输出信息。黑盒测试着眼于程序外部结构，不考虑内部逻辑结构，主要针对软件界面和软件功能进行测试。

白盒测试又称结构测试、逻辑驱动测试。盒子指的是被测试的软件，白盒指的是盒子是可视的，你清楚盒子内部的东西以及里面是如何运作的。“白盒”法需全面了解程序内部逻辑结构，对所有逻辑路径进行测试。“白盒”法采用的是穷举路径测试方法。在使用这一方案时，测试者必须检查程序的内部结构，从检查程序的逻辑着手，得出测试数据。

思 考 题

1. 嵌入式系统的发展经历了哪些阶段？
2. 嵌入式系统由哪些部分组成？
3. RISC 与 CISC 有什么异同？
4. 冯·诺依曼与哈佛结构相比，各有什么优缺点？
5. 简述开发嵌入式系统的流程。

6. 有无操作系统时，嵌入式系统在性能上有什么优缺点？
7. 在设计嵌入式系统的硬件时，着重需要依据哪些原则？
8. 在设计嵌入式系统的软件时，着重需要考虑哪些问题？
9. 如何集成并测试嵌入式系统？有哪些考虑要素？举例说明。

3

单片机的硬件架构与原理

单片机结构有两种类型：一种是程序存储器和数据存储器分开的形式，即哈佛(Harvard)结构；另一种是通用计算机广泛使用的程序存储器与数据存储器合二为一的结构，即普林斯顿(Princeton)结构。Intel 的 MCS-51 系列单片机采用哈佛结构，而后续产品 16 位的 MCS-96 系列单片机则采用普林斯顿结构；三星公司的 ARM9 单片机的内核采用哈佛结构，且具有独立的数据总线和地址总线，片外扩展的内存仍采用普林斯顿结构，数据存储器和程序存储器统一编址。

本章主要介绍 51 单片机与 ARM 单片机的核心架构、硬件资源、工作原理和方式。

3.1 单片机的片上结构

3.1.1 51 单片机的片上结构

在功能单元上，51 单片机包括中央处理器、存储器、并口、串口、定时器/计数器、中断管理与控制逻辑。51 单片机的内部结构如图 3.1 所示。

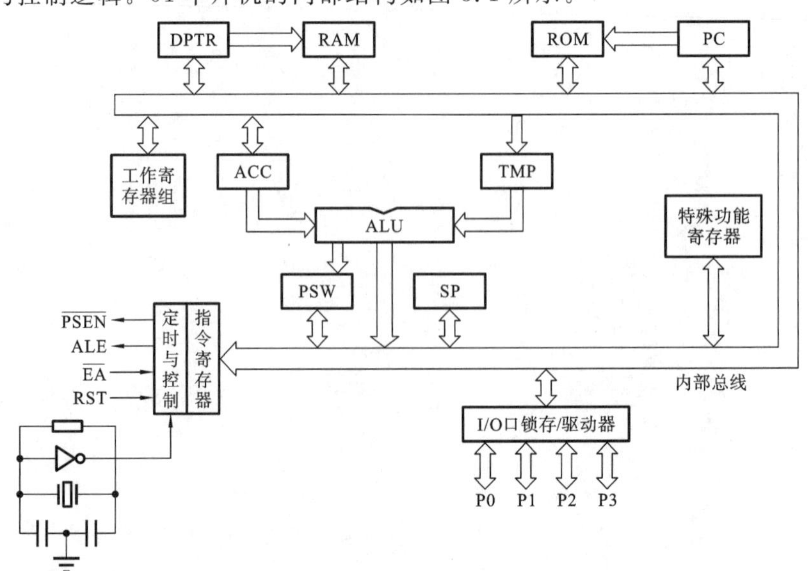

图 3.1 51 单片机的内部结构

中央处理器:负责执行指令、数据运算(算术运算、逻辑运算)。

存储器:包括程序存储器、数据存储器,用于存储指令和数据;又可分为片内存储器、片外存储器。

并行接口:简称并口,用于CPU和外设之间以并行方式同时传输多位数据,具有"输出锁存、输入缓冲"功能。

串行接口:简称串口,用于CPU和外设之间以串行方式进行逐位数据传输。

定时器:用于产生固定时间(比较精确),也可以作为串口通信的波特率发生器或外部设备的时钟来源。

计数器:主要是计量外部输入的脉冲个数。

中断管理与控制逻辑:负责对中断源以及优先级的管理,并发出相关控制时序。

3.1.2 ARM9单片机的片上结构

以三星公司的ARM9单片机——S3C2410为例,其内部结构如图3.2所示,主要

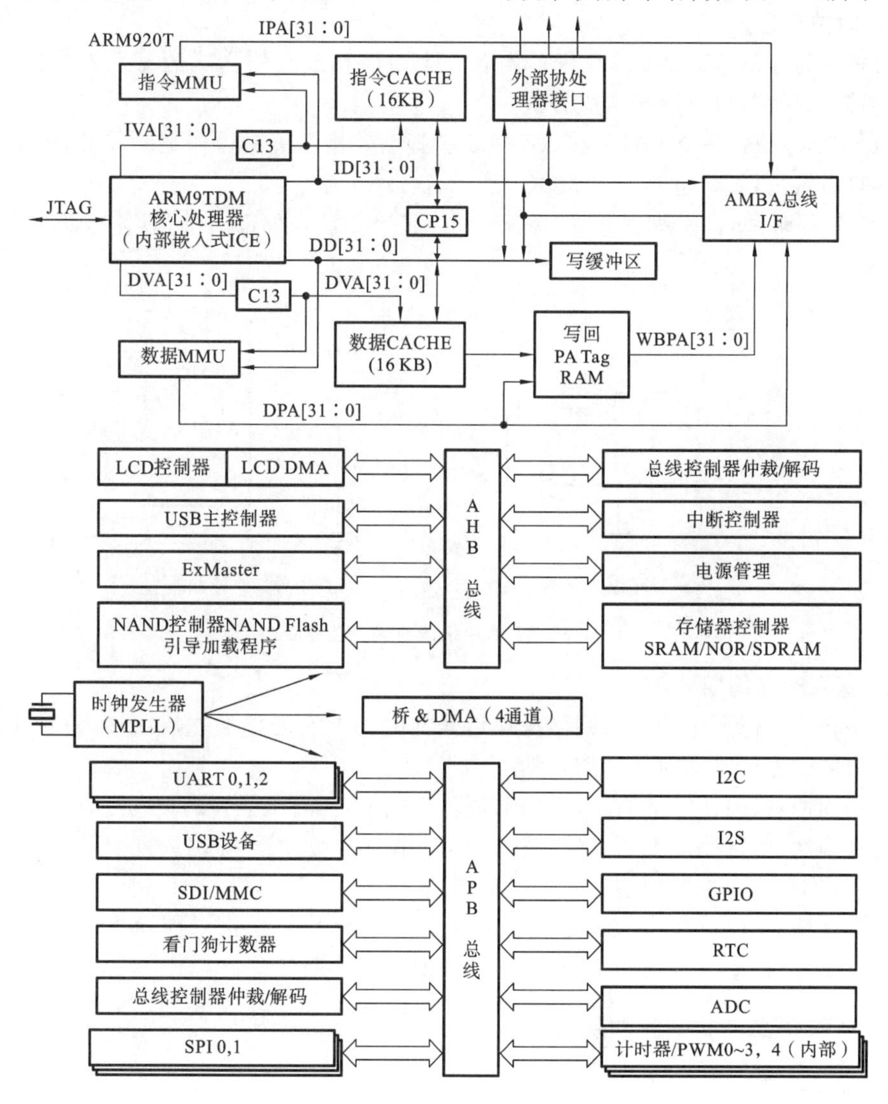

图3.2 ARM9的内部结构框图

包括三部分：ARM9 内核、高速设备、低速设备，三者的工作时钟不同。

(1) ARM9 内核：包括 ARM920T 处理器、指令 Cache、数据 Cache、内存管理单元(MMU)、协处理器 CP15 及其寄存器 C13 等。

(2) 高速设备：工作时钟为 HCLK。主要包括如下功能单元：LCD 控制器、USB 主机控制器；NAND Flash 控制器、总线控制器、中断控制器、功耗管理单元、内存控制器。

(3) 低速设备：工作时钟为 PCLK。主要包括如下功能单元：UART 接口、USB 设备、SDI/MMC、看门狗定时器、总线控制器、SPI 接口、I2C、I2S、GPIO、RTC、ADC、PWM 定时器。

3.2 单片机的时钟系统

3.2.1 51 单片机的时钟系统

1. 时钟产生方式

时钟是时序的基础，51 单片机片内有一个由反相放大器构成的振荡器，可以由它产生时钟。时钟有以下两种产生方式。

(1) 外部振荡：在 XTAL1 和 XTAL2 引脚端外接石英晶体作定时元件，内部反相放大器自激振荡，具体电路如图 3.3(a)所示。

(2) 外部时钟：将引脚 XTAL1 接地，将 XTAL2 接入外部时钟，具体电路如图 3.3(b)所示。

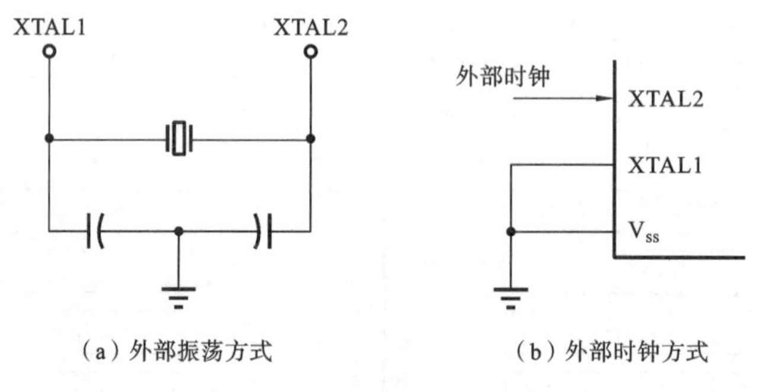

图 3.3 51 单片机的时钟产生电路

2. 基本时序周期

一条指令译码产生的一系列微操作信号在时间上有严格的先后次序，这种次序就是单片机的时序。基本时序周期包括：

振荡周期：指振荡源的周期，在内部振荡方式下，为石英晶振的振荡周期。

时钟周期：为振荡周期的 2 倍，时钟周期＝振荡周期 P1＋振荡周期 P2。

机器周期：一个机器周期含 6 个时钟周期。

指令周期：完成一条指令所需的全部时间。51 单片机的指令周期含 1～4 个机器周期，其中多数指令为单周期指令，还有 2 周期和 4 周期指令。

3.2.2 ARM9 单片机的时钟系统

1. 时钟来源

ARM 单片机共需要三个时钟来源：① 主锁相环(MPLL)时钟来源，可以采用外部振荡方式或者外部时钟方式；② USB锁相环(UPLL)时钟来源，可以采用外部振荡方式或者外部时钟方式；③ 实时时钟来源，一般采用外部振荡方式。

MPLL和UPLL的时钟来源可以通过硬件方式(引脚OM[3：2])来设置。

当OM[3：2]=00时：MPLL和UPLL均选择外部振荡方式；

当OM[3：2]=01时：MPLL选择外部振荡方式，UPLL选择外部时钟方式；

当OM[3：2]=10时：MPLL选择外部时钟方式，UPLL选择外部振荡方式；

当OM[3：2]=11时：MPLL和UPLL均选择外部时钟方式。

两种锁相环的输入时钟的频率范围约为12 MHz；实时时钟的频率约为32.768 kHz。

2. 工作时钟的产生与分配

ARM单片机的时钟主要由锁相环(PLL)产生。最基本的PLL由以下四部件组成，如图3.4所示。

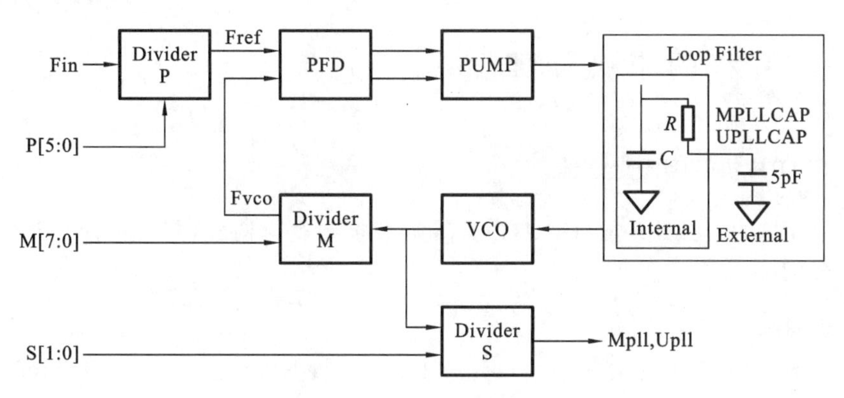

图3.4　PLL的结构及工作原理

PFD(鉴相器)：将输入信号(频率：Fref)和压控振荡器输出分频后的信号(频率：Fvco)的相位进行比较，产生对应于两个信号相位差的误差电压。

PUMP(转换泵)：对PFD的输出信号按一定比例进行转换，得到误差电压信号。

Loop Filter(环路滤波器)：滤除误差电压信号中的高频成分和噪声，保证闭环控制回路所要求的性能，提高锁相环的稳定性。

VCO(压控振荡器)：在误差电压的控制下，使压控振荡器产生的信号频率逼近输入信号的频率，直至消除频率差异而实现二者的锁定。

S3C2410A采用3个分频器，可以灵活控制时钟信号的比例。分频器P对输入信号Fin分频产生信号Fref，分频器M对压控振荡器输出信号分频产生信号Fvco，分频器S对压控振荡器输出信号分频后生成了Mpll和Upll。

Mpll和Upll分别通过倍频产生M_{pll}和U_{pll}时钟，二者与输入时钟的关系可表示为：

$$U_{pll}=\frac{(M+8)F_{in}}{(P+2)2^S}$$

$$M_{pll}=\frac{2(M+8)F_{in}}{(P+2)2^S}$$

式中：M_{pll}和U_{pll}中的M、P、S各自独立，可由特殊功能寄存器通过软件编程设定。

由锁相环产生的M_{pll}/U_{pll}时钟再经过时钟与功耗管理单元产生FCLK、HCLK、

PCLK 和 UCLK,分别供给不同的片内外设作为其工作时钟。另外,可以通过寄存器来设置 FCLK、HCLK、PCLK 的比例关系。

时钟分配关系如表 3.1 所示。

表 3.1 ARM 单片机的时钟分配关系

工作时钟	供给模块
FCLK	ARM920T
HCLK	ARM920T、MEMCNTL、INTCNTL、BUSCNTL、ARB/DMA、ExtMaster、LCDCNTL、NAND Flash Controller、USB Host I/F
PCLK	WDT、SPI、PWM、I2C、ADC、UART、I2S、GPIO、RTC、ISB Device
UCLK	USB Host I/F、ISB Device

3.3 单片机的中央处理器

3.3.1 51 单片机的中央处理器

51 单片机的中央处理器(CPU)由运算器和控制逻辑构成,其中包括 CPU 专属的寄存器 (SFR)。

1. 运算器

运算器的核心部件是算术逻辑单元(ALU):对数据进行加、减、乘、除等算术运算,"与""或""异或"等逻辑运算以及位操作运算。参与运算的操作数可以存放到累加器 ACC、暂存器 TMP 或者副累加器 B 中,运算结果可以存放到累加器 ACC、副累加器 B、通用寄存器、内部 RAM 中。副累加器 B 主要参与乘法和除法运算,在乘法运算中用来存放一个乘数,运算后将结果的高 8 位存放到 B 中;在除法运算中存放除数,运算后将余数存放到 B 中。

2. 控制器

单片机的控制器主要包括定时和控制逻辑、指令寄存器(IR)、指令译码器(ID)、数据指针(DPTR)和程序计数器(PC)等。单片机是程序控制式计算机,在程序控制下逐条执行程序指令,具体过程:从 ROM 中取出指令传送至指令寄存器 IR,然后由指令译码器 ID 进行译码,产生一系列符合定时要求的微操作信号,用以控制单片机各部分动作。

控制器在单片机内部协调各功能部件之间的数据传送、数据运算等操作,并对单片机发出若干控制信息,如 ROM 的选通信号$\overline{PSEN}$、地址锁存信号 ALE、外部 ROM 的使能信号$\overline{EA}$、复位信号 RST、外部 RAM 的读/写信号$\overline{WR}$和$\overline{RD}$。

3. 指令部件

(1) 程序计数器 PC:16 位的计数器,其内容为下一条待执行指令的地址,可寻址范围 64 KB。

(2) 指令寄存器 IR:IR 用来存放当前正在执行的指令。

(3) 指令译码器 ID:ID 对 IR 中指令操作码进行分析解释,产生相应的控制信号。

(4) 地址指针 DPTR:DPTR 为 16 位地址寄存器,可以寻址 64 KB 地址空间,既可以寻址外部数据存储器,也可以寻址外部程序存储器,用于读取表格常量。

4. CPU 专属寄存器

CPU 专属寄存器除包括如上所讲的累加器 A、B、PC、DPTR,还包括以下寄存器。

1) 工作寄存器

记为 R0~R7,分为四组,分布在地址范围为 00~1FH 的内部 RAM 中。第一组的地址范围:00~07H;第二组的地址范围:08~0FH;第三组的地址范围:10~17H;第四组的地址范围:18~1FH。

工作寄存器的作用:寻址、作为操作数、传递参数、函数返回。

单片机具有四组不同工作寄存器的原因:在不同的状态下保持单片机的工作状态。主要用于 CPU 在工作状态切换时的断点和状态保护,使得 CPU 可返回原断点处继续执行程序。

2) 程序状态字

程序状态字 PSW 是个 8 位寄存器,用来寄存本次运算的特征信息,用到其中的 7 位。PSW 的格式如图 3.5 所示,各位的含义如下。

	D7	D6	D5	D4	D3	D2	D1	D0
PSW	CY	AC	F0	RS1	RS0	OV		P

图 3.5 PSW 的字节格式

CY:进位标志。当 D7 有进位/借位时,CY=1,否则 CY=0。

AC:半进位标志。当 D3 位向 D4 位产生进位/借位时,AC=1,否则 AC=0,常用于十进制调整运算中(DA 指令)。

F0:用户可设定的标志位,可置位/复位,也可供测试。

RS1、RS0:四个通用寄存器组的选择位,该两位的四种组合状态用来选择 0~3 寄存器组,如表 3.2 所示。

表 3.2 RS1、RS0 与工作寄存器组的关系

RS1	RS0	工作寄存器组	内部 RAM 地址
0	0	0 组	00~07H
0	1	1 组	08~0FH
1	0	2 组	10~17H
1	1	3 组	18~1FH

OV:溢出标志。当带符号数运算结果超出-128~+127 范围时,OV=1,否则 OV=0。当无符号数乘法结果超过 255 时,或当无符号数除法的除数为 0 时,OV=1,否则 OV=0。

P:奇偶校验标志,每条指令执行完,当 A 中 1 的个数为奇数时,P=1,否则 P=0。

3.3.2 ARM9 单片机的中央处理器

1. ARM920T 内核

ARM920T 内核包含 ARM9 TDMI、MMU、Cache、CP15、AMBA 总线接口等模块。

(1) JTAG:一种调试或者测试芯片的接口,通过 JTAG 接口访问 CPU 的内部寄存器和挂在总线上的设备,如 Flash、RAM 等。

(2) ARM9 TMDI:ARM9 CPU 内核,负责执行程序。

(3) 指令、数据 MMU:包括两个 C13 寄存器,用于虚拟地址的映射。

(4) 指令、数据 Cache:包括写回 PATAG RAM、写缓冲,一起完成高速缓存的功能。

(5) CP15:协处理器,用于控制 MMU 和 Cache,还可以控制其他器件,不同的系统配置下功能不同。

(6) 外部协处理器接口:ARM920T 可以加入多达 15 个协处理器。

(7) AMBA 总线接口:ARM920T 内部就是通过它和外部内存及其他设备通信。

2. ARM 处理器的工作模式

(1) 用户模式(USR):正常程序执行模式,不能直接切换到其他模式。

(2) 系统模式(SYS):运行操作系统的特权任务,与用户模式类似,但具有直接切换到其他模式等特权。

(3) 快速中断模式(FIQ):支持高速数据传输及通道处理,FIQ 异常响应时进入此模式。

(4) 外部中断模式(IRQ):用于通用中断处理,IRQ 异常响应时进入此模式。

(5) 管理模式(SVC):操作系统保护模式,系统复位和软件中断响应时进入此模式(由系统调用执行软中断 SWI 命令触发)。

(6) 数据访问中止模式(ABT):用于支持虚拟内存和/或存储器保护,在 ARM7TDMI 没有大用处。

(7) 未定义指令终止模式(UND):支持硬件协处理器的软件仿真,未定义指令异常响应时进入此模式。

除用户模式外,其余 6 种工作模式都属于特权模式。可以通过控制来切换处理器模式,也可以通过外部中断或异常处理过程进行切换。大多数的用户程序运行在用户模式下,此时,应用程序不能访问一些受操作系统保护的系统,应用程序也不能直接进行处理器模式切换。当需要进行处理器模式切换时,应用程序可以产生异常处理,在异常处理中进行处理器模式的切换。

3. ARM 处理器的工作状态

ARM 处理器有以下两种工作状态。

(1) ARM 状态:执行 32 位、字对齐的 ARM 指令;

(2) Thumb 状态:执行 16 位、半字对齐的 Thumb 指令。

ARM 指令集和 Thumb 指令集均有切换处理器状态的指令,在程序的执行过程中,处理器可以随时在两种工作状态之间切换,并且处理器工作状态的转变并不影响处理器的工作模式和寄存器中的内容。

切换工作状态的方法如下。

(1) 执行 BX 指令:当操作数寄存器的状态位(第 0 位)为 1 时,可采用 BX 指令使处理器从 ARM 状态切换到 Thumb 状态;当该状态位为 0 时,执行 BX 指令可以使处理器从 Thumb 状态切换到 ARM 状态。

(2) 发生异常:当处理器处于 Thumb 状态时发生异常(如 IRQ、FIQ、Undef、Abort、SWI 等)时,若异常处理返回,则处理器将自动切回 Thumb 状态。此外,在处理器进行异常处理时,把 PC 指针放入异常模式链接寄存器中,并从异常向量地址开始执行程序,可以使处理器切换到 ARM 状态。

4. ARM 单片机的工作寄存器

ARM 处理器共有 37 个 32 位寄存器,包括 1 个 PC、1 个 CPSR、5 个 SPSR 和 30 个通用寄存器。根据处理器的工作状态及运行模式,将这些寄存器分配到不同的组,在相应模式和状态下,只能访问特定的寄存器。

在 ARM 状态下,可访问 16 个通用寄存器(R0～R15)和 1～2 个状态寄存器(CPSR、SPSR)。在非用户模式下可访问特定模式分组寄存器。

Thumb 状态下的寄存器集是 ARM 状态下的一个子集,该状态下,程序可直接访问通用寄存器(R0～R7)、程序计数器(PC)、堆栈指针(SP)、链接寄存器(LR)和状态寄存器 CPSR。在每种异常模式下,都有对应的 SP、LR、SPSR。

5. ARM 单片机的程序状态寄存器

ARM 体系结构包含 1 个 CPSR 和 5 个 SPSR。SPSR 用来进行异常处理,其功能包括:保存 ALU 中的当前操作信息;允许和禁止 FIQ、IRQ 异常;设置处理器的运行模式。

程序状态寄存器每一位的定义如表 3.3 所示。

表 3.3 程序状态寄存器的定义

31	30	29	28	27	26～8	7	6	5	4	3	2	1	0
N	Z	C	V	Q	DNM(RAZ)	I	F	T	M4	M3	M2	M1	M0

(1) 条件码标志:N、Z、C、V 为条件码标志位。

(2) 控制位:CPSR 的低 8 位(包括 I、F、T 和 M[4:0])称为控制位。

3.4 单片机的流水线架构

51 单片机和 ARM 单片机均为精简指令集计算机,分别采用三级流水线和五级流水线架构。

3.4.1 51 单片机的三级流水线

三级流水线如图 3.6 所示,流水线包含 3 个阶段,指令分 3 个阶段执行。

(1) 取指令:从存储器装载一条指令。

(2) 译码:识别将要被执行的指令。

(3) 执行:处理指令并将结果写回寄存器。

3.4.2 ARM9 单片机的五级流水线

ARM920T 采用五级流水线,其结构如图 3.7 所示。

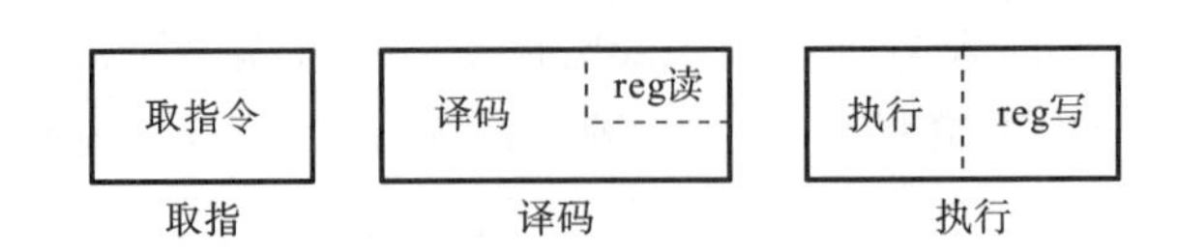

图 3.6 51 单片机的三级流水线

(1) 取指令:从存储器中取出指令,并将其放入指令流水线。

(2) 译码:对指令进行译码。

(3) 执行:把一个操作数移位,产生 ALU 的结果。

(4) 缓冲/数据:如果需要,访问数据存储器;否则 ALU 的结果只是简单地缓冲 1 个时钟周期,以便所有的指令具有同样的流水线流程。

(5) 回写:将指令产生的结果回写到寄存器,包括任何从存储器中读取的数据。

图 3.7 ARM920T 的五级流水线

3.5 单片机的存储器组织

严格来讲,51 单片机内核采用时分复用的准哈佛结构,即程序存储器和数据存储器分别独立编址,具有各自的指令和寻址方式。虽然 ARM9 的内核采用哈佛结构(独立的指令和数据 Cache),但一些基于 ARM9 内核的处理器(如三星公司的 S3C2410)在扩展外部存储器时,依然采用冯·诺依曼结构,程序存储器和数据存储器统一编址。

3.5.1 51 单片机的存储器

51 单片机采用哈佛结构,该结构的特点:将程序存贮储和数据存储器分开,并有各自的寻址机构和寻址方式。哈佛结构的优点:能够同时访问 RAM、ROM,从而提高数据的访问速率。

51 单片机在物理上有 4 个存储空间:片内程序存储器和片外程序存储器、片内数据存储器和片外数据存储器。

1. 程序存储器

(1) 51 单片机具有 4 KB 的片内程序存储器(地址范围:0000~0FFFH),并可通过外部总线扩展 64 KB 的片外程序存储器(地址范围:0000~FFFFH)。

(2) 内部 4 KB ROM 和外部低 4 KB ROM 是重叠的,单片机只能访问一个 0000~0FFFH 空间。选择方法:CPU 的控制器专门提供一个控制信号$\overline{EA}$来区分内部 ROM 和外部 ROM 的 4 KB,即当$\overline{EA}$接高电平时,单片机从片内 ROM 的 4 KB 存储区取指令,而当指令地址超过 0FFFH 后,就自动地转向片外 ROM 取指令。当$\overline{EA}$接低电平时,CPU 只从片外 ROM 取指令。由于 8031 单片机的内部没有 ROM,所以必须将$\overline{EA}$引脚接地,使得 8031 从外部 ROM 中读取指令并执行。

(3) 程序存储器中 0000H~0002H 单元是所有执行程序的入口地址,复位后,CPU

总是从0000H单元开始执行程序。

(4) 0003H～002AH单元被均匀地分为5段,用作5个中断服务程序的入口。单片机发生中断后,PC会被强制性修改,从而跳转到该处执行程序。

2. 数据存储器

51单片机具有256 B的片内RAM,该RAM又可分为低128 B(地址范围00～7FH)的一般RAM和高128 B(地址范围80～FFH)的特殊功能寄存器(SFR),如图3.8所示。

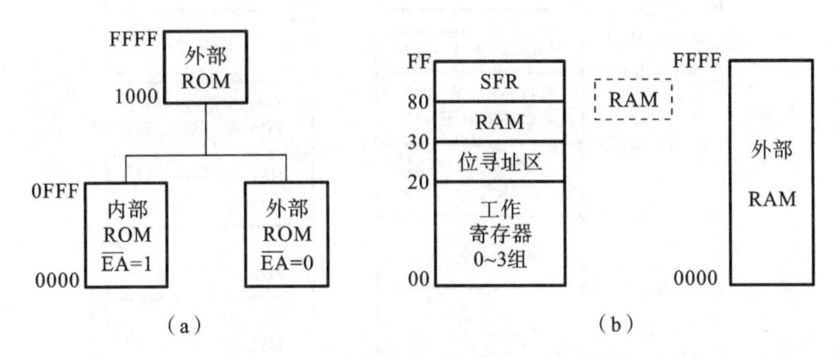

图3.8　51单片机的存储器组织结构

利用单片机的外部总线可以在片外扩展RAM,最多可以扩展64 KB,在地址上和ROM是重叠的。51单片机通过不同的信号来选通ROM或RAM:当从外部ROM取指令时用选通信号$\overline{PSEN}$,而从外部RAM读写数据时采用读写信号$\overline{RD}$或$\overline{WR}$来选通。因此,不会因地址重叠而出现混乱。

8051的RAM虽然存储空间不大,但却起着十分重要的作用。256个字节被分为两个区域:00H～7FH是真正的RAM区,可以读写各种数据,而80H～FFH是专门用于特殊功能寄存器(SFR)的区域。

片内RAM的低128 B(00H～7FH)还可以分为以下三个区域。

(1) 工作寄存器区:00H～1FH。包含4组工作寄存器,每组占用8 B RAM,记为R0～R7,在某一时刻,CPU只能使用其中的一组工作寄存器,工作寄存器组的选择则由程序状态寄存器PSW中的两位来确定。

(2) 可位寻址区:20H～2FH,共16个字节128位。这个区域除了可以作为一般RAM单元进行读写外,还可以对每个字节的每一位进行操作,并且对这些位都规定了固定的位地址:从20H单元的第0位起到2FH单元的第7位止共128位,用位地址00H～FFH分别与之对应。对于需要进行按位操作的数据,可以存放到这个区域。20H～2FH中128个位按照00～7FH进行编址,该地址又称为位地址。

(3) 一般的RAM区,地址为30H～7FH,共80个字节,供用户存储变量或作为堆栈。

(4) 需要注意的是,对于8052单片机,片内多安排了128 B RAM单元,地址也为80H～FFH,与特殊功能寄存器区域地址重叠,但在使用时,可以通过指令加以区别,它们的寻址方式不同:SFR为直接寻址;80～FFH的一般RAM为间接寻址。

3.5.2　ARM9单片机的存储器

S3C2410的外部存储空间为冯·诺依曼结构,统一编址。其存储空间分成8组,每组大小是 128 MB，共 1 GB，如图 3.9 所示。所有的寄存器组均可用于 ROM 或 SRAM，Bank6、Bank7 还可用于 SDRAM。Bank0～Bank6 的开始地址是固定的，Bank7 的开始地址是 Bank6 的结束地址，灵活可变，而且 Bank6 与 Bank7 的大小必须相等。

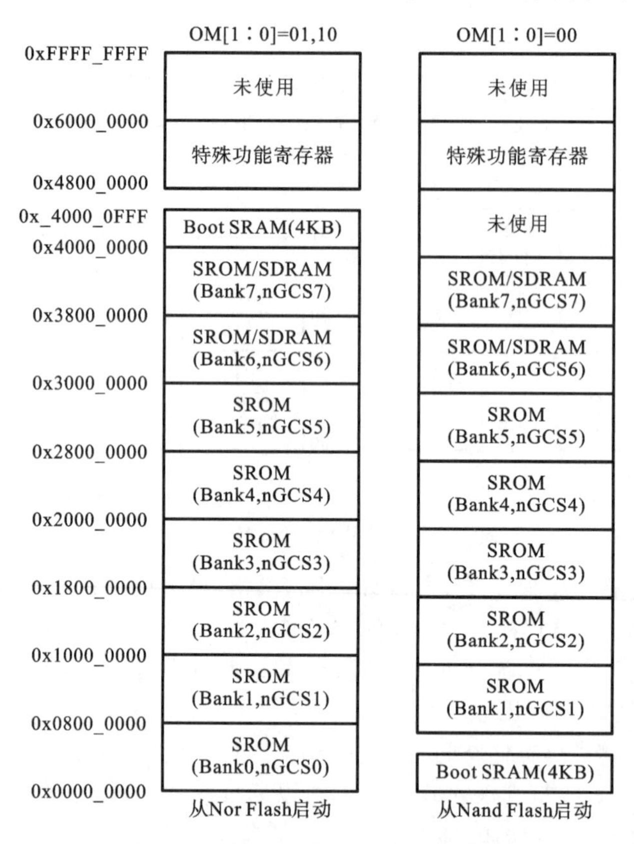

图 3.9 ARM9 **单片机的存储器映射图**

根据 OM[1：0]引脚的状态，S3C2410 有两种启动方式：① 从 NOR Flash 启动，需要将 NOR Flash 映射为 Bank0；② 从 NAND Flash 启动，此时需要将 Boot SRAM(4 KB，又称为小石头区域)映射为 Bank0，启动时最先执行 Boot SRAM 中的代码，该代码完成引导作用，将 NAND Flash 中的代码拷贝到 SDRAM 中运行。

3.6 单片机的特殊功能寄存器

特殊功能寄存器主要用于设置或显示单片机 CPU 及内部各功能单元的模式或状态，这些寄存器有别于 CPU 的工作寄存器(用于辅助完成指令操作、参数传递/返回等)。

3.6.1 51 单片机的特殊功能寄存器

51 单片机共有 21 个 8 位特殊功能寄存器，存储空间为内部 RAM 的 80～FFH 单元，主要采用直接地址寻址方式。这些特殊功能寄存器分别用于以下各个功能单元。

(1) CPU：ACC、B、PSW、SP、DPTR(由两个 8 位寄存器 DPL 和 DHP 组成)；

(2) 并行口：P0、P1、P2、P3；

(3) 中断系统：IE、IP；

(4) 定时器/计数器：TMOD、TCON、T0、T1(分别由两个 8 位寄存器 TL0 和 TH0,TL1 和 TH1 组成)；

(5) 串行口：SCON、SBUF、PCON。

上述特殊功能寄存器的地址及功能如表 3.4 所示。

表 3.4 51 单片机的特殊功能寄存器

符 号	地 址	注 释	是否能位寻址
* ACC	E0H	累加器	是
* B	F0H	乘法寄存器	是
* PSW	D0H	程序状态字	是
SP	81H	堆栈指针	否
DPL	82H	数据存储器指针(低 8 位)	否
DPH	83H	数据存储器指针(高 8 位)	否
* IE	A8H	中断允许控制器	是
* IP	D8H	中断优先控制器	是
* P0	80H	通道 0 端口寄存器	是
* P1	90H	通道 1 端口寄存器	是
* P2	A0H	通道 2 端口寄存器	是
* P3	B0H	通道 3 端口寄存器	是
PCON	87H	电源控制及波特率选择	否
* SCON	98H	串行口控制器	是
SBUF	99H	串行数据缓冲器	否
* TCON	88H	定时器控制寄存器	是
TMOD	89H	定时器方式选择	否
TL0	8AH	定时器 0 低 8 位	否
TL1	8BH	定时器 1 低 8 位	否
TH0	8CH	定时器 0 高 8 位	否
TH1	8DH	定时器 1 高 8 位	否

对 51 单片机特殊功能寄存器的定义：如 P0 口，在内存中的地址为 0x80，可直接定义为 sfr P0＝0x80。

3.6.2 ARM9 单片机的特殊功能寄存器

针对内部的不同功能单元，S3C2410 提供了许多特殊功能寄存器，以方便访问这些资源。每个特殊功能寄存器占 4 个字节(称为 1 个字)，存储数据时，需要区分大端、小端格式。

(1) 特殊功能寄存器的地址范围:0x48000000～0x60000000。

(2) 特殊功能寄存器可以读或写,或者读写均可。

(3) 特殊功能寄存器可以按照字节访问、半字访问、字访问。

(4) 字访问形式的特殊功能寄存器的定义方法。如总线控制寄存器 BWSCON,内存中的地址为 0x48000000,定义为

```
#define rBWSCON    (*(volatile unsigned*)0x48000000)
```

(5) 半字访问形式的特殊功能寄存器的定义方法。如 IIS FIFO 入口寄存器 IISFIFO,内存中的地址为 0x55000010,定义为

```
大端格式:#define IISFIFO  ((volatile unsigned short*)0x55000012)
小端格式:#define IISFIFO  ((volatile unsigned short*)0x55000010)
```

(6)字节访问形式的特殊功能寄存器的定义方法,如串口 0 的发送保持寄存器 UTXH0,内存中的地址为 0x50000020,定义为

```
大端格式:#define rUTXH0 (*(volatile unsigned char*)0x50000023)
小端格式:#define rUTXH0 (*(volatile unsigned char*)0x50000020)
```

3.7 单片机的堆栈

3.7.1 堆栈的概念

堆栈是在内存中专门开辟出来的按照"先进后出,后进先出"原则进行数据存取的区域。堆栈的起始位置称为栈底,当数据存入堆栈后,堆栈指针的值也随之变化。堆栈有两种类型:向上生长型和向下生长型。按照当前堆栈指针指向的内存空间有无数据,堆栈可分为满堆栈和空堆栈。设立堆栈的目的是用于数据的暂存,中断、子程序调用时断点和现场的保护与恢复,具体内容详见指令系统和中断部分。

3.7.2 51 单片机的堆栈

51 单片机的特殊功能寄存器中包含有堆栈指针 SP,如图 3.10 所示。8051 的堆栈属于向上生长型,在数据压入堆栈时,SP 的内容自动加 1,作为本次进栈的地址指针,然后再存入数据,所以随着数据的存入,SP 的值越来越大。当数据从堆栈弹出后,SP 的值随之减小。

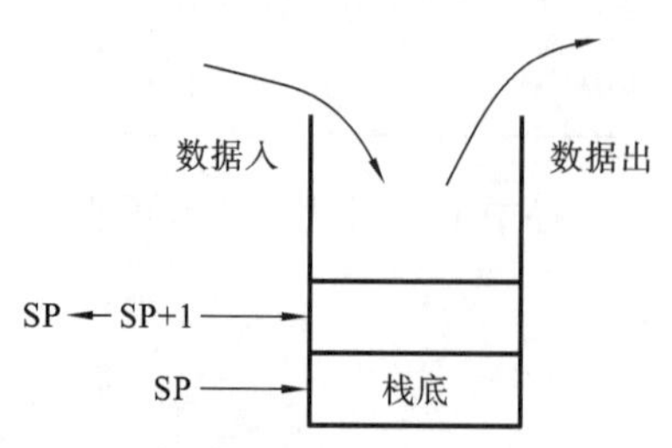

图 3.10 51 单片机的堆栈

51 单片机复位后,SP 的初始值为 07H,即从内部 RAM 的 08H 开始就是 8051 的堆栈区,这个位置与工作寄存器组 1 的位置相同。在实际应用中,通常根据需要在主程序开始处通过传送指令,对堆栈指针 SP 进行重新设置,即初始化。原则上,堆栈设在内部 RAM 中的任何一个区域均可,但一般设在 60H～7FH 较为适宜,即初始化时,设置 SP 为 5FH。

3.7.3 ARM9 单片机的堆栈

ARM9 单片机的堆栈为满递减(FD)类型。堆栈结构如图 3.11 所示。

堆栈指针:最后一个写入栈的数据的内存地址。

堆栈基地址:堆栈的最高地址。在 FD 堆栈中,最早入栈数据占据的内存单元是基地址的下一个内存单元。

堆栈界限:堆栈中可以使用的最低内存单元的地址。

已用堆栈:堆栈的基地址和数据栈指针之间的区域。包括堆栈指针对应单元,但不包括堆栈基地址对应的内存单元。

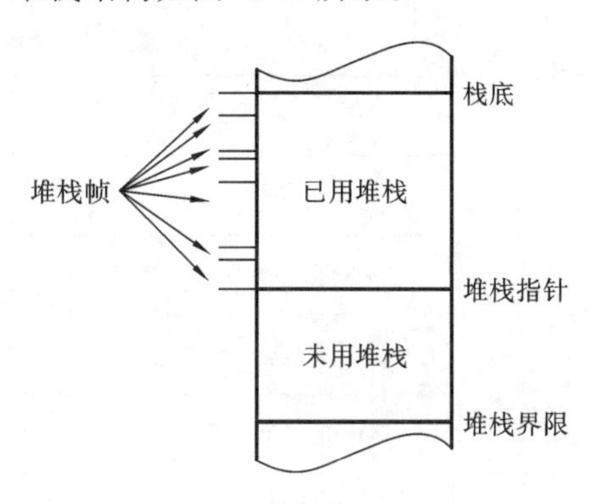

图 3.11 ARM 单片机的堆栈

未用堆栈:堆栈指针和堆栈界限之间的区域。包括堆栈界限对应的内存单元,但不包括堆栈指针对应的内存单元。

堆栈中的数据帧:在堆栈中为子程序分配的用来保存寄存器各局部变量的区域。

3.8 单片机的异常与中断

3.8.1 异常与中断的概念

当正常的程序执行流程发生暂时的停止时,称之为异常,如处理一个外部的中断请求。在处理异常之前,必须保留当前处理器的状态,当异常处理完成之后,当前程序可以继续执行。处理器允许多个异常同时发生,它们将会按固定的优先级进行处理。

计算机中的中断是指 CPU 暂停原程序执行,转而为外部设备服务(执行中断服务程序),并在服务完后返回原程序执行的过程。中断系统是指能够处理上述中断过程所需要的硬件电路。

3.8.2 51 单片机的中断

中断源是指能产生中断请求信号的来源。51 单片机可处理 5 个中断源发出的中断请求,并可对其进行优先权处理。8051 的 5 个中断源有外部和内部之分:外部中断源有 2 个,通常来自于外部设备,其中断请求信号可以从 P3.2、P3.3(即$\overline{\text{INT0}}$和$\overline{\text{INT1}}$)引脚上输入,有电平或边沿两种引起中断的触发方式;内部中断源有 3 个,2 个定时器/计数器中断源和 1 个串行口中断源,内部中断源 T0 和 T1 的 2 个中断是在计数值从全"1"变为全"0"溢出时,自动向中断系统提出的,内部串行口中断源的中断请求是在串行口每发送完或接收到一个 8 位二进制数据后,自动向中断系统提出的。

51 单片机的中断系统主要由中断允许控制器 IE 和中断优先级控制器 IP 组成。IE 用于控制 5 个中断源中哪些中断请求被允许向 CPU 提出,哪些中断源的中断请求被禁止。IP 用于控制 5 个中断源的中断请求的优先权级别。IE 和 IP 也属于 21 个特殊功能寄存器,其状态可以由用户通过指令指定。

51 单片机的中断向量表如表 3.5 所示,即中断发生时程序的入口地址,或者 PC 指针的值。

表 3.5　51 单片机的中断向量表

中 断 名 称	入 口 地 址
复位	0000H
外部中断 0	0003H
定时器 0	000BH
外部中断 1	0013H
定时器 1	001BH
串口	0023H

3.8.3　ARM9 单片机的异常

ARM 单片机的异常种类如下。

(1) FIQ 异常:用于支持数据传输或通道处理,该类型的异常无须优先级仲裁,将直接被 CPU 处理。

(2) IRQ 异常:正常的中断请求,IRQ 的优先级低于 FIQ,当程序执行进入 FIQ 异常时,IRQ 被屏蔽。多个 IRQ 同时发生请求时,CPU 需要通过仲裁决定响应哪种 IRQ 请求。

(3) Abort 异常:表示 CPU 对存储器的访问失败,包括指令终止和数据终止。

(4) Software Interrupt:利用 SWI 指令可进入管理模式,常用于请求执行特定的管理功能。

(5) Underfined Instruction:当 ARM 处理器遇到不能处理的指令时,会产生未定义指令异常。

ARM 对异常的处理按以下步骤操作:

(1) 将下一条指令的地址存入相应链接寄存器 LR。若异常是从 ARM 状态进入,则 LR 寄存器中保存的是下一条指令的地址;若异常是从 Thumb 状态进入,则 LR 寄存器中保存当前 PC 的偏移量。这样,异常处理程序就不需要确定异常是从何种状态进入的,程序在处理异常返回时能从正确的位置重新开始执行。

(2) 备份程序状态寄存器,即将 CPSR 复制到相应的 SPSR 中。

(3) 根据发生的异常类型,设置 CPSR 中的运行模式位。

(4) 将 PC 修改为相应异常向量表的地址,从而跳转到异常处理程序处执行程序。

异常处理完毕后,执行以下几步操作从异常返回:

(1) 将链接寄存器 LR 的值减去相应的偏移量后送到 PC 中;

(2) 将 SPSR 复制回 CPSR 中;

(3) 根据需要,清除异常或中断的屏蔽位。

ARM9 单片机的异常向量表如表 3.6 所示，即异常发生时，程序的入口地址，或者 PC 指针的值。

表 3.6　ARM 单片机的异常向量表

异常名称	入口地址
复位	0000 0000H
未定义指令	0000 0004H
SWI 软中断	0000 0008H
指令终止	0000 000CH
数据终止	0000 0010H
保留	0000 0014H
IRQ	0000 0018H
FIQ	0000 001CH

3.9　单片机的引脚与功能

3.9.1　51 单片机的引脚与功能

51 单片机的一种典型封装形式是 40 引脚双列直插封装，有些引脚具有两种功能，引脚如图 3.12 所示。

引脚功能如下：

V_{CC}(40)：电源+5 V，范围 4.75～5.25 V，均可保证单片机工作。

V_{SS}(20)：地。

XTAL1(19)和 XTAL2(18)：使用外部振荡电路时，用来接石英晶体和电容；使用外部时钟时，用来输入时钟脉冲。

P0 口(39～32)：3 种功能——通用准双向I/O口；低 8 位地址总线输出口；8 位数据总线I/O口(双向 I/O 口)。

P1 口(1～8)：1 种功能——准双向通用I/O 口。

P2 口(21～28)：2 种功能——通用准双向I/O口；高 8 位地址总线输出口。

P3 口(10～17)：2 种功能——通用准双向I/O口；第二功能接口，包括串口接收 RXD、串口发送 TXD、外部中断输入$\overline{INT0}$和$\overline{INT1}$、计数器脉冲输入 T0 和 T1、外部 RAM 的读/写使能信号$\overline{RD}$或$\overline{WR}$。

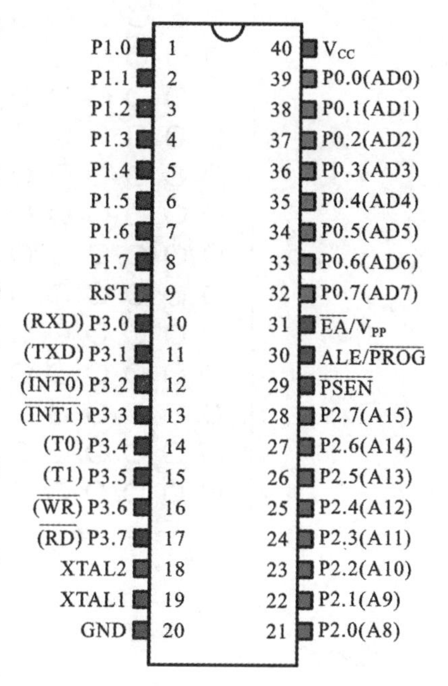

图 3.12　51 单片机的引脚图

ALE/$\overline{\text{PROG}}$(30)：地址锁存信号输出端。当访问片外存储器，ALE 为有效高电平时，P0 口输出地址低 8 位，可以用 ALE 信号作外部地址锁存器的锁存信号。$f_{\text{ALE}}=1/6f_{\text{osc}}$，可以作系统中其他芯片的时钟源。

第二功能$\overline{\text{PORG}}$是作为 8751 的 EPROM 编程时的编程脉冲输入端。

RST/V_{PD}(9)：复位信号输入端，8051 接通电源后，在时钟电路作用下，该引脚上出现两个机器周期(24 个振荡周期)以上的高电平，使内部复位。第二功能是 V_{PD}，即备用电源输入端。当主电源 V_{CC}发生故障，降低到低电平规定值时，V_{PD}将为 RAM 提供备用电源，以保证存储在 RAM 中的信息不丢失。

$\overline{\text{EA}}$/V_{PP}(31)：内部和外部 ROM 的选择线。当$\overline{\text{EA}}$=0 时，访问外部 ROM 0000H～FFFFH；当$\overline{\text{EA}}$=1 时，地址 0000H～0FFFH 空间访问内部 ROM，地址 1000H～FFFFH 空间访问外部 ROM。

$\overline{\text{PSEN}}$(29)：片外程序存储器选通信号，低电平有效。

对 8052 单片机，由于内部多一个定时器，还需要附加输入端，为此，借用 Pl.0 和 P1.1 作为定时器 2 的输入 T2 和 T2EX。

3.9.2 ARM9 单片机的引脚与功能

S3C2410 共有 272 个引脚，采用 FBGA 封装形式，主要分为总线控制信号、各类元器件接口信号以及电源时钟控制信号，引脚分布如图 3.13 所示。

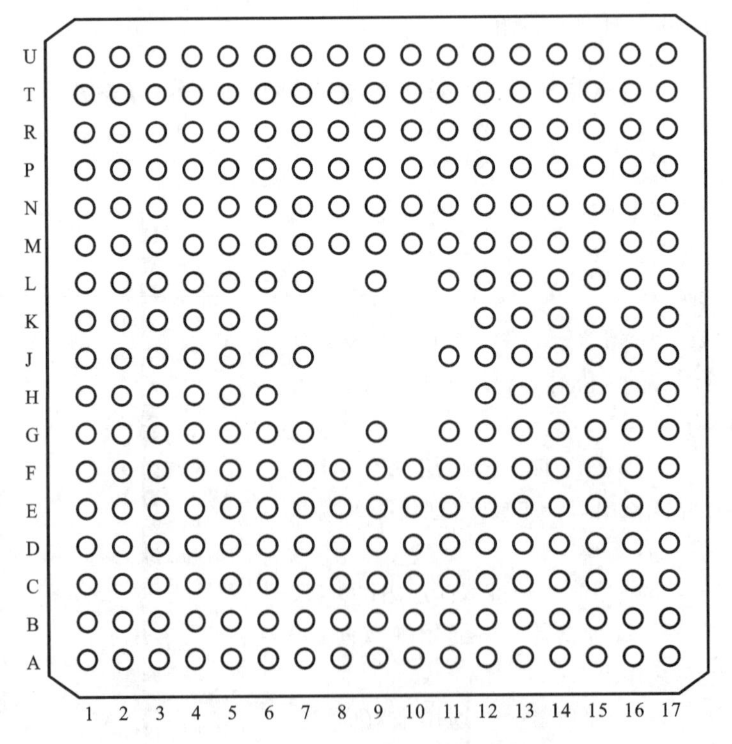

图 3.13 S3C2410 的引脚编排(底视图)

说明：

(1) 总线控制类引脚。

ADDR[26：0]：27 位地址线，128 MB 空间。

nGCS[7：0]：块地址，与ADDR结合确定某空间的地址，每块128 MB。

OM[1：0]：启动方式选择。

DATA[31：0]：数据总线。

nWE、nOE、nXBREQ、nXBACK、nWAIT：控制总线。

(2) SDRAM/SRAM的控制引脚：用于扩展SDRAM/SRAM存储器。

(3) NAND Flash的控制引脚：用于扩展NAND Flash存储器。

(4) JTAG接口引脚：用于对芯片进行仿真或ISP编程。

(5) ADC引脚。

AI[7：0]：不使用时需要接地。

Vref：参考电压，与芯片的供电电压区分开。

(6) GPIO引脚：共117个，可做输入、输出，模式、数据均可由寄存器设置。

(7) 复位引脚：低电平复位，需要保持4FCLK以上的时间。

nRSTOUT：复位输出，需要根据外设情况做取反处理。

(8) 电源引脚。内核电源：1.8 V；复位电路、寄存器电源：1.8 V；MPLL、UPLL模拟和数字电源：1.8 V；I/O口电源：3.3 V；存储器I/O电源：3.3 V；RTC电源：1.8 V；ADC电源：3.3 V。

(9) 多数引脚具有多个功能，需要通过软件进行选择、设置(详见第7章)。

3.10 单片机的工作方式

3.10.1 51单片机的工作方式

单片机的工作方式包括：复位方式、程序执行方式、单步执行方式、低功耗操作方式以及EPROM编程和校验方式。

1. 复位方式

当单片机上电后，通过在RST引脚施加持续时间为24个振荡周期以上的高电平后，可使单片机复位。

复位以后，SP被设置为07H，P0口～P3口均置“1”，程序计数器PC和其他特殊功能寄存器SFR全部清“0”。只要RST引脚保持高电平，51单片机便可循环复位。当RST引脚由高变低后，单片机由ROM的0000H开始执行程序。在不掉电的情况下，单片机的复位操作并不影响内部RAM的内容。

单片机的复位有上电复位、手动复位、芯片监控复位、掉电复位等形式，图3.14分别显示了上电复位和手动复位的电路图，只要合理地设计电容、电阻参数，就可以实现可靠的复位。

2. 程序执行方式

程序执行方式是单片机的基本工作方式。所执行的程序可以在内部ROM、外部ROM或者同时放在内外ROM中。由于复位之后PC＝0000H，所以程序的执行总是从地址0000H开始的，为了避开系统预留的中断入口(0003～002AH)，需要在0000H单元开始存放一条转移指令，从而使程序跳转到真正的程序入口地址。

3. 单步执行方式

单步执行方式是使程序的执行处于外加脉冲(通常用一个按键产生)的控制下，一

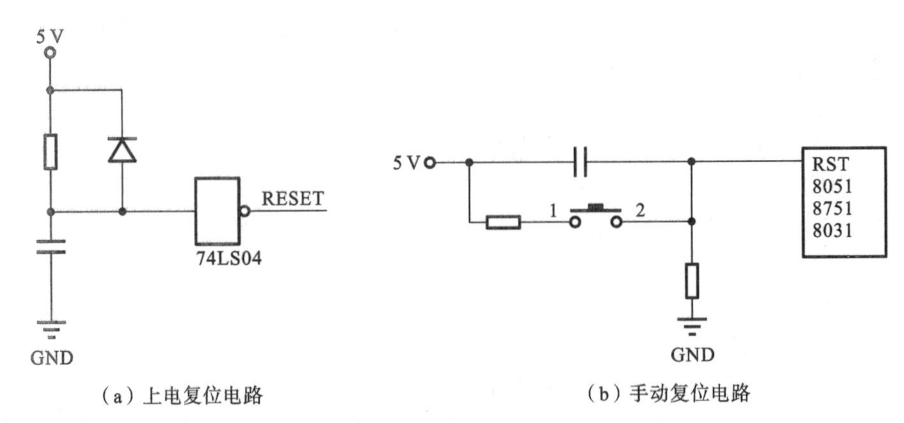

（a）上电复位电路　　（b）手动复位电路

图 3.14　复位电路

条指令一条指令地执行，即按一次键，执行一条指令。

实现单步执行方式需要借助于外部中断，详细见第 8 章。

4. 低功耗操作方式

CMOS 型单片机有两种低功耗操作方式：节电方式和掉电方式，两种方式的特征如下。

(1) CMOS 型单片机通过软件方式来设置低功耗模式，由电源控制寄存器 PCON 中的有关位控制，具体如下。

IDL(PCON. 0)：当 IDL＝1 时，激活节电方式；

PD (PCON. 1)：当 PD＝1 时，激活掉电方式。

(2) 节电方式。

软件设置 IDL＝1，即可进入节电方式。该方式下，CPU 的工作时钟信号被切断，但 RAM、定时器、中断系统和串口仍有工作时钟，同时保留 CPU 的状态，即堆栈指针 SP、程序计数器 PC、程序状态字 PSW、累加器 ACC 及通用寄存器的内容保持不变。在节电方式下，V_{CC}仍为 5 V，但单片机的工作电流由正常工作方式的 24 mA 降为 3.7 mA。

退出节电方式：① 任一种中断被激活，此时 IDL 位将被硬件清除。中断返回时将回到进入节电方式的指令后的一条指令，恢复到正常方式；② 硬件复位，复位后 PCON 中各位均被清“0”。

(3) 掉电方式。

软件设置 PD＝1，则进入掉电方式。掉电后，片内振荡器停止工作，时钟被冻结，单片机停止一切工作，只有片内 RAM 的内容被保持，SFR 的内容也被破坏。掉电方式下，V_{CC}可以降到 2 V，单片机的工作电流仅 50 μA。

退出掉电方式的唯一途径是硬件复位。

3.10.2　ARM9 单片机的工作方式

1. 复位方式

单片机从 0x00000000 开始执行程序。

2. 正常方式(Normal)

当为 CPU 和所有的外设提供时钟，所有的外设开启时，该模式下的功耗最大，允许用户通过软件控制外设，可以断开提供给外设的时钟以降低功耗。

3. 慢速方式(Slow)

采用外部时钟生成 FCLK,此时电源的功耗取决于外部时钟。

4. 空闲方式(Idle)

断开 FCLK 与 CPU 的连接,外设保持正常,该模式下的任何中断都可唤醒 CPU。

5. 掉电方式(PD)

断开内部逻辑电源,只给内部的唤醒逻辑供电。一般模式下需要两个电源:一个提供给唤醒逻辑,另一个提供给 CPU 和内部逻辑,而在掉电模式下,后一个电源关闭。该模式可以通过外部中断(EINT[15:0])和实时时钟(RTC)唤醒。

ARM 单片机各种工作方式间的切换方法:

(1) 复位后,直接进入 Normal 方式;

(2) 在 Normal 方式下,软件设置 IDLE_BIT=1,可进入 IDLE 方式;在外部中断(0～23 号均可)、实时时钟中断下,可返回 Normal 方式。

(3) 在 Normal 方式下,软件设置 SLOW_BIT=1,可进入 SLOW 方式;设置 SLOW_BIT=0,可返回 Normal 方式。

(4) 在 Normal 方式下,软件设置 POWER_OFF_BIT=1,可进入 POWER_OFF 方式;在外部中断(0～15 号均可)、实时时钟中断下,可返回 Normal 方式。

3.11　单片机的程序固化方式

3.11.1　51 单片机的程序固化方式

1. 在线系统编程(ISP)

在线系统编程(ISP),即通过下载线直接在电路板上给芯片写入或者擦除程序,并且支持在线调试。

在 ISP 方式下,可以由上位机软件通过串口来改写内部存储器内容。对于 51 单片机来讲,可以通过串口接收上位机传来的数据并写入存储器中。即使将芯片焊接在电路板上,只要留出和上位机的接口,就可以实现芯片内部存储器的改写,无须再取下芯片。

ISP 技术的优势:不需要编程器就可以进行单片机的实验和开发,单片机芯片可以直接焊接到电路板上,调试结束即成成品,免去了调试时由于频繁地插入、取出芯片对芯片和电路板带来的不便。

2. 程序固化原理

STC 的单片机里面有个 Boot 程序,是固化到 ROM 中的,用户不能修改。当用户采用 ISP 方式编程时,就可以运行这个 Boot 程序,使单片机接收计算机通过串口发来的数据,并将其写入 ROM 中,从而实现程序的固化。

3.11.2　ARM9 单片机的程序固化方式

1. JTAG

JTAG 标准主要用于芯片内部测试及对系统进行仿真调试。JTAG 技术是一种嵌入式调试技术,它在芯片内部封装了专门的测试电路 TAP,通过专用的 JTAG 测试工具对内部节点进行测试。目前大多数比较复杂的器件都支持JTAG协议。标准的JTAG接口是4线:TMS、TCK、TDI、TDO,分别为测试模式选择、测试时钟、测试数据输入和测试数据输出。JTAG测试允许多个器件通过JTAG接口串联在一起,形成一个JTAG链,能实现对多个器件分别测试。

JTAG接口还常用于实现ISP功能,即可完成对ROM的编程。

2. JTAG原理

边界扫描测试是通过在芯片的每个I/O引脚附加一个边界扫描单元BSC以及一些附加的测试控制逻辑实现的,BSC主要是由寄存器组成的。每个I/O引脚都有一个BSC,每个BSC有两个数据通道:一个是测试数据通道,测试数据输入TDI、测试数据输出TDO;另一个是正常数据通道,正常数据输入NDI、正常数据输出NDO。

在正常工作状态下,输入和输出数据可以自由通过每个BSC,正常工作数据从NDI进,从NDO出。在测试状态下,可以选择数据流动的通道:对于输入的IC管脚,可以选择从NDI或从TDI输入数据;对于输出的IC管脚,可以选择从BSC输出数据至NDO,也可以选择从BSC输出数据至TDO。

为了测试两个JTAG设备的连接,首先将JTAG设备1某个输出测试脚的BSC置为高或低电平,输出至NDO,然后,让JTAG设备2的输入测试脚来捕获从管脚输入的NDI值,再通过测试数据通道将捕获到的数据输出至TDO,对比测试结果,即可快速准确地判断这两脚是否连接可靠。

IEEE 1149.1标准规定了一个四线串行接口,该接口称为测试访问端口TAP,用于访问复杂的集成电路IC。除了TAP之外,混合IC也包含移位寄存器和状态机,以执行边界扫描功能。在TDI引线上输入到芯片中的数据存储在指令寄存器中或一个数据寄存器中。串行数据从TDO引线上离开芯片。边界扫描逻辑由TCK上的信号计时,而且TMS信号驱动TAP控制器的状态。TRST是可选项。在PCB上可串行互联多个可兼容扫描功能的IC,形成一个或多个扫描链,每一个链都有其自己的TAP。每一个扫描链提供电气访问,从串行TAP接口到作为链的一部分的每一个IC上的每一个引线。在正常的操作过程中,IC执行其预定功能,就好像边界扫描电路不存在。但是,为了进行测试或在系统编程而激活设备的扫描逻辑时,数据可以传送到IC中,并且使用串行接口从IC中读取出来。这样数据可以用来激活设备核心,将信号从设备引线发送到PCB上,读出PCB的输入引线并读出设备的输出信号。

3.12 单片机的最小系统

3.12.1 51单片机的最小系统

51单片机的最小系统包括电源、时钟、晶振、复位和$\overline{EA}$等设置电路。

(1) 电源:51单片机的工作电压范围为4.75～5.25 V,所以通常给单片机外接5 V直流电源,V_{CC}(40脚)接电源+5 V端,V_{SS}(20脚)接电源地端。

(2) 时钟:一般采用外部振荡方式。

(3) 复位:采用上电复位和手动复位两种形式。

(4) $\overline{EA}$:接高电平,使用内部的4 KB ROM。

51 单片机的最小系统电路如图 3.15 所示。

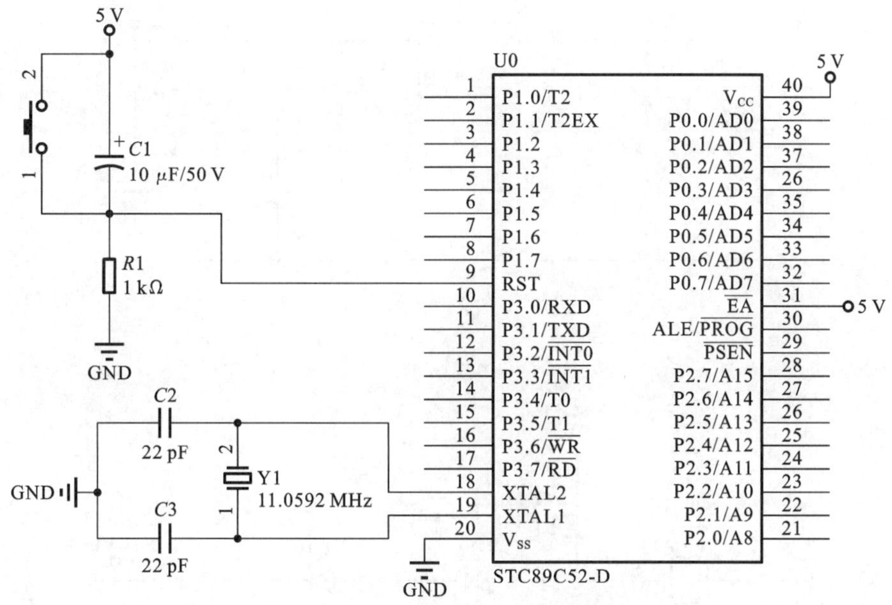

图 3.15 51 单片机的最小系统电路

3.12.2 ARM9 单片机的最小系统

ARM9 单片机(S3C2410)的最小系统包括 CPU、电源、晶振、复位电路、JTAG 调试接口。

(1) 电源电路:电源电路如图 3.16 所示,利用三端集成稳压器(LM2596S、SE117)

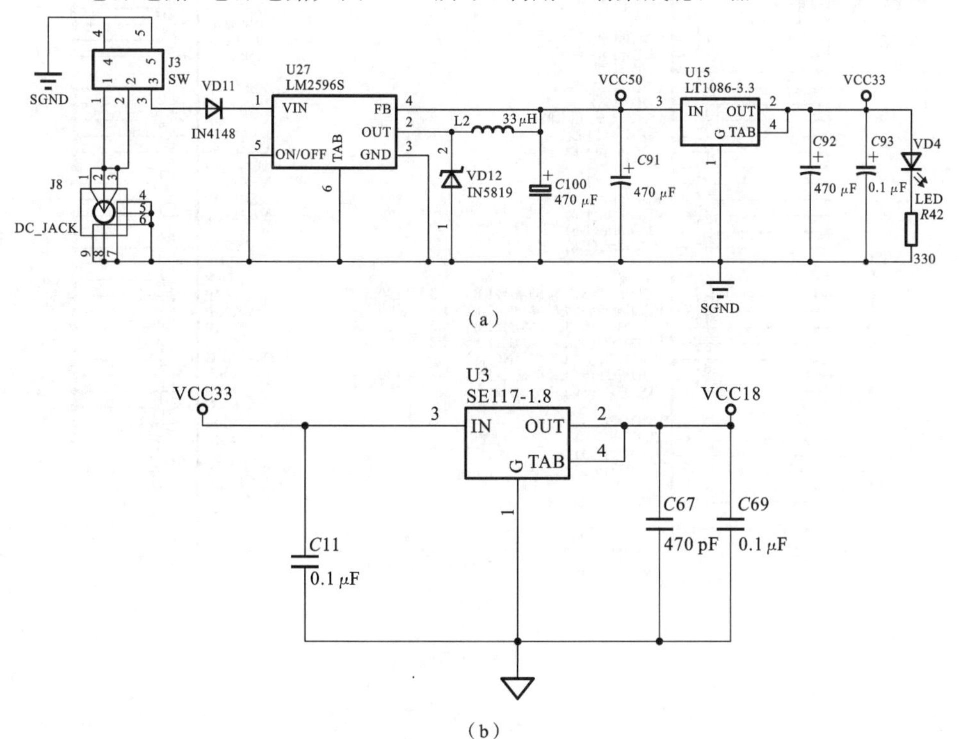

图 3.16 S3C2410 的电源电路

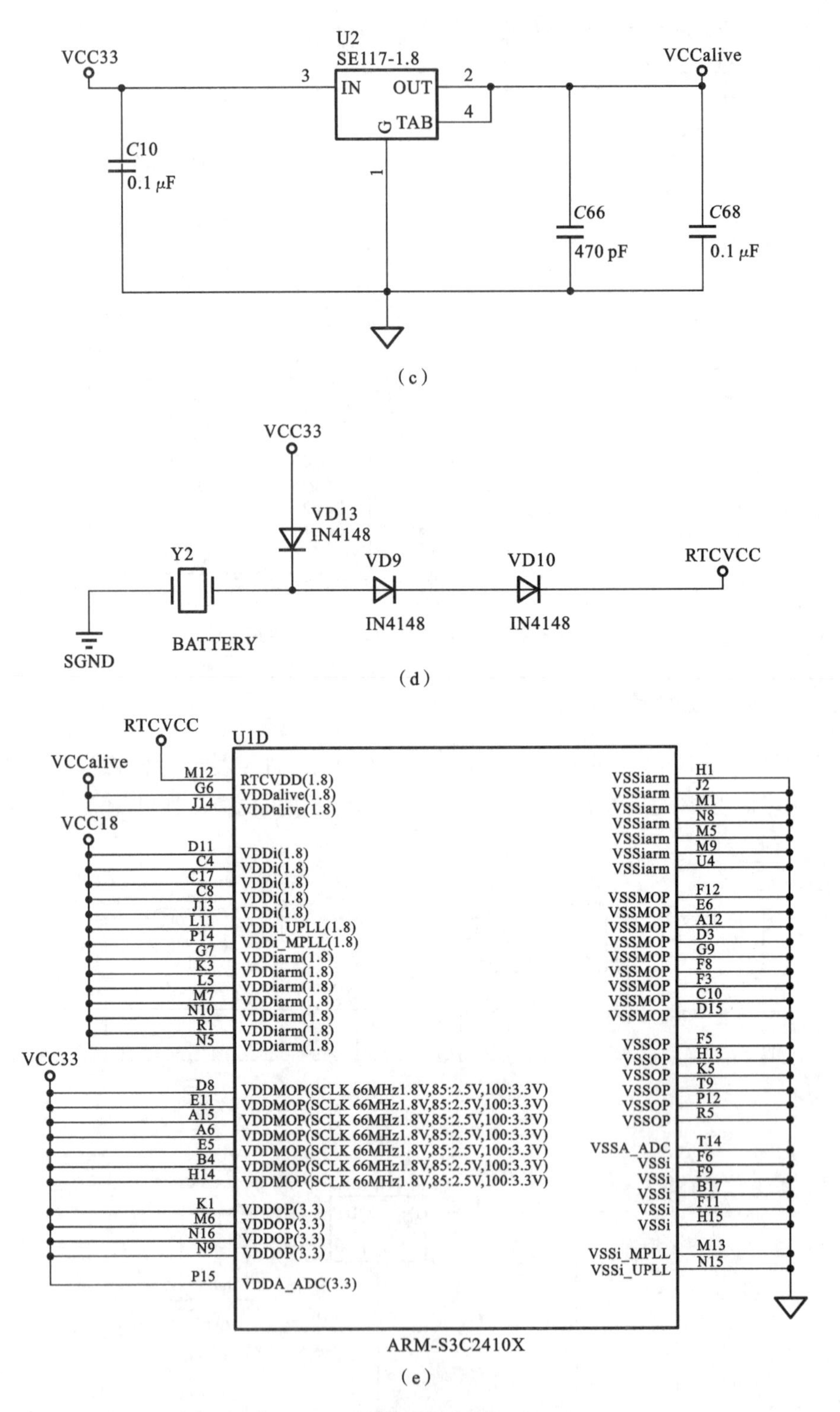

续图 3.16

产生3.3 V、1.8 V 的电压，供给 ARM9 单片机。RTC 除采用 1.8 V 直接供电外，在系统掉电时，还可以通过电池供电。

(2) 晶振电路:MPLL 和 UPLL 采用同一个外部振荡方式的输入时钟,如图 3.17 所示。实时时钟采用外部振荡方式。

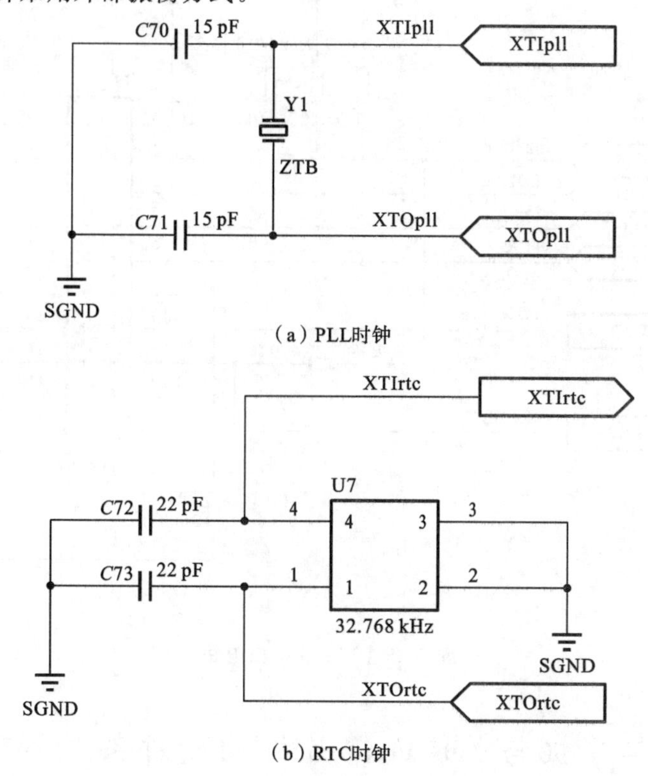

图 3.17 S3C2410 的时钟电路

(3) 复位电路:采用上电和手动复位芯片 Max708S,产生复位信号,如图 3.18 所示。

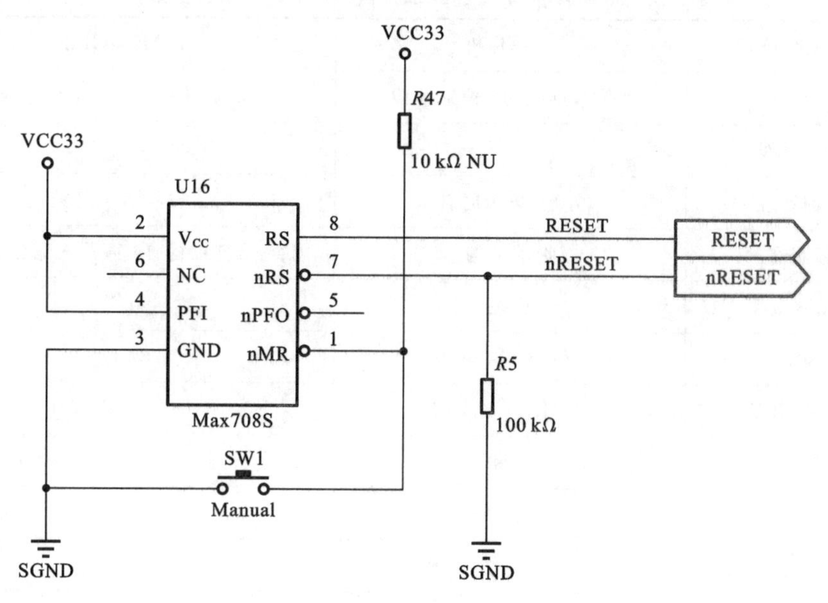

图 3.18 S3C2410 的复位电路

(4) JTAG 调试接口电路:采用 20 针接口,用于仿真及烧写程序,如图 3.19 所示。

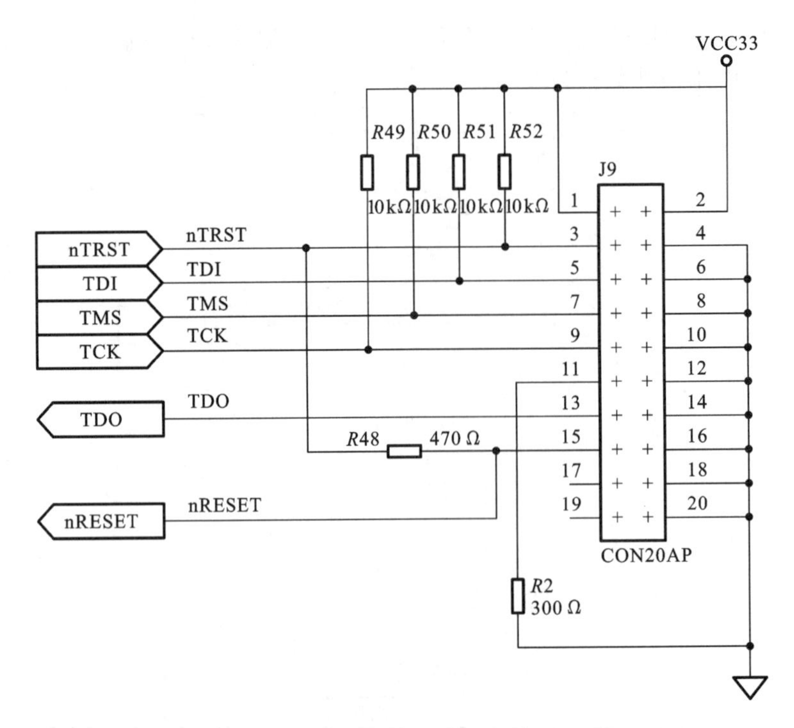

图 3.19 JTAG 接口电路

3.13 51 单片机与 ARM 单片机的硬件架构和资源对比

表 3.7 列出了 51 单片机与 ARM9 单片机硬件架构与资源的对比。

表 3.7 51 单片机与 ARM9 单片机硬件架构与资源的对比

对 比 点	51 单片机	ARM9 单片机
CPU	8 位数据线,16 位地址线	32 位数据线,27 位地址线
内部总线	一个	多个
时钟系统	分频,单个时钟	倍频,多个时钟
存储器	哈佛结构	闪存-哈佛结构;内存-冯·诺依曼结构
流水线	三级	五级
SFR	8 位,最多 16 位	32 位
工作寄存器	R0～R7,4 组,8 位	R0～R15,分模式 37 个,32 位
中断/异常	中断	异常
堆栈	满递增	满递减
工作方式	无慢速方式	有慢速方式
编程接口	串口	JTAG
供电	5 V	3.3 V

思　考　题

1. 为什么说51单片机是准哈佛结构？

2. ARM9单片机的AMBA包含哪些部分？

3. 为什么ARM9单片机具有多个工作时钟？

4. 51单片机的ROM与RAM的地址可以重叠么？为什么？

5. 51单片机如何区分地址为80～FFH的特殊功能寄存器和地址为80～FFH的一般RAM？

6. 51单片机的位地址空间是如何定义的？

7. ARM9单片机的堆栈与51单片机的堆栈有什么不同？

8. 根据51单片机和ARM9单片机的复位条件，分别计算其上电复位电路中的R、C应满足的条件。

4

单片机的软件设计

软件设计是从软件需求出发，形成软件的具体设计方案的过程。软件设计的主要内容包括片上资源的定义与驱动、片外扩展资源的驱动、数据处理与融合（自动控制、神经网络、大数据）和数据传输（编解码、加密解密、变换、压缩）等。本章首先概述了面向单片机的编程语言，介绍了单片机的寻址方式、指令系统、片上资源的定义、汇编程序设计、C 语言程序设计、混合编程等内容。

4.1 单片机的编程

4.1.1 编程语言

1. 机器语言

计算机只能识别二进制代码，以二进制代码来描述指令功能的语言，称为机器语言。

2. 汇编语言

由于机器语言不便被人们识别、记忆、理解和使用，因此给每条机器语言指令赋予助记符号来表示，这就形成了汇编语言。也就是说，汇编语言是便于人们识别、记忆、理解和使用的一种指令形式，它和机器语言指令一一对应。

3. C 语言

C 语言作为一种为高级语言而得到广泛地使用。C 语言程序本身不依赖于机器硬件系统，基本上不作修改就可将程序从不同的单片机中移植过来。C 语言提供了很多数学函数并支持浮点运算，开发效率高，故可缩短开发时间，增加程序可读性和可维护性。

C 语言的具体优势如下：

(1) 不要求了解单片机的指令系统，只要求初步了解 8051 的存储器结构；

(2) 由编译器管理寄存器的分配、不同存储器的寻址及数据类型等细节；

(3) 程序可分成不同的模块，结构规范、清晰；

(4) 程序可读性强；

(5) 提供许多支持库，数据处理能力强；

(6) 程序可移植性强。

4.1.2 编程工具

1. Keil

开发51单片机软件时,一般采用的编程工具为μVision2集成开发环境(IDE)。Keil C51标准C编译器为8051微控制器的软件开发提供了C语言环境,同时保留了汇编代码高效、快速的特点。C51编译器的能力不断增强,使编程语言可以更加贴近CPU本身及其他衍生产品。C51已被完全集成到μVision2的集成开发环境中,这个集成开发环境包含编译器、汇编器、实时操作系统、项目管理器、调试器等,μVision2 IDE可为它们提供单一而灵活的开发环境。Keil操作界面如图4.1所示。

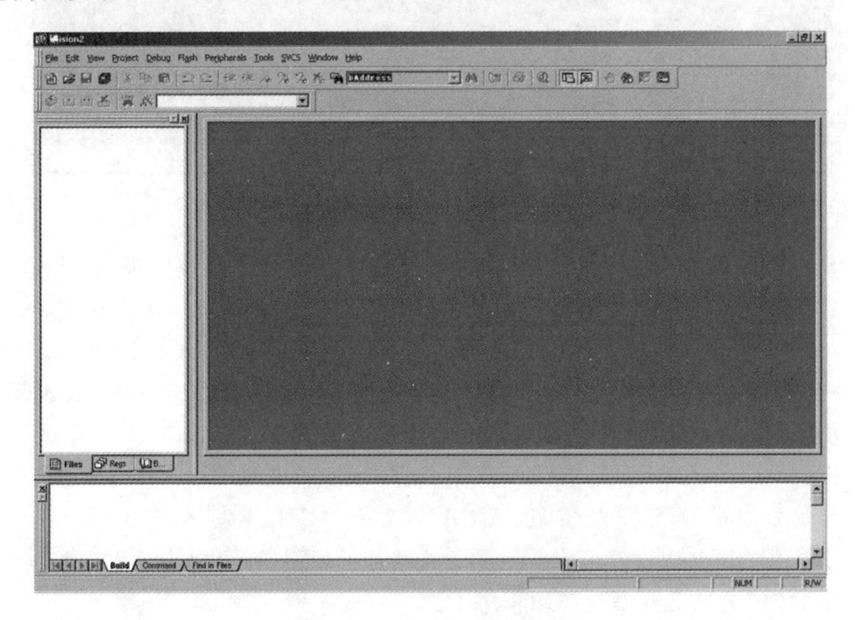

图 4.1 Keil 软件操作界面

Keil软件的8051开发工具可用于编译C源代码、汇编源代码,链接和定位目标文件和库文件,创建HEX文件,调试目标程序。其特点如下:

(1) μVision2是一个集成开发环境,包含:编译器、汇编器、实时操作系统、项目管理器、调试器。

(2) Cx51是标准优化C语言交叉编译器,可从C源代码产生可重定位的目标文件。

(3) Ax51是宏汇编器,从汇编源代码产生可重定位的目标文件。

(4) BL51是链接/重定位器,由Cx51和Ax51产生的可重定位的目标文件,生成绝对目标文件。

(5) LIB51是库管理器,组合目标文件生成可以被链接器使用的库文件。

(6) OH51从绝对目标文件创建Intel HEX文件,是一种文件格式的转换器。

(7) RTX-51是实时操作系统,可简化复杂、对时间要求敏感的软件项目。

2. ADS 1.2

ADS 1.2是ARM公司的集成开发环境软件。ADS包括四个模块:SIMULA-

TOR、C 编译器、实时调试器和应用函数库。ADS 1.2 操作界面如图 4.2 所示。

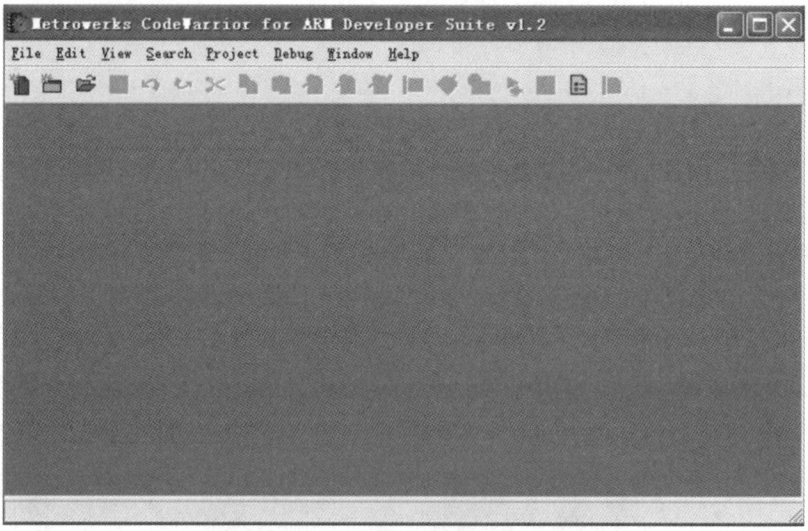

图 4.2 ADS 1.2 操作界面

ADS 1.2 提供完整的 Windows 界面开发环境。C 编译器效率极高，支持 C 以及 C++，工程师可以很方便地使用 C 语言进行开发。提供软件模拟仿真功能，没有学习过Emulators的读者也能够熟悉 ARM 的指令系统。配合 FFT-ICE 使用，ADS 1.2 提供强大的实时调试跟踪功能，实时掌握片内运行情况。ADS 1.2 需要硬件支持才能发挥强大功能。支持的硬件调试器有 Multi-ICE 以及兼容 Multi-ICE 的调试工具(如 FFT-ICE)。

ADS 1.2 由命令行开发工具、ARM 实时库、GUI 开发环境(Code Warrior 和 AXD)、适用程序和支持软件组成。借助于这些部件，用户就可以为 ARM 系列的 RISC 处理器编写和调试自己开发的应用程序了。

3. Eclipse

Eclipse 是著名的跨平台的自由集成开发环境，Eclipse 本身只是一个框架平台，但是众多插件的支持使得 Eclipse 拥有其他功能相对固定的 IDE 软件很难具有的灵活性。许多软件开发商以 Eclipse 为框架开发自己的 IDE。使用 Eclipse 开发 ARM，需安装 GNU ARM Toolchain。工具链有两种：一种是 Yagarto；另一种是 sourcery g++ lite，Yagarto 编译速度更快一些。Eclipse 操作界面如图 4.3 所示。

Eclipse 具有如下特点：

(1) Eclipse 集成开发环境：提供实时调试功能，如单步、全速运行、复位、软/硬断点、跳转、动态查看寄存器和存储器、变量观察。

(2) 源码级别调试器 OpenOcd，开源，并且提供良好的交互界面。

(3) 支持烧写 NOR/NAND Flash。

4.1.3 软件开发流程

1. 需求分析

(1) 系统分析员向用户初步了解需求，然后列出所要开发的功能模块，每个功能模

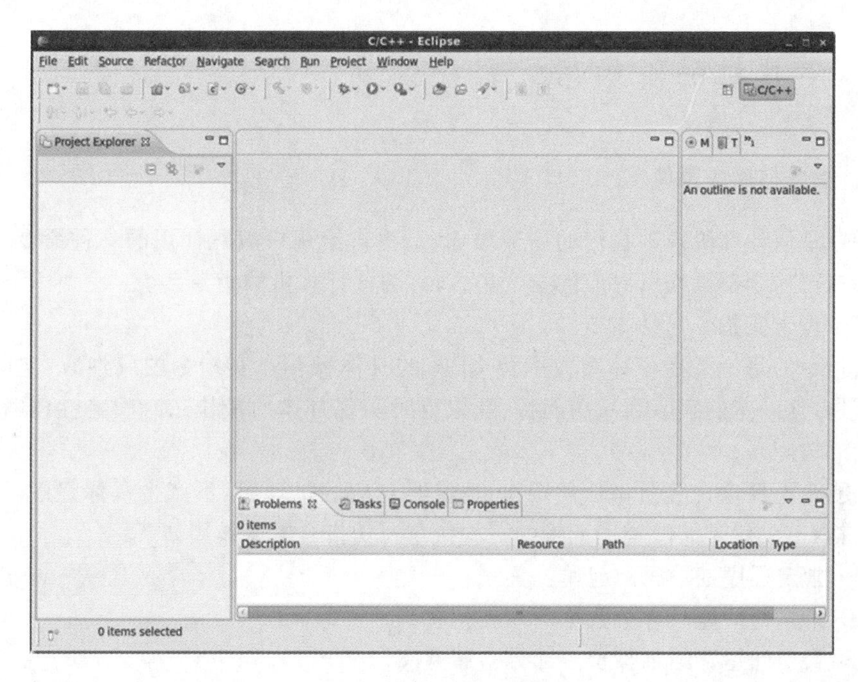

图 4.3 Eclipse 操作界面

块又有哪些小模块。

(2) 系统分析员深入了解和分析需求，根据经验和需求，制定一份功能需求文档，列出系统的各个模块、界面及功能。

(3) 系统分析员向用户再次确认需求。

2. 概要设计

首先，开发者需要对软件系统进行概要设计，即系统设计，包括系统的基本处理流程、系统的组织结构、模块划分、功能分配、接口设计、运行设计、数据结构设计和出错处理设计等。

3. 详细设计

在概要设计的基础上，开发者需要详细设计软件系统。描述实现具体模块所涉及的主要算法、数据结构、软件层次结构及调用关系，说明软件系统各个层次中的各个程序(包括模块、子程序)，以便进行编程和测试。

4. 编写代码

(1) 创建项目，从器件库中选择目标器件；

(2) 用 C 语言或汇编语言创建源程序；

(3) 用项目管理器创建应用；

(4) 修改源程序中的错误；

(5) 调试应用程序；

(6) 应用验证与软件维护。

验证编写好的软件，根据用户需求的变化或环境的变化，对应用程序进行修改、完善。

4.2 单片机的汇编语言程序设计

4.2.1 指令与指令系统

指令是使计算机内部执行的一种操作，是提供给用户编程使用的一种命令。计算机能够执行的全部操作所对应的指令集合，称为该计算机的指令系统。

指令包含实指令与伪指令。

实指令的每一条指令都对应一种 CPU 的具体操作。实指令的属性有：空间特性（存储时占据一定的字节数）、功能特性（执行时实现具体的操作）、时间特性（执行时需要一定的时间）。

伪指令不要求计算机做任何操作，也没有对应的机器码，不产生目标程序，不影响程序的执行，仅仅是能够辅助汇编的一些指令。伪指令主要作用如下：

（1）指定程序或数据的起始位置；

（2）给出一些连续存放数据的地址；

（3）为中间运算结果保留一部分存储空间；

（4）表示源程序结束。

4.2.2 51 单片机的指令系统

1. 汇编指令格式

每条指令通常由操作码和操作数两部分组成。操作码表示计算机执行该指令将进行何种操作，操作数表示参加操作的数的本身或操作数所在的地址。MCS-51 单片机的指令有无操作数、单操作数、双操作数三种情况。

汇编语言指令有如下的格式：

[标号:] 操作码助记符 [目的操作数][,源操作数][;注释]

汇编指令中常用的缩写符号如下：

A：累加器。

B：寄存器，用于 MUL 和 DIV 指令。

C：进位标志或进位位。

@：间接寻址寄存器或基址寄存器的前缀，如@Ri、@DPTR。

direct：8 位内部 RAM 单元的地址。

#$data_8$：8 位立即数，指令中的 8 位常数。

#$data_{16}$：16 位立即数，指令中的 16 位常数。

X：表示寄存器名。

(X)：表示 X 单元中的内容。

((X))：表示以 X 单元的内容为地址的存储器单元内容，即(X)作地址，该地址单元的内容用((X))表示。

/：位操作数的前缀，表示对该位取反。

rel：8 位带符号的偏移量字节，用于 SJMP 和所有条件转移指令中。偏移量相对于下一条指令的第一个字节计算，在－128～＋127 范围内取值。

⇄:表示操作流程,将箭尾一方的内容送入箭头所指另一方的单元中去。

$:指本条指令的起始地址。

2. 寻址方式

所谓寻址方式，就是指令给出参与运算的操作数的有效地址的方式。51 单片机指令系统有寄存器寻址、直接寻址、寄存器间接寻址、立即寻址、基址寄存器加变址寄存器间接寻址、相对寻址和位寻址 7 种寻址方式。

1) 寄存器寻址

在指令中,直接将某寄存器的内容作为操作数,以完成指令规定的操作,称为寄存器寻址。

例如:MOV　A,R0

指令中源操作数 R0 和目的操作数 A 都是寄存器寻址。该指令的功能是把工作寄存器 R0 中的内容传送到累加器 A 中。

累加器 A、寄存器 B、数据指针 DPTR 和布尔处理器的位累加器 Cy 也可用寄存器寻址方式访问。

2) 直接寻址

指令中直接给出操作数所在的存储器地址,以供读/写数据的寻址方式称为直接寻址。

例如:MOV A,40H

指令中的源操作数 40H 就是直接寻址,40H 为操作数的地址。该指令的功能是把片内 RAM 地址为 40H 单元的内容送到 A 中。

3) 寄存器间接寻址

由指令指出某一寄存器的内容作为操作数地址的寻址方法,称为寄存器间接寻址。

注意:寄存器中的内容不是操作数本身,而是操作数的地址,到该地址单元中才能得到操作数。寄存器起地址指针的作用。

(1) 寻址内部 RAM 区的数据时,可使用寄存器 R0、R1、SP 作为地址指针。

(2) 当访问外部 RAM 时，可使用 R0、R1 及 DPTR 作为地址指针。

(3) 寄存器间接寻址符号为“@”。

例如:MOV A,@R1

指令的源操作数@R1 是寄存器间接寻址。该指令的功能是将以工作寄存器 R1 中的内容为地址的片内 RAM 单元的数据传送到 A 中去。

4) 立即寻址

立即寻址方式是指操作数包含在指令字节中。跟在指令操作码后面的数就是参加运算的数，该操作数称为立即数。

汇编指令中,在一个数的前面冠以“#”符号作前缀,就表示该数为立即寻址。

例如:MOV　A,#30H

指令中 30H 就是立即数。这一条指令的功能是执行将立即数 30H 传送到累加器 A 中的操作。

5) 基址寄存器加变址寄存器间接寻址

基址寄存器 DPTR 或 PC 的内容为基本地址，加上变址寄存器 A 的内容作为操作数的地址。

例如:MOVC A, @A+DPTR

MOVC A, @ A+PC

6) 相对寻址

相对寻址是以当前程序计数器 PC 值加上指令中给出的偏移量 rel,而构成实际操作数地址的寻址方法。指令中给出的偏移量是一个 8 位带符号的常数,可正可负,其范围为-128~+127。常出现在相对转移指令中。

例如:SJMP rel

执行该指令时,先将 PC+2(本条指令占 2 字节),再把指令中带符号的偏移量加到 PC 上,得到跳转的目标地址送入 PC。

7) 位寻址

位寻址是在位操作指令中直接给出位操作数的地址,可以对片内 RAM 中的 128 位和特殊功能寄存器 SFR 中的 93 位进行寻址。

例如:MOV C, bit

3. 指令系统

1) 数据传送指令

(1) 内部数据传送指令,包括以累加器 A 为目的操作数的指令、以 Rn 为目的操作数的指令、以直接寻址的单元为目的操作数的指令、以寄存器间接寻址的单元为目的操作数指令和 16 位数据传送指令。

(2) 查表指令。访问程序存储器的数据传送指令又称为查表指令,采用基址寄存器加变址寄存器间接寻址方式,把程序存储器中存放的表格数据读出,传送到累加器 A。

(3) 累加器 A 与外部数据存储器传送指令。

(4) 字节交换指令。

(5) 堆栈操作指令。

2) 跳转指令

(1) 无条件转移指令,包括短跳转指令(AJMP)、长跳转指令(LJMP)、相对转移指令(SJMP)和散转指令(JMP)。

(2) 条件转移指令。当某种条件满足时,程序转移执行;当条件不满足时,程序仍按原来顺序执行。由于该类指令采用相对寻址,因此程序可在以当前 PC 值为中心的-128~+127 范围内转移。条件转移指令包括测试条件符合转移指令(JZ、JNZ、JC、JNC、JB、JNB、JBC 等)、比较不相等转移指令(CJNE)和减 1 不为 0 转移指令(DJNZ)。

(3) 调用指令,包括短调用指令(ACALL)和长调用指令(LCALL)。

(4) 返回指令,包括子程序返回指令(RET)和中断返回指令(RETI)。

(5) 空操作指令(NOP)。空操作指令是一条单字节单周期指令,它控制 CPU 不做任何操作,用于延时。

3) 运算指令

运算指令包括算术运算指令和逻辑运算指令。算术运算指令包括:

(1) 加法指令。包括不带进位的加法指令(ADD)、带进位的加法指令(ADDC)和增量指令(INC)。

(2) 减法指令。包括带进位减法指令(SUBB)和减 1 指令(DEC)。

(3) 乘法指令(MUL)。

(4) 除法指令(DIV)。

逻辑运算指令是将操作数按位进行逻辑操作的,逻辑运算指令包括:

(1) 逻辑与指令(ANL);

(2) 逻辑或指令(ORL);

(3) 逻辑异或指令(XRL);

(4) 移位操作(RL、RLC、RR、RRC)。

4) 布尔指令

布尔指令也称位操作,它是以位作为单位来进行运算和操作的。51 单片机内部有一个功能相对独立的布尔处理机,它有借用进位标志 CY 作为位累加器,以及位存储器(即位寻址区中的各位),指令系统中有 17 条专门进行位处理的指令集。

位处理指令可以完成以位为对象的数据转送、运算、控制转移等操作,包括位变量传送指令、位变量修改指令,如取反指令(CPL)、清除字节或位指令(CLR)和置 1 指令(SETB),以及位变量逻辑操作指令,如位变量逻辑与指令(ANL)和位变量逻辑或指令(ORL)。

5) 十进制指令

十进制指令是用于二-十进制数据的处理,包括半字节交换指令(XCHD、SWAP)和十进制调整指令(DA)。

4. 常用的伪指令

(1) 符号定义伪指令,如 SEGMENT、EQU、SET、DATA、IDATA、XDATA、BIT、CODE。

(2) 存储器初始化/保留伪指令,如 DB、DW、DS、DBIT。

(3) 程序链接伪指令,如 PUBILC、EXTRN、NAME。

(4) 汇编程序状态控制伪指令,如 ORG、END。

(5) 选择段的伪指令,如 RSEG、CSEG、DSEG、XSEG、ISEG、BSEG、USING。

(6) 其他伪指令,如 INCLUDE、SECTION。

4.2.3 ARM 单片机的指令系统

1. 汇编指令格式

```
<Opcode>{<Cond>}{S}    <Rd>,<Rn>{,<Operand2>}
```

汇编指令格式及含义如表 4.1 所示。

表 4.1 汇编指令格式及含义

格　式	含　义
Opcode	指令助记符
Cond	指令执行的条件码
S	决定指令的操作是否影响 CPSR 的值,选择时影响 CPSR 值
Rd	目标寄存器
Rn	包含第 1 个操作数的寄存器
Operand2	表示第 2 个操作数

2. 寻址方式

ARM 指令的寻址方式包括数据处理指令的操作数寻址方式和加载/存储指令的寻址方式。

数据处理指令的操作数寻址方式包括立即数方式、寄存器方式和寄存器移位方式。

加载/存储指令的寻址方式包括字及无符号字节的加载/存储指令的寻址方式、杂类加载/存储指令的寻址方式、批量加载/存储指令的寻址方式和协处理器加载/存储指令的寻址方式。

3. 指令系统

1）跳转指令

跳转指令用于实现程序流程的跳转，包括跳转指令(B)、带返回的跳转指令(BL)、带状态切换的跳转指令(BX)、带返回和状态切换的跳转指令(BLX)。

2）数据处理指令

(1) 数据传送指令。数据传送指令用于在寄存器和存储器之间进行数据的双向传输，包括数据传送指令(MOV)和数据取反传送指令(MVN)。

(2) 算术逻辑运算指令。算术逻辑运算指令用于完成常用的算术与逻辑的运算，该类指令会保存结果，并且更新 CPSR 中的相应条件标识位。算术逻辑运算指令包括加法指令(ADD)、带进位的加法指令(ADC)、减法指令(SUB)、带借位的减法指令(SBC)、逻辑与操作指令(AND)、逻辑或操作指令(ORR)、逻辑异或操作指令(EOR)、位清除指令(BIC)。

(3) 比较指令。比较指令不保存结果，只更新 CPSR 中的相应条件标识位。比较指令包括比较指令(CMP)、负数比较指令(CMN)、位测试指令(TST)、相等测试指令(TEQ)。

(4) 乘法指令与乘加指令。包括 32 位乘加指令(MLA)、32 位乘法指令(MUL)、64 位有符号数乘加指令(SMLAL)、64 位有符号数乘法指令(SMULL)、64 位无符号数乘加指令(UMLAL)、64 位无符号数乘法指令(UMULL)。

(5) 数据交换指令。数据交换指令用于存储器和寄存器之间交换数据，包括字数据交换指令(SWP)和字节数据交换指令(SWPB)。

3）程序状态寄存器访问指令

用于在程序状态寄存器和通用寄存器之间传送数据，包括程序状态寄存器到通用寄存器的数据传送指令(MRS)、通用寄存器或立即数到程序状态寄存器的数据传送指令(MSR)。

4）加载/存储指令

加载指令用于将存储器的数据传送到寄存器，存储指令则相反，包括字数据加载指令(LDR)、字节数据加载指令(LDRB)、用户模式的字节数据加载指令(LDRBT)、半字数据加载指令(LDRH)、有符号的字节数据加载指令(LDRSB)、有符号的半字数据加载指令(LDRSH)。

此外，ARM 处理器还支持批量数据加载/存储指令，批量加载指令用于将一片连续存储器中的数据传送到多个寄存器，批量存储指令则相反，包括批量数据加载指令

(LDM)和批量数据存储指令(STM)。

5) 协处理器指令

协处理器指令用于 ARM 处理器初始化、ARM 协处理器的数据处理操作、ARM 处理器的寄存器和协处理器的寄存器之间的数据传送,以及在 ARM 协处理器的寄存器和存储器之间的数据传送,包括协处理器数据操作指令(CDP)、协处理器数据加载指令(LDC)、协处理器数据存储指令(STC)、寄存器到协处理器的寄存器的传送指令(MCR)、协处理器的寄存器到寄存器的传送指令(MRC)。

6) 异常产生及 CLZ 指令

包括软件中断指令(SWI)、断点中断指令(BKPT)和计算高端 0 个数指令(CLZ)。

7) E 扩展指令

E 扩展指令也称 DSP 扩展指令,提供了开发者直接使用嵌入式内核开发高性能的数字处理算法的可能,并且没有增加很多芯片面积和电源消耗。

4. Thumb 指令

Thumb 指令集是 ARM 指令集的功能子集,与等价的 32 位 ARM 代码相比,16 位 Thumb 代码密度更高,可节省 35%的存储空间。大多数的 Thumb 代码是无条件执行的,而几乎所有的 ARM 指令都是有条件执行的。大多数的 Thumb 数据处理指令的目的寄存器与其中一个源寄存器相同。

5. 常用的伪指令

(1) 符号定义伪指令,如 GBLA、GBLL、GBLS、LCLA、LCLL、LCLS、SETA、SETL、SETS、RLIST。

(2) 数据定义伪指令,如 SPACE、MAP、FIELD、LTORG、DATA、DCB、DCW(DCWU)、DCD(DCDU)。

(3) 汇编控制伪指令,如 IF、ELSE、ENDIF、WHILE、WEND、MACRO、MEND、MEXIT。

(4) 其他伪指令,如 AREA、CODE16、CODE32、EQU、EXPORT/GLOBAL、IMPORT/EXTERN、GET/INCLUDE。

4.2.4 单片机的汇编程序设计

1. 语句格式

{标号} {指令或伪指令} {;注释}

在汇编语言程序设计中,每一条指令的助记符可以全部用大写或全部用小写,但不允许在一条指令中大、小写混用。

同时,如果一条语句太长,可将该长语句分为若干行来书写,在行的末尾用“\”表示下一行与本行为同一条语句。

2. 汇编符号

汇编语言程序设计中的地址、变量和常量等,通常用符号来代替,以增加程序的可读性。符号的命名规则为:

(1) 符号只能由大小写字母、数字和下划线组成;

(2) 除局部标号以数字开头外,其他标号不能以数字开头;

(3) 符号区分大小写,编译器会把同名的大、小写符号认成两个不同的符号;
(4) 在作用范围内符号必须唯一;
(5) 符号名不能与系统的保留字(如关键字)相同;
(6) 符号名不能与指令助记符或伪指令同名。

3. 汇编程序的结构

汇编程序以程序段为单位组织代码。段是相对独立的指令或数据序列,具有特定的名称。段可以分为代码段和数据段,代码段的内容为执行代码,数据段存放代码运行时需要用到的数据。一个汇编程序至少应该有一个代码段,当程序较长时,可以分割为多个代码段和数据段,多个段在程序编译链接时最终形成一个可执行的映象文件。可执行映象文件通常由以下几部分构成:

(1) 一个或多个代码段,代码段的属性为只读;
(2) 零个或多个包含初始化数据的数据段,数据段的属性为可读写;
(3) 零个或多个不包含初始化数据的数据段,数据段的属性为可读写。

链接器根据系统默认或用户设定的规则,将各个段安排在存储器中的相应位置。因此,源程序中段之间的相对位置与可执行的映象文件中段的相对位置一般不会相同。

4. 示例

1) 51程序示例

【例4-1】 多字节无符号数加法。

```
        CLR  C
        MOV  R0,#40H         ;指向加数最低位
        MOV  R1,#50H         ;指向另一加数最低位
        MOV  R2,#04H         ;字节数作计数初值
LOOP1:MOV  A,@R0             ;取被加数
        ADDC A,@R1           ;两数相加,带进位
        MOV  @R0,A
        INC  R0              ;修改地址
        INC  R1
        DJNZ R2,LOOP1        ;未加完转 LOOP1
        JNC  LOOP2           ;无进位转 LOOP2
        MOV  @R0,#01H
LOOP2:DEC  R0
        RET
```

2) ARM示例

【例4-2】 编写一个汇编程序,实现计算1+2+3+…+10,并将计算结果保留在R4寄存器中。

```
        area add,code,readonly
        entry
start
        mov r0,#0
        mov r1,#1
```

```
loop:
      add r0,r0,r1
      add r1,r1,#1
      cmp r1,#11
      bne loop
      mov r4,r0
      end
```

4.3 单片机的C语言程序设计

4.3.1 嵌入式C语言

面向PC的C语言为普通C语言，而面向51、ARM的C语言称为嵌入式C语言。由于在嵌入式系统中使用小而耗电的组件，嵌入式系统具有有限的ROM和RAM以及较弱的处理能力，因此采用嵌入式C语言编写程序时应该注意有限的资源。

4.3.2 51单片机的C语言编程基础

1. C51的数据及其类型

具有一定格式的数字或数值称为数据，数据的不同格式称为数据类型，数据按一定的数据类型进行的排列、组合及架构称为数据结构。

8051系列单片机是8位机，不存在字节对齐问题，C51的数据类型及长度如图4.4所示。

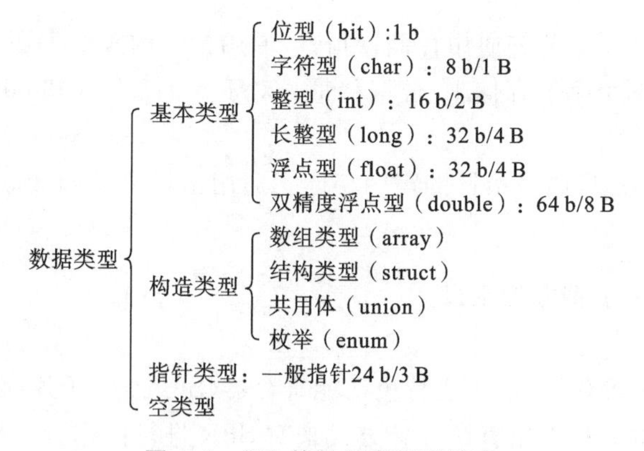

图4.4 C51的数据类型及长度

2. 常量与变量

C语言中的数据分为常量和变量。在程序运行的过程中，其值不能改变的量称为常量，其值可以改变的量称为变量。变量分为位变量、字符变量、整型变量和浮点型变量。

3. C51数据的存储类型

8051系列单片机将程序存储器(ROM)和数据存储器(RAM)分开，并有各自的寻址机构和寻址方式。8051系列单片机在物理上有片内程序存储器、片外程序存储器、片内数据存储器、片外数据存储器4个存储空间。ROM用来存放程序代码和表格常数数据。程序计数器 PC 和数据存储器的地址指针 DPTR 都是 16 位字长，因此最大可寻址空间为 64 KB。C51 存储类型和 8051 系列单片机实际存储空间对应关系如表 4.2 所示。

表 4.2 C51 存储类型和 8051 存储空间对应关系

存储类型	存储位置	寻址方式	访问指令
data	片内 RAM(00～7FH)	直接寻址	MOV A, direct
bdata	片内 RAM(20～2FH)	可位寻址	MOV C, bit
idata	片内 RAM(00～7FH)	间接寻址	MOV A, @Ri
pdata	片外 RAM(256 B)	分页寻址	MOVX A, @Ri
xdata	片外 RAM(64 KB)	间接寻址	MOVX A, @DPTR
code	ROM(64 KB)	间接寻址	MOVC A, @DPTR/PC

4. C51 的指针

Keil Cx51 支持“基于存储器”的具体指针和通用(一般)指针。

1) 基于存储器的指针

基于存储器的指针就是在指针的声明中包含一个存储类型标识符，指向一个确定的存储区，这种指针称为具体指针。

基于存储区指针包括只用一个字节 data、bdata 、idata 和 pdata 指针或两字节 xdata 和 code 指针。

2) 通用(一般)指针

Cx51 提供一个 3 字节的通用存储器指针，通用指针的头一个字节表明指针所指的存储区空间，另外两个字节存储 16 位偏移量。对于 data、idata 和 pdata 段，只需要 8 位偏移。

通用指针和标准 C 语言指针的声明相同。通用指针可访问 8051 存储空间内的任何变量。

5. 51 单片机片上资源的定义

1) SFR

8051 系列单片机片内有 21 个特色功能寄存器(SFR)，位于片内 RAM 的高 128 字节(0x80～0xFF)中。只能用直接寻址方式来对 SFR 进行操作。

Keil C51 提供了一种自主形式的定义方法，即引入关键字“sfr”，语法为：sfr sfr_name='int constant'；

例如：sfr SBUF=0x99；

SFR 中有 11 个寄存器具有位寻址能力，这些寄存器的字节地址都能被 8 整除，即字节地址是以 8 或 0 为尾数的。

特殊位(sbit)的定义，像 SFR 一样不与标准 C 语言兼容，使用关键字“sbit”可以访问位寻址对象。

2) 并口

8051 单片机片内有 4 个 8 位的并行口，共 32 根 I/O 线。每个口主要由端口锁存器、输入缓冲器、输出缓冲器以及引至芯片外的端口引脚组成。4个并行口统称为P0～P3。其中，P1、P2、P3口为准双向口，P0口为双向三态口。

对于8051片上I/O口用关键字sfr来定义。

例如：sfr P0＝0x80；

P1、P2和P3口内部都有上拉电阻，既可以作为输入，又可以作为输出。写端口后，端口的值会反映到引脚上；读引脚时，必须先向端口写1，断开端口的MOS管，以实现正确的读入（详见第7章）。

3）位

位变量的C51定义的语法及语义如下：

```
bit direction_bit;  /*direction_bit 定义为位变量*/
```

函数可以包含类型为bit的参数，也可以将其作为返回值。位变量不能定义成一个指针，不存在位数组。

可以按字节中的位进行寻址的对象称为可位寻址对象，位于8051内部可位寻址区（地址：20～2FH）。定义位变量时，先利用bdata定义char或int变量，再利用sbit指定该变量的某一位作为变量。例如：

```
bdata int ibase;
bdata char bary[4];
sbit mybit15=ibase^15;
sbit Ary37=bary[3]^7;
```

sbit定义要求基址对象的存储类型为bdata，否则只有绝对的特殊位定义（sbit）是不合法的。位变量所在位的最大值依赖于指定的基址对象的数据，对于char/uchar而言是0～7；对于int/uint而言是0～15；对于long/ulong而言是0～31。

4）I/O口

对于片外扩展I/O口，根据其硬件译码地址，将其视为片外数据存储器的一个单元，使用＃define语句进行定义。

例如：

```
#include <absacc.h>
#define PORTA XBYTE[0xffc0]  /*将 PORTA 定义为外部 I/O 口，地址为 0xffc0，长度
                               为 8 位，XBYTE 与指针有关*/
```

5）变量（位、char、int）

定义时，除了定义变量的数据类型外，也要同时给出变量的存储类型。例如：

```
bit c;
char xtata m;
int data n;
```

4.3.3 ARM单片机的C语言编程基础

1. 数据及其类型

ARM处理器支持的数据类型包括字节（8位）、半字（16位）、字（32位），其中，字需要4字节对齐，半字需要2字节对齐。

ARM 处理器采用 32 位体系结构，ARM 指令长度为 32 位，与 4 字节边界对齐；Thumb 指令长度为 16 位，与 2 字节边界对齐。

2. 存储格式

ARM 体系结构可以用两种方法存储字数据，即大端格式和小端格式。

大端格式中字数据的高字节存储在低地址中，而低字节存储在高地址中。

与大端格式相反，小端格式中字数据的高字节存储在高地址中，低字节存储在低地址中。

3. 片上资源的定义

1）字访问的 SFR

W 表示 32 位寄存器，必须使用 LDR/STR 或字符型指针（int *）访问。字访问的 SFR 包括存储器控制器、USB 主设备控制器、中断控制器、DMA 控制寄存器、时钟和电源管理、LCD 控制器、NAND Flash 控制器、PWM 定时器、看门狗定时器、IIC、I/O 口、A/D 转换器、SPI、大部分 UART、IIS、SD 接口等大多数模块的特殊功能寄存器。

例如，对存储器控制器的定义：

```
#define rBWSCON      (*(volatile unsigned *)0x48000000)
#define rBANKCON0    (*(volatile unsigned *)0x48000004)
#define rBANKCON1    (*(volatile unsigned *)0x48000008)
#define rBANKCON2    (*(volatile unsigned *)0x4800000c)
#define rBANKCON3    (*(volatile unsigned *)0x48000010)
#define rBANKCON4    (*(volatile unsigned *)0x48000014)
#define rBANKCON5    (*(volatile unsigned *)0x48000018)
#define rBANKCON6    (*(volatile unsigned *)0x4800001c)
#define rBANKCON7    (*(volatile unsigned *)0x48000020)
#define rREFRESH     (*(volatile unsigned *)0x48000024)
#define rBANKSIZE    (*(volatile unsigned *)0x48000028)
#define rMRSRB6      (*(volatile unsigned *)0x4800002c)
#define rMRSRB7      (*(volatile unsigned *)0x48000030)
```

2）半字访问的 SFR

HW 表示 16 位寄存器，必须使用 LDRH/STRH 或字符型指针（short int *）访问。半字访问的 SFR 为 IIS 的数据寄存器。

大端格式：

```
#define IISFIFO  (*(volatile unsigned short *)0x55000012)
```

小端格式：

```
#define IISFIFO  (*(volatile unsigned short *)0x55000010)
```

3）字节访问的 SFR

B 表示 8 位寄存器，必须使用 LDRB/STRB 或字符型指针（char int *）访问。字节访问的 SFR 包括：USB 从设备、RTC、UART 中的 UTXH0、URXH0、UTXH1、URXH1、UTXH2、URXH2 以及 SD 接口中的 SDIDAT。

大端格式：

```
#define rUTXH0      (*(volatile unsigned char *)0x50000023)
#define rURXH0      (*(volatile unsigned char *)0x50000027)
#define rUTXH1      (*(volatile unsigned char *)0x50004023)
#define rURXH1      (*(volatile unsigned char *)0x50004027)
#define rUTXH2      (*(volatile unsigned char *)0x50008023)
#define rURXH2      (*(volatile unsigned char *)0x50008027)
```

小端格式：

```
#define rUTXH0      (*(volatile unsigned char *)0x50000020)
#define rURXH0      (*(volatile unsigned char *)0x50000024)
#define rUTXH1      (*(volatile unsigned char *)0x50004020)
#define rURXH1      (*(volatile unsigned char *)0x50004024)
#define rUTXH2      (*(volatile unsigned char *)0x50008020)
#define rURXH2      (*(volatile unsigned char *)0x50008024)
```

4）GPIO 口

S3C2410A 提供了 117 个可编程的通用输入/输出引脚，分为 8 组 I/O 端口：

(1) 端口 A(GPA)：23 个输出端口；

(2) 端口 B(GPB)：11 个输入/输出端口；

(3) 端口 C(GPC)：16 个输入/输出端口；

(4) 端口 D(GPD)：16 个输入/输出端口；

(5) 端口 E(GPE)：16 个输入/输出端口；

(6) 端口 F(GPF)：8 个输入/输出端口；

(7) 端口 G(GPG)：16 个输入/输出端口；

(8) 端口 H(GPH)：11 个输入/输出端口。

端口 A：

```
#define rGPACON    (*(volatile unsigned *)0x56000000)
#define rGPADAT    (*(volatile unsigned *)0x56000004)
```

端口 B：

```
#define rGPBCON    (*(volatile unsigned *)0x56000010)
#define rGPBDAT    (*(volatile unsigned *)0x56000014)
#define rGPBUP     (*(volatile unsigned *)0x56000018)
```

端口 C：

```
#define rGPCCON    (*(volatile unsigned *)0x56000020)
#define rGPCDAT    (*(volatile unsigned *)0x56000024)
#define rGPCUP     (*(volatile unsigned *)0x56000028)
```

5）外部接口

利用 ARM 单片机扩展外部接口，可以直接采用 GPIO 进行扩展，此时直接读写端口数据寄存器即可进行数据操作；或者利用总线方式扩展，此时利用访问外部静态 RAM 的方式，可以向外部接口读写数据。在总线方式下，也可按照如下方式定义接口的地址(字访问)：

```
#define port_name    (*(volatile unsigned *)地址)
```

4.4 单片机的C语言与汇编语言混合编程

4.4.1 混合编程必要性

在嵌入式系统的程序设计中，若所有代码均用汇编语言来实现，其工作量是非常巨大的，同时也不利于系统升级或应用软件的移植。C 语言的结构比较好，便于理解，并且有大量的支持库。汇编语言不可或缺，如开机时硬件初始化，一些中断方面的处理和对性能非常敏感的代码块，需要编写汇编程序，达到优化的目的。

4.4.2 混合编程的方式

1. 在 C 程序中嵌入汇编指令

在内嵌汇编指令中，常量前的符号“#”可以省略，如果在一个表达式前面使用“#”，则该表达式是一个常量。C 程序中的标号可以被内嵌汇编语言使用，但是只有指令 B 可以使用 C 语言程序中的标号。内嵌汇编语言使用的标记是_asm 或 asm 关键字，用法如下：

```
_asm
{
    instruction[; instruction]
    …
[instruction]
}
asm("instruction[; instruction]");
```

2. 在汇编语言中使用 C 定义的全局变量或函数

为了访问 C 程序中定义的全局变量，在汇编程序中先使用 IMPORT 伪操作声明全局变量，再使用加载指令将该变量地址加载到寄存器中，从而获得该变量的值。然后在汇编程序中，对该值进行处理。处理结束后，使用存储指令将该值存储到该变量所在的内存地址单元，从而实现汇编程序访问 C 程序中变量的目的。

对于字节变量，在汇编中使用 LDRB/STRB 指令；对于短整型变量，使用 LDRH/STRH 指令；对于整型变量，使用 LDR/STR 指令；对于带符号变量，使用 LDRSB/STRSB、LDRSH/STRSH 指令；对于结构型变量，使用批量存储加载指令（LDM/STM）来读/写，在读/写时应该注意各成员变量相对于起始地址的偏移量。

为了在汇编语言程序中调用 C 语言函数，需要在汇编程序中利用 IMPORT 声明对应的 C 函数名。遵循 ATPCS 规则，保证程序调用时参数的正确传递。

3. C 语言调用汇编函数或者变量

C 语言和汇编语言之间的参数传递是通过 ATPCS 准则来进行的。在 C 语言程序中调用汇编文件中的函数，需要先在汇编程序中用 EXPORT 声明函数名，并用该函数名作为汇编代码段的标识，最后用“mov pc,lr”返回。此外，还要在 C 语言程序中，使用 extern 声明该函数，这样就可以在 C 语言中使用该函数。

4.4.3 参数传递与返回

在混合编程中，关键是传递参数和函数的返回值，这就要求必须有完整的约定，否则传递的参数在程序中取不到。两种语言必须使用同一规则。

1. 51 **单片机的参数传递与返回**

所有参数以内部 RAM 的固定位置传递给程序(Keil C 控制命令)。Keil C 编译器可使用寄存器传递参数，也可用固定存储器位置或者使用堆栈。8051 的堆栈属于 FA (full ascending，满递增堆栈)。参数传递的寄存器如表 4.3 所示。存放函数返回值的寄存器如表 4.4 所示。

表 4.3 参数传递的寄存器

参数类型	char	int	long，float	一般指针
第一个参数	R7	R6、R7	R4～R7	R1、R2、R3
第二个参数	R5	R4、R5	R4～R7	R1、R2、R3
第三个参数	R3	R2、R3	无	R1、R2、R3

表 4.4 函数返回的寄存器

返回值	寄存器	说　明
bit	C	进位标志
(unsigned)char	R7	
(unsigned)int	R6、R7	高位在 R6，低位在 R7
(unsigned)long	R4～R7	高位在 R4，低位在 R7
float	R4～R7	32 位 IEEE 格式，指数和符号位在 R7
指针	R1、R2、R3	R3 放存储器类型，高位在 R2，低位在 R1

2. ARM **单片机的参数传递与返回**

ATPCS(ARM/Thumb procedure call standard)规定了子程序间调用的一些基本规则，包括以下 3 方面内容：

(1) 各寄存器的使用规则及其相应的名称；

(2) 数据栈的使用规则；

(3) 参数传递的规则。

使用寄存器必须满足如下规则：

(1) 子程序间通过寄存器 R0～R3 来传递参数，这时，寄存器可以记作 A1～A4。被调用的子程序在返回前无需恢复寄存器 R0～R3 的内容。

(2) 在子程序中，使用寄存器 R4～R11 来保存局部变量. 这时，寄存器可以记作 V1～V8。

(3) 寄存器 R12 用作过程调用时的临时寄存器，记作 IP。

(4) 寄存器 R13 用作堆栈指针，记作 SP。

(5) 寄存器 R14 称为链接寄存器，记作 LR。

(6) 寄存器 R15 是程序计数器，记作 PC。

ATPCS 规定堆栈为 FD(full descending)类型。

根据参数个数固定与否，子程序可以分为参数固定子程序和参数可变子程序。

对于参数个数可变子程序，当参数不超过 4 个时，可以使用寄存器 R0～R3 来传递参数；当参数超过 4 个时，还可以使用数据栈来传递参数。

对于参数个数固定的子程序，如果系统包含浮点运算的硬件部件，浮点参数将按照下面的规则传递：各个浮点参数按顺序处理；为每个浮点参数分配 FP 寄存器，分配的方法是，满足该浮点参数需要的且编号最小的一组连续的 FP 寄存器，第一个整数参数通过寄存器 R0～R3 来传递，其他参数通过数据栈传递。

子程序结果返回规则：

(1) 结果为 32 位整数时，可以通过寄存器 R0 返回；

(2) 结果为 64 位整数时，可以通过 R0 和 R1 返回，依此类推；

(3) 结果为一个浮点数时，可以通过浮点运算部件的寄存器 f0、d0 或者 s0 来返回；

(4) 结果为复合型浮点数时，可以通过寄存器 f0～fN 或者 d0～dN 来返回；

(5) 对于位数更多的结果，需要通过调用内存来传递。

4.5 单片机的程序设计方法

4.5.1 模块化设计方法

单片机编程时，如果代码量不多，可以将所有的函数和定义等放在一个 main.c 文件中。但是随着代码量的增加，如果将所有代码都放在同一个.c 文件中，会使得程序结构混乱、可读性与可移植性变差，而模块化编程就是解决这个问题的常用而有效的方法。

模块化的设计方法为：首先规划整个工程，将其分为若干模块，一个模块至少包含 2 个文件，由汇编和 C 语言编写的源文件(.c)和库文件(.h)，文件包含若干函数(主函数、子函数、函数体、函数声明)，函数包含若干变量(全局变量、局部变量、静态变量、动态变量)。

4.5.2 文件

一个模块至少包含 2 个文件：由汇编和 C 语言编写的源文件(.c)和库文件(.h)。原则上文件可以任意命名；但强烈推荐如下原则：.c 文件与.h 文件同名；文件名要有意义，最好能够体现该文件代码的功能定义。

1. .c 文件的作用

.c 文件一般放的是变量、数组、函数的具体定义和只被本.c 文件调用的宏定义。

2. .h 文件的作用

.h 文件中一般放的是同名.c 文件中定义的变量、数组、函数的声明，还有被外部调用的宏定义。

.h 文件中需要防重复包含处理，防止.h 文件在被多个文件引用的时候，让编译器在编译时不会多次编译。在.h 文件中加入如下代码：

```
#ifndef XXX
#define XXX
    //your code
#endif
```

4.5.3 函数

1. 一般函数

一个C源程序至少包含一个函数(main),也可以包含一个main函数和若干其他函数。函数是C程序的基本单位。一般函数占据ROM空间,由以下两部分组成。

(1) 函数说明部分,包括函数名、函数类型、函数属性、函数参数(形参)名和形式参数类型。一个函数名后面必须跟一个圆括号,函数参数可以没有,如main()。

(2) 函数体,即函数说明部分下面的大括号{…}内的部分。函数体一般包括变量定义和若干语句组成的执行部分。在某些情况下也可以没有变量定义部分,甚至可以既无变量定义部分,也无执行部分。

2. 宏函数

例如:#define MAX(a,b) ((a)>(b)? (a):(b))

宏函数的参数没有类型,预处理器只负责做形式上的替换,而不做参数类型检查,所以危险性高,但因为没有入栈、出栈、参数传递和函数返回等工作,所以效率比一般函数的高。在执行复杂功能时,如递归,宏函数往往会导致较低的代码执行效率。此外,调用一般函数的代码和调用宏函数的代码编译生成的指令不同,使用宏函数编译生成的目标文件会比较大。

3. 特殊函数

1) 使用interrupt声明的函数

C51编译器支持在C源程序中直接开发中断程序,中断服务函数完整语法如下:

返回值 函数名([参数])[模式][重入] interrupt n [using m]

n对应中断源的编号。using指定使用第几个工作寄存器组。m为0、1、2或3。

2) 使用irq声明的函数

关键词_irq声明的函数用作对IRQ或者FIQ异常中断的中断处理函数。该函数通过将lr-4的值赋给PC,将SPSR的值赋给CPSR实现函数的返回。

在下面示例程序中,中断处理程序Eint1Int()由系统外部中断1触发,在中断处理程序中清除该中断位,并在中断处给出提示信息。

```
static void _irq Eint1Int(void)
{
    ClearPending(BIT_EINT1);
    Uart_Printf("EINT1 interrupt is occurred.\n");
}
```

3) 使用swi声明的函数

关键词_swi声明的函数最多可以接收4个整型类的变量,并最多可以利用value_in_regs返回4个结果。

当函数不返回参数时，可以使用下面的格式：

```
void _swi(swi_num) swi_name(int arg1,…,int argn);
```

当函数返回 1 个参数时，可以使用下面的格式：

```
int _swi(swi_num) swi_name(int arg1,…,int argn);
```

当函数返回的参数个数多于 1 时，可以使用下面的格式：

```
typedef struct res_type{int res1,…,resn;}res_type;
res_type _value_in_regs _swi(swi_num) swi_name(int arg1,…,int argn);
```

4.5.4 变量

1. 静态变量与动态变量

在函数内部，变量分为静态变量和动态变量。静态变量比动态变量在定义时多了一个关键字 static，例如：

动态变量：int i;

静态变量：static int i;

动态变量在子程序中，每次调用都会从它的初始值开始调用，而不管它在函数中经历了什么变化；静态变量会从变化后的值继续改变。

2. 全局变量与局部变量

变量分为局部变量和全局变量，局部变量又可称为内部变量。由某对象或某个函数所创建的变量通常都是局部变量，只能被内部引用，而无法被其他对象或函数引用。

全局变量既可以在某对象函数中创建，也可以在本程序任何地方创建。全局变量可以被本程序所有对象或函数引用。

全局变量从程序运行起即占据内存，在程序整个运行过程中可随时访问，程序退出时释放内存。与之对应的局部变量在进入语句块时获得内存，仅能由语句块内的语句访问，退出语句块时释放内存，不再有效。

局部变量定义后不会自动初始化，除非程序员指定初值。全局变量在程序员不指定初值的情况下自动初始化为零。

在同一源文件中，允许全局变量和局部变量同名。在局部变量的作用域内，全局变量不起作用。

3. 外部变量及其使用

外部变量是在函数外部定义的全局变量，它的作用域是从变量的定义处开始，到本程序文件的结尾。在此作用域内，全局变量可为各个函数所引用。编译时将外部变量分配在静态存储区。

可用 extern 来声明全局变量，以扩展全局变量的作用域，使该变量能被其他文件引用。也可用 static 声明全局变量，使该变量不能被其他文件引用。

4. 特殊变量

1) 使用 const 修饰的变量

const 修饰变量（包括指针、常量指针、指针常量），可以使变量具有常数属性，也就是该变量在以后的使用中其值都不能进行改变;用 const 修饰函数的参数,可以保证该参数的值在函数内部不被改变;const 修饰函数的返回值,防止函数的返回值被修改;const 修饰类成员函数,防止类成员函数中除了 static 成员之外的其他成员被修改。

用 const 修饰指针有以下几种情况:

(1) int const * p;//常量指针,p 可以修改,* p 不可以修改

(2) const int * p;//常量指针,p 可以修改,* p 不可以修改

(3) int * const p;//指针常量,p 不可以修改,* p 可以修改

(4) int const * const p;//p 和 * p 都不可以修改

(5) const int * const p;//p 和 * p 都不可以修改

2) 使用 volatile 修饰的变量

关键词 volatile 所声明的变量用于告知编译器该变量可能在程序之外修改。编译器在编译时不优化对 volatile 变量的操作。下面是 volatile 变量的几个例子:

(1) 并行设备的硬件寄存器(如状态寄存器);

(2) 一个中断服务子程序中会访问到的非自动变量;

(3) 多线程应用中被几个任务共享的变量。

3) 使用 register 修饰的变量

关键词 register 所声明的变量,在编译器处理时要尽量保存到寄存器中。但是这种声明仅起建议作用。所有的整数类型、整数的结构型数据类型、指针型变量和浮点变量都可以声明成 register 类型。

4.6 51 与 ARM 单片机的程序设计对比

表 4.5 列出了 51 单片机与 ARM 单片机在软件设计方法及特点的对比。

表 4.5 51 单片机与 ARM 单片机的软件设计对比

程序设计要点	51 单片机	ARM 单片机
指令	空间、时间不等长	空间、时间等长
操作数	2 个、1 个或没有	目的,第一/第二源操作数
指令系统	位操作	协处理器指令、E 扩展指令、加载/存储指令、异常产生指令、程序状态寄存器传输指令
指令执行的条件码	无	有
数据传输	内存-寄存器间单字节传输	内存(包括堆栈)-寄存器间多字节传输
变量类型	位变量	没有位变量
变量长度	int(16 位) long(32 位) double(64 位)	int(32 位) long(32 位) double(64 位)
变量的存储类型	data、bdata、idata、pdata、xdata、code	大端格式/小端格式

续表

程序设计要点	51 单片机	ARM 单片机
函数(中断函数的声明有区别)	使用 interrupt 声明的函数	中断函数在 startup code 中定义,在 code 区分配中断向量表时,将中断函数定义出来
参数的传递	R1～R7、堆栈	R0～R3:子程序传递参数 R4～R11:保存局部变量
参数的返回	R1～R7、C、堆栈	R0:返回 32 位整数 R0 和 R1:返回 64 位整数 f0/d0/s0:返回一个浮点数 f0～fN/d0～dN:返回复合型浮点数 内存:返回更多位数

思 考 题

1. 单片机的混合编程的必要性是什么?
2. 简述 51 单片机变量的数据类型、存储类型。
3. 如何定义 51 单片机的指针变量?
4. 针对 ARM 单片机,在大端格式、小端格式下,如何定义字节和半字访问的特殊功能寄存器?
5. 51 单片机和 ARM 单片机如何传递参数和返回值?
6. 51 单片机和 ARM 单片机的指令系统有什么显著不同?
7. 51 单片机和 ARM 单片机有哪些特殊类型的函数? 具有什么作用?
8. 51 单片机和 ARM 单片机有哪些特殊类型的变量? 具有什么作用?
9. 如何进行模块化的编程?
10. 混合编程时,C 语言程序和汇编语言程序需要解决哪些重要问题?

5

单片机存储系统的扩展

51单片机的片上资源较为有限，尤其是存储器资源，比如仅有128 B的RAM和4 KB的ROM。一旦所需要的数据和程序存储空间超过了这个容量，这些资源就不能满足应用需求了。那怎么办呢？单片机必须寻求片外的扩展资源，来增强自身功能，从而满足复杂的应用需求。这就是单片机的系统扩展，包括外部总线的扩展、ROM/RAM的扩展以及其他片外资源的扩展，其中外部总线是连接CPU和片外扩展功能单元的纽带。本章主要讲述单片机RAM、ROM存储资源的扩展原理，以及存储器接口电路的设计方法。

5.1 外部并行总线的扩展

5.1.1 外部总线及其特征

总线是单片机系统中各功能部件(包括片内部件、片外部件)传送信息的主干线，各个设备挂接到总线上，具有相同的物理、电气和功能特性。总线不仅是一组信号线，还包括相关的通信协议。

单片机内部有一个内部总线，用于连接CPU和片内各单元。外部总线是片内总线的延伸，用于连接CPU与片外各扩展的功能单元。

外部总线应该具有"三总线"特征：

(1) 单片机与挂接在总线上的设备进行信息交互，需要有数据线；

(2) 单片机识别挂接在总线上的不同设备，需要有地址线；

(3) 单片机要保证总线操作的正确性，需要有控制线。

5.1.2 51单片机的外部总线

51单片机的"三总线"由外部引脚提供。

1) 地址总线

51单片机具有16位地址线：高8位地址线由P2口的8个引脚提供，P2口具有锁存功能，可以和外部芯片的高位地址线直接相连；低8位地址线由P0口提供。由于P0口为地址/数据分时复用口，为保持整个取指周期内低8位地址的稳定，需外加地址锁存器来锁存低8位地址信息。常用的地址锁存器包括74HC373或74HC273，锁存触发信号用 ALE(74HC373)或将 ALE 取反(74HC273),这样,在 P0 口低位地址输出有效时,由 ALE 的下降沿将低 8 位地址锁存在地址锁存器的输出端。

2) 数据总线

由 P0 口的 8 个引脚提供,当 P0 口用作地址/数据口时,是双向的具有输入三态控制的通道口,可与外部芯片的数据口直接相连。

3) 控制总线

常用的控制信号为 ALE、$\overline{PSEN}$、$\overline{WR}$和$\overline{RD}$。其中,ALE 是地址锁存信号,$\overline{PSEN}$是程序存储器输出使能信号,$\overline{WR}$是数据存储器或外部功能器件的写信号,$\overline{RD}$是数据存储器或外部功能器件的读信号。

51 单片机扩展形成的总线结构如图 5.1 所示。

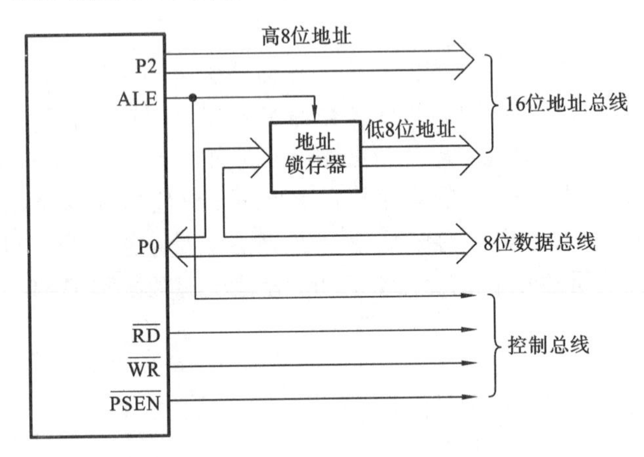

图 5.1　51 单片机的三总线

具体的电路如图 5.2 所示。

5.1.3　ARM 单片机的外部总线

ARM9 单片机(S3C2410)对外具有 8 根块选线(nGCS0～nGCS7)、27 根地址线(A0～A26)、32 根数据线(D0～D31)。ARM 单片机的控制线及其含义如表 5.1 所示。

表 5.1　ARM 单片机的控制总线

控制总线名称	功　　能
nWE	写信号,输出至设备
nOE	读信号,输出至设备
nXBREQ	总线请求保持,输入至单片机
nXBACK	总线响应保持,输出至设备
nWAIT	等待延迟,请求延长当前的总线周期,输入至单片机

在实际应用中,由于 ARM 单片机引脚的驱动能力有限,往往需要外加总线驱动器。图 5.3 所示的为 ARM 单片机的三总线扩展电路。图 5.4 所示的为利用芯片增强

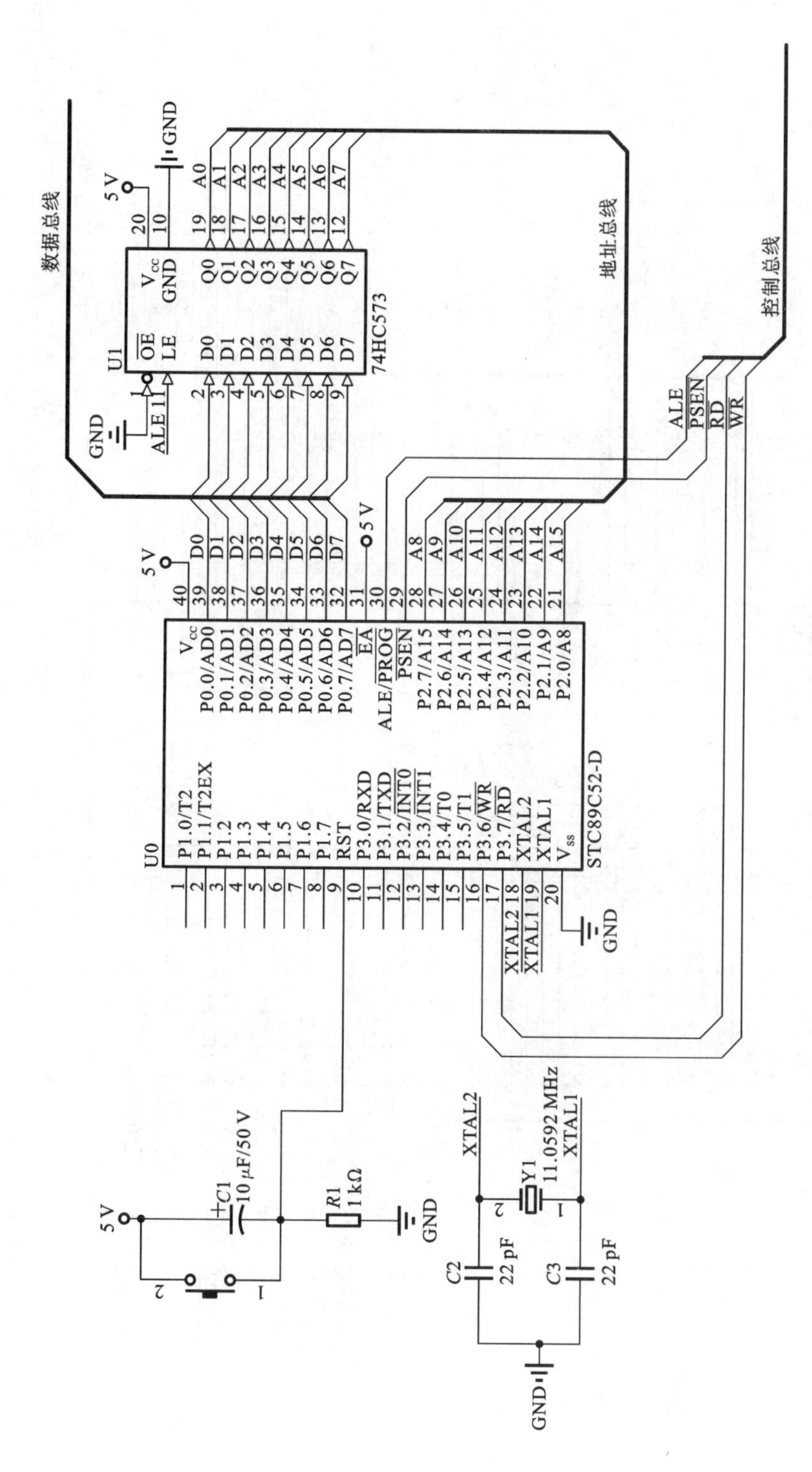

图5.2 单片机的三总线电路图

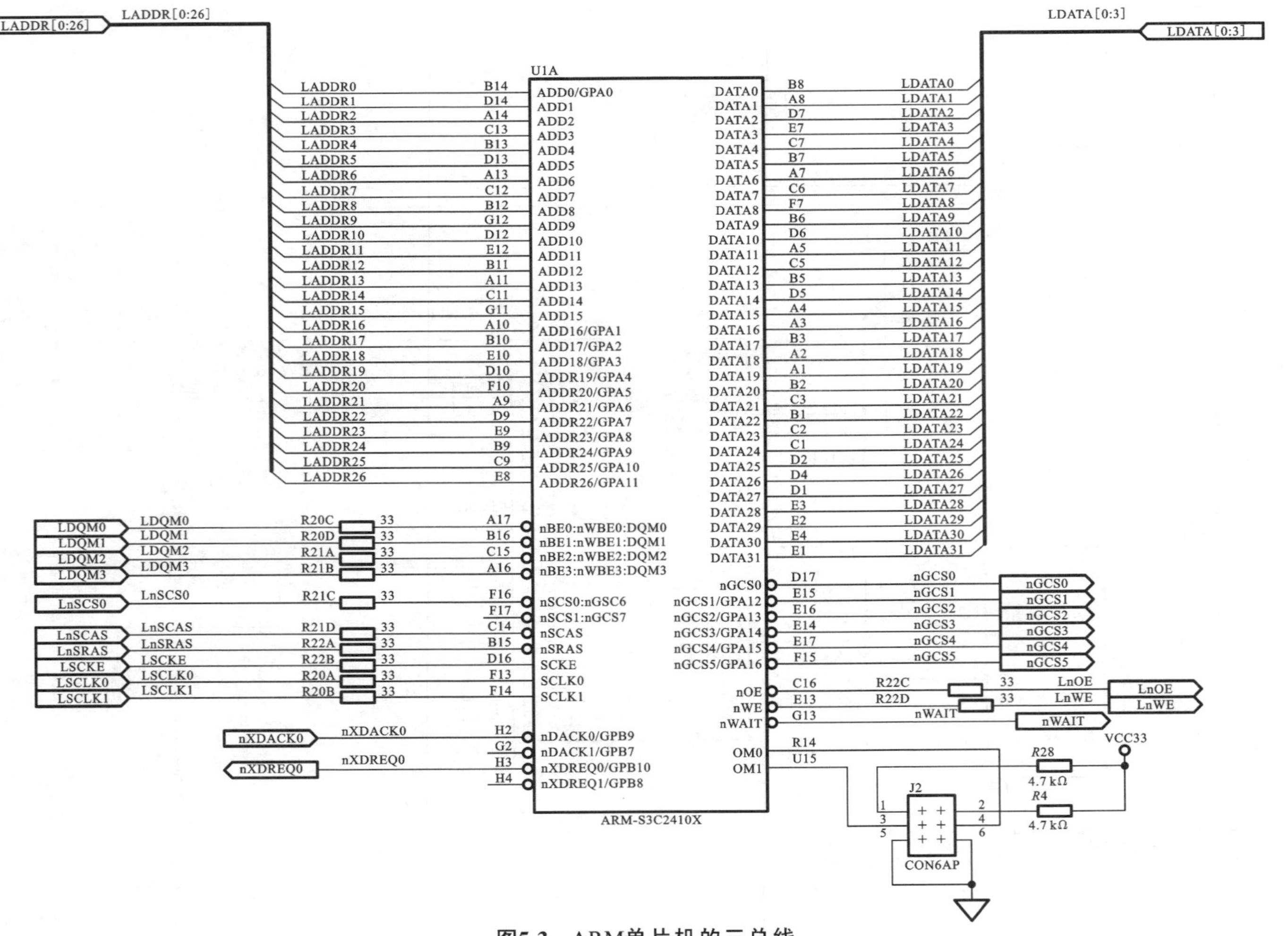

图5.3 ARM单片机的三总线

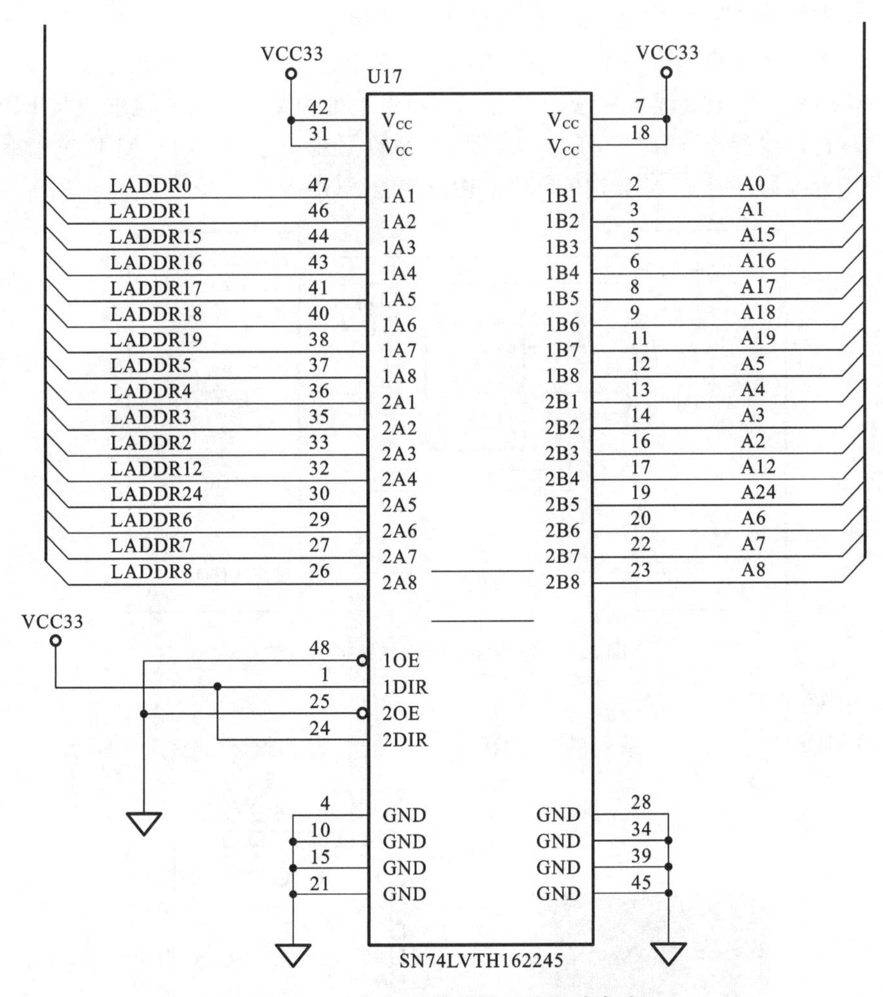

图 5.4　ARM9 **单片机的总线驱动电路**

数据总线驱动能力的电路。其他数据线、控制线和地址线可以采用类似的芯片提升驱动能力，设计电路时需要注意信号传递方向。

5.2　51 单片机的存储系统扩展

本节利用 51 单片机的外部总线扩展程序存储器和数据存储器。

5.2.1　程序存储器

1. 扩展原理

程序存储器常采用 EPROM、E^2PROM 和 Flash。由于单片机具有 16 根地址线，所以程序存储器的最大扩展容量是 64 KB。

程序存储器芯片的引脚信号类型：地址信号，个数由芯片的容量决定；数据信号，一般是 8 位；输出允许，$\overline{OE}$；片选信号，$\overline{CE}$；电源，V_{CC}和 GND。

扩展程序存储器时，只需将程序存储器所需的高 8 位地址线与单片机的 P2 口相连，低 8 位地址线与地址锁存器的输出相连；将程序存储器的数据线与单片机的数据总线 P0 相连，$\overline{PSEN}$与程序存储器的输出使能线$\overline{OE}$相连。

图 5.5 为单片机与外部程序存储器的三总线连接的电路示意图。图中，P2 口与 EPROM 的高 8 位地址线及片选$\overline{CE}$连接；P0 口经地址锁存器输出的地址线与 EPROM 的低 8 位地址线相连，同时 P0 口与 EPROM 的数据线相连；单片机 ALE 连接地址锁存器的锁存控制端；$\overline{PSEN}$接 EPROM 的输出使能线$\overline{OE}$。

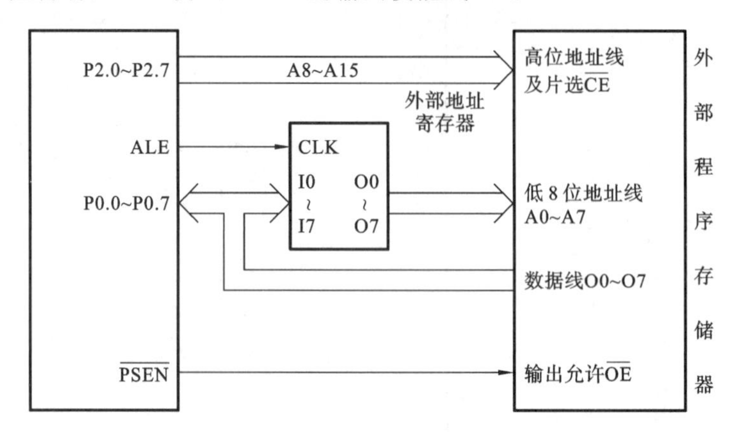

图 5.5 外部程序存储器的扩展方法

2. 扩展示例

ATMEL 公司 28Cxx 系列的 E^2PROM 芯片的管脚和封装如图 5.6 所示。

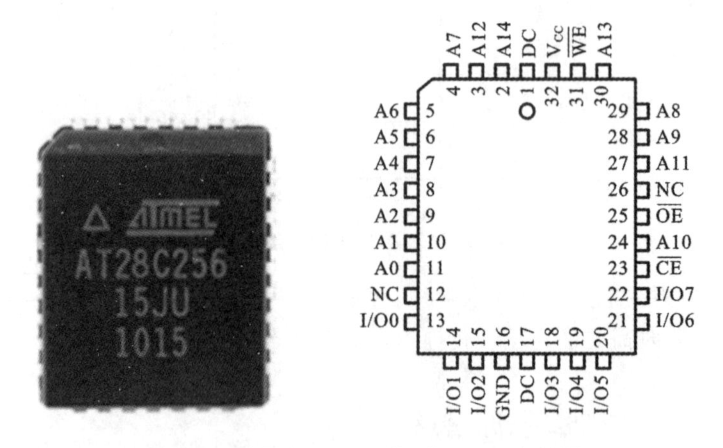

图 5.6 型号为 28C256 的 E^2PROM 存储器

芯片型号的高两位数字 28 表示是 E^2PROM，低位数字表示存储容量的 Kb 值，如 256 表示 256K 个存储位的 E^2PROM，低位数字除以 8 为芯片的字节存储容量，如 256 表示字节容量为 32K，可以表示成 32K×8b。

E^2PROM 的管脚中，除去 V_{CC}、GND、地址线 An(15 根)、数据线 I/On(8 根)外，还有 2 个引脚：$\overline{OE}$、$\overline{CE}$。其中，$\overline{OE}$：片输出允许，接 CPU 的读信号线$\overline{PSEN}$；$\overline{CE}$：片选，由地址线译码器或单独的地址线来选通。

3. E^2PROM 的扩展方法

扩展单片 E^2PROM，其片选$\overline{CE}$可接地，即只要系统执行读外部程序存储器的指令，就可以由$\overline{PSEN}$控制读该片 E^2PROM。

当单片 E^2PROM 的容量不能满足需要时，就要进行多片扩展。扩展时各片的数据线、地址线、控制线都并行挂接在系统三总线上，只是各片的片选信号要分别处理。

产生片选信号主要有两种方法：线选法和译码法。

采用线选法时，用所需的低位地址线进行片内存储单元寻址，余下的高位地址线可分别作各芯片的片选信号，当芯片对应的片选地址线输出有效电平时，该片 E^2PROM 选通操作。线选法构成的存储系统单元地址不连续，造成存储器的部分空间浪费。

采用译码法时，仍由低位地址线进行片内寻址，高位地址线经过译码器译码产生各个片选信号。

按照扩展 ROM 的一般方法，图 5.7 给出了 51 单片机用线选法扩展 1 片 E^2PROM 的电路图。

4. 时序

图 5.8 给出了单片机读外部程序存储器的总线操作时序。

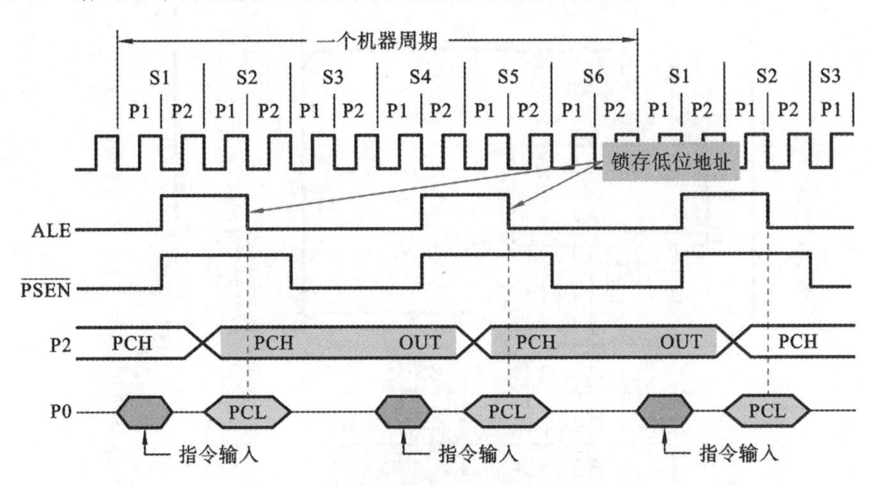

图 5.8　外部程序存储器的总线操作时序

首先，S2P1 之后，P2 口输出 PCH，P0 口输出 PCL；S3P1 时，读信号$\overline{PSEN}$变为有效低电平，存储器输出允许；S4P1 时，从 PC 指向的单元中读出的指令出现在数据总线 P0 口上，CPU 在$\overline{PSEN}$的上升沿前将指令读入，并寄存到指令寄存器 IR 中，然后翻译并执行。

从图 5.8 中可以看出，在访问外部程序存储器的一个周期时序中，$\overline{ALE}$信号与$\overline{PSEN}$信号两次有效。这表示在一个机器周期中，允许单片机两次访问外部程序存储器，即取出两个指令字节。对于单字节指令（多数指令为单字节），第二次读出的同一指令被放弃。

5. E^2PROM 地址空间的计算方法

计算地址空间：当片选线有效时，地址线由全 0 变为全 1 所确定的地址范围。不用的地址线可以默认为 1。

以图 5.7 所示的扩展电路为例，如表 5.2 所示，当 P2.7 为 0 时，28256 的$\overline{CE}$为低电平，使能信号有效，允许操作。其余的低位地址线为全 0 时，确定出低地址 0000H；其余的低位地址线为全 1 时，确定出高地址 7FFFH。因此，28256 的地址空间范围为 0000H～7FFFH。

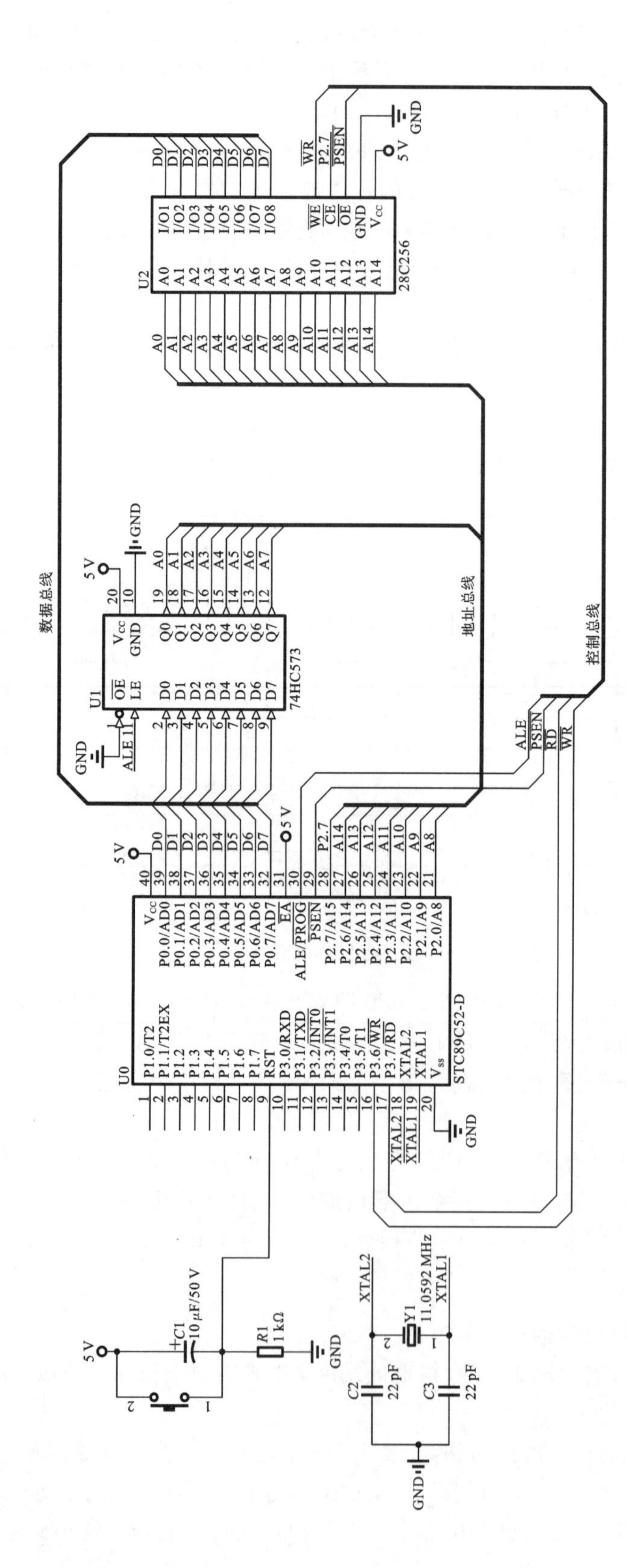

图5.7 利用51单片机扩展1片32 KB E²PROM的电路

表 5.2 E²PROM 的地址空间

	$\overline{CE}$	P2.7～P2.4	P2.3～P2.0	P0.7～P0.4	P0.3～P0.0	地址
低	0	0000	0000	0000	0000	0000H
高	0	0111	1111	1111	1111	7FFFH

5.2.2 数据存储器

1. 扩展原理

采用并行扩展方式扩展外部数据存储器时，其地址线、数据线的连接方法与扩展程序存储器的方法相同。

数据存储器一般采用半导体随机读写存储器 RAM，其引脚类型与程序存储器的基本相同，只是为写操作设置了一个写控制信号$\overline{WR}$，其输出允许信号表示为$\overline{RD}$。与数据存储器的读/写信号线相连的 8051 的控制线是$\overline{WR}$(P3.6)和$\overline{RD}$(P3.7)，数据存储器的地址线和数据线的连接方法与程序存储器的相同。

51 单片机的内部数据存储器空间和外部数据存储器空间是独立编址的，访问指令不同。

单片数据存储器的扩展，其地址、数据线与片选信号的连接与单片程序存储器扩展的方法相同，读、写控制需要$\overline{WR}$、$\overline{RD}$信号。当扩展多片外部数据存储器时，其片选信号的处理可以用线选法或译码法。

2. 扩展示例

常用的静态 RAM 芯片有 6216(2 KB)、6264(8 KB)、62256(32 KB)等。下面以 62256 芯片为例，讨论 RAM 的扩展方法。图 5.9 为 62256 芯片的引脚图。62256 芯片是 32 K×8 b 的 SRAM 芯片。引脚如下：

A0～A14：地址线；

$\overline{CS}$：片选线，低电平有效；

$\overline{WE}$：写允许线，低电平有效；

I/O8～I/O1：双向数据线；

$\overline{OE}$：读允许线，低电平有效。

28-DIP
28-SOP

引脚	编号	编号	引脚
A14	1	28	V_{CC}
A12	2	27	$\overline{WE}$
A7	3	26	A13
A6	4	25	A8
A5	5	24	A9
A4	6	23	A11
A3	7	22	$\overline{OE}$
A2	8	21	A10
A1	9	20	$\overline{CS}$
A0	10	19	I/O8
I/O1	11	18	I/O7
I/O2	12	17	I/O6
I/O3	13	16	I/O5
V_{ss}	14	15	I/O4

图 5.9 62256 芯片的引脚图

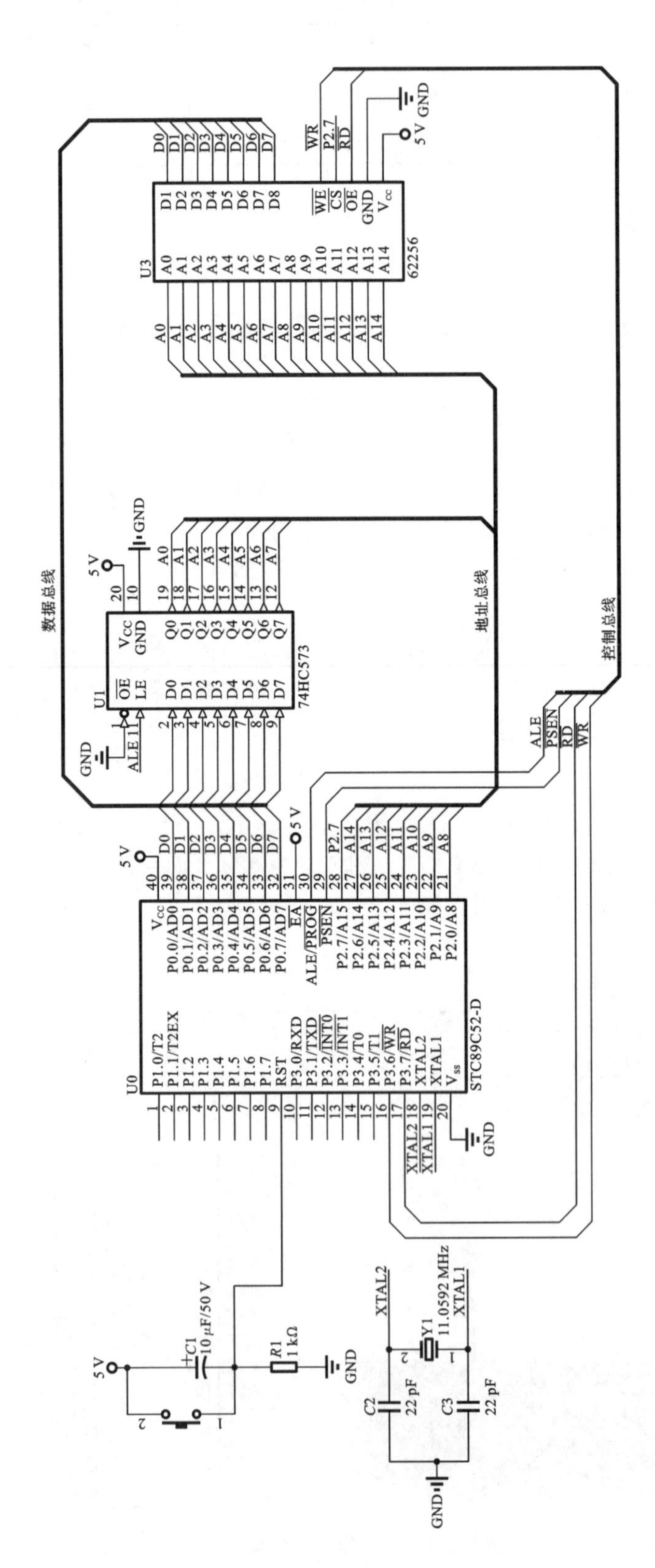

图5.10　扩展62256的电路图

图 5.10 为扩展 62256 芯片的电路图。

3. 总线操作时序

图 5.11 给出了外部数据存储器的读、写操作时序。该时序由两个机器周期组成，第一周期为取指周期，第二周期为读/写周期。

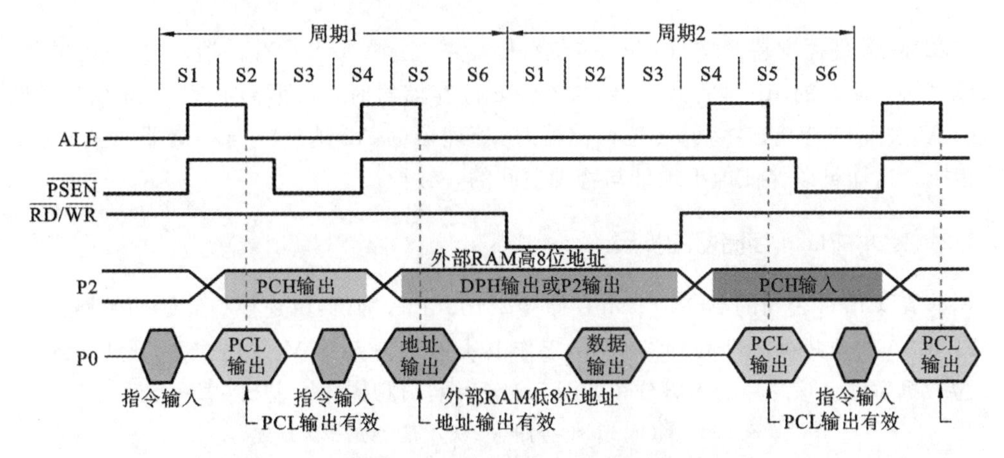

图 5.11 单片机访问外部 RAM 的总线操作时序

当从 ROM 中读取 MOVX 指令并执行时，P2 口和 P0 口扩展的外部总线上分时出现该指令所在 ROM 单元的地址及 MOVX 指令对应的指令码；执行指令时，外部总线分时出现外部 RAM 地址 DPH、DPL 及读写的数据。

在取指周期(周期 1)的 S2 期间 ALE 有效，P2 口输出 PCH，P0 口输出 PCL，ALE 的下降沿将 PCL 值写入地址锁存器。S3S4 期间，按 P2 口和地址锁存器的地址取出的指令出现在 P0 口，在 $\overline{\text{PSEN}}$ 的上升沿前，CPU 将指令读入片内指令寄存器中。在 S5 期间 P2 口输出外部 RAM 地址 DPH，P0 口输出 DPL，执行周期(周期 2)的 S1 以后，读/写信号 $\overline{\text{RD}}/\overline{\text{WR}}$ 变为有效，按照 DPTR 输出的地址，对外部 RAM 进行读/写操作，S2 期间读/写数据出现在数据总线及 P0 口，在 $\overline{\text{RD}}/\overline{\text{WR}}$ 信号的上升沿前，数据被读入单片机或被写入寻址的地址单元。

根据该时序图，在执行 MOVX 指令期间，ALE 信号丢失一个脉冲，此时 ALE 信号并非规律的时钟信号。

4. RAM 地址空间的计算方法

RAM 地址空间的计算方法与 E^2PROM 的一致，下面以图 5.10 所示的 62256 芯片电路图为例。如表 5.3 所示。当 P2.7 为 0 时，62256 芯片的 $\overline{\text{CS}}$ 为低电平，使能信号有效，允许操作。其余的低位地址线为全 0 时，确定出低地址 0000H；其余的低位地址线为全 1 时，确定出高地址 7FFFH。因此，62256 芯片的地址空间范围为 6000H～7FFFH。

表 5.3 RAM 地址空间的计算

	$\overline{\text{CS}}$	P2.7～P2.4	P2.3～P2.0	P0.7～P0.4	P0.3～P0.0	地址
低	0	0000	0000	0000	0000	6000H
高	0	0111	1111	1111	1111	7FFFH

5.3 ARM 单片机的存储系统扩展

5.3.1 地址线接□

ARM 处理器支持 8 位/16 位/32 位存储器系统。扩展 8 位存储器时，处理器的 A0 地址线与存储器的 A0 地址线相接。扩展 16 位存储器时，处理器的 A1 地址线与存储器的 A0 地址线相接。扩展 32 位存储器时，处理器的 A2 地址线与存储器的 A0 地址线相接。这样可以保证虚拟地址与物理空间的一致性。

5.3.2 NOR Flash 存储器的扩展

本节以 Intel 公司的 NOR Flash 存储器 28F128J3A 为例，讲述该存储器的扩展方法。28F128J3A 的单片存储容量为 256 Mb，工作电压为 2.7～3.6 V，采用 56 脚 TSOP 封装，16 位数据宽度。该芯片的引脚分布如图 5.12 所示，引脚描述如表 5.4 所示。

表 5.4　NOR Flash 存储器 28F128J3A 的引脚描述

引　脚	类　型	功　能
A0	输入	字节选择地址
A1～A24	输入	地址线
DQ0～DQ15	输入/输出	数据线
CE0～CE2	输入	片选线
RP	输入	复位/掉电控制
OE	输入	输出使能
WE	输入	写使能
STS	输出	状态
BYTE	输入	字节使能
Vpen	输入	擦除、编程、块锁定
V_{CC}、GND	输入	电源
V_{CCQ}	输出	输出缓冲供电

本节采用 2 片 28F128J3A 构建 32 位 Flash 存储系统，其总存储容量为 512 Mb ((16M×32) B=512 MB)，需要处理器提供 26 根地址线。

NOR Flash 存储系统的扩展电路如图 5.13 所示，具体扩展方法如下。

(1) Flash 存储器在系统中通常用于存放程序代码，系统上电或复位后从中获取指令并开始执行，因此，应将存有程序代码的 Flash 存储器映射到 Bank0，即将 S3C2410A 的 nGCS0(nCE_S16)接至 2 片 28F128J3A 的 CE0～CE2 端。

(2) 由于扩展 2 片 16 位的存储器(32 位系统)，所以存储器的地址总线(A24～A1)与 S3C2410A 的地址总线(LADDR25～LADDR2)相连。两个存储器都是 16 位数据整体操作，因此其低位地址线 A0 可闲置。

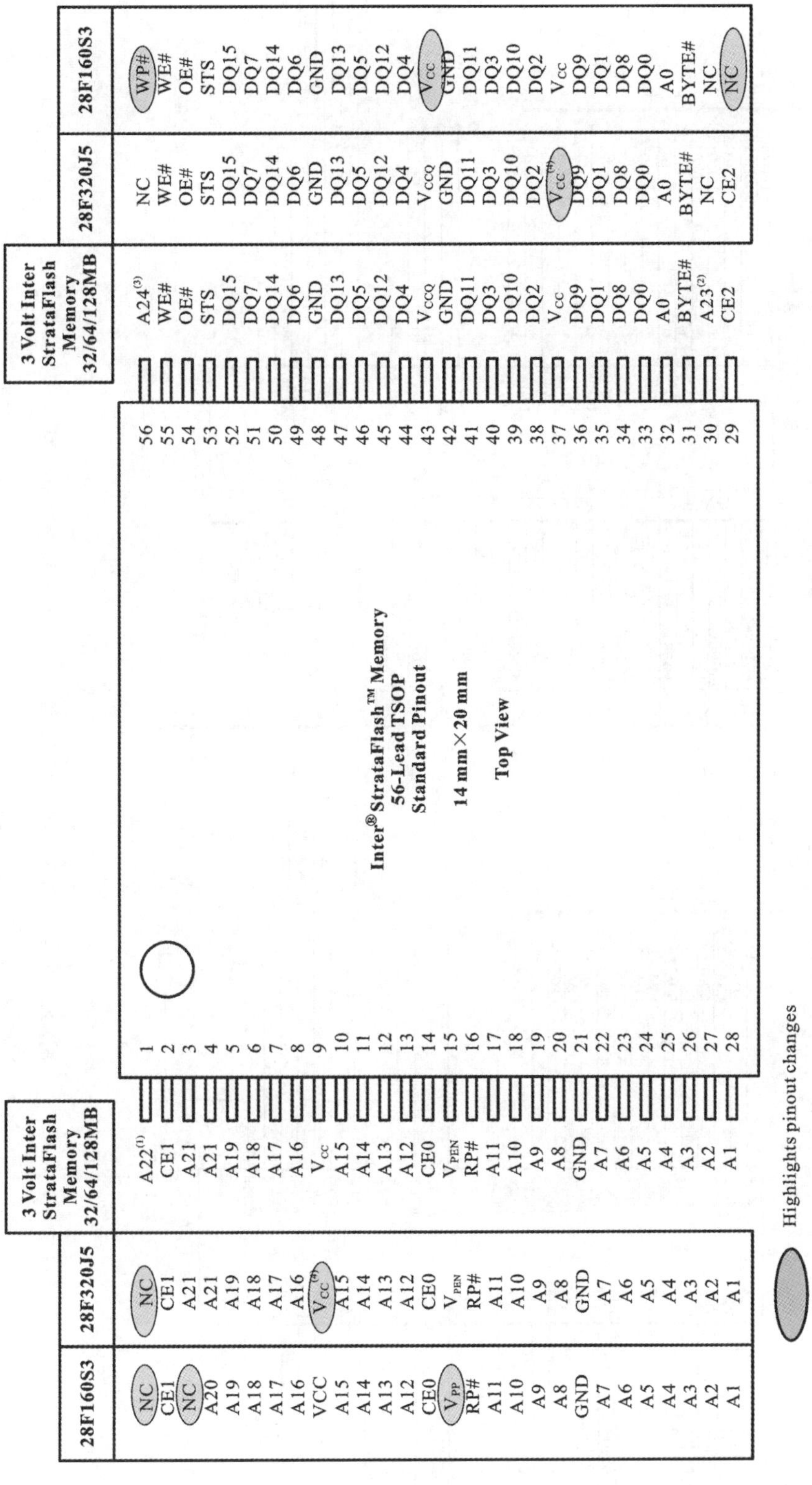

28F160S3	28F320J5	3 Volt Inter StrataFlash Memory 32/64/128MB	Pin	Pin	3 Volt Inter StrataFlash Memory 32/64/128MB	28F320J5	28F160S3
NC	NC	A22[1]	1	56	A24[3]	NC	WP#
CE1	CE1	CE1	2	55	WE#	WE#	WE#
NC	A21	A21	3	54	OE#	OE#	OE#
A20	A21	A21	4	53	STS	STS	STS
A19	A19	A19	5	52	DQ15	DQ15	DQ15
A18	A18	A18	6	51	DQ7	DQ7	DQ7
A17	A17	A17	7	50	DQ14	DQ14	DQ14
A16	A16	A16	8	49	DQ6	DQ6	DQ6
VCC	V_{CC}[4]	V_{CC}	9	48	GND	GND	GND
A15	A15	A15	10	47	DQ13	DQ13	DQ13
A14	A14	A14	11	46	DQ5	DQ5	DQ5
A13	A13	A13	12	45	DQ12	DQ12	DQ12
A12	A12	A12	13	44	DQ4	DQ4	DQ4
CE0	CE0	CE0	14	43	V_{CCQ}	V_{CCQ}	V_{CC}
V_{PP}	V_{PEN}	V_{PEN}	15	42	GND	GND	GND
RP#	RP#	RP#	16	41	DQ11	DQ11	DQ11
A11	A11	A11	17	40	DQ3	DQ3	DQ3
A10	A10	A10	18	39	DQ10	DQ10	DQ10
A9	A9	A9	19	38	DQ2	DQ2	DQ2
A8	A8	A8	20	37	V_{CC}	V_{CC}[4]	V_{CC}
GND	GND	GND	21	36	DQ9	DQ9	DQ9
A7	A7	A7	22	35	DQ1	DQ1	DQ1
A6	A6	A6	23	34	DQ8	DQ8	DQ8
A5	A5	A5	24	33	DQ0	DQ0	DQ0
A4	A4	A4	25	32	A0	A0	A0
A3	A3	A3	26	31	BYTE#	BYTE#	BYTE#
A2	A2	A2	27	30	A23[2]	NC	NC
A1	A1	A1	28	29	CE2	CE2	NC

Inter® StrataFlash™ Memory
56-Lead TSOP
Standard Pinout

14 mm×20 mm

Top View

Highlights pinout changes

图5.12 NOR Flash存储器28F128J3A的引脚图

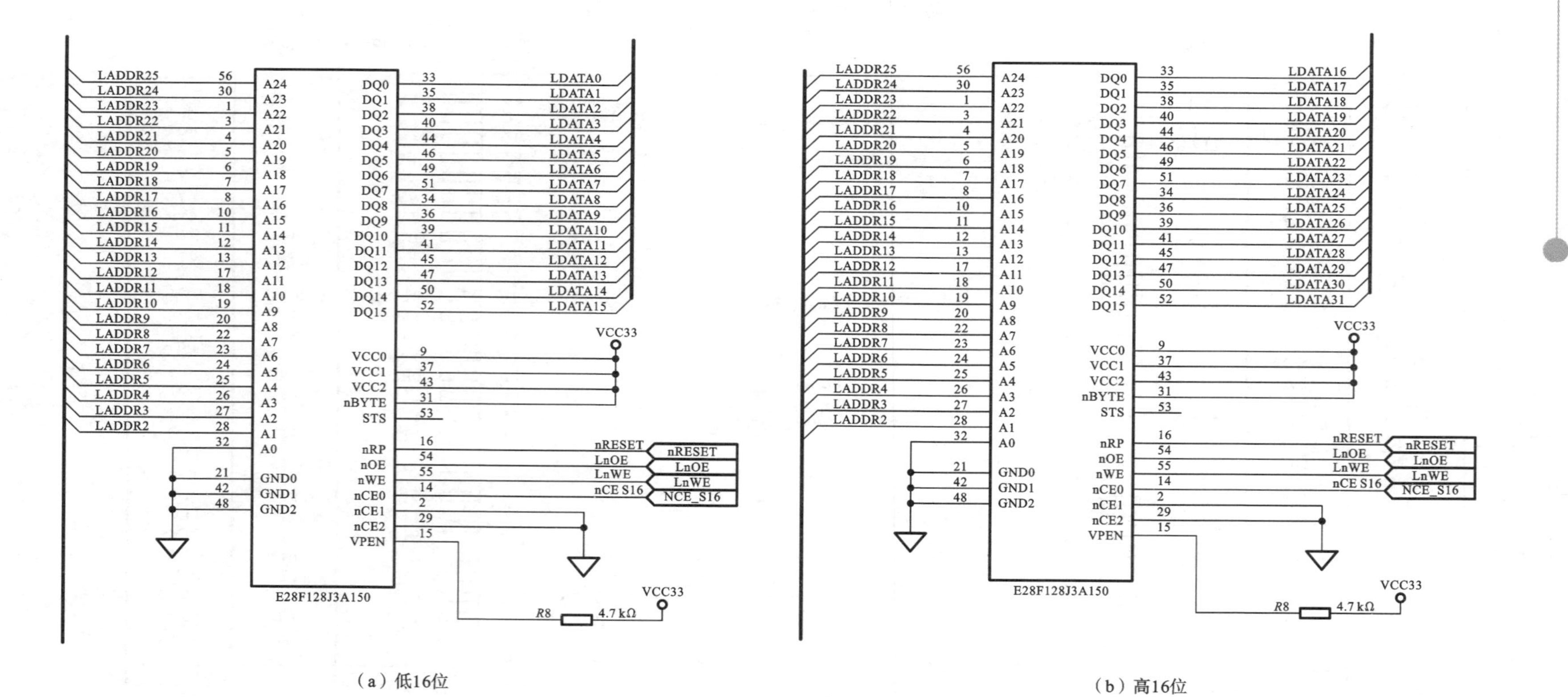

（a）低16位

（b）高16位

图5.13　采用2片28F128J3A构建32位Flash存储器系统的电路图

(3) 2 片 Flash 共 32 位数据总线与 S3C2410A 的 32 位数据总线(LDATA31～LDATA0)相连。

(4) 28F128J3A 的 nOE 端接 S3C2410A 的 LnOE;nWE 端接 S3C2410A 的 LnWE。

5.3.3 NAND Flash 存储器的扩展

由于 NOR Flash 存储器造价昂贵,NAND Flash 和 SDRAM 性价比高,所以在设计嵌入式系统时,人们倾向于采用 NAND Flash 存储操作系统,并通过启动和引导过程,将 NAND Flash 中的操作系统加载到 SDRAM 中运行。

S3C2410A 提供了 6 个 NAND Flash 控制寄存器,用于配置 NAND Flash,包括:NFCON、NFCMD、NFADDR、NFDATA、NFSTAT、NFECC。

下面以 K9F1208UDM-YCB0 为例,介绍 NAND Flash 存储器的接口设计。K9F1208UDM-YCB0 的存储容量为 64 MB,数据总线宽度为 8 位,工作电压为 2.7～3.6 V,采用 48 脚 TSOP 封装。仅需单 3.3 V 电压即可完成在系统编程与擦除操作,其引脚分布及信号描述分别如图 5.14 和表 5.5 所示。

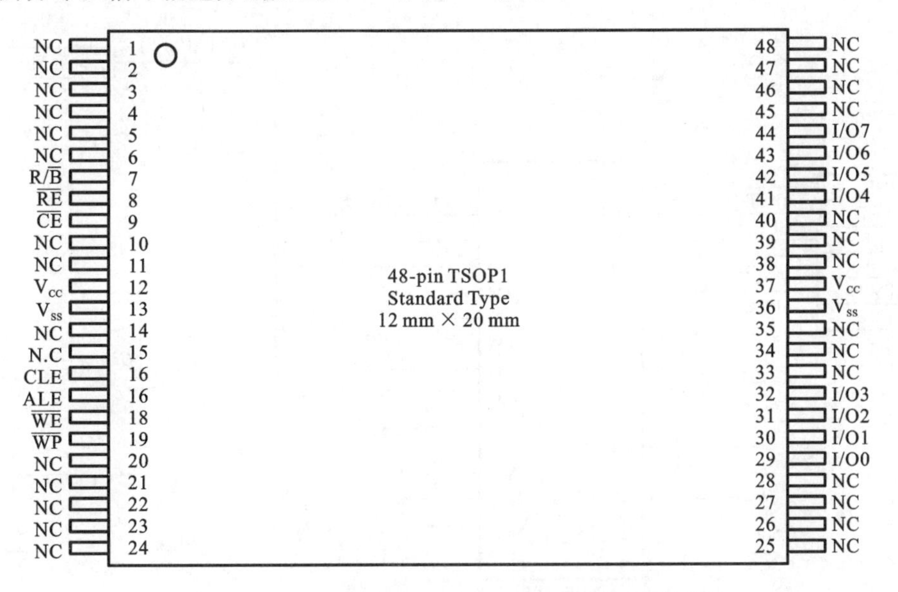

图 5.14 NAND Flash K9F1208UDM-YCBO 的引脚

表 5.5 K9F1208UDM-YCBO 的引脚功能

引脚名字	引脚功能
I/O0～I/O7	数据输入/输出
CLE	指令锁存使能
ALE	地址锁存使能
$\overline{CE}$	芯片选择(片选)
$\overline{RE}$	读使能
$\overline{WE}$	写使能

续表

引脚名字	引脚功能
$\overline{WP}$	写保护
R/$\overline{B}$	芯片状态，就绪/忙
V_{CC}	电源(2.7～3.6 V)
V_{SS}	地
NC	无连接

由于 ARM9 具有 NAND Flash 控制器，因此扩展时电路连接较为方便。如图 5.15 所示，K9F1208UDM-YCBO 的 ALE 和 CLE 端分别接 S3C2410x 的 ALE 和 CLE 端，8 位的 I/O7～I/O0 与 S3C2410x 低 8 位数据总线(DATA7～DATAO)相连，nWE、nRE 和 nCE 分别与 S3C2410X 的 nFWE、nFRE 和 nFCE 相连，R/B 与 R/nB 相连。

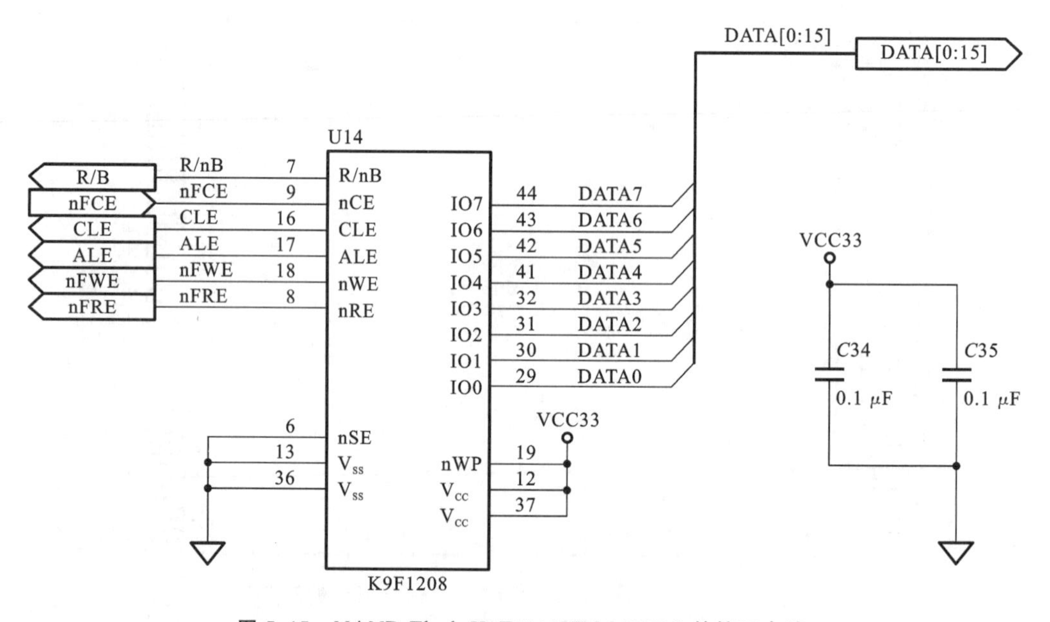

图 5.15 NAND Flash K9F1208UDM-YCBO **的接口电路**

同时，S3C2410A 的 NCON 配置引脚必须接上拉电阻，为增加稳定性，R/nB 引脚也需要接上拉电阻。

5.3.4 SDRAM 存储器的扩展

在嵌入式系统中，SDRAM 主要用作程序的运行空间、数据及堆栈区。当系统启动时，处理器首先从复位地址 0x0 处读取启动代码，在完成系统的初始化后，程序代码一般应调入 SDRAM 中运行，以提高系统的运行速度。为避免数据丢失，必须对 SDRAM 进行定时刷新。这就要求微处理器具有刷新控制逻辑，或另外加入刷新控制逻辑电路。S3C2410A 片内具有独立的 SDRAM 刷新控制逻辑，可方便地扩展 SDRAM。

本节以 K4S561632C 为例，给出 SDRAM 的扩展方法。K4S561632C 存储容量为

4M×16b×4 Banks(等价于 32 MB),工作电压为 3.3 V,常见为 54 脚 TSOP 封装形式,兼容 LVTTL 电平接口,支持自动刷新(auto-refresh)和自刷新(self-refresh),数据宽度为 16 位,具有 13 根行地址线(RA0～RA12),9 根列地址线(CA0～CA8)。K4S561632C 的引脚分布及信号描述分别如图 5.16 和表 5.6 所示。

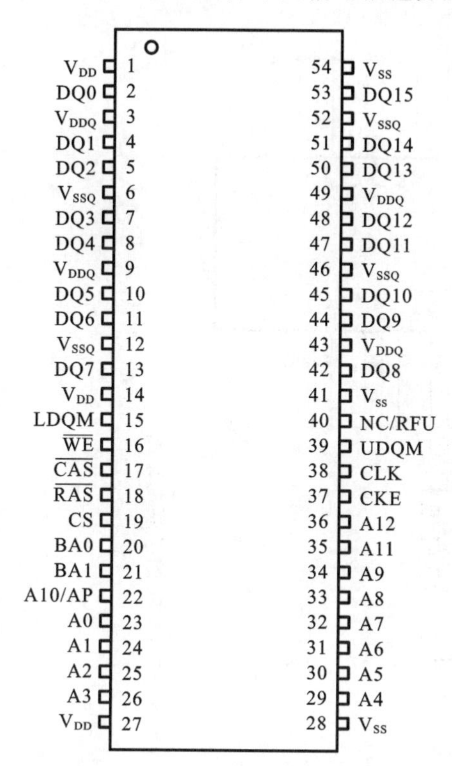

图 5.16 K4S561632C 的引脚分布图

表 5.6 K4S561632C 的引脚功能

引　　脚	名　　称
CLK	系统时钟
$\overline{CS}$	芯片选择(片选)
CKE	时钟使能
A0～A12	地址线
BA0～BA1	块选线
$\overline{RAS}$	行地址选通
$\overline{CAS}$	列地址选通
$\overline{WE}$	写使能
L(U)DQM	数据输入/输出掩码
DQ0～DQ15	数据输入/输出
V_{DD}/V_{SS}	电源/地
V_{DDQ}/V_{SSQ}	数据输出电源/地
NC/RFU	无连接/留作将来用

设计中采用 K4S561632C 构建 32 位的数据存储系统,其扩展电路图如图 5.17 所示,具体扩展方法如下。

(1) 由于单片 K4S561632C 为 16 位数据宽度,需要 2 片并联来构建 32 位 SDRAM 存储器系统,其中一片为高 16 位,另一片为低 16 位。

(2) S3C2410 的 Bank 6、Bank 7 用于配置 SDRAM,因此将 S3C2410A 的 nGCS6 接至 2 片 K4S561632C 的$\overline{CS}$端。

(3) 高 16 位的 K4S561632C 的数据线 DQ15～DQ0 接 S3C2410A 的数据总线的高 16 位 LDATA31～LDATA16,低 16 位的 K4S561632C 的 DQ15～DQ0 接 S3C2410A 的数据总线的低 16 位 LDATA15～LDATA0。

(4) 由于扩展 32 位存储器系统,所以需要将 LADDR2～LADDR14 接到存储器的 A0～A12 上。

(5) 扩展后,2 片 K4S561632C 的总容量为 64 MB,对应的地址线为 LADDR25～LADDR0。因此,需要将 BA1、BA0 接最高 2 位地址线 LADDR25、LADDR24。

(6) 高 16 位 K4S561632C 的 UDQM、LDQM 分别接 S3C2410A 的 DQM3、DQM2,低 16 位芯片的 UDQM、LDQM 分别接 S3C2410A 的 DQM1、DQM0。

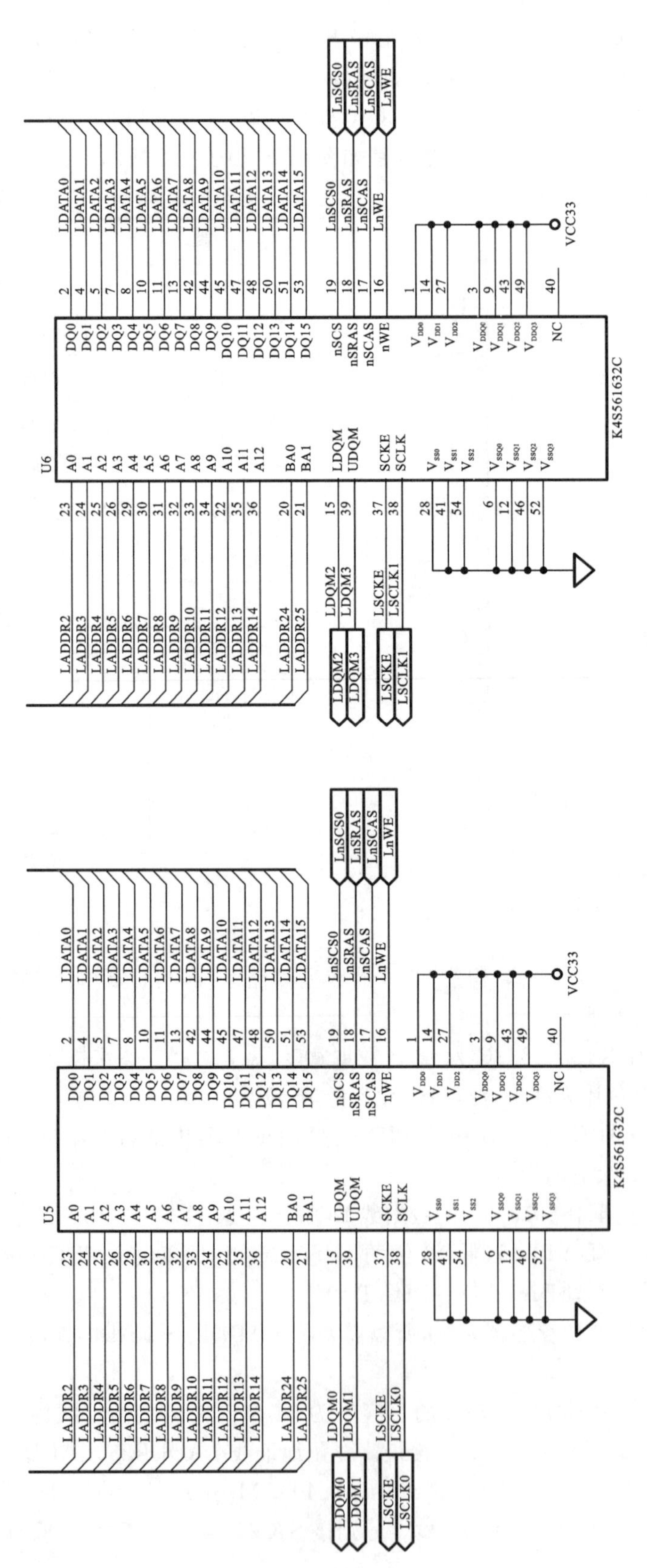

图5.17 SDRAM K4S561632C的扩展电路图

5.4 51与ARM单片机的存储资源对比

表5.7列出了51单片机与ARM单片机的存储资源的对比结果。

表5.7 51单片机与ARM单片机的存储资源对比

对比点	51单片机	ARM单片机
外部数据线	8根	32根
外部地址线	16根	27根
外部块选线	无	8根
外部控制线	读(RAM、ROM)、写(RAM)	读、写、总线请求/应答
架构	哈佛	冯·诺依曼
扩展的RAM	SRAM	SRAM、SDRAM
扩展的ROM	E^2PROM、Flash	NOR Flash、NAND Flash
扩展的容量	64 KB×2	128 MB×8

思考题

1. 如何利用51单片机扩展2片62256？简述你的方案。

2. 查阅29Cxx系列Flash存储器的资料。如何利用51单片机扩展该类存储器？

3. 现有容量为1 MB、数据线为16位的NOR Flash存储器，具体说明如何将该Flash的地址线、数据线、片选线、$\overline{OE}$线与ARM9(S3C2410)相连接？

4. 现采用特征为2bank×4M/bank×16 b的SDRAM存储器扩展为32位存储系统，简要说明如何扩展，以及如何将SDRAM的地址线、块选线、片选线与ARM9(S3C2410)相连接？

5. 简述NAND Flash与NOR Flash的异同点。

6. 根据本章给出的扩展SDRAM、NOR Flash的电路，计算扩展的存储器的地址范围。

7. 参考本章扩展的SRAM、E^2PROM、SDRAM、NOR Flash，思考这些存储器的地址线A0代表什么含义？51单片机与ARM单片机的地址线A0代表什么含义？二者能否直接相连接？

6

单片机的定时/计数器及应用

定时/计数器是单片机的重要功能模块之一,定时/计数功能都是通过计数实现的,若计数的事件来源是周期固定的脉冲信号,则可实现定时功能,否则可实现计数功能。因此,可以将定时和计数功能用一个部件实现,只需要切换计数脉冲来源即可。定时/计数器具有很多应用,例如,定时器常用作定时时钟,以实现定时检测、定时响应、定时控制,也可以产生脉冲信号以控制外部设备。在定时/计数器的工程应用中,通常将定时分辨率、精度、误差的来源以及相应的消除方法,作为重点考虑的问题。

本章主要介绍了定时/计数器的一般工作原理,讲述了51/ARM单片机的定时/计数器资源及应用,如定时中断、定时复位(看门狗定时器)、脉冲宽度调制(PWM)输出、死区生成器以及基于定时器的波特率发生器等。

6.1 定时/计数器的一般工作原理

图6.1所示的为定时/计数器的一般工作原理。定时/计数器包括如下模块:

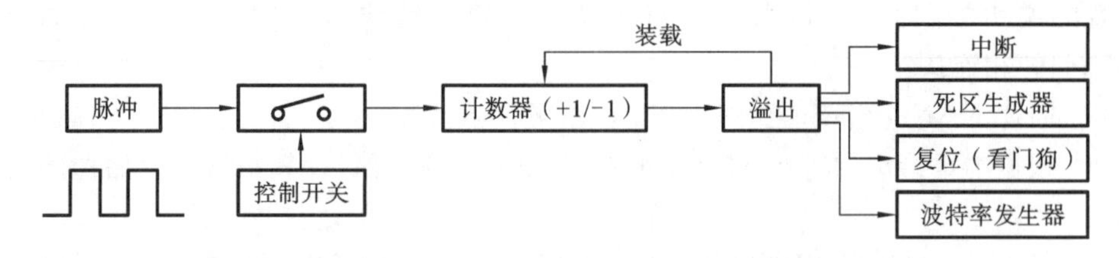

图6.1 定时/计数器的一般工作原理示意图

(1) 脉冲产生模块,作为计数的方波脉冲信号。如果脉冲来源于单片机内部的晶振,由于其周期固定,此时的计数器可作为定时器;如果脉冲来源于单片机外部的引脚,由于其周期事先未知,可表示某事件的发生,此时作为计数器。

(2) 计数启停控制模块。控制计数脉冲是否作用,从而控制计数器的启停。

(3) 计数器模块。根据脉冲信号,在上升沿或者下降沿来临时,做加1或减1计数,可以设定计数初值。

(4) 溢出模块。当计数器达到最大或最小值,再经过一个脉冲,便产生了溢出,相应寄存器的溢出标志位被置位。

(5) 溢出执行模块。当计数溢出后,可以产生中断、生成死区信号、产生复位信号、输出波特率信号；也可以产生重新装载信号，使计数器恢复初值并开始新一轮的计数。

6.2 51 单片机的定时/计数器

6.2.1 概述

51 单片机具有两个 16 位内部定时/计数器，52 单片机有三个定时/计数器。计数脉冲来源包括内部晶振与外部输入，当内部晶振作为时钟信号时，做定时器用，此时计数频率为振荡源频率(f_{osc})的 1/12。当计数脉冲为外部输入时，做计数器用，最高计数频率为振荡源频率(f_{osc})的 1/24。51 单片机的定时/计数器采用加 1 方式计数。同时，可配置控制寄存器(TCON)的 TRx 位实现对定时/计数器的启停。当计数溢出时，控制寄存器(TCON)的标志位 TFx 会自动置 1，在允许中断的情况下，计数溢出时，会产生中断，进入中断服务程序后，溢出标志位会被自动清零；在查询方式下，溢出标志位必须由软件清零。

6.2.2 特殊功能寄存器

与定时/计数器相关的特殊功能寄存器如表 6.1 所示。

表 6.1 与定时/计数器相关的特殊功能寄存器及其功能说明

寄 存 器	功能说明
计数寄存器 TH、TL	TH[7:0]:计数初值的高 8 位 TL[7:0]:计数初值的低 8 位 通过配置 TH1/TH0 和 TL1/TL0 设定定时/计数的初值
控制寄存器 TCON	TRx[6,4]:运行控制位(1:启动;0:停止) TFx[7,5]:计数溢出标志位(1:计数溢出;0:计数未满) TFx:标志位可用于申请中断或供 CPU 查询
模式控制寄存器 TMOD	[6,2]C/$\overline{T}$:计数/定时选择位(1:计数器;0:定时器) [7,3]GATE:门控信号(0:定时器启停仅受 TRx 控制;1:定时器启停同时受 TRx 与 INTx 控制) [5:4,1:0]M1、M0:工作方式定义位(00:方式 0,13 位定时器;01:方式 1,16 位定时器;10:方式 2,自动重装的 8 位定时器;11:定时器 0 分为两个 8 位定时器)
定时/计数器 2 的控制寄存器 TCON2	[7]TF2:溢出标志位,必须由软件清零 [6]EXF2:外部标志位,当 EXEN2=1 且当 T2EX 引脚上出现负跳变形成捕获或重装时,EXF2 置位,申请中断。EXF2 必须由软件清零 [5]RCLK:接收时钟标志(1:用定时器 2 溢出作为串行口的接收时钟;0:用定时器 1 溢出作为串口的接收时钟) [4]TCLK:发送时钟标志(1:用定时器 2 溢出作为串行口的发送时钟;0:用定时器 1 溢出作为串口的发送时钟) [3]EXEN2:定时器 2 外部允许标志位(1:若定时器 2 未作串行口波特率发生器,则 T2EX 端的负跳变引起定时器 2 的捕获或重装;0:T2EX 端的外部信号不起作用)

续表

寄　存　器	功能与说明
定时/计数器 2 的控制寄存器 TCON2	[2]TR2:定时器 2 运行控制位(1:启动;0:停止) [1]C/$\overline{T2}$:计数器/定时器选择位(1:计数器;0:定时器) [0]CP/RL2:捕获/重装标志位(1:当 EXEN2=1 且 T2EX 端的信号发生负跳变时,发生捕获操作;0:当定时器 2 溢出或在 EXEN2=1 的条件下,T2EX 端的信号发生负跳变时,发生自动重装操作)

6.2.3 工作方式

51 单片机的定时/计数器共有四种工作方式,主要使用的是工作方式 1 和工作方式 2。

1. 工作方式 1

工作方式 1 的工作原理如图 6.2 所示。该方式下,定时/计数器为 16 位,最大计数值为 65536(2^{16})。通过配置 C/$\overline{T}$切换定时器或计数器两种模式,当 C/$\overline{T}$=0 时为定时器模式,当 C/$\overline{T}$=1 时为计数器模式。计数脉冲能否加到计数器上,受启动信号所控制。当 GATE=0 时,只要 TRx=1 便可以启动定时/计数器,相反,当 GATE=1 时,需要 TRx=1、$\overline{INTx}$=1 同时成立才可以启动定时/计数器。可以配置 TLx(低 8 位)、THx(高 8 位)来设定计数初值。当计数溢出时,溢出标志位 TFx 置 1,若要允许中断,还须先置位 ETx、EA 等中断允许控制位,并编写中断服务程序;若不用中断,可查询"计数溢出标志 TFx",此时溢出标志"TFx"位必须由软件清零。

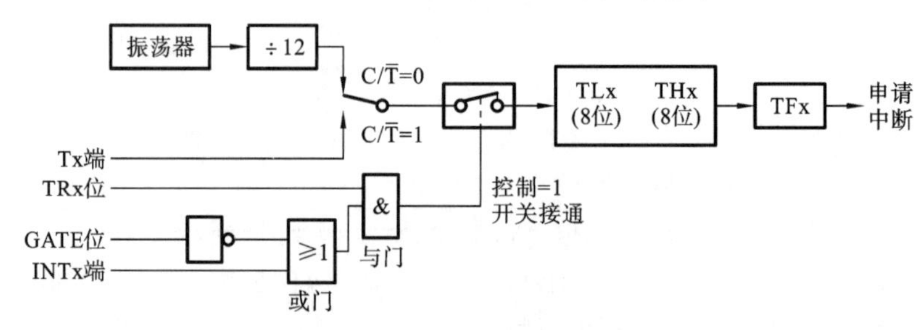

图 6.2　工作方式 1 工作原理

2. 工作方式 2

工作方式 2 的工作原理如图 6.3 所示。工作方式 2 与工作方式 1 的区别在于,工作方式 1 为 16 位定时/计数器,工作方式 2 中 TH 和 TL 是两个 8 位计数器,计数时 THx 寄存 8 位初值保持不变,TLx 进行计数(最大计数值 256),当计数溢出时,除置位

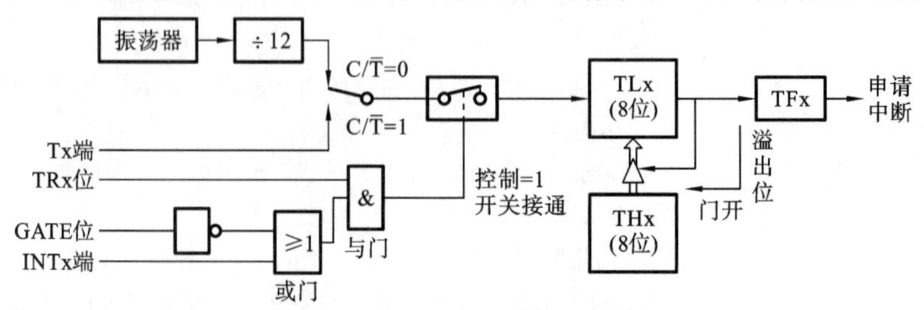

图 6.3　工作方式 2 工作原理

溢出标志 TFx 外，还自动将 THx 中的初值自动装载到 TLx 中，即自动重装，并启动新一轮的计数。

6.2.4 初始化

1. 初始化步骤

在使用 51 单片机的定时/计数器前，应对它进行编程初始化，主要是设置 TCON 和 TMOD 的初值；计算和装载 T/C 的计数初值。具体步骤如下：

(1) 确定 T/C 的工作方式，设置 TMOD 寄存器；

(2) 计算 T/C 中的计数初值，设置 TH 和 TL 寄存器；

(3) T/C 在中断方式工作时，须开 CPU 中断和源中断，设置 IE 和 IP 寄存器；

(4) 启动定时器/计数器——设置 TCON 中 TR1 或 TR0 位。

2. 计算初值

在定时器方式下，由于计数频率为内部晶振振荡频率(f_{osc})的 1/12，计数方式为加 1 计数，所以假设初值为 X，定时时间 T 为

工作方式 1： $T=(12/f_{osc})*(2^{16}-X)$

工作方式 2： $T=(12/f_{osc})*(2^{8}-X)$

在计数器模式下，假设初值为 X，则计数个数 Cnt 为

工作方式 1： $\mathrm{Cnt}=2^{16}-X$

工作方式 2： $\mathrm{Cnt}=2^{8}-X$

得到计数初值后，可以向 TH、TL 赋值：

工作方式 1： $\mathrm{TH}=X/256,\ \mathrm{TL}=X\%256$

工作方式 2： $\mathrm{TH}=\mathrm{TL}=X$

6.2.5 定时/计数器的应用

应用示例：压力传感器的定时数据采集(每秒采集 1 次)。

1) 应用场景

在生产生活中，有时需要控制压力，如化学反应容器的气体压力，这就需要定时对系统内的压强进行采集。本实例将使用 51 单片机、外围电路、压力传感器实现该功能。

2) 压力传感器

采用 TE 公司的 U5200 系列压力传感器，型号为 U5266-000006-015PA，压力量程范围为 0～15 psi(1 psi=6.894757 kPa)，精度为±0.1%，模拟量输出为 0～5 V，工作温度为－40～＋125 ℃。

3) 硬件电路

如图 6.4 所示，在 51 单片机的外部引入一个 16 位、250 ks/s 采样率的 ADC，对压力传感器的模拟输出电压进行采集。通过 P1.3、P1.5 向 ADC 提供控制信号和时钟信号。ADC 转换得到的数字量以串行方式，通过 SDO 发给 P1.4。本节仅讨论对定时、计数器的设置。

4) 软件设计

设计思路：要求每 1 s 采集一次压力传感器的数值，采用 6 MHz 晶振，定时/计数器

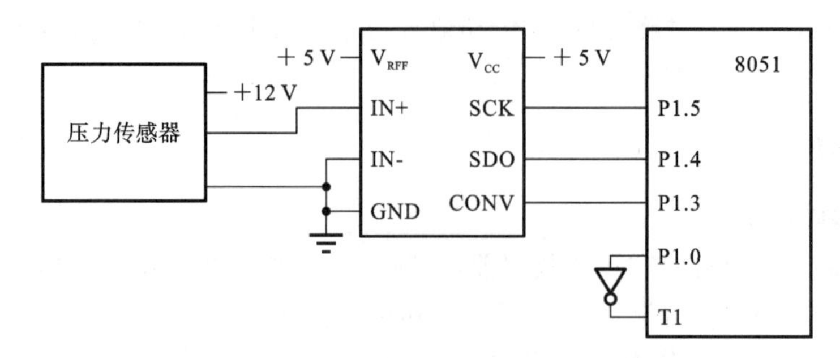

图 6.4 利用 51 单片机采集压力传感器数值的框图

的两种工作方式都不能满足该定时时间。令定时/计数器 0 工作于定时方式 1，定时 100 ms；定时时间到后 P1.0 反相，即 P1.0 输出周期为 200 ms 的方波脉冲。另设定时/计数器 1 工作于计数器方式 2，对 T1 输入脉冲计数，当计满 5 次时，定时 1 s 时间到，对压力传感器采集一次。

由于晶振频率为 6 MHz、定时 100 ms，所需计数次数为 $100\times10^{-3}\times\frac{6\times10^{6}}{12}=50000$，即定时器 0 初值为 65536－50000＝15536。

计数器 1 工作于方式 2，计 5 次产生一次中断，则其初值为 256－5。

编写程序如下：

```
#include <reg51.h>
sbit P1_0=P1^0;
sbit P1_3=P1^3;
sbit P1_4=P1^4;
sbit P1_5=P1^5;
unsigned int pressure;
float volt,Torr;
//ADC 时序配置函数
unsigned int LTC1864write();
//电压-压强转换函数
void V_to_Torr(long int V);
//定时器 0 中断服务程序
void timer0(void) interrupt 1 using 1
{
    P1_0=!P1_0;                    //100 ms,P1.0 反相一次
    TH0=(65536-50000)/256;         //重载计数值
    TL0=(65536-50000)%256;
}
//计数器 1 中断服务程序
void timer1(void) interrupt 3 using 2
{
    LTC1864write();                //外部 ADC 时序配置
    V_to_Torr(pressure);           //电压/压强转换
}
//主程序
void main(void)
```

```
{
    P1_0=1;                         //保证第一次反相便开始计数
    TMOD=0x61;                      //T/C0 为定时器,T/C1 为计数器
    TH0=(65536-50000)/256;          //预置计数初值
    TL0=(65536-50000)%256;
    TH1=256-5;
    TL1=256-5;
    IP=0x08;                        //置优先级寄存器
    EA=1;                           //CPU 开中断
    ET0=1;                          //开 T/C0 中断
    ET1=1;                          //开 T/C1 中断
    TR0=1;                          //启动 T/C0
    TR1=1;                          //启动 T/C1
    for(;;){ }
}
```

6.3 ARM9 单片机的定时/计数器

6.3.1 概述

S3C2410A 包含 5 个 16 位定时器,T0～T3 具有 PWM 输出功能,T4 为内部定时器、无输出引脚;T0 具有死区生成器功能,可以控制大电流设备。

将 T0、T1 与 T2、T3、T4 分为两组,每组共用一个预分频器和时钟分割器。定时器的时钟信号来源为 PCLK,该时钟首先经过预分频器分频,再经过时钟分割器进一步分频,最终得到计数脉冲,送给组内的定时器进行计数。也可以对外部的输入时钟进行计数(TCLK0、TCLK1),此时不需要经过预分频和时钟分割,工作于计数器模式。

通过配置控制寄存器(TCON)的 Tx 启/停位,可实现对定时器 T0～T4 的启/停控制。定时器 T0～T4 均采用减 1 的计数方式。当减法计数器减为 0 时,定时器会向 CPU 申请中断,此时在允许自动装载的情况下,寄存器 TCNTBn 和 TCMPBn 的值会被自动装入寄存器 TCNTn 和 TCMPn 中,并启动下一轮计数。同时,可以通过设置寄存器 TCNTBn 和 TCMPBn 的值实现对 PWM 信号周期和占空比的调节。

6.3.2 特殊功能寄存器

ARM9 单片机的定时控制寄存器与功能如表 6.2 所示。

表 6.2 ARM9 单片机的定时控制寄存器及其功能说明

寄 存 器	功能说明
定时器配置寄存器 0 TCFG0	[31:24]保留 [23:16]DZ-lenth:死区长度设置位(一个单元时间的长度等于 T0 的一个单元时间长度,即 TCLK) [15:8]Prescaler1:预分频值设置位(用于 T2、T3、T4) [7:0] Prescaler2:预分频值设置位(用于 T0、T1)

续表

寄　存　器	功能与说明
定时器配置寄存器 1 TCFG1	[31∶24]保留 [23∶20]DMA mode:DMA 模式请求(0000=无选择;0001=定时器 T0;0010=定时器 T1;0011=定时器 T2;0100=定时器 T3;0101=定时器 T4;0110=保留) [19∶16]MUX4:T4 时钟分频选择位(0000=1/2;0001=1/4;0010=1/8;0011=1/16;01xx=外部时钟 TCLK1——不使用预分频和时钟分频) [15∶12]MUX3:T3 时钟分频选择位(0000=1/2;0001=1/4;0010=1/8;0011=1/16;01xx=外部时钟 TCLK1——不使用预分频和时钟分频) [11∶8]MUX2:T2 时钟分频选择位(0000=1/2;0001=1/4;0010=1/8;0011=1/16;01xx=外部时钟 TCLK1——不使用预分频和时钟分频) [7∶4]MUX1:T1 时钟分频选择位(0000=1/2;0001=1/4;0010=1/8;0011=1/16;01xx=外部时钟 TCLK0——不使用预分频和时钟分频) [3∶0]MUX0:T0 时钟分频选择位(0000=1/2;0001=1/4;0010=1/8;0011=1/16;01xx=外部时钟 TCLK0——不使用预分频和时钟分频)
定时器控制寄存器 TCON	[22]T4 auto reload on/off:T4 的自动装载控制位(0=T4 运行 1 次,无自动装载;1=自动重载) [21]T4 manual upload:T4 的手动更新位(0=无操作;1=更新 TCNTB4) [20]T4 start/stop:T4 的启动位(0=停止;1=启动) [19]T3 auto reload on/off:T3 的自动装载控制位(0=T3 运行 1 次,无自动装载;1=自动重载) [18] T3 output inverter on/off:T3 的输出反向位(0=反向关闭;1=TOUT3 反向) [17]T3 manual upload:T3 的手动更新位(0=无操作;1=更新 TCNTB3、TCMPB3) [16]T3 start/stop:T3 的启动位(0=停止;1=启动) [15]T2 auto reload on/off:T2 的自动装载控制位(0=T2 运行 1 次,无自动装载;1=自动重载) [14] T2 output inverter on/off:T2 的输出反向位(0=反向关闭;1=TOUT2 反向) [13]T2 manual upload:T2 的手动更新位(0=无操作;1=更新 TCNTB2、TCMPB2) [12]T2 start/stop:T2 的启动位(0=停止;1=启动) [11]T1 auto reload on/off:T1 的自动装载控制位(0=T1 运行 1 次,无自动装载;1=自动重载) [10] T1 output inverter on/off:T1 的输出反向位(0=反向关闭;1=TOUT1 反向)

续表

寄 存 器	功能与说明
定时器控制寄存器 TCON	[9]T1 manual upload:T1 的手动更新位(0=无操作;1=更新 TCNTB1、TCMPB1) [8]T1 start/stop:T1 的启动位(0=停止;1=启动) [7:5]保留 [4]DZ-enable:死区操作使能位(0=禁止;1=使能) [3]T0 auto reload on/off:T0 的自动装载控制位(0=T0 运行 1 次,无自动装载;1=自动重载) [2] T0 output inverter on/off:T0 的输出反向位(0=反向关闭;1=TOUT0 反向) [1]T0 manual upload:T0 的手动更新位(0=无操作;1=更新 TCNTB0、TCMPB0) [0]T0 start/stop:T0 的启动位(0=停止;1=启动)
定时器 T0 计数缓冲寄存器 TCNTB0	[15:0]存储 T0 自动装载的下一计数初值
定时器 T0 比较缓冲寄存器 TCMPB0	[15:0]存储 T0 自动装载的下一比较值
定时器 T0 计数观察寄存器 TCNTO0	[15:0]实时读取 T0 计数寄存器 TCNT0 的值
定时器 T1 计数缓冲寄存器 TCNTB1	[15:0]存储 T1 自动装载的下一计数初值
定时器 T1 比较缓冲寄存器 TCMPB1	[15:0]存储 T1 自动装载的下一比较值
定时器 T1 计数观察寄存器 TCNTO1	[15:0]实时读取 T1 计数寄存器 TCNT1 的值
定时器 T2 计数缓冲寄存器 TCNTB2	[15:0]存储 T2 自动装载的下一计数初值
定时器 T2 比较缓冲寄存器 TCMPB2	[15:0]存储 T2 自动装载的下一比较值
定时器 T2 计数观察寄存器 TCNTO2	[15:0]实时读取 T2 计数寄存器 TCNT2 的值
定时器 T3 计数缓冲寄存器 TCNTB3	[15:0]存储 T3 自动装载的下一计数初值
定时器 T3 比较缓冲寄存器 TCMPB3	[15:0]存储 T3 自动装载的下一比较值
定时器 T3 计数观察寄存器 TCNTO3	[15:0]实时读取 T3 计数寄存器 TCNT3 的值
定时器 T4 计数缓冲寄存器 TCNTB4	[15:0]存储 T4 自动装载的下一计数初值
定时器 T4 计数观察寄存器 TCNTO4	[15:0]实时读取 T4 计数寄存器 TCNT4 的值

6.3.3 工作原理

图 6.5 为 PWM 定时器的工作原理示意图，PCLK 时钟信号经过 8 位预分频器和时钟分频器后，送到 T0～T4 的控制逻辑单元作为计数脉冲信号；或者选择外部输入的时钟信号 TCLK0、TCLK1 作为计数时钟。

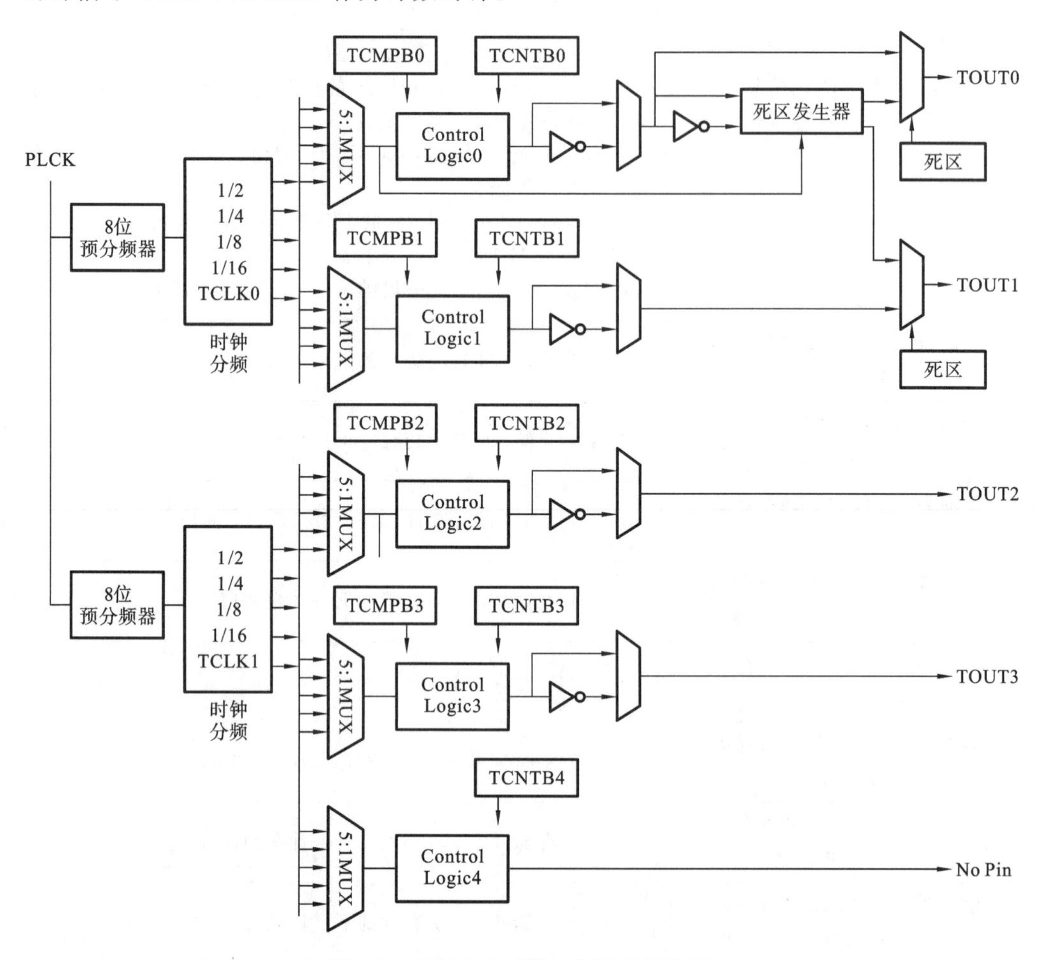

图 6.5　PWM 定时器工作原理示意图

T0～T4 都具有自动装载功能，可以通过寄存器 TCNTBn 对 T0～T4 的逻辑控制单元实现计数初值的重载。同时，T0～T3 具有 PWM 以及倒相输出功能。T0～T3 的逻辑控制单元，还可以被寄存器 TCMPBn 重装载比较值，用于改变 PWM 输出信号的占空比，并且接有反相器以实现倒相输出。

除此之外，T0 具有死区生成器，并且在使用死区功能时，TOUT0 为 TOUT0-DZ 信号，TOUT1 为 TOUT0-DZ 的倒相信号 nTOUT0-DZ，所以 TOUT0 和 TOUT1 均有死区生成功能。

1. 预分频和分频

将 T0、T1 与 T2、T3、T4 分为两组，每组具有一个独立的 8 位预分频器，由组内定时器共用。每一个预分频器有一个对应的时钟分割器，预分频器的输出提供给对应的时钟分割器，时钟分频器的输出最终提供给组内的定时器作为其计数脉冲。时钟分割器有5种输出模式(1/2、1/4、1/8、1/16和外部时钟TCLK,PCLK直接作为计数脉冲)。定时器的计数脉冲频率TCLK＝PCLK $\frac{\text{分频器分频值}}{\text{预分频值}+1}$,其中预分频值的取值范围为0～255,分频器分频值的取值范围为1/2、1/4、1/8、1/16。

2. 计数过程

图6.6为PWM定时器的计数过程示意图,在定时器开始计数前,首先设置计数缓冲寄存器TCNTBn＝3,比较缓冲寄存器TCMPBn＝1,使能手动更新位与自动装载位,计数初值由计数缓冲寄存器TCNTBn装载到计数寄存器TCNTn中,并且比较值也由比较缓冲寄存器TCMPBn装载到比较寄存器TCMPn中。然后再次设置TCNTBn＝2,TCMPBn＝0,不使能手动更新位,自动装载位保持不变。随后定时器开始计数,可以看到初值为3,输出TOUTn为低电平,定时器做减1计数,直到计数到比较值即1时,TOUTn变为高电平;再次减1到0时,产生中断。再经过一个计数脉冲后,由于设置为自动装载,TCNTBn＝2与TCMPBn＝0被自动装入,并且未使能手动更新位。随后开始第二个计数周期,TOUTn再次翻转为低电平,此时初值为2,当计数到比较值即0时,产生中断申请,TOUTn翻转为高电平。此时定时器停止,计数寄存器TCNTn的值保持0不变,TOUTn保持高电平。

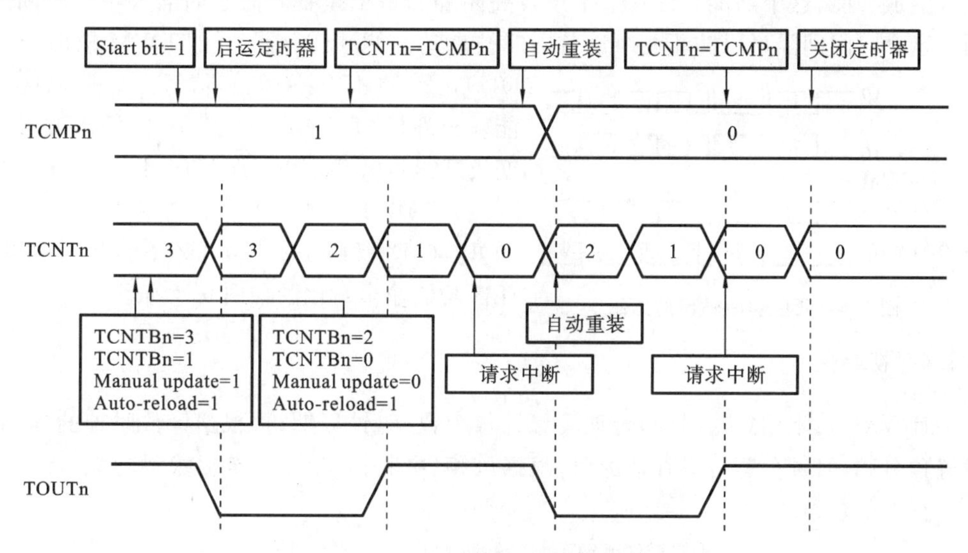

图6.6 PWM定时器的计数过程

3. 自动装载

PWM定时器具有双缓冲功能,即能在不终止当前定时器运行情况下,重载下次定时器的运行参数。在装载新值后,当前的操作仍能完成。定时器值可以被写入计数缓冲寄存器TCNTBn,比较值可以被写入比较缓冲寄存器TCMPBn中,当前值可以从定时器计数观察寄存器TCNTOn读出。TCNTBn的值并不是当前的计数器值,而是下次要重载的计数器值。当允许自动装载时,若TCNTn值减为0,PWM定时器将自动装入TCNTBn与TCMPBn的值。如果不允许自动装载,当TCNTn值减为0时,PWM定时器停止计数。

4. PWM原理

图6.7所示的为调节PWM占空比的原理。设置TCNTBn的值保持不变,也就是

每次重装的计数初值保持不变，从而保证计数周期保持不变。通过更新比较缓冲寄存器 TCMPBn 中的值，即改变比较寄存器 TCMPn 中的比较值，来改变输出 PWM 信号的翻转时刻，从而改变 PWM 信号的占空比。PWM 输出时钟频率＝TCLK/TCNTBn，PWM 输出信号占空比＝TCMPBn/TCNTBn。

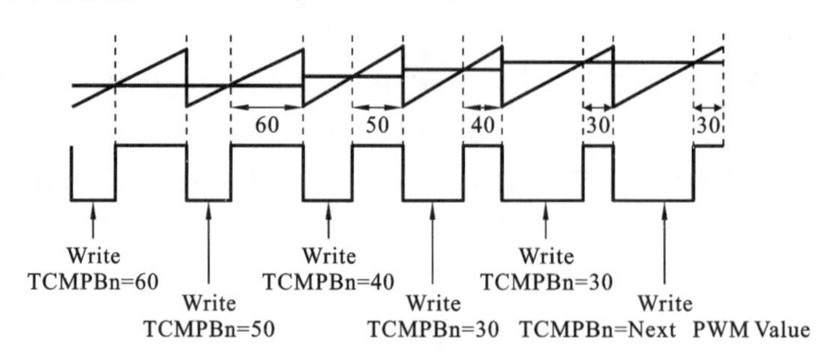

图 6.7 PWM 占空比的调节原理

5. 死区生成器

当使用 PWM 控制两个电源设备交替启停时，由于电源设备电流较大，需要防止它们同时处于开启状态，即两路互为倒相的 PWM 信号同时为高电平。此时就需要用到死区生成功能，这个功能允许在一个设备关闭和另一个设备开启之间插入一个时间间隔。这个时间间隔可以防止两个设备同时被启动。TOUT0 是 T0 的 PWM 输出、nTOUT0 是 TOUT0 的倒相信号。如果死区功能被允许，TOUT0 和 nTOUT0 的输出波形就变成 TOUT0_ DZ 和 nTOUT0_DZ，nTOUT0_DZ 在 TOUT1 脚上产生。在死区间隔内，TOUT0_DZ 和 nTOUT0_DZ 不会是高电平。死区功能输出对比图如图 6.8 所示。

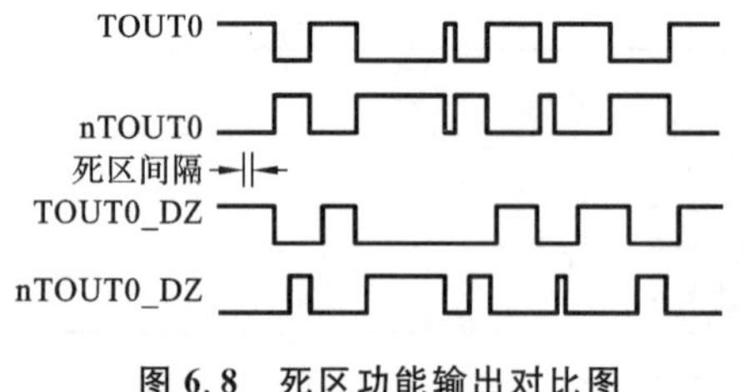

图 6.8 死区功能输出对比图

6.3.4 初始化

计算初值：根据定时时间，合理设置计数个数、时钟周期；再根据计数时钟的周期，设置预分频、时钟分割等寄存器的值；根据倒相、中断、自动重装等需求的功能，计算相应寄存器的数值。

定时器输出时钟的频率＝TCLK/TCNTBn

PWM 输出信号占空比＝TCMPBn/TCNTBn

编程过程：

(1) 初始化 TCFG0、TCFG1 的值；

(2) 初始化 TCNTBn、TCMPBn 的值；

(3) 初始化 TCON，设置启动、倒相、中断、死区、手动更新、自动重装等相关位。

6.3.5 定时/计数器的应用

应用示例：利用 PWM 信号实现直流电机的调速。

1. 应用场景

在某些使用直流电机的场合，需要调节其转速，所以需要设计一种能够精确稳定调节直流电机转速的电路。

2. 直流电机

直流电机的转速与其通过的电流大小成正比;可通过控制电流的方向控制电机的转向。

3. 硬件电路

图 6.9 为利用 PWM 信号驱动直流电机的硬件电路图。该电路是一种典型的 H 桥电路,电机跨接在桥上,当 Q3、Q7、Q6 导通时,电机电流方向从左到右;当 Q4、Q5、Q8 导通时,电机电流方向从右到左。ARM9 单片机利用 GPH9 控制 Q4、Q5、Q8 的导通;利用 GPB0 控制 Q3、Q7、Q6 的导通,其中 GPB0 为 PWM0 输出引脚。调速原理:当 GPH9=0 时,Q4、Q5、Q8 截止;PWM0 输出信号的占空比越大,Q3、Q7、Q6 的导通时间越长,电机转速越快;PWM0 输出信号的占空比越小,Q3、Q7、Q6 的导通时间越短,转速越慢。因此,通过控制占空比,可以调节电机的转速。

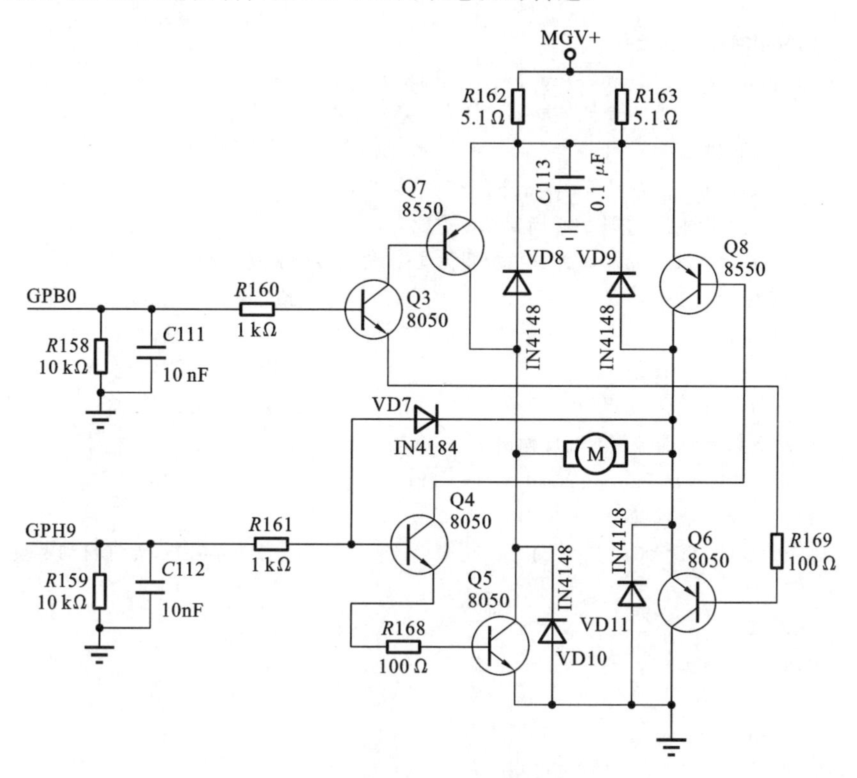

图 6.9 PWM 信号驱动直流电机的硬件电路

4. 软件编程

为了能够正确输出 PWM 信号,需要正确设置 GPBCON、GPHCON 寄存器,选择 GPB0、GPH9 引脚的功能为 TOUT0、输出功能。然后,通过 TCFG0 寄存器,为 PWM 定时器时钟源设置预分频值,通过 TCFG1 寄存器选择 PWM 定时器的时钟源。通过 TCNTB0 寄存器设置 PWM 周期,通过 TCMPB0 设置 PWM 占空比。最后,通过 TCON 寄存器启动 PWM 定时器,即可输出 PWM 信号。

编写程序如下:

```
#include "config.h"
//定义独立按键 KEY1 的输入口,GPF4 口
#define  KEY_CON  (1<<4)
//读按键的函数
void  WaitKey(void)
{
    uint32  i;
    while(1)
    {
        while((rGPFDAT & KEY_CON)==KEY_CON); //等待 KEY 键按下
        for(i=0; i<1000; i++);               //延时去抖
        if( (rGPFDAT & KEY_CON)!=KEY_CON) break;
    }
    while((rGPFDAT & KEY_CON)!=KEY_CON);    //等待按键放开
}
//PWM 定时器的初始化
void  PWM_Init(uint16 cycle, uint16 duty)
{
    //防止错误
    if(duty>cycle) duty=cycle;
    //设置定时器 0,即 PWM 周期和占空比
    //FCLK= 200 MHz,时钟分频配置为 1:2:4,即 PCLK=50 MHz
    rTCFG0=97;                              //预分频器 0 设置为 98,得到 510204 Hz
    rTCFG1=0;                               //再 1/2 分频,得到 255102 Hz
    rTCMPB0=duty;                           //设置 PWM 占空比
    rTCNTB0=cycle;                          //定时值(PWM 周期)
    //更新定时器数据 (取反输出 inverter 位)
    if(rTCON & 0x04) rTCON|=(1<<1);
      else  rTCON|=(1<<2)|(1<<1);
    rTCON|=(1<<0)|(1<<3);                   //启动定时器,允许自动重装
}
//主函数
int main(void)
{
    uint16  pwm_duty;
    //独立按键 KEY1 控制口设置
    //rGPFCON[9:8]=00b,设置 GPF4 为 GPIO 输入模式
    rGPFCON=(rGPFCON & (~(0x03<<8)));
    //TOUT0 口设置
    //rGPBCON[1:0]=10b,设置 TOUT0 功能
    rGPBCON=(rGPBCON & (~(0x03<<0))) | (0x02<<0);
    rGPBUP=rGPBUP | 0x0001;                 //禁止 TOUT0 口的上拉电阻
    //设置 GPH9 为 GPIO 输出模式
    //GPH9 口
    rGPHCON=(rGPHCON & (~(0x03<<18))) | (0x01<<18);
    rGPHDAT=rGPHDAT & (~(1<<9));            //输出 0 电平
```

```
    rGPHUP  =rGPHUP | (1<<9);

    //初始化 PWM 输出;设 PWM 周期控制值为 255
    pwm_duty=3*255/4;                              //初始化占空比为 3/4
    PWM_Init(255, pwm_duty);

    //等待按键 KEY1,改变占空比
    while(1)
    {
        WaitKey();
        pwm_duty=pwm_duty+ 255/4;                  //改变当前电机的转度级别
        if(pwm_duty>255)
        {
            pwm_duty=255/4;
        }
        rTCMPB0=pwm_duty;
    }
    return(0);
}
```

6.4 ARM9 单片机的看门狗定时器

6.4.1 概述

看门狗的本质是一个 16 位定时器电路，具有一个输入端和输出端，分别用作喂狗(重置计数值)和处理器复位。看门狗的作用是在处理器进入错误状态(跑飞)后，在一定时间间隔内对处理器进行复位，从而保证处理器稳定可靠的运行。除此之外，看门狗定时器还可以作为一个通用的 16 位定时器使用，计数溢出时可以请求中断。

6.4.2 工作原理

图 6.10 所示的为看门狗定时器的工作原理。看门狗定时器的计数脉冲来源是 PCLK，经过预分频和时钟分频后得到计数脉冲。通过配置看门狗控制寄存器 WTCON 的相应位，设定预分频和时钟分频的值。当看门狗计数寄存器 WTCNT 减 1 计数到 0 溢出后，可以按照 WTCON 所配置的模式，请求中断或复位处理器。看门狗数据寄存器 WTDAT 用于自动装载看门狗计数器的值。看门狗定时器时钟周期 T_WT

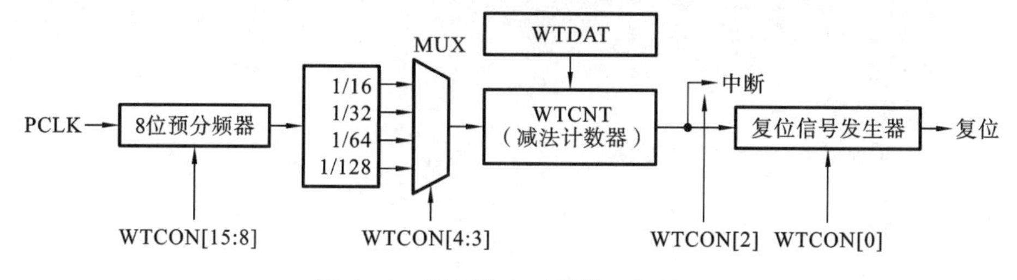

图 6.10 看门狗定时器的工作原理

=1/[PCLK/(预分频值+1) * 时钟分频值]。

6.4.3 特殊功能寄存器

ARM9 单片机的看门狗寄存器与功能如表 6.3 所示。

表 6.3 ARM9 单片机的看门狗寄存器及其功能说明

寄 存 器	功能说明
看门狗控制寄存器 WTCON	[15:8]Prescaler Value:预分频器值,取值范围 0～255 [7:6]保留 [5]Watchdog Timer Enable:看门狗使能或禁止位(0=禁止;1=使能) [4:3]Divdier Value:分频器分频因子位(00=1/16;01=1/32;10=1/64;11=1/128) [2]Interrupt Enable:中断使能位(0=禁止;1=使能) [1]保留 [0]Reset Enable:复位使能位(0=看门狗复位信号禁止;1=看门狗复位信号使能)
看门狗数据寄存器 WTDAT	[15:0]Count Reload Value:用于自动重载看门狗定时器计数器的值
看门狗计数寄存器 WTCNT	[15:0]Count Value:看门狗计数器的计数值

6.4.4 看门狗定时器的应用

1. 应用背景

看门狗定时器的主要作用是在处理器进入错误状态(跑飞)后,在一定时间间隔内对处理器进行复位,从而保证处理器稳定可靠的运行。本应用示例拟利用一个 LED 灯和串口通信,测试看门狗的定时复位功能。通过配置看门狗控制寄存器 WTCON,设置看门狗定时器工作与处理器复位模式,以及设定计数脉冲的预分频值与分频器的值,并使能看门狗定时器。

在主函数中,利用是否喂狗操作(重置计数值),来测试看门狗的定时复位功能。实验现象:① 若在主函数中喂狗,则 LED 灯一直处于闪烁状态,并且一直打印"working…";② 若在主函数中不喂狗,则经过一段时间后会产生复位,LED 灯不再闪烁,并且不再打印"working…"。

2. 软件编程

```
#include <S3C2410A.h>
#include <USART.h>
//延时函数
void mydelay_ms(int time)
{
    int i,j;
    while(time--)
    {
```

```
        for(i=0;i<5;i++)
            for(j=0;j<514;j++);
    }
}
//看门狗初始化函数
void wdt_init()
{
    rWTCNT=0x2014;                    //设置计数初值
//预分频值为 255,使能看门狗,时钟分频因子为 128,使能看门狗复位信号
    rWTCON=0xff<<8 | 1<<5 | 3<<3 | 1;
}
//主函数
int main(void)
{
    rGPACON=(rGPACON &~(0x1<<1))|(0x1<<1);  //配置 GPA1 输出,控制 LED 灯
    wdt_init();
    printf("\n********WDT RESET TEST!!********\n");
    while(1)
    {
        //开 LED 灯
        rGPADAT |=0x1<<1;
        mydelay_ms(200);
        //喂狗
        if(1)//改为 0,则不喂狗,会造成复位
            rWTCNT=0x2014;
        printf("working…\n");
        //关 LED 灯
        rGAPDAT &=~(0x1<<1);
        mydelay_ms(200);
    }
    return 0;
}
```

6.5 51 与 ARM 单片机的定时/计数器资源对比

表 6.4 列出了 51 与 ARM 单片机定时/计数器资源的对比结果。

表 6.4 51 与 ARM 单片机的定时/计数器资源对比

对比要点	51 单片机	ARM 单片机
定时器/计数器数量	2(3)	5
位数	16	16
时钟来源	定时器(内部晶振) 计数器(外部时钟)	PCLK 及其分频时钟 外部时钟
计数方式	加法	减法

续表

对比要点	51 单片机	ARM 单片机
定时器中断	有	有
自动装载计数值	有	有
特殊功能	无	T0～T4 具有 PWM 输出 T0 具有死区生成器
看门狗定时器	无	有

思 考 题

1. 编写程序，利用 51 单片机分别输出周期为 1 s、200 ms 的方波信号。
2. 如何利用 51 单片机对外部输入的脉冲信号进行计数？编写程序。
3. 如何利用 51 单片机测量外部输入信号的周期和占空比？编写程序。
4. 如何利用 ARM 单片机的 PWM 定时器进行“数模”转换？阐述你的设计方案。
5. 如果利用单片机的定时器测量非方波的周期信号的频率，阐述你的设计方案。
6. 分析图 6.9 中二极管 VD7～VD11 的作用。

7

单片机的并行口及其扩展与应用

并行口是指可同时传输多位数据的接口(区别于串口)。相对于 CPU 而言,如果 CPU 可利用某并行口将数据发送给外部设备,称该口为输出接口;或者通过某并行口将外部设备的信息读入,称该口为输入口。在嵌入式系统的设计中,CPU 可利用其自身具有的 I/O 口作为并行数据传输接口(如 51 单片机的 P0、P1、P2、P3)以及 S3C2410 单片机的 A~H 口等,这些接口具备了输入、输出接口的基本特征。但是,对于 51 单片机而言,去掉总线接口(P0、P2)和复用接口(P3),只有 P1 口可作为 I/O 口使用。相比 S3C2410 的 117 个 I/O 口(A 口~H 口)而言,51 单片机的 I/O 口数量非常有限。必须利用 51 单片机的外部总线及扩展能力扩展并行口,从而拓展单片机的应用。这是复杂嵌入式系统设计中的重点内容和难点。

本章首先讲述并行输入/输出接口的一般特征,重点介绍 51 单片机 4 个固有并行 I/O 口的典型操作以及扩展多个输入/输出接口的方法,然后讲述 S3C2410 单片机 I/O 口的一般操作,最后对两种单片机的并行口资源及功能进行对比和总结。

7.1 输入/输出接口特征及其一般扩展方法

输入接口和输出接口在功能上的差异,使得利用 51 单片机的外部总线扩展接口时也呈现出不同。

7.1.1 输出接口的握手方式及扩展方法

CPU 需要通过输出接口将数据发送给外部设备。若外部设备是被动接收该数据,则 CPU 只需要将数据锁存在外设的有效引脚上即可;若外部设备不是被动接收该数据,一方面 CPU 需要将数据锁存在端口中,同时发出状态信号,通知外部设备来取走数据;必要时,当外部设备取走数据后,需要告知 CPU 数据已经被读走。因此,输出接口一定具有“锁存”功能,才能保证 CPU 发出的数据稳定地到达外设。

根据所学的《数字电路》内容,具备锁存功能的器件是寄存器(由触发器构成,如图 7.1 所示),这就需要利用该类器件扩展输出接口。

7.1.2 输入接口的握手方式及扩展方法

外部设备需要通过输入接口将数据发送给 CPU,此时存在两种握手方式:① 外设

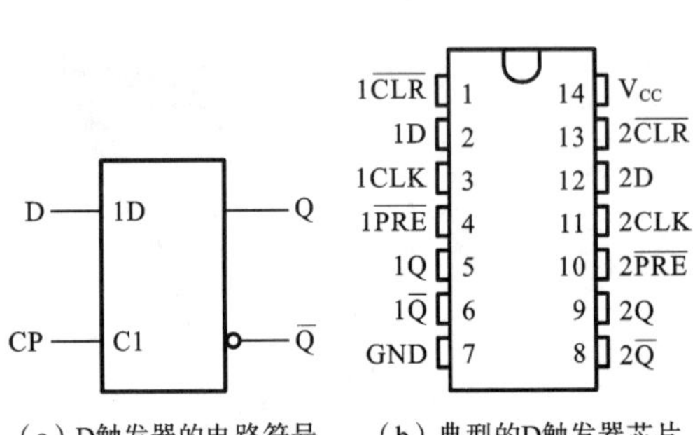

（a）D触发器的电路符号

（b）典型的D触发器芯片（74HC74）的引脚

输入				输出	
$\overline{PRE}$	$\overline{CLR}$	CLK	D	Q	$\overline{Q}$
L	H	×	×	H	L
H	L	×	×	L	H
L	L	×	×	H↑	H↑
H	H	↑	H	H	L
H	H	↑	L	L	H
H	H	L	×	Q_0	$\overline{Q}_0$

（c）功能表

图 7.1　D 触发器

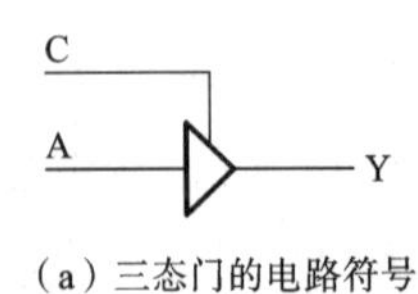

（a）三态门的电路符号

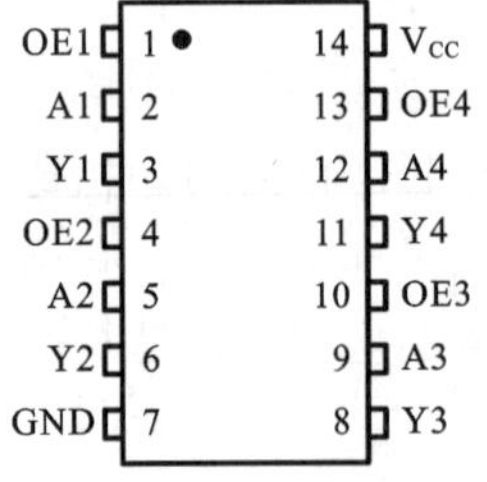

（b）典型的三态门芯片（74HC125）的引脚图

HC125		
输入		输出
A	OE	Y
H	L	H
L	L	L
×	H	Z

（c）功能表

图 7.2　三态门

将数据主动送到输入接口处，并通知 CPU 读取数据；② CPU 主动向外部设备索取数据，外部设备收到该信号后，主动将数据送到输入接口。在以上两种动作完成后，CPU 都会发出使能信号，打开输入接口，将数据读到内部总线。因此，输入接口一定具有“缓冲”功能，才能保证 CPU 在不读取数据时，该接口不影响 CPU 总线的数据状态（除非该口是专用的）。

根据所学的《数字电路》内容，具备缓冲功能的器件是三态门（见图 7.2），这就需要利用该类器件扩展输入接口。

7.1.3　总线扩展方式下并口控制信号的产生方法

根据上述分析可知，扩展外部输入、输出接口时，需要分别产生缓冲器的使能信号以及锁存器的锁存信号。一方面，对于总线操作而言，操作输入接口意味着 CPU 读取外设，这就需要使用$\overline{RD}$信号；另一方面，操作输出接口意味着 CPU 写入外设，这就需要使用$\overline{WR}$信号；操作 I/O 时，需要发出 I/O 的地址，这就需要使用地址线。无论是输出接口还是输入接口，都需要如下信号：$\overline{RD}$或$\overline{WR}$、地址线、数据线。这就与 CPU 操作外部 RAM 的时序是一致的。所以，通过借鉴外部 RAM 的工作时序以及根据 I/O 口的实际工作需求（锁存、使能），就可以产生 I/O 口所需的控制信号。

7.2　51 单片机的输入/输出接口及其扩展

7.2.1　51 单片机的片上并口及应用

1. 基本操作

51 单片机有 4 个 8 位并行口，记作 P0、P1、P2 和 P3，构成 32 根 I/O 线，各并口的位功能图如图 7.3 所示。

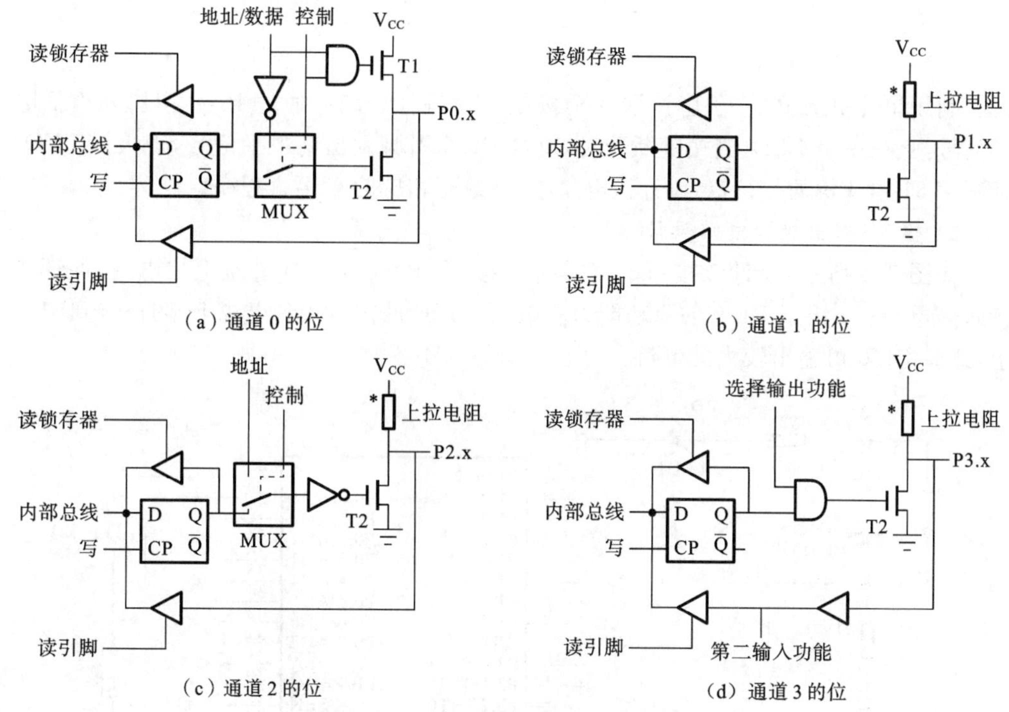

图 7.3 51 单片机各并口的位功能图

具体操作如下：

(1) 并行 I/O 功能：该功能下，这 4 个口具有类似的操作。

① 输出数据(写引脚)：内部总线数据经由锁存器、驱动器达到引脚，实现输出，即写引脚；

② 输入数据(读引脚)：向内部寄存器写入 1，关闭内部 MOS 管，避免误读。引脚数据经由三态门到达内部总线，实现输入。

需要注意的是：① 对 4 个并口可以按位操作或者整体操作；② P0 口不具有内部有源上拉电阻，无法输出高电平，因此在作为并口时，需要给 P0 口外接上拉电阻；③ 由于从 4 个并口的引脚输入数据时，需要附加一个关闭 MOS 管的动作，此时这 4 个 I/O 口称为“准双向口”。

(2) P0 口的总线功能：作为数据线输入和输出 8 位数据，以及作为低 8 位地址线输出低 8 位地址。在总线方式下，内部控制信号使 MUX 开关倒向上端，从而使地址/数据信号通过输出驱动器输出。此时，从 P0 口的引脚读入数据，不需要附加关闭 MOS 管的操作(单片机会在时序中自动将寄存器置 1，从而关闭 MOS 管)，这时 P0 口是一个真正的双向口。

(3) P1 口具有并行 I/O 功能。

(4) P2 口的总线功能：作为高 8 位地址线输出高 8 位地址。在总线方式下，内部控制信号使 MUX 开关倒向上端，从而使地址信号通过输出驱动器输出。

(5) P3 口的第二功能：包括串口数据的输入/输出口、外部中断的触发信号输入口、计数器外部脉冲的输入口、总线操作的读/写控制线输出口。使用 P3 口的第二输出功能时，需要首先将 P3 口寄存器置 1；使用 P3 口的第二输入功能时，第二输出线自动设置为 1，仍需要将 P3 口寄存器置 1，才能正确输入第二功能信号。

2. 基本应用

1）应用场景

利用单片机的 P0.0 引脚读取一个按键，当按键闭合时，通过 P1.0 引脚发出低电平信号，点亮一个 LED；当按键断开时，通过 P1.0 引脚发出高电平信号，熄灭该 LED。请利用 51 单片机的并行口，设计该电路图，并编写相应的 C 语言程序。

2）输入/输出接口电路设计

如图 7.4 所示，设计该接口电路需要注意：① P0.0 引脚应外接上拉电阻，保证能读入高电平；② 由于 P1.0 的驱动能力有限，将 LED 的阳极接到电源上，阴极接到P1.0 上，此时 P1.0 可输出较大的电流。

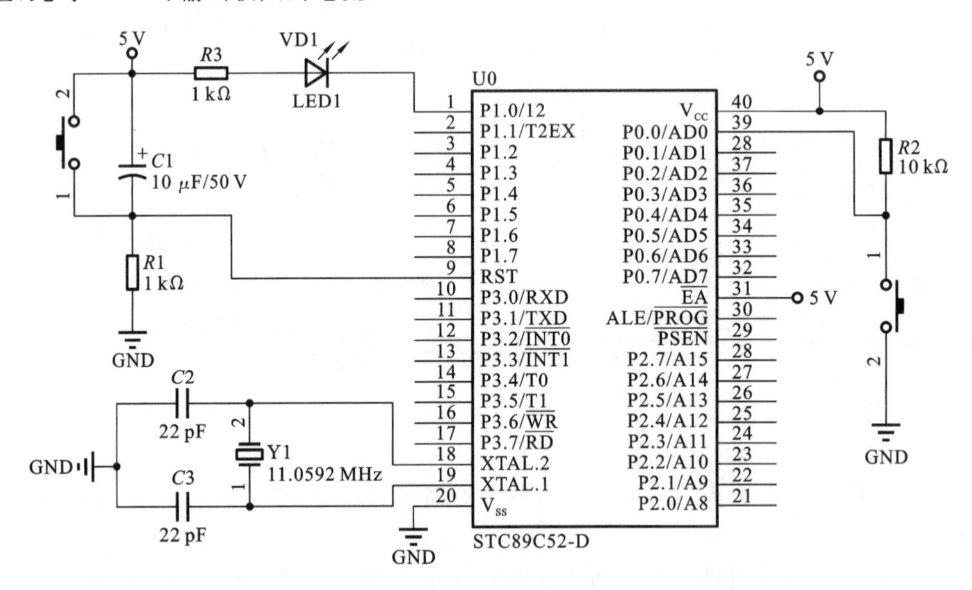

图 7.4　基于 P0 和 P1 口的单片机输入/输出接口

3）软件编程

```
#include <reg51.h>
sbit P10=0x90;
sbit P00=0x80;
void main(void)
{
    do{
        P00=1;
        if(P00==1) P10=1;
        else P10=0;
        }while(1);
}
```

3. 注意要点

(1) 51 单片机的 I/O 口电平为 5 V CMOS 电平，需要考虑与外部设备的电平兼容。

(2) 51 单片机的 4 个并口的每条 I/O 线的驱动能力是不同且有限的，在设计接口电路时，要考虑到实际的驱动需求，必要时需要添加驱动器。

7.2.2　51 单片机的并口资源扩展

本节主要讲述如何利用总线方式扩展 51 单片机的并行输入、输出接口资源。

1. 基于 74HC573 的 LED 阵列输出接口

1）74HC573 的功能及引脚

74HC573 是 8 位、三态、非反相锁存器，为高性能硅门 CMOS 器件，如图 7.5 所示。当锁存器使能端为高时，器件输出与输入同步变化；当锁存器使能端为低时，数据被锁存，不随输入的变化而变化。

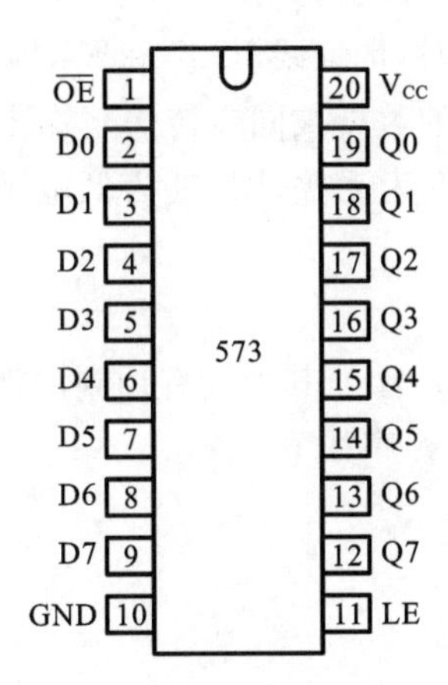

（a）74HC573的引脚

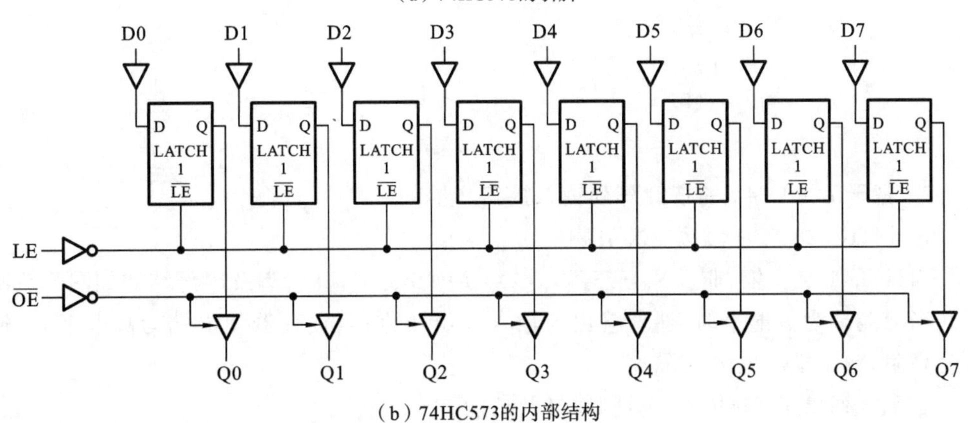

（b）74HC573的内部结构

图 7.5　锁存器芯片 74HC573

表 7.1 列出了 74HC573 引脚编号及功能。

表 7.1　74HC573 引脚编号及功能

引　脚　号	引 脚 名 称	功　　能
1	$\overline{OE}$	三态输出使能
2,3,4,5,6,7,8,9	D0～D7	数据输入
12,13,14,15,16,17,18,19	Q7～Q0	三态锁存输出
11	LE	锁存使能输入，下降沿锁存
10	GND	Ground 接地
20	V_{CC}	电源电压

2）接口电路及原理

设计要求：现在欲使用 74HC573 扩展一个并行输出接口（采用总线方式），驱动 8 个 LED 灯。当 74HC573 输出高电平时，对应的 LED 灯亮；输出低电平时，对应的 LED 灯灭。

设计思路：当以总线方式扩展输出接口时，涉及单片机扩展的地址线和控制线（$\overline{WR}$）。当这两个信号线同时有效（一般是低电平有效）时，单片机通过扩展的外部总线中的数据线，将数据经由 74HC573 输出，从而控制 LED 阵列的亮灭。

接口电路及原理：设计的接口电路如图 7.6 所示。51 单片机访问外部接口，相当于执行一条 MOVX 写指令，此时，地址线 P2.7 和$\overline{WR}$均有效（为低电平），锁存信号 LE 为高电平；单片机数据线 P0 口的数据被同步传送至输出接口的输出端；当指令执行完毕时，写过程结束，P2.7 和$\overline{WR}$变为无效，LE 变为低电平，将数据锁存到 LED 阵列端，从而实现控制。

3）程序

接口的地址：令地址线 P2.7 为 0，其他没有用到的地址线均为高电平，可以确定该接口的地址为 7FFFH。编写的程序如下：

```
#include<absacc.h>
#include<reg51.h>
#define Out_Port XBYTE[0X7FFF]
void main(void)
{     char m=0x88;
      Out_Port=m;
      do{}while(1);
}
```

2. 基于 74HC244 的按键阵列输入接口

1）74HC244 芯片的功能及引脚

74HC244 是 8 位、非反相三态门，兼容 CMOS 工艺，其引脚及内部结构如图 7.7 所示。当使能端为低电平时，器件输出与输入同步变化；当锁存器使能端为高电平时，输出为高阻，输出端与输入端隔离。

表 7.2 列出了 74HC244 引脚编号及功能。

表 7.2　74HC244 引脚编号及功能

引　脚　号	引 脚 名 称	功　　能
1,19	OE	三态输出使能
2,4,6,8,11,13,15,17	A1～A4，B1～B4	数据输入
18,16,14,12,9,7,5,3	YA1～YA4，YB1～YB4	三态锁存输出
10	GND	电源地
20	V_{CC}	电源电压

2）接口电路及原理

设计要求：现在欲使用 74HC244 扩展一个并行输入接口（采用总线方式），读取 8

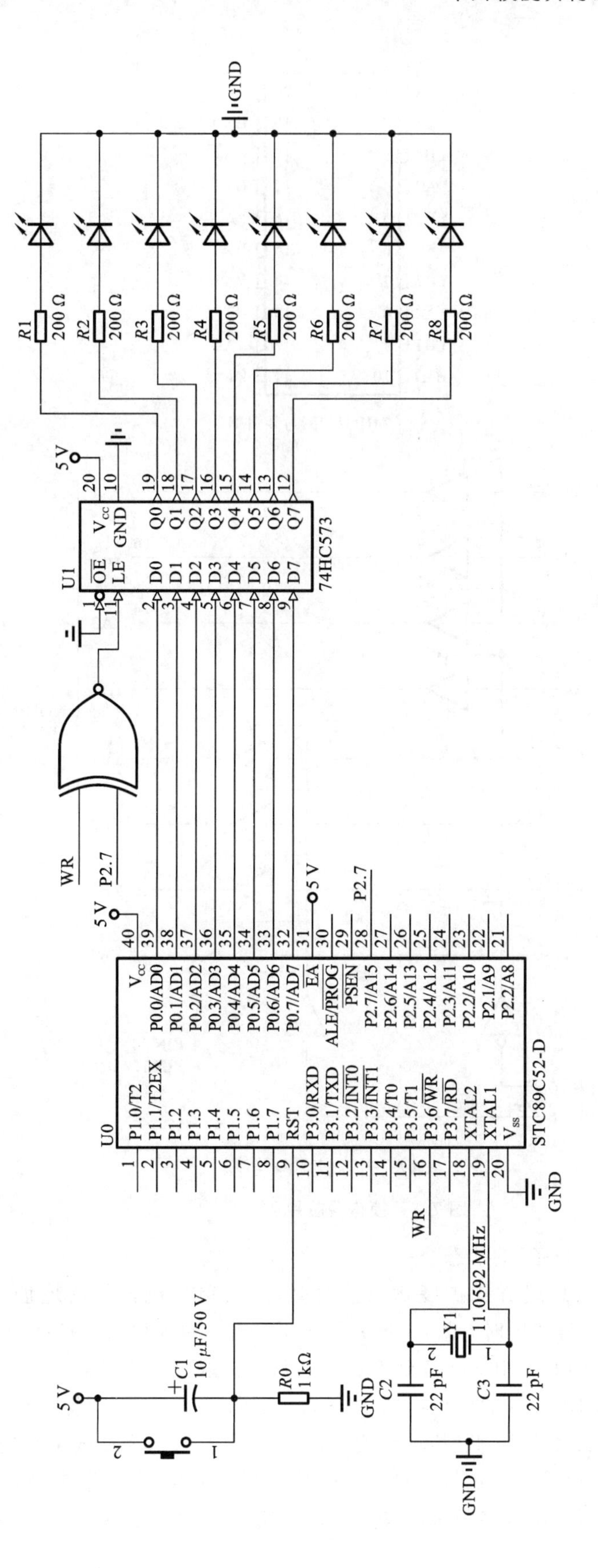

图7.6 基于74HC573的并行输出接口电路

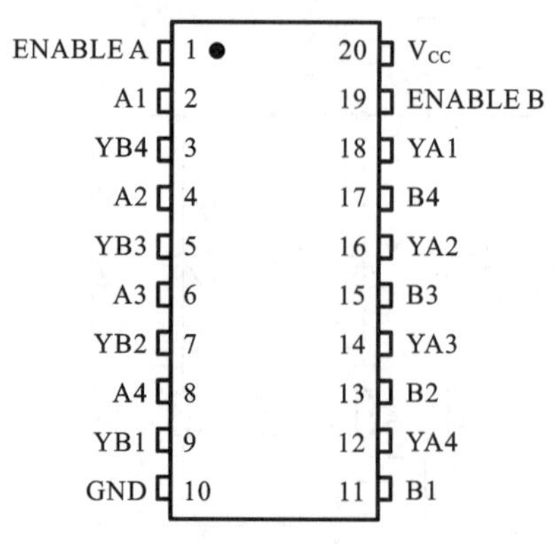

（a）74HC244的封装引脚

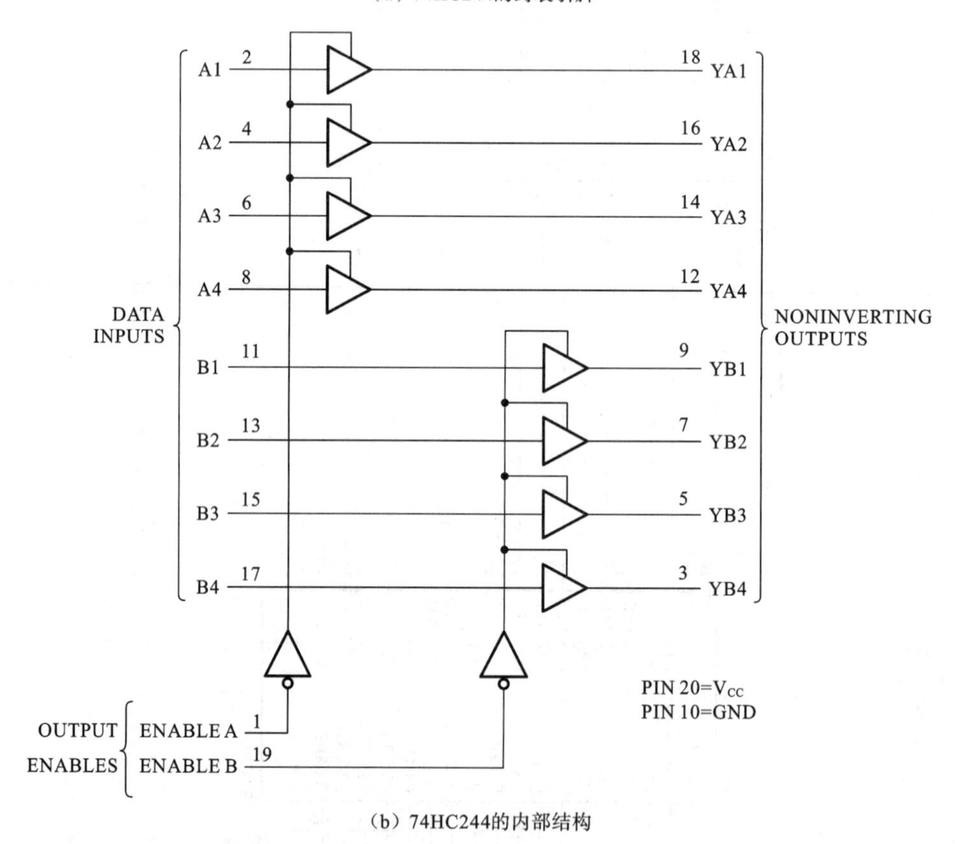

（b）74HC244的内部结构

图 7.7 锁存器芯片 74HC244

个按键(可视为输入设备)的状态。

设计思路:当以总线方式扩展输出接口时,涉及单片机扩展的地址线和控制线($\overline{RD}$)。当这两个信号线同时有效(一般是低电平有效),单片机通过扩展的外部总线中的数据线,将数据经由 74HC244 读到 P0 口上,从而获取按键的状态。

接口电路及原理:设计的接口电路如图 7.8 所示。51 单片机访问外部接口,相当于执行一条 MOVX 读指令,此时,地址线 P2.7 和$\overline{RD}$均有效(为低电平),使能信号 OE(图中信号 G)为低电平;74HC244 的三态门被打开,按键状态的数据被传送到 P0 口上,实现读入。当指令执行完毕时,读过程结束,P2.7 和$\overline{RD}$变为无效,OE 变为高电平,

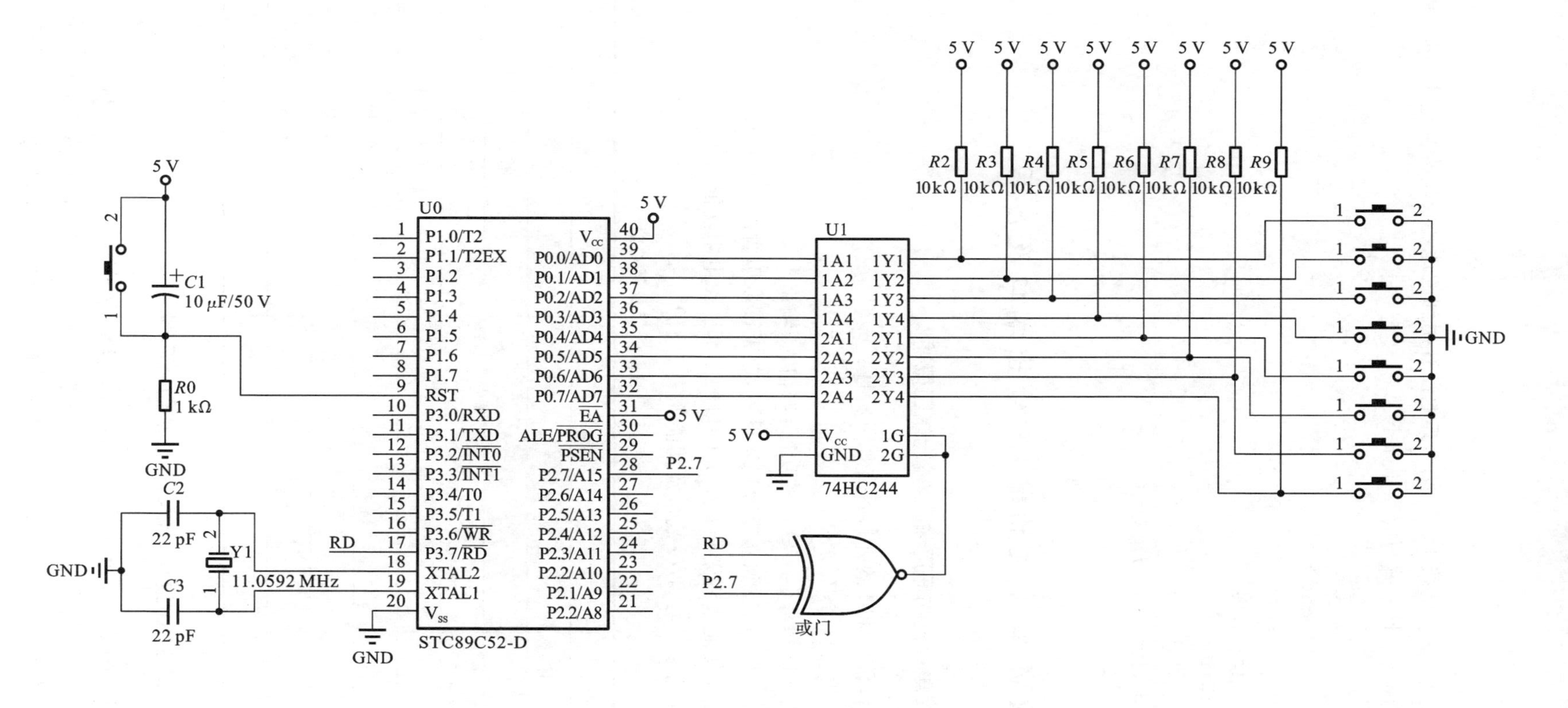

图7.8 基于74HC244的并行输入接口电路

输入接口状态变为高阻。

3）程序

接口的地址：令地址线 P2.7 为 0，其他没有用到的地址线均为高电平，可以确定该接口的地址为 7FFFH。编写的程序如下：

```
#include <absacc.h>
#include <reg51.h>
#define In_Port XBYTE[0X7FFF]
void main(void)
{    char m;
     m=In_Port;
     do{}while(1);
}
```

7.3 ARM 单片机的输入/输出端口及应用

7.3.1 ARM 单片机的通用输入/输出端口概述

概括来讲，S3C2410 的并口具有如下特性：

- 具有 8 组、117 个 I/O 口；
- 可以独立选择每个 I/O 口的功能，如输入、输出；
- 作为 I/O 时，可以独立或者整体设置，或者读取引脚的状态；
- 可以独立使能或者禁止每个 I/O 口的内部上拉电阻功能。

S3C2410 的端口号、I/O 数量及功能如表 7.3 所示。

表 7.3　S3C2410 的 I/O 口及其功能

端　口　号	I/O 数量	功　　能
A	23	输出
B	11	输入/输出
C	16	输入/输出
D	16	输入/输出
E	16	输入/输出
F	8	输入/输出
G	16	输入/输出
H	11	输入/输出

7.3.2 ARM 单片机的通用输入/输出端口寄存器

每组并口引脚受到 3 个寄存器控制：GPxCON、GPxDAT、GPxUP，其中 x 表示A～H。

GPxCON：端口模式寄存器，负责选择 I/O 引脚的功能；针对 A 口，每 1 位按照顺序对应选择 1 个 I/O 引脚的功能（备选 2 个功能）；针对 B～H 口，每 2 位按照顺序对应

1个I/O引脚(备选3～4个功能)。

GPxDAT:端口数据寄存器,负责设置输出或者读取引脚的数据;每位按照顺序对应1个I/O引脚。

GPxUP:端口上拉使能寄存器,负责使能或者禁止内部上拉电阻,每位按照顺序对应1个I/O引脚。

下面以F口为例,讲述如何操作:

(1) 选择F口各I/O引脚的功能。F口的功能如表7.4所示。

表7.4 F口的功能设置

引脚	寄存器位	取值00时引脚功能	取值01时引脚功能	取值10时引脚功能	取值11时引脚功能
GPF0	GPFCON[1,0]	输入	输出	EINT0	保留
GPF1	GPFCON[3,2]	输入	输出	EINT1	保留
GPF2	GPFCON[5,4]	输入	输出	EINT2	保留
GPF3	GPFCON[7,6]	输入	输出	EINT3	保留
GPF4	GPFCON[9,8]	输入	输出	EINT4	保留
GPF5	GPFCON[11,10]	输入	输出	EINT5	保留
GPF6	GPFCON[13,12]	输入	输出	EINT6	保留
GPF7	GPFCON[15,14]	输入	输出	EINT7	保留

(2) 向F口各I/O引脚输出数据。F口的数据输出操作如表7.5所示。

表7.5 F口的数据输出操作

需要设置的引脚	寄存器值	输出的引脚电平
GPFi	GPFDAT[i]=0	低
	GPFDAT[i]=1	高

(3) 从F口各I/O引脚读入数据。F口的数据输入操作如表7.6所示。

表7.6 F口的数据输入操作

需要读取的引脚	引脚的电平	读入的寄存器值
GPFi	GPFi=低	GPFDAT[i]=0
	GPFi=高	GPFDAT[i]=1

7.3.3 ARM单片机的通用输入/输出端口的基本应用

1. 应用场景

利用S3C2410的GPF0识别1个按键。同时,利用ARM9单片机的GPH0驱动1个发光二极管,用于显示按键的状态。具体应用需求如下。

(1) 功能1:循环检测按键状态;当按键按下时LED灯亮、按键抬起时LED灯灭。

(2) 功能2:循环检测按键状态;每次检测到一个有效的按键后,立即对LED灯的状态取反。

2. 输入/输出接口电路设计

ARM单片机输入/输出接口电路如图7.9所示,利用GPF0读取按键的状态,利用

GPH0 控制 LED 灯的亮灭，V_{CC}为 3.3 V。

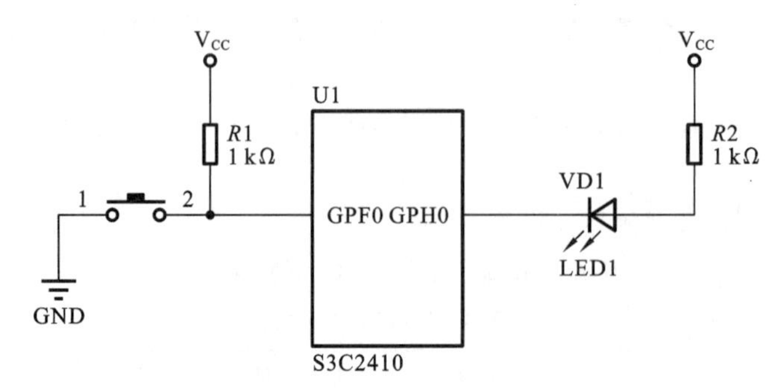

图 7.9　ARM 单片机(S3C2410)的输入/输出接口电路

3）软件编程

功能 1：

```
#include <2410addr.h>
void main(void)
{
  rGPFCON=rGPFCON &(~(3<<0));
  rGPHCON=rGPFCON &(~(3<<0))|(1<<0);
  rGPFUP=rGPFUP|(1<<0);
  rGPHUP=rGPHUP |(1<<0);
while(1)
{
  if( (rGPFDAT & (1<<0)) ! = (1<<0));
      rGPHDAT= rGPHDAT &(~(1<<0));
  else
      rGPHDAT= rGPHDAT|(1<<0);
  }
}
```

功能 2：

```
void main(void)
{
  rGPFCON=rGPFCON &(~(3<<0));
  rGPHCON=rGPFCON &(~(3<<0))|(1<<0);
  rGPFUP=rGPFUP|(1<<0);
  rGPHUP=rGPHUP |(1<<0);
while(1)
{
      while(rGPFDAT &(1<<0));
      delay();
      if((rGPFDAT &(1<<0))!=(1<<0))
      {
        if(rGPHDAT &(1<<0))
          rGPHDAT=rGPHDAT &(~(1<<0));
        else
```

```
        rGPHDAT=rGPHDAT|(1<<0);
      }
    }
  }
```

7.4 51与ARM单片机输入/输出并口资源及功能对比

表7.7对比了51与ARM单片机输入/输出并口资源及功能。

表7.7 51与ARM单片机并口资源的对比

对比特征	51单片机	ARM单片机
并口数量	4组(P0～P3)	8组(A～H)
I/O引脚数量	32个	117个
I/O引脚功能数量	1～4种	2～4种
I/O引脚功能选择	不需选择	需要选择
双向口	准双向	真正的双向
内部上拉	不可选	可以选
端口对应的特殊寄存器	1个	3个
读引脚	不同于读端口	与读端口相同
写引脚	与写端口相同	与写端口相同
输出电平	5.0 V CMOS	3.3 V CMOS
位操作	支持	支持
带载能力	弱	弱

思考题

1. 利用总线方式扩展输入接口时,为什么输入接口需要具有三态特性?

2. 利用51单片机的外部总线扩展并行口,为系统设计带来什么好处?

3. 利用51单片机的总线方式扩展一个16位的输出接口,给出接口的地址并编写向该接口输出16位数据的程序。

4. 利用51单片机的总线方式扩展一个16位的输入接口,给出接口的地址并编写读取16位数据的程序。

5. 尝试利用S3C2410的外部总线,扩展8～32位的输出或输入接口。提示:参考51单片机的扩展方式。

8

单片机的中断/异常及应用

中断/异常是51单片机和ARM单片机处理非常规事件的一种方法。该方法允许单片机将某些事件放到中断/异常中进行处理，减少主程序循环等待与查询的时间，从而显著提高计算机系统处理事件的效率、维持系统的正常工作、提高CPU处理事件的实时性，从而为处理故障现场提供一种有效手段。本章主要讲述中断/异常的概念，以及51单片机和ARM单片机的中断/异常管理系统、应用与编程方法。

8.1 中断/异常概述

8.1.1 中断/异常的概念

中断和异常都是指CPU正常执行程序时，出现某些意外状况，使得CPU暂时停止当前的程序，先去处理突发状况的应对方式，在处理完毕突发状况后，CPU将自动返回原来的程序处继续执行。

为便于理解，举个生活中的例子：某位同学正在写作业(执行程序)，刚做到第8题，突然，电话铃声响起(属于突发状况)，于是该同学停下来去接电话(处理突发状况)；等电话处理完相关事情后，挂断电话，返回书桌前，继续做第8题。在该过程中，有以下对应关系：

中断来源——电话铃声；

中断响应——去接电话；

中断服务——电话处理事情；

中断返回——继续做第8题。

在该例子中，写作业相当于循环执行的正常程序，如果没有其他干扰，这个过程会一直进行下去；而电话铃声响起，是一个突发的、不确定事件，也就是说，该同学不能确定会在什么时候来电话；但是来了电话就要去接，这个事件需要及时处理。类似的，借助于中断，单片机也具有实时处理外部或内部随机发生事件的能力。

中断和异常的行为近似，都是请求处理器打断正常的程序执行流程，进入特定循环的一种机制，但二者处理的状况有所不同。中断处理的是相对正常的情况，如定时器中断，通过它可以设置一段时间，待这段时间结束后，去处理设定好的定时任务。异常也叫例外或陷入，更倾向于描述一种处理器被动接受的、带有故障色彩的状况，如地址越界、对存储器访问失败等。

对于51单片机，一般不谈异常这个概念；对于ARM单片机，异常则作为一种较广的概念范畴，包含了中断。

8.1.2 中断/异常的来源

中断/异常的来源，也称中断源，指引起中断/异常的原因或能发出中断请求信号的来源。

51单片机有5个中断源：

(1) 外部中断请求0，由P3.2端口线引入，由低电平或下降沿引起。

(2) 外部中断请求1，由P3.3端口线引入，由低电平或下降沿引起。

(3) 片内定时器/计数器0溢出中断请求，由T0计数器计满回零引起。

(4) 片内定时器/计数器1溢出中断请求，由T1计数器计满回零引起。

(5) 片内串行口发送/接收中断，由串行端口完成一帧字符发送/接收后引起。

ARM单片机有以下7种异常。

(1) 复位异常：复位的主要作用是把单片机内部的特殊功能寄存器置于初始状态，使单片机硬件、软件从一个确定的、唯一的起点开始工作，使得单片机从程序跑飞、出错死机等情况中恢复正常。

(2) 未定义指令异常：当ARM处理器遇到不能处理的指令时，会产生未定义指令异常。

(3) 软件中断。软件中断指令用于进入管理模式，常用于请求执行特定的管理功能。

(4) 指令预取中止。

(5) 数据访问中止。

产生中止异常意味着对存储器的访问失败。ARM在存储器访问周期内检查是否发生中止异常。指令预取和数据访问时均有可能发生中止异常，分别是指令预取中止和数据中止。

(6) 向量中断。IRQ异常属于正常的中断请求，类似于51单片机的中断。

(7) 快速中断。FIQ异常是为了支持数据传输或者通道处理而设计的，这类中断的优先级高于向量中断。

8.1.3 中断源的请求与屏蔽

当中断源满足一定条件时，会置位中断请求标志位，并向CPU发出中断请求。除了中断源自身的条件外，中断源能否发出中断请求，还取决于中断源是否被允许或屏蔽。当某中断源被屏蔽或者CPU并没有允许中断时，中断源无法向CPU发出中断请求。同时，当使能多个中断且均满足触发条件时，CPU允许多个中断源同时发出中断请求。

51单片机对中断有两级控制：中断使能(总控制)、中断源使能(分别控制)。任一中断源向CPU发出中断请求时，都会有相应的标志位供CPU查询。ARM单片机有三级控制：异常屏蔽(总控制)、中断屏蔽(通道的控制)、子中断屏蔽(子通道的控制)；当任一中断源向CPU发出请求时，会置位源挂起(通道请求标志位)、子中断源挂起标志位(子通道请求标志位);当 CPU 仲裁并响应某中断请求后,将置位中断挂起标志位。

8.1.4 中断/异常的响应

当中断源发出请求且没有阻止条件时,CPU 会响应中断。中断响应的一般过程:暂停当前程序并记录其运行状态(断点保护);软件或硬件清除中断请求标志位(或挂起标志位);转向异常/中断服务程序入口,执行中断服务程序。

8.1.5 中断的优先级与嵌套

CPU 响应中断时可能面临两个问题:一是,同时有多个中断源发出请求,CPU 响应哪个中断? 二是,若 CPU 正在执行某个中断服务程序,又有一个新的中断请求,此时 CPU 应该如何处理? 解决上述问题需要引入两个概念:中断优先级和中断嵌套。

如果多个中断源同时请求中断,则 CPU 按照各个中断源的优先级别,从高到低依次响应。优先级的高低可以通过中断优先级寄存器来设置。关于中断的优先级,有两条原则:① CPU 同时接到多个中断请求时,优先响应优先级高的中断;② 正在执行的中断服务程序不能被同级或较低级的中断请求打断,但能被比它优先级高的中断请求打断。

中断嵌套是指中断系统在执行一个中断服务时,另一个优先级更高的中断源发出中断请求,这时会暂时停止执行当前的中断服务程序,转去执行一个优先级更高(更为紧急)的中断服务程序,处理完毕后,返回到低一级的中断服务程序中继续执行。

8.1.6 中断的返回

中断返回过程:首先,恢复原保留寄存器的内容和标志位的状态,这称为恢复现场,由用户编程完成;然后,恢复程序指针,使 CPU 返回断点,这称为恢复断点。恢复现场和断点后,CPU 将继续执行原主程序。

8.1.7 前后台系统

前后台系统是一种事件处理模型。如果嵌入式系统不使用操作系统,则程序员编写嵌入式程序通常直接面对裸机及裸设备。在这种情况下,通常把嵌入式程序分成两部分,即前台程序和后台程序。前台程序(事件处理级):中断服务程序,负责处理异步事件;后台程序(任务级):一个无限循环程序,负责资源分配、任务管理、系统调度。

前后台系统的设计原则:针对实时性要求较高、任务特征差异较大的系统,通常将无法预测、执行时间短的任务放在前台,将经常发生、执行时间较长的程序放在后台。

举个例子,某单片机最小系统需要处理数码管显示(动态扫描)、扫描键盘两个任务。如果将这两个动态扫描的任务都放在后台循环程序中,单片机就需要在数码管显示、按键扫描两个任务间不断切换。造成的问题:当不间断地扫描按键(尤其是按键的去抖处理)时,单片机无法扫描数码管,将造成数码管(动态扫描方式)显示出错。同时,由于按键事件是随机的,一直查询会浪费单片机的软件资源,降低软件执行效率。针对该问题可考虑使用前后台系统:将按键扫描放在前台(中断服务程序),如果有按键按下,向单片机发出中断请求,快速扫描按键,得到键值;将数码管的动态扫描任务放在后台,由于按键的中断处理时间短,并不会影响数码管的动态显示效果,这提高了单片机的实时处理能力和资源的利用效率。

8.2　51 单片机的中断系统及应用

8.2.1　51 单片机的中断系统

51 单片机的中断系统如图 8.1 所示。该中断系统具有 5 个中断源:2 个外部中断、2 个定时/计数器中断、1 个串口中断;具有 2 个中断优先级,可实现中断嵌套;具有 2 级中断使能/屏蔽(中断源的使能/屏蔽、中断的使能/屏蔽)。

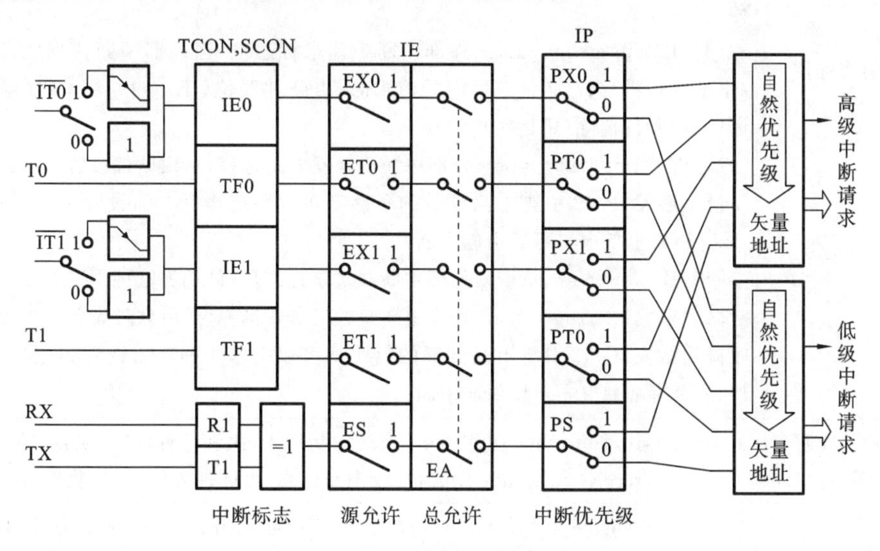

图 8.1　51 单片机的中断系统

表 8.1 列出了 51 单片机各中断源的触发方式、请求标志和入口地址。中断的使能/屏蔽是通过设置中断允许寄存器 IE(interrupt enable)来实现的。中断的使能分两级,即 CPU 使能总中断(enable all,EA)和使能中断源(ES、ET1、EX1、ET0、EX0)。通过设置中断优先级寄存器 IP(interrupt priority),可将某中断源设置为高或低优先级。

表 8.1　51 单片机的中断源及其触发方式、请求标志和入口地址

中　断　源	触 发 方 式	请 求 标 志	入 口 地 址
外部中断 0	(P3.2 口)低电平或下降沿触发	IE0	0003H
定时器/计数器 0	由计数器 T0 计满回零触发	TF0	000BH
外部中断 1	(P3.3 口)低电平或下降沿触发	IE1	0013H
定时器/计数器 1	由计数器 T1 计满回零触发	TF1	001BH
串行口中断	串行端口发送/接收完成一帧字符后触发	RI(接收) TI(发送)	0023H

8.2.2　特殊功能寄存器

表 8.2 列出了 51 单片机中断系统的寄存器及功能。

表 8.2 51 单片机中断系统的特殊功能寄存器

寄 存 器	意 义
定时/计数控制寄存器 TCON(0x88)	[7](TF1,timer overflow),定时器/计数器 1 溢出中断请求标志,定时器记满溢出时将其置 1(TF1=1);当 CPU 响应中断时,由硬件清除(TF1=0) [6](TR1,timer run control Bit),定时器/计数器 1 启动控制位,用于启动(1)/停止(0)计数 [5](TF0,timer overflow),定时器/计数器 0 溢出中断请求标志,使用方法同 TF1 [4](TR0,timer run control Bit),定时器/计数器 0 启动控制位,用于启动(1)/停止(0)计数 [3](IE1,interrupt edge),外部中断 1 请求标志位,当外部中断依据触发方式(电平或边沿)满足条件产生中断请求时,由硬件置位(IE1=1);当 CPU 响应中断时,由硬件清除(IE1=0) [2](IT1,interrupt type),外部中断 1 触发方式选择位,由软件设置。1,设置为下降沿触发,P3.3 引脚上高到低的负跳变可以引起中断。0,设置为电平触发,P3.3 引脚上低电平可以引起中断 [1](IE0,interrupt edge),外部中断 0 请求标志位,使用方法同 IE1 [0](IT0,interrupt type),外部中断 0 触发方式选择位,由软件设置。1,设置为下降沿触发,P3.2 引脚上高到低的负跳变可以引起中断。0,设置为电平触发,P3.2 引脚上低电平可以引起中断
串行控制寄存器 SCON(0x98)	[1](TI,transmit interrupt flag),发送中断标志,由硬件置位,必须软件清零 [0](RI,receive interrupt flag),接收中断标志,由硬件置位,必须软件清零
中断允许寄存器 IE(0xA8)	[7](EA,enable all interrupt),控制 CPU 中断的开启与关闭,1 为开启,0 为关闭 [4](ES,enable serial port),串行口中断允许位,1 为开启,0 为关闭 [3](ET1,enable timer),定时器/计数器 1 溢出中断允许位,1 为开启,0 为关闭 [2](EX1,enable external),外部中断 1 中断允许位,1 为开启,0 为关闭 [1](ET0,enable timer),定时器/计数器 0 溢出中断允许位,1 为开启,0 为关闭 [0](EX0,enable external),外部中断 0 中断允许位,1 为开启,0 为关闭
中断优先级寄存器 IP(0xD8)	[4](PS),串行口中断优先级控制位。为 1 则将串行口中断的优先级设为高,为 0 则设为低 [3](PT1),定时器/计数器 1 中断优先级控制位。为 1 则将定时器/计数器 1 中断的优先级设为高,为 0 则设为低 [2](PX1),外部中断 1 优先级控制位。为 1 则将外部中断 1 的优先级设为高,为 0 则设为低 [1](PT0),定时器/计数器 0 中断优先级控制位。为 1 则将定时器/计数器 0 中断的优先级设为高,为 0 则设为低 [0](PX0),外部中断 0 优先级控制位。为 1 则将外部中断 0 的优先级设为高,为 0 则设为低

8.2.3 外部中断的应用编程

有关定时器/计数器、串口等内部中断的编程,我们将在相关章节中进行细讲。本章着重讲述外部中断的应用及编程。

1. 生产线计件

如图 8.2 所示，本实例主要是利用 51 单片机的外部中断，计量生产线产品的数量。原理：在生产线一侧放置光源，另一侧放置光敏电阻；当生产线上没有产品经过时，光源发出的光将直接照射到光敏电阻上，其阻值呈现为亮电阻(<1 kΩ)；当生产线上有产品经过且阻挡光照时，光敏电阻呈现为暗电阻(约 1.5 MΩ)。因此，当生产线上的产品陆续通过时，光敏电阻的阻值将呈现高、低变化，借助于外部电路，将其转换为脉冲信号，利用脉冲信号触发外部中断，每中断一次，令产品总数加 1，就可以计量产品数量了。

2. 接口电路

如图 8.3 所示，有光时，光敏电阻 $R4$ 阻值较小，三极管截止，输出电压为 0 V；无光时，光敏电阻 $R4$ 阻值增大，三极管饱和导通，输出电压接近于 V_{CC}(5 V)。进一步利用施密特反相器(74HC14)对三极管的输出电压信号进行脉冲整形，以匹配 51 单片机5 V CMOS 电平。将施密特反相器的输出接到 51 单片机的 P3.2 引脚(外部中断 0)上。有产品经过时，施密特反相器输出为低电平，物体移开后，输出变为高电平，可利用该电平触发外部中断，在中断服务子程序中进行计数处理。

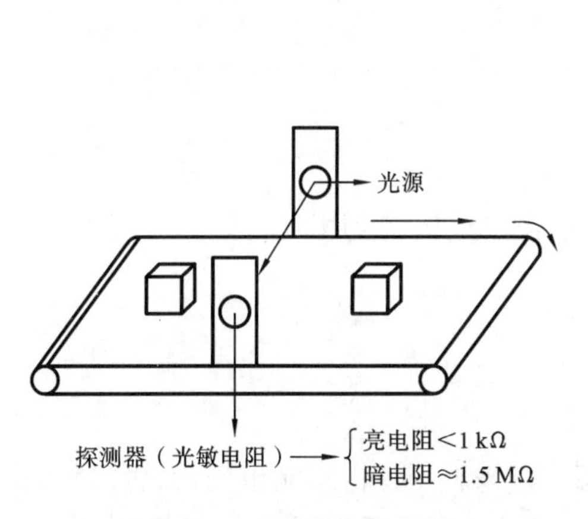

图 8.2　生产线计件系统

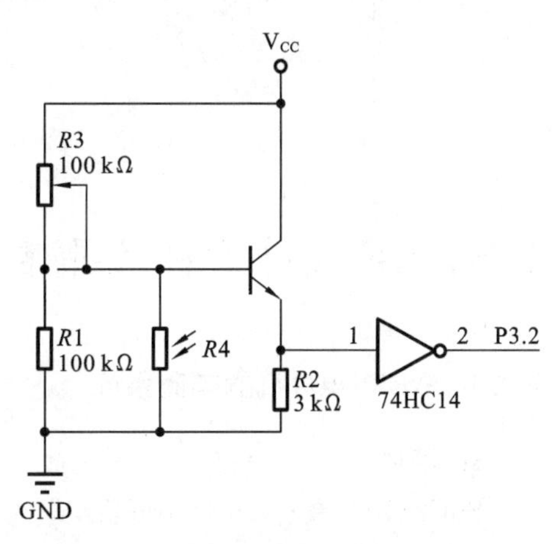

图 8.3　接口电路

3. 软件编程

本示例的功能是实现对生产线上的产品计数。传送带的两侧分别安装了光源和光敏电阻，产品通过传送带时会挡住光线，这会导致光敏电阻的阻值发生变化，进而引起电压的变化，通过这个变化来区分是否有产品通过。

由电路可知，产品挡住光源时，P3.2 脚的输入为低电平；产品未挡住光源时，P3.2 脚的输入为高电平。产品到来、离开过程中，电平由高变低再变高，这个过程中存在一个由高到低的下降沿，利用这个下降沿可以引发外部中断，在中断服务程序中计数。

源程序：

```
#include "reg51.h"
typedef unsigned int u16;
typedef unsigned char u8;
sbit K3=P3^2;                    //定义按键 K3
int Count=0;                     //产品的变量
```

```
void delayms(u16 i);
void Int0_Init(void)
{
    //设置 INT0
    IT0=1;                          //跳变沿触发方式(下降沿)
    EX0=1;                          //打开 INT0 的中断允许
    EA=1;                           //打开总中断
}
void main()
{
    Int0_Init();                    //设置外部中断 0
    while(1);
}
void Int0(void) interrupt 0         //外部中断 0 的中断函数
{
    delayms(100);                   //延时,防止毛刺
    if(K3==0)                       //物体确实移开了
    {
        count++;
    }
}
```

8.3 ARM 单片机的异常/中断系统及应用

8.3.1 ARM 单片机的中断系统

1. 概述

S3C2410A 具有 56 个中断源，这些中断源可以来自于片内功能单元，如看门狗定时器、PWM 定时器、异步串行通信口等，也可以来自于外部中断的输入引脚(共 24 个)，这与 51 单片机是类似的。

S3C2410A 的中断控制系统的框图如图 8.4 所示。ARM920T 内核可以识别两种类型的中断：正常中断请求(IRQ)和快速中断请求(FIQ)。状态寄存器 CPSR 中的 F 位和 I 位决定了 FIQ 和 IRQ 的使能和屏蔽。为了使能 FIQ 或者 IRQ，必须将 CPSR 中的 F 位或者 I 位清零。

如图 8.4 所示，处理器从内部外设和外部中断请求引脚接收到多个中断请求时，中断控制器在仲裁后请求 ARM920T 的 FIQ 或者 IRQ 中断。仲裁过程依赖于硬件优先逻辑，并将结果写入中断挂起寄存器，以便于用户确定中断。

S3C2410A 有 2 个中断挂起寄存器：SRCPND(源中断挂起寄存器)和 INTPND(中断挂起寄存器)，用于指示对应的中断是否被激活。当中断源请求中断时，SRCPND 的相应位被置 1，CPU 通过仲裁响应中断，INTPND 中相应的位被置 1。中断源请求时，如果 INTMASK(中断屏蔽寄存器)中相应位被设置为 1，相应 SRCPND 位也被置 1，但是 INTPND 寄存器不会变化。当 CPSR 中 I 或者 F 位为 0 时，只要 INTPND 中相应位

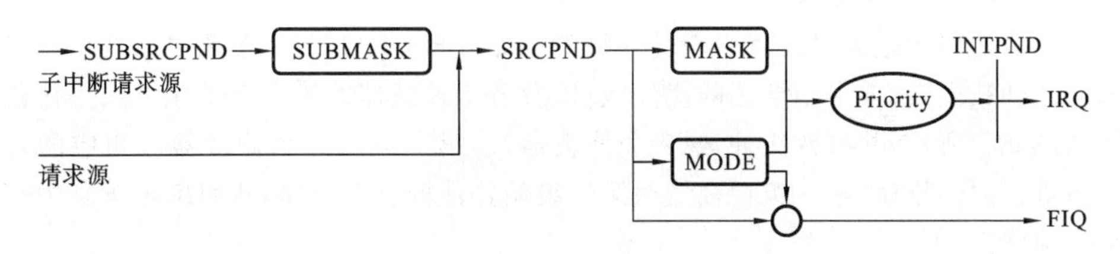

图 8.4 ARM 单片机的中断控制系统

置 1,就会执行相应位对应的中断服务程序。在中断服务程序中,首先向 SRCPND 中的相应位写 1 来清除源挂起状态,再用同样方法清除 INTPND 的挂起状态。

当 INTMSK 中的位置 1 时,相应的中断被禁止;当 INTMSK 中的位清零时,相应的中断正常执行。如果中断屏蔽位是 1,当中断源发出请求时,挂起寄存器位也会被置 1,但 CPU 不会响应该中断。

2. 中断源与子中断源

S3C2410A 支持多达 56 个中断源,中断请求可以由内部的功能模块和外部的引脚信号来产生。56 个中断源通过 32 个中断请求通道提供给优先级控制逻辑,然后通过两级仲裁(7 个仲裁器)来实现优先级的裁定。

考虑到部分中断源复用同一个中断请求,这些存在复用关系的中断源称为子中断源,由中断子控制寄存器来配置。中断子控制寄存器包括子中断源挂起寄存器(SUBSRNPND,用于指示子中断源是否有请求)和中断子屏蔽寄存器(INTSUBMSK,用于设定子中断源是否屏蔽)。

3. 外部中断及其触发方式

外部中断的主要作用有两个:一是处理外部突发事件(如按键、通信等);二是唤醒 CPU。外部中断共有 24 个,其中 8 个外部中断引脚具有数字滤波器,其余 16 个可以设置外部请求信号是电平触发,还是边沿触发,并且可以设置信号的极性。控制外部中断的信号可以是低电平触发、高电平触发、下降沿触发和上升沿触发或者双沿触发。

4. 中断的屏蔽

中断的屏蔽:设置中断屏蔽寄存器(INTMSK)的对应位。

子中断的屏蔽:设置子中断屏蔽寄存器(INTSUBMSK)的对应位。

5. 中断的挂起

S3C2410A 有两个中断挂起寄存器:SRCRND(源挂起)和 INTPND(中断挂起),作用是指示对应的中断是否被激活(对应关系见寄存器配置相关章节)。当中断源请求时,SRCRND 的对应位会自动置 1,称为中断源的挂起。但这只相当于发出了请求,是否响应这个请求,要看 INTMSK 对应的位的状况;一旦响应该请求,INTPND 会置 1,执行相应的中断服务程序。当屏蔽位为 0 时,说明允许中断,同时 INTPND 中有唯一的一位,在仲裁后会置 1,执行中断服务;当屏蔽位为 1 时,说明该中断被屏蔽,INTPND不会有任何变化。在中断服务程序中,要依次向 SRCRND 和 INTPND 相应的位写 1 来清除挂起状态。

6. 中断的优先级及排序

优先级的设置是通过配置中断优先级寄存器(PRIORITY)来实现的。这个寄存器通过两级仲裁设定 56 个中断源的优先级,以及各个仲裁器的优先级排序方式。仲裁器结构如图 8.5 所示,共有两级仲裁(7 个仲裁器)。第一级的每个仲裁器对相应的几个中断源进行内部排序,第二级仲裁器对第一级的仲裁器进行排序,从而确定所有中断源的优先级顺序。

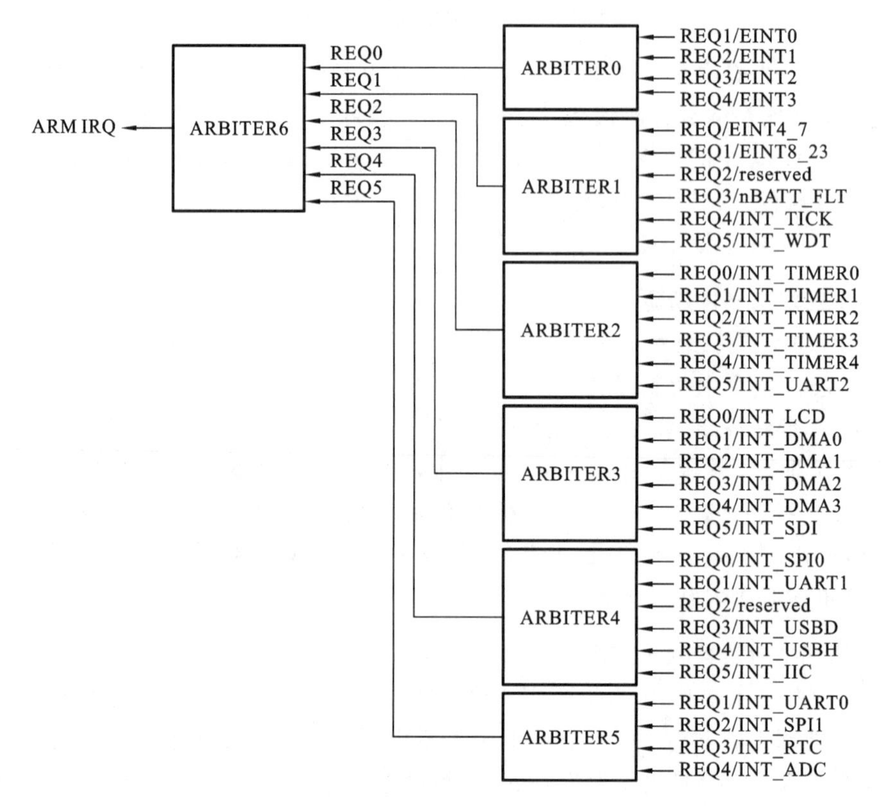

图 8.5 ARM9 **单片机对中断请求的优先级排序方法**

8.3.2 特殊功能寄存器

表 8.3 所示的为 ARM 单片机相应的中断控制寄存器及意义。

表 8.3 ARM **单片机的中断控制寄存器**

寄存器(内存地址)	意　义
SRCPND (0x4A000000)	源挂起寄存器,作用为指示中断源是否有请求,可读可写,复位值为 0x0。其中一位对应一个通道(共 32 位)。0=无请求;1=有请求。当有请求时,自动置位,不考虑 INTMASK 中的屏蔽位,不受 PRIORITY 优先级逻辑影响。在中断服务程序中,应清零该寄存器的对应位(对应关系见表 8.4)
INTMOD (0x4A000004)	中断模式寄存器,可读可写,复位值为 0x0。通过每一位的设置决定每一种中断是 FIQ 响应还是 IRQ 响应。其中一位对应一个通道(共 32 位)。0=IRQ;1=FIQ。FIQ 模式中断不影响 INTPND 和 INTOFFSET 寄存器,这两个寄存器只对 IRQ 模式有效。一般只设定一个中断源为 FIQ 模式,多个中断源为 IRQ 模式且通过 PRIORITY 来设定优先级

续表

寄存器(内存地址)	意　义
INTMSK (0x4A000008)	中断屏蔽寄存器,可读可写,复位值为0xFFFF FFFF。用于设定各个中断是否屏蔽。其中一位对应一个通道(共32位)。0=正常响应;1=被屏蔽
PRIORITY (0x4A00000C)	中断优先级寄存器,可读可写,复位值为0x7F。用于设定IRQ的优先级逻辑。通过两级仲裁设定56个中断源的优先级,以及各个仲裁器的优先级排序方式
INTPND (0x4A000010)	中断挂起寄存器,可读可写,复位值为0x0。用于指示仲裁后决定要处理的IRQ中断,将其挂起。其中一位对应一个通道(共32位)。当INTPND置位后,无论INTMSK是否为1,都将响应中断。在中断服务程序中,通过写入自身值(rINTPND=rINTPND)清除中断挂起标志,以避免同一个中断挂起位使得中断服务程序反复执行
INTOFFSET (0x4A000014)	中断偏移寄存器,只读,复位值为0x0。用于指定INTPND寄存器中哪一个中断是IRQ模式下的请求。清除SRCPND和INTPND寄存器后,该寄存器自动清除

SRCPND、INTMOD、INTMSK、INTPND和INTOFFSET(均为32位)中各位与各个中断源的对应关系可从表8.4查询得到。

表8.4　寄存器各个位与中断源的对应关系

[31]INT_ADC:ADC EOC和触摸中断(INT_ADC/INT_TC) [30]INT_RTC:RTC报警中断 [29]INT_SPI:SPI1中断 [28]INT_UART0:INT_UART0中断(ERR、RXD和TXD) [27]INT_IC:IIC中断 [26]INT_USBH:USB主中断 [25]INT_USBD:USB设备中断 [24]保留:保留
[23]INT_UART1:INT_UART1中断(ERR、RXD和TXD) [22]INT_SPI0:SPI0中断 [21]INT_SDI:SDI中断 [20]INT DMA3:DMA通道3中断 [19]INT_DMA2:DMA通道2中断 [18]INT_DMA1:DMA通道1中断 [17]INT_DMA0:DMA通道0中断 [16]INT LCD:LCD中断(INT_FrSyn和INT_FiCnt)
[15]INT_UART2:UART2中断(ERR、RXD和TXD) [14]INT_TIME4:Timer4中断 [13]INT_TIME3:Timer3中断 [12]INT_TIME2:Timer2中断 [11]INT_TIME1:Timer1中断 [10]INT_TIME0:Timer0中断 [9]INT_WDT:看门狗定时器中断 [8]INT_TICK:RTC定时器时间片中断

续表

[7]nBATT_FLT：电池缺陷中断 [6]保留：保留 [5]EINT8_23：外部中断 8～23 [4]EINT4_7：外部中断 4～7 [3]EINT3：外部中断 3 [2]EINT2：外部中断 2 [1]EINT1：外部中断 1 [0]EINT0：外部中断 0

中断子控制寄存器：存在多个子中断源共用同一个通道，故需要中断子控制寄存器进行控制。表 8.5 列出了 ARM 单片机的中断子控制寄存器及其功能。

表 8.5　ARM 单片机的中断子控制寄存器

SUBSRCPND (0x4A000018)	子中断挂起寄存器，可读可写，复位值为 0x0。用于指示子中断源是否有请求 [31：11]保留：未使用 [10]INT_ADC：ADC 转化中断 [9]INT_TC：触摸屏中断 [8]INT_ERR2：串口 2 收发错误中断 [7]INT_TXD2：串口 2 发送中断 [6]INT_RXD2：串口 2 接收中断 [5]INT_ERR1：串口 1 收发错误中断 [4]INT_TXD1：串口 1 发送中断 [3]INT_RXD1：串口 1 接收中断 [2]INT_ERR0：串口 0 收发错误中断 [1]INT_TXD0：串口 0 发送中断 [0]INT_RXD0：串口 0 接收中断
INTSUBMASK (0x4A00001C)	子中断屏蔽寄存器，可读可写，复位值为 0x0。用于设定子中断是否被屏蔽 0＝正常响应；1＝被屏蔽 各个位与子中断源的对应关系与 SUBSRCPND 的相同

与 ARM 单片机外部中断有关的控制寄存器如表 8.6 所示。

表 8.6　ARM 单片机的外部中断控制寄存器

寄　存　器	意　　义
EXTINT0 (0x56000088)	[30：28] EINT7：设置 EINT7 的触发信号类型 [26：24] EINT6：设置 EINT6 的触发信号类型 [22：20] EINT5：设置 EINT5 的触发信号类型 [18：16] EINT4：设置 EINT4 的触发信号类型 [14：12] EINT3：设置 EINT3 的触发信号类型 [10：8] EINT2：设置 EINT2 的触发信号类型 [6：4] EINT1：设置 EINT1 的触发信号类型 [2：0] EINT0：设置 EINT0 的触发信号类型 设置方法：000＝低电平；001＝高电平；01x＝下降沿触发；10x＝上升沿触发；11x＝边沿触发

续表

寄 存 器	意 义
EXTINT1 (0x5600008C)	[30:28] EINT15:设置 EINT15 的触发信号类型 [26:24] EINT14 设置 EINT14 的触发信号类型 [22:20] EINT13:设置 EINT13 的触发信号类型 [18:16] EINT12:设置 EINT12 的触发信号类型 [14:12] EINT11:设置 EINT11 的触发信号类型 [10:8] EINT10:设置 EINT10 的触发信号类型 [6:4] EINT9:设置 EINT9 的触发信号类型 [2:0] EINT8:设置 EINT8 的触发信号类型 设置方法:000=低电平;001=高电平;01x=下降沿触发;10x=上升沿触发;11x=边沿触发
EXTINT2 (0x56000090)	[31] FLTEN23:使能 EINT23 的滤波器 [30:28] EINT23:设置 EINT23 的触发信号类型 [27] FLTEN22:使能 EINT22 的滤波器 [26:24] EINT22:设置 EINT22 的触发信号类型 [23] FLTEN21:使能 EINT21 的滤波器 [22:20] EINT21:设置 EINT21 的触发信号类型 [19] FLTEN20:使能 EINT20 的滤波器 [18:16] EINT20:设置 EINT20 的触发信号类型 [15] FLTEN19:使能 EINT19 的滤波器 [14:12] EINT19:设置 EINT19 的触发信号类型 [11] FLTEN18:使能 EINT18 的滤波器 [10:8] EINT18:设置 EINT18 的触发信号类型 [7] FLTEN17:使能 EINT17 的滤波器 [6:4] EINT17:设置 EINT17 的触发信号类型 [3] FLTEN16:使能 EINT16 的滤波器 [2:0] EINT16:设置 EINT16 的触发信号类型
ENTFLT0 (0x56000094)	保留
ENTFLT1 (0x56000098)	保留
ENTFLT2 (0x5600009C)	[31]FLTCLK19:EINT19 的过滤时钟 [30:24] EINTFLT19:ENIT19 的过滤长度 [23] FLTCLK18:EINT18 的过滤时钟 [18:16] EINTFLT18:ENIT18 的过滤长度 [15] FLTCLK17:EINT17 的过滤时钟 [14:8] EINTFLT17:ENIT17 的过滤长度 [7] FLTCLK16:EINT16 的过滤时钟 [6:0] EINTFLT16:ENIT16 的过滤长度

续表

寄 存 器	意 义
ENTFLT3 (0x560000A0)	[31]FLTCLK23:EINT23 的过滤时钟 [30:24] EINTFLT23:ENIT23 的过滤长度 [23] FLTCLK22:EINT22 的过滤时钟 [22:16] EINTFLT22:ENIT22 的过滤长度 [15] FLTCLK21:EINT21 的过滤时钟 [14:8] EINTFLT21:ENIT21 的过滤长度 [7] FLTCLK20:EINT20 的过滤时钟 [6:0] EINTFLT20:ENIT20 的过滤长度
EINTMASK (0x560000A4)	EINTMASK 的位[3:0]保留取 0,位[23:4]控制相应 EINT[23:4]。EINTMASK 位[23:4]清零时使能和中断,置 1 时屏蔽中断
EINTPEND (0x560000A8)	EINTPEND 的位[3:0]保留取 0,位[23:4]控制相应 EINT[23:4]。EINTPEND 的位[23:4]清零时无请求,置 1 时有中断请求

8.3.3 外部中断的应用编程

1. 卷帘门或窗帘

自动控制的卷帘门或窗帘一般使用电机控制其升降,比如电机正转,将门升起;反转,将门降下。但这会出现一个问题,如果门升到最高或降到最低的时候,电机仍然在转的话,可能会损坏其机械结构。因此,需要设计一种结构,使门升降到一定高度时自动使电机停转。该操作是由门升降到特定位置触发的,属于突发性的随机事件,可使用外部中断解决。

如何产生触发该中断的外部信号呢?这就是限位开关,又叫行程开关,它的作用与按钮相同,只是其触点的动作不是靠手动操作,而是利用某些运动部件上的挡铁碰撞其滚轮使触头动作来接通或断开电路。一种行程开关的原理结构如图 8.6(a)所示。

2. 接口电路

在设计限位开关的电路(见图 8.7)时,可将其等效为一个普通开关,利用上拉电阻使其电平转换为 3.3 V CMOS 电平,输入到 ARM 单片机的外部中断 0 的引脚上。

3. 软件编程

```
#define KEY (1<<0) //GPF0 口
int main(void)
{
    //0 表示停止;1 表示电机向上,开门;2 表示电机向下,关门
    int state=0;
    Eint_init();                        //初始化外部中断
    while(1)
    {
        state=get_command();            //获取电机控制命令,上下停
        if (state==1)
        {
```

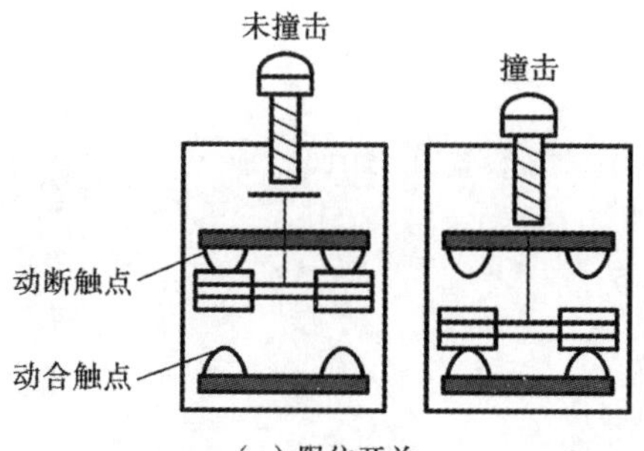

(a) 限位开关

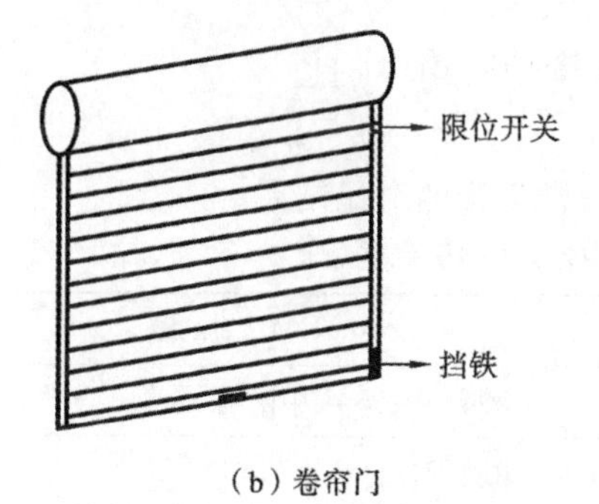

(b) 卷帘门

图 8.6 限位开关与卷帘门

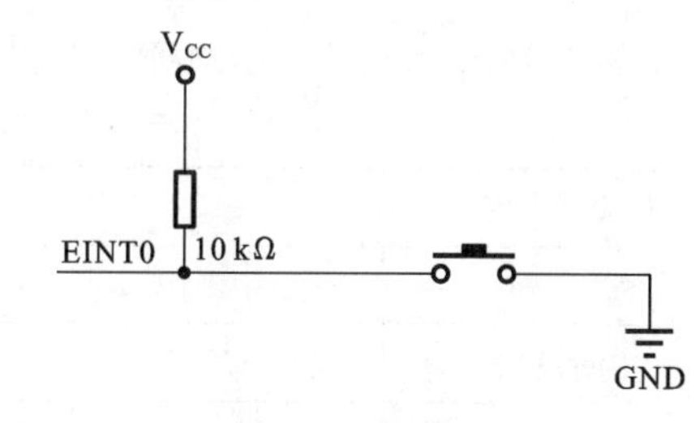

图 8.7 限位开关电路

```
            do{升卷帘门程序;}while(state==1);
        }
        else if (state==2)
        {
            do{降卷帘门程序;}while(state==2);
        }
    }
}
void Eint_init(void)
{
    //设置 GPF0 引脚为 EINT0 功能
    rGPFCON=(rGPFCON &(~0x03<<0)|(0x02<<0));
    rEXTINT0=(0x2<<0);                     //外部中断 EINT0 设置为下降沿触发
    rPRIORITY=0x00000000;                  //默认的固定优先级
    rINTMOD=0x00000000;                    //所有中断均为 IRQ 中断
    rINTMSK=0x11111110;                    //使能 EINT0
}
void IRQ_EINT0(void)                       //限位开关触发该中断
{
    int i ;
    rGPFCON=rGPFCON &(~(0x03<<0));         //GPF0 为输入
    for(i=0;i<10000;i++);                  //延时去抖
    if(rGPFDAT & KEY)
    {
        rGPFCON=rGPFCON &(~(0x02<<0)); //设置回 EINT0 功能
        //清除中断标志
        rSRCPND=(1<<0);
```

```
            rINTPND=rINTPND;
            return;
        }
            rGPFCON=rGPFCON &(~(0x02<<0)); //设置回 EINT0 功能
            //停止电机
            rSRCPND=(1<<0);
            rINTPND=rINTPND;
            state=0;
    }
```

8.4 51 与 ARM 单片机的中断资源的对比

表 8.7 列出了 51 与 ARM 单片机的中断/异常资源的对比结果。

表 8.7 51 与 ARM 单片机的中断/异常资源的杜比

对比要点	51 单片机	ARM 单片机
异常/中断源	5 个中断源	7 种异常、56 个中断源
中断模式	无	FIQ、IRQ
子中断	RI/TI	UART0、1、2；外部中断 4～7、8～23；AD 与触摸屏
使能控制	两级使能（总中断使能、中断源使能）	FIQ/IRQ 总屏蔽、中断屏蔽、子中断屏蔽
挂起	中断请求标志	子中断源挂起、源挂起、中断挂起
优先级	两级	两级仲裁（7 个仲裁器）
外部中断来源	2 个	24 个
外部中断触发方式	低电平、下降沿	低电平、高电平、上升沿、下降沿、双沿
声明中断函数关键字	interrupt	irq
中断函数的跳转	直接跳转至中断入口处	先跳转至 IRQ 异常入口处，再跳转至中断函数入口处
外部中断的功能	从节电方式唤醒 CPU	从空闲方式（0～23 号外部中断）、掉电方式（0～15 号外部中断）唤醒 CPU

思考题

1. 如何理解单片机中断的作用？举例说明。
2. 在设计单片机的前后台程序时，有什么考虑因素？
3. 如何利用 51 单片机的外部中断，计量外部输入的方波脉冲的个数？
4. 单片机外部中断的电平触发、边沿触发、双沿触发，有哪些潜在应用场景？
5. 利用 ARM 单片机的外部中断，如何识别按键（包括按键去抖、抬起等过程）？阐述你的方案。

9

单片机的串行通信及应用

在高速发展的信息化时代，通信系统作为信息传递的主要载体，推动着整个社会的发展。一百多年来，通信方式历经了电报、电话交换网、同轴电缆通信、卫星通信、微波通信、光纤通信、激光通信、量子通信。单片机的串行通信是一种最基本的通信方式，借助它和日益成熟的其他通信技术，可实现 ZigBee、WiFi、RS-485、RS-232、CAN 等多种通信方式，具有广阔的应用前景。

本章将首先介绍串行通信的基础知识，着重阐述 51 单片机和 ARM 单片机的串口资源、编程方法及应用技术。

9.1 通信的概念

通信的定义：信息终端（信息发送端、接收端）之间进行信息交互的方式。在数据通信中，按照每次传送数据位数的不同，通信方式可分为并行通信（见图 9.1(a)）和串行通信（见图 9.1(b)）。通信时，用波特率描述数字信号的传输速率，定义为单位时间内传输的有效二进制数据的位数(bit)，其单位为波特(Baud)。

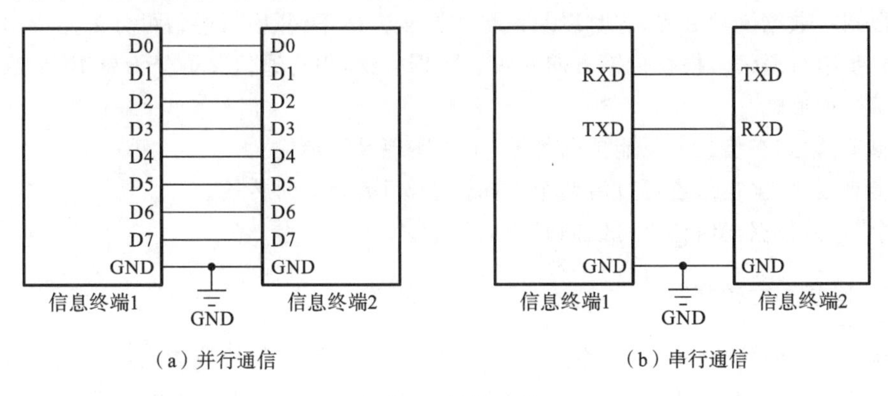

图 9.1 通信方式

9.1.1 并行数据传输

并行通信：按照约定时序，收发双发利用多根数据线同时传输多位数据的方式，主要用于近距离通信。

单片机的内部总线就是以并行方式传送数据的。例如,8 位数据总线的通信系统,一次传输 8 位数据,则需要 8 根数据线。发送设备将这些数据位通过对应的数据线传送给接收设备。接收设备同时接收这些数据,不需做任何变换就可直接接收并使用数据。

并行通信具有如下特点。

(1) 传输速度快:一次传输多位数据。

(2) 通信成本高:每位传输要求单独的信道支持,因此如果一个字符包含 8 个二进制位,则并行传输要求 8 个独立的信道。

(3) 不支持长距离传输:由于信道之间的电容感应,远距离传输时,可靠性较低。

9.1.2 串行数据传输

串行通信:按照约定时序,收发双方利用一根数据线逐位传输数据的方式,可实现远距离的数据传输。

串行通信中,使用一条数据线将数据按位依次传输,每位数据占据固定的时间长度,这样可以使用较少的通信线路就可以完成信息交互。串行通信多用于系统间(多主控制系统)、设备间(主控设备与附属设备)、器件间(主控 CPU 与功能芯片)数据的串行传输。串行传输数据时,发送端先将并行数据经并—串转换得到串行数据,再逐位经传输线发送给接收设备;接收端将数据经串—并转换,得到并行数据。

串行通信具有如下特点:

(1) 传输速度较低,一次一位;

(2) 通信成本低,只需一个信道,施工方便,结构灵活;

(3) 支持长距离传输。

9.2 串行通信

根据对数据流的分界、定时以及信号的同步方法不同,串行通信可分为同步串行通信和异步串行通信。根据传输方向和收发数据方式,串行通信又可分为单工、半双工和全双工三种形式。

单工:数据在信道上仅能单向传输,不能实现反向传输。

半双工:数据在信道可以沿两个方向传输,但需要分时传输。

全双工:数据在信道上可以同时双向传输。

9.2.1 同步串行通信

同步串行通信将许多字符组成一个信息组(信息帧、字符块或数据块),每帧含成千上百个字符,每帧开始为同步字符。发送和接收方必须采用同一时钟,接收方可以通过时钟信号来确定每个信息位,使得字符间及字符内各位间都是同步的。同步串行通信帧中的字符可以一个接一个传输。因为同步传输不允许有间隙,所以当不传输信息时,要填上空字符。表 9.1 所示的为同步串行通信帧的格式。

同步串行通信的特点:必须有同步时钟,传输信息量大,传输速率高,但是传输设备复杂,技术要求高。

表 9.1 同步串行通信帧的格式

同步字符	数据 1	数据 2	…	数据 N	校验字符

9.2.2 异步串行通信

异步串行通信是指发送和接收端使用各自的时钟，一次通信只能传输一个字符数据(字符帧)。字符帧之间的间隙可以是任意的，表 9.2 所示的为异步串行通信帧的格式。

表 9.2 异步串行通信帧的格式

起始位	数据位	校验位	停止位	空闲位

起始位：当发送端要发送一个数据时，首先发送一个逻辑“0”，这个低电平就是帧格式的起始位，作用是告诉接收端要开始发送一帧数据。接收端检测到这个低电平之后，准备接收数据。

数据位：在起始位之后，就是数据位，低位在前、高位在后，逐位发送。

校验位：用来校验数据在传送过程中是否出错，是收发双方预先约定好的有限制差错检验的方式之一，可不用。

停止位：字符帧格式的最后部分是停止位，逻辑“1”有效，它的占位有 1/2 位、1 位或者 2 位。停止位表示传送一帧信息的结束，也为发送下一帧数据信息做准备。

空闲位：没有传送数据时(空闲状态)，通信线上为逻辑“1”，此时电路处于等待状态。

异步通信时，双方时钟不相同，从而更加灵活，在实际工作中被大量使用。传输时以字符为传送单位，每个字符(1 帧)随机出现在数据流中，但 1 个字符的各位之间严格定时发送，即字符之间异步，字符内各位间同步。

异步串行通信的特点：不需要同步时钟，通信实现简单，设备简单，但是传输速率不高。

9.2.3 单片机的异步串行通信接口

UART(universal asynchronous receiver/transmitter)，即通用异步收/发器，是一种微处理器中常用的集成串行总线，也是目前广泛使用的一种通用全双工串行数据通信接口。UART 既作为发送器，也作为接收器。处理器通过数据总线向 UART 的控制寄存器写入控制字，对 UART 进行初始化。发送器从处理器接收并行数据，然后通过移位寄存器把数据以串行异步方式发出。接收器从串行通信链路接收串行数据，用移位寄存器转换成 8 位并行数据，送往接收寄存器。另外，处理器可以通过读取 UART 状态寄存器的信息，产生相应的控制逻辑。UART 有 4 个引脚(V_{CC}、GND、RX、TX)，使用标准的 CMOS 电平标准。

常用的异步串行通信模式有 RS-232、RS-485。RS-232 有三线制和九线制两种方式，常用的波特率有 4800 Baud、9600 Baud、19200 Baud。RS-232 直接采用高低电平信号传输数据；RS-485 使用差分信号传输数据。

51/ARM 单片机(5 V/3.3 V CMOS 电平)与 PC(RS-232 电平)相互通信时，由于

单片机提供的信号电平和 RS-232、RS-485 的标准不同，需要采用专用的双向电平转换芯片 MAX232（或者 MAX3232），将单片机输出的 CMOS 电平转换成 PC 能接收的 RS-232 电平或将 PC 输出的 RS-232 电平转换成单片机能接收的 CMOS 电平。

串行总线的电平标准如表 9.3 所示。

表 9.3 串行总线的电平标准

接　口	电平标准	传输方式	逻辑值
COM 接口	RS-232	单端信号	1：−15～−3 V；　0：+3～+15 V
	RS-485	差分信号	1：−6～−2 V；　0：+2～+6 V
UART 接口	TTL	单端信号	1：+5 V 0：0 V

9.3 51 单片机的异步串行通信与应用

9.3.1 内部结构及原理

51 单片机具有一个全双工、可编程的 UART 接口，能同时接收和发送数据。串口结构如图 9.2 所示，由两个物理上独立的数据接收/发送缓冲寄存器 SBUF（地址 99H）、接收与发送控制器、输入/输出移位寄存器、波特率发生器 T1 构成。发送数据由 TXD 端（引脚 P3.1）输出，接收数据由 RXD 端（引脚 P3.0）输入。波特率时钟由内部定时器 1 产生，可编程设置。

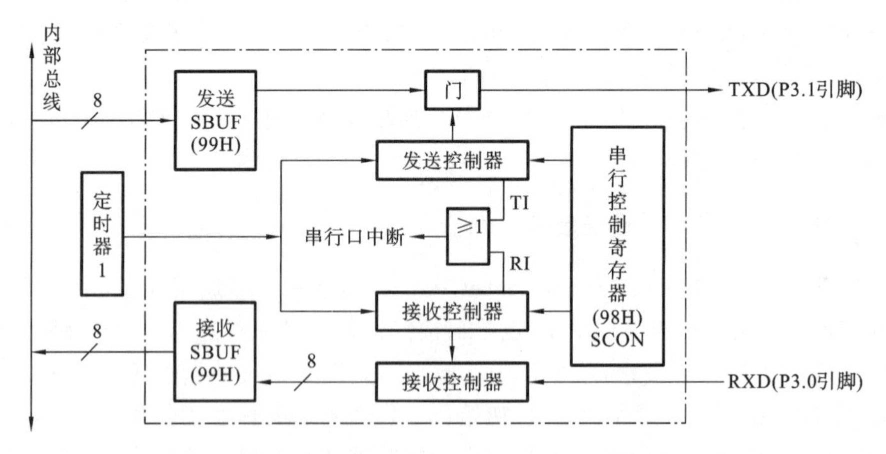

图 9.2　51 单片机的异步串行通信功能框图

9.3.2 特殊功能寄存器

51 单片机的串口有两个寄存器：串口控制寄存器 SCON，用于设定工作方式、收发控制与设置状态标志；电源控制寄存器 PCON，其中 SMOD 位用于串行通信波特率的控制，可以设置波特率的加倍或者不加倍。对这两个寄存器的主要功能介绍如表 9.4 所示。

表 9.4　串口控制寄存器

寄　存　器	控　制　位
串口控制寄存器 SCON	[7]SM0、[6]SM1：串口工作方式控制位 [5]SM2：多机通信控制位 [4]REN：串口接收允许位 [3]TB8：方式 2、3 发送的第 9 位数据，可作奇偶校验位 [2]RB8：方式 2、3 接收的第 9 位数据；方式 1 接收停止位 [1]TI：发送中断标志 [0]RI：接收中断标志
电源控制寄存器 PCON	[7]SMOD：串口波特率加倍控制位

51 单片机的串口有 4 种工作方式，由 SCON 中的 SM0 和 SM1 进行设置，具体如表 9.5 所示。串口的方式 1：同时满足条件 RI＝0 、SM2＝0 或接收到的停止位为 1 时接收有效，将接收的数据装入 SBUF，否则放弃接收结果。方式 2 和方式 3，满足 RI＝0、SM2＝0 或接收到的第 9 位为 1，将已接收的数据装入 SBUF 和 RB8，并置位 RI。

表 9.5　51 单片机的串口工作方式

SM0	SM1	工作方式	通 信 方 式	波　特　率	接 收 条 件
0	0	方式 0	移位寄存器输入/输出	$f_{osc}/12$	REN＝1 RI＝0
0	1	方式 1	10 位异步通信	2^{SMOD}×(定时器 1 溢出率)/32	REN＝1 RI＝0 SM2＝0
1	1	方式 3	11 位异步接收/发送		
1	0	方式 2	11 位异步接收/发送	$2^{SMOD}\times(f_{OSC}/64)$	

注：f_{osc}为单片机外接晶振频率。

9.3.3　基本发送/接收程序

1. 初始化

使用异步串行通信接口时，涉及波特率，所以需要同时设置串口和定时器 1，主要步骤如下：

(1) 确定定时器 1 的工作方式——设置 TMOD；

(2) 根据波特率，计算定时器 1 的初值——设置 TH1、TL1；

(3) 启动定时器 1——设置 TCON 中的 TR1 位；

(4) 确定串口的工作方式——设置 SCON；

(5) 串口中断的设置——设置 IE。

2. 基本发送程序——查询方式

将待发送的数据放到发送缓冲区，即可启动串口发送；发送完成后，硬件置位 TI 标志位或向 CPU 申请中断；软件查询 TI 标志或响应中断，做下一步处理。下面是利用 51 单片机的串口发送一个字符串的程序。

```
#include <reg51.h>
#define uchar unsigned char
#define uint unsigned int
uchar idata trdata[10]="MCS-51";
void main(void)
{
    uchar i;
    uint j;
    TMOD=0x20;                /*设置 9600 波特率的定时器 1 的方式和初始值*/
    TL1=0xfd;
    TH1=0xfd;
    SCON=0xd8;
    PCON=0x00;                /*设置串口方式*/
    TR1=1;
    while(1)
    {  i=0;
       while(trdata[i]!=0x00)
       {
       /*发送字符串*/
       SBUF=trdata[i];
       while(TI==0);
       TI=0;
       i++;
      }
      for(j=0;j<12500;j++);/*延时*/
    }
}
```

3. 基本接收程序——查询方式

等待串口接收数据;若串口接收到 1 个字符后,则 RI 标志位被置 1 或向 CPU 申请中断;软件查询此标志位或进入中断,处理接收到的数据。下面是利用 51 单片机的串口接收一个字符串的程序。

```
#include <reg51.h>
void main(void)
{
    unsigned char r_buf[20];
    unsigned char i;
    TMOD=0x20;          /* 在 11.0592 MHz 下,设置串口 9600 波特率,方式 3*/
    TL1=0xfd;
    TH1=0xfd;
    SCON=0xd8;
    PCON=0x00;
    TR1=1;
    i=0;
    while(1)
    {
```

```
        while(RI==0);
        RI=0;
        r_buf[i++]=SBUF;
        if(i==20)  i=0;
    }
}
```

9.3.4 无线串行通信模块的设计与编程

51 单片机的串口应用非常广泛，单片机系统和外部进行数据通信都可以使用串口，如蓝牙、GSM、WIFI、ZigBee 等。本节以 ZigBee 通信为例，介绍 51 单片机串口的编程和应用方法。

1. ZigBee 技术

ZigBee 是基于 IEEE 802.15.4 标准的低功耗个域网协议。SZ05-ADV ZigBee 无线串口通信模块，采用了加强型的 Zigbee 无线技术，集成了符合 ZigBee 协议的射频收发器和微处理器，符合工业标准应用，输入电压为 DC 3.7～5 V，具有通信距离远、抗干扰能力强、组网灵活、串口应用灵活、发送模式灵活、节点类型灵活、组网能力强（星型、链型、对等、网状网）、网络容量大等优点和特性；通过无线 ZigBee 进行组网通信，可实现一点对多点或多点对多点之间的数据透明传输及中继转发功能。波特率为 1200～115200 Baud，默认值为 9600 Baud，同时具有 TTL/RS-232/RS-485、IO 多种接口类型。

2. ZigBee 模块

SZ05 无线模块符合 ZigBee 国际规范的射频收发器和微处理器，具有通信距离远、超低功耗、抗干扰能力强、组网灵活稳定等优点和特性。SZ05 模块支持 TTL、RS-485、RS-232 三种电平的数据传输；通过 CMOS/TTL 电平可以直接与 51 单片机或者 ARM 单片机连接（三线制，参考图 9.3）。

为了实现 ZigBee 模块的正常工作，需要使用特定的指令（可通过计算机、单片机）设置模块的工作参数：

(1) 将模块 CFG 脚拉低 3 秒使模块进入配置状态；

(2) 设置串口的波特率 38400 Baud、8 位数据位、无校验、1 位停止位；采用十六进制方式，发送本地模块的读取参数指令：23 A0。

模块参数的输出帧格式：

A2 ＋ 14 个字节的有效数据，其中

第 1、2 字节为模块地址；

第 3 字节为网络 ID：有效数据为 00～FF；

第 4 字节为网络类型：01——网状网，02——星型网，07——对等网；

第 5 字节为网络类型：01——中心节点，03——中继路由，04——终端节点；

第 6 字节为发送模式：01——广播，02——主从，03——点对点；

第 7 字节为通信波特率：01——1200，02——2400，03——4800，04——9600，05——19200，06——38400，07——57600，08——115200；

第 8 字节为校验：01——NONE，02——EVEN，03——ODD；

第 9 字节为数据位：01——8 位；

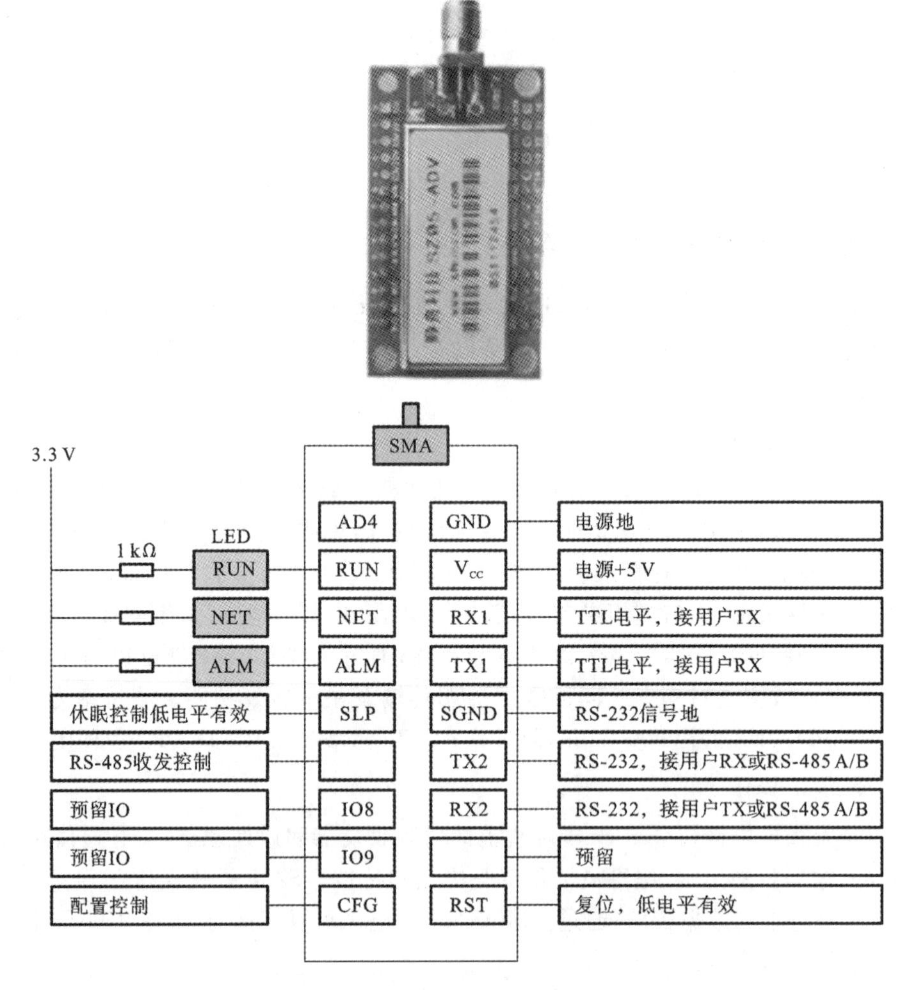

图 9.3 Zigbee SZ05 **模块及其引脚功能**

第 10 字节为地址编码:01——ACSII,02——HEX;

第 11 字节为串口超时:有效数据 05——FF;

第 12 字节为无线频点:有效数据 00——0F;

第 13 字节为发射功率;

第 14 字节为源地址选项:01——不输出,02——ASCII 输出,03——HEX 输出。

(3) 发送参数设置指令:

23 FE + 14 字节配置数据

(4) 发送重启模块指令(此时 CFG 脚必须为高电平),完成配置:

23 23

3. ZigBee **通信程序**

利用 51 单片机外接的 Zigbee 模块循环发送字符 a,采用串口发送中断方式。

```
#include <reg52.h>
unsigned charsend_char='a';
volatile unsigned char sending;
//延时函数
```

```
void delay(unsigned char i)
{
    unsigned char j,k;
    for(j=i;j>0;j--)
        for(k=90;k>0;k--);
}
//初始化函数
void init(void)
{
    EA=0;
    TMOD= TMOD & 0x0f|0x20=0x20;
    SCON=0xd8;
    TH1=0xfd;
    TL1=0xfd;
    PCON|=0x00;
    ES=1;
    TR1=1;
    REN=1;
    EA=1;
}
//发送函数
void send(unsigned char d)
{
    SBUF=d;
    sending=1;
    while(sending);
}
//主函数
void main(void)
{
    init();
    while(1)
    {
        delay(20);
        send(send_char);
    }
}
//串口中断函数
void uart(void) interrupt 4
{
    if(RI)
    {
        RI=0;
    }
    else
    {
```

```
            TI=0;
            sending=0;
        }
    }
```

9.4 ARM 单片机的异步串行通信设计与应用

9.4.1 结构及原理

S3C2410A 具有 3 个独立的异步串行通信接口(UART),每个接口具有两种工作模式:中断模式、DMA(直接存储器访问)模式。当采用内部时钟(PCLK、UCLK)时,UART 的通信速率可以达到 230.4 Kb/s;当采用外部时钟(EXCLK)时,UART 的通信速率可以达到更高。每个 UART 接口具有 16 个字节的发送 FIFO(先入先出)和 16 个字节的接收 FIFO,用于缓冲数据。

S3C2410A 的 UART 单元特征包括:波特率可编程;支持红外发送与接收;1～2 个停止位;5、6、7 或 8 个数据位;奇偶校验。

每一个异步串行通信口都具有独立的波特率发生器、发送器、接收器和控制单元。波特率发生器可由片内系统时钟 PCLK 产生,或由外部时钟 UEXTCLK 产生。工作时,待发送的数据首先传送到发送缓冲寄存器,然后复制到发送移位寄存器,并通过发送数据引脚 TxDn 发送出去。接收数据首先从引脚 RxDn 移入移位寄存器,当接收到一个字节时就复制到 FIFO 接收缓冲寄存器,如图 9.4 所示。

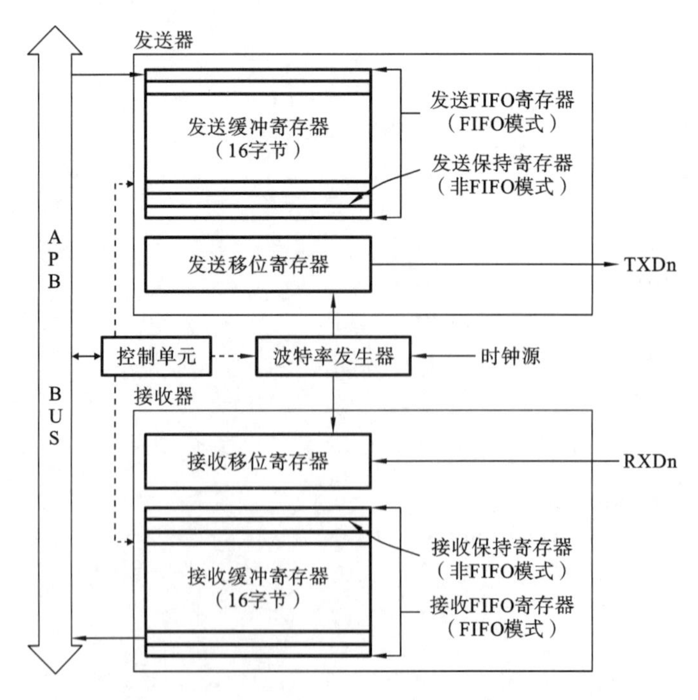

图 9.4 ARM 单片机的异步串行通信接口结构

UART 的操作包括:数据发送、数据接收、产生中断、产生波特率、回环模式、红外模式和自动流控模式。

(1) 数据发送。

发送的数据帧格式是可编程设置的，包括 1 个起始位、5～8 个数据位、1 个可选择的奇偶校验位和 1～2 个停止位，可通过行控制寄存器(ULCONn)来设定。

(2) 数据接收。

接收的数据帧格式也是可编程的，它包括 1 个起始位、5～8 个数据位、1 个可选择的奇偶校验位和 1～2 个停止位，可通过行控制寄存器(ULCONn)来设定。此外，接收器可以检测到溢出错误、校验错误、帧错误和接收超时错误，并为每种错误建立标志位。

(3) 自动流控(AFC)模式。

S3C2410A 的 UART0 和 UART1 都可以通过各自的 nRTS 和 nCTS 信号来实现自动流控。这时，它可以和外部 UART 相连，如果用户需要连接 Modem 的话，需要设置寄存器 UMCONn 来禁止 AFC。在自动流控(AFC)模式下，nRTS 取决于接收端的状态，而 nCTS 控制了发送端的操作。只有当 nCTS 有效时(表明接收方的 FIFO 已经准备就绪)，UART 才会将 FIFO 中的数据发送出去。在 UART 接收数据之前，只要当接收 FIFO 有至少 2 字节空余的时候，nRTS 就会被置为有效。

(4) 中断/DMA 请求。

每个 UART 都具有 7 个状态信号：超时错误、校验错误、帧错误、发送间隔、接收缓冲区数据准备好、发送缓冲器空和发送移位寄存器空。这些信号由相应的 UART 状态寄存器(UTRSTATn/UERSTATn)指示，可查询状态寄存器，产生中断请求或者 DMA 请求。

(5) 回环模式。

该模式是 S3C2410A 的 UART 测试模式，用于判断通信故障，属于外部的数据链路、CPU 内驱动程序或 CPU 本身的问题。在回环模式中，数据发送端 TXD 在 UART 内部就从逻辑上与接收端 RXD 连在一起，并可以验证数据的收发是否正常。该模式可通过 UART 控制寄存器 UCONn 来设置。

9.4.2 特殊功能寄存器

ARM 处理器提供 3 个独立的可读写异步串行 I/O 口 UARTn(n＝0、1、2)。UART 的特殊功能寄存器占据了一片连续的内存地址空间。各寄存器的功能如表 9.6 所示。

表 9.6 UART 的特殊功能寄存器

寄存器	主要控制功能或标志位
行控制寄存器 ULCONn	[7]：保留 [6]：红外模式选择位，1＝选择红外，0＝不选择红外 [5:3]：奇偶校验模式选择位，0xx＝无校验，100＝奇校验；101＝偶校验，110＝校验强制/检测为 1，111＝校验强制/检测为 0 [2]：停止位数，0＝1 位停止位，1＝2 位停止位 [1:0]每帧字长，00＝5 位，01＝6 位，10＝7 位，11＝8 位

续表

寄 存 器	主要控制功能或标志位
控制寄存器 UCONn	[10]时钟选择:0=PCLK,1=UCLK [9]发送中断触发类型:0=脉冲触发,1=电平触发 [8]接收中断触发类型:0=脉冲触发,1=电平触发 [7]接收暂停允许:0=禁止,1=允许 [6]接收错误中断允许:0=禁止,1=允许 [5]巡检模式允许:0=禁止,1=允许 [4]发送间隔信号允许:0=禁止,1=允许 [3:2]发送模式: 00=禁止,01=中断或查询,10、11=DMA 方式 [1:0]接收模式: 00=禁止,01=中断或查询,10、11=DMA 方式
FIFO 控制寄存器 UFCONn	[7:6]发送 FIFO 长度选择:00=空,01=4 字节,10=8 字节,11=12 字节 [5:4]接收 FIFO 长度选择:00=4 字节,01=8 字节,10=12 字节,11=16 字节 [3]保留 [2]发送 FIFO 复位:复位时是否清 FIFO,0=正常工作,1=FIFO 复位 [1]接收 FIFO 复位:复位时是否清 FIFO,0=正常工作,1=FIFO 复位 [0]FIFO 允许:0=禁止,1=允许
MODEM 控制寄存器 UMCONn	[7:5]保留:必须全为 0 [4]自动清零:0=禁止,1=允许 [3:1]保留:必须全为 0 [0]请求发送:0=禁止 nRTS,1=激活 nRTS
Tx/Rx 状态寄存器 UTRSTATn	[2]发送缓冲器空:0=不空,1=空 [1]发送缓冲器空:0=不空,1=空(在 FIFO 和 DMA 模式下使用) [0]接收缓冲器空:0=空,1=有数据
Tx/Rx 错误寄存器 UERSTATn	[3]保留:0=没有收到帧误差,1=有帧误差 [2]帧误差:0=没有收到帧误差,1=有帧误差 [1]保留:0=没有收到帧误差,1=有帧误差 [0]超限错误: 0=没有收到超限错误,1=有超限错误
FIFO 状态寄存器 UFSTAT0	[15:10]保留 [9]TX FIFO 是否已满:0=0~15 字节,1=FIFO 满 [8]RX FIFO 是否已满:0=0~15 字节,1=FIFO 满 [7:4]Tx FIFO 计算器:Tx FIFO 的数据数量 [3:0]Rx FIFO 计算器:Rx FIFO 的数据数量
发送/接收缓冲寄存器 UTXHn(URXHn)	存放 UART 要发送和接收到的 1 字节数据。在发生溢出错误时,接收数据必须被读出来,否则引发下次溢出错误
波特率除数因子 UBRDIVn	计算公式: UBRDIVn=(int)[PCLK/(波特率×16)]−1 或者 UBRDIVn=(int)[UCLK/(波特率×16)]−1 UCONn[10]=0,选用 PCLK 作为波特率发生器的时钟源频率 UCONn[10]=1,选用 UCLK 作为波特率发生器的时钟源频率

9.4.3 串口通信波特率

根据对 UCONn 的设置，选择使用 PCLK 还是 UCLK 取决于 UART 的波特率。波特率的具体数值由 UBRDIVn 确定，具体的计算公式：

$$UBRDIVn=(int)[PCLK/(波特率\times 16)]-1$$

或

$$UBRDIVn=(int)[UCLK/(波特率\times 16)]-1$$

其中，除数范围应该是 $1\sim(2^{16}-1)$，而且 UCLK 要小于 PCLK。例如，波特率为 115200 b/s，PCLK 或者 UCLK 是 40 MHz，则 UBRDIVn 的值为

$$UBRDIVn=(int)[40000000/(115200*16)]-1=(int)(21.7)-1=20$$

9.4.4 基本发送/接收程序

(1) 串口 1 的初始化程序。

```
void  UART_Init(void)
{
    int  i;
    //I/O 口设置 (GPH5,GPH4)
    rGPHUP=rGPHUP | (0x03<<4);
    rGPHCON=(rGPHCON & (~0x00000F00)) | (0x00000A00);
    //串口模式设置
    rUFCON1=0x00;              //禁止 FIFO 功能
    rUMCON1=0x00;              //AFC(流控制)禁能
    rULCON1=0x03;              //禁止 IRDA,无奇偶校验,1 位停止位,8 位数据位
    //使用 PCLK 来生成波特率,发送中断为电平触发模式,接收中断为边沿触发模式
    //禁止接收超时中断,使能接收错误中断,正常工作模式,中断或查询方式(非 DMA)
    rUCON1=0x245;
    //串口波特率设置
    rUBRDIV1=(int)(PCLK/16.0/UART_BPS+0.5)-1;
    for(i=0;i<100;i++);
}
```

(2) 串口 1 发送一个字节的程序。

```
void  UART_SendByte(uint8 data)
{
    int  i;
    while(!(rUTRSTAT1 & 0x02));          //等待发送器为空
    for(i=0; i<10; i++);
    rUTXH1=data;                         //发送数据
}
```

(3) 串口 1 发送一个字符串的程序。

```
void  UART_SendStr(char const *str)
{
    while(*str !='\0')
```

```
    {
        if(*str=='\n') UART_SendByte('\r');
        UART_SendByte(*str++);      //发送数据
    }
}
```

(4) 串口 1 接收一个字符的程序。

```
int  UART_GetKey(void)
{
    int i;
    while(!(rUTRSTAT1 & 0x1));
    for(i=0; i<10; i++);
    return(rURXH1);
}
```

(5) 主程序。

```
int  main(void)
{
    int  i;
    //初始化 UART0
    UART_Init();
    for(i=0; i<10; i++)
    {
        UART_SendStr("Hello World! \n");
    }
    while(1)
    {
        g_getch=UART_GetKey();              //接收字符

        if(g_getch==0x0D)                   //判断是否为回车键
        {
            UART_SendByte('\r');            //发送换行符
            UART_SendByte('\n');
        }
        else
        {
            UART_SendByte(g_getch);         //发送接收到的字符
        }
      }
return(0);
}
```

9.4.5 GPS 模块的设计与编程

1. GPS 技术

GPS 是以 24 颗卫星为基础的无线卫星导航定位系统，由于其工作卫星和备用卫星分别是 21 颗和 3 颗，保证了地面控制终端能够在任意时刻、任意地点都能够同时观测到 4 颗同步卫星的运作情况，因此确保了卫星可以采集到该观测点的定位信息，从而实现同步卫星导航、卫星定位和卫星授时；系统的导航定位不仅可以实现对飞机、船舶、车辆、导弹以及个人路线进行追踪，而且还可以用来引导其准确而安全地沿着预先设定的路线到达目的地。目前我国市场上除了美国的 GPS 技术外，还有我国自主研制的北斗卫星导航系统，并已经发展完善投入运营。

GPS 采用 NMEA-0183 协议，用于不同 GPS 导航设备建立统一的海事无线电技术委员会标准，该协议规定了海用和陆用 GPS 接收设备输出的定位位置数据、时间、卫星状态、接收机状态等信息。NMEA-0183 规定的数据格式：波特率，4800 Baud；数据位，8 bit；奇偶校验，无；开始位，1 bit；停止位，1 bit。

报文格式：报文的语句串（十进制 ASCII 码）格式全部信息如表 9.7 所示。

表 9.7 NMEA-0183 规定的 GPS 报文格式

$GPXXX	,ddd	…	,ddd	*hh	<CR><LF>

内容：$ 为串头，表示语句串开始；GP 为识别符；×××为语句名。NMEA 规定的常用语句有以下 5 种：GGA，卫星定位信息；GLL，地理位置——经度和纬度；GSA，全球导航卫星系统的偏差信息，说明卫星定位信号的优劣情况；GSV，全球导航卫星系统的卫星；RMC，最基本的全球导航卫星系统信息。ddd 为数据字段，由字母或数字组成，“,”为域分隔符；* 表示串尾，hh 表示 $ 与 * 之间所有字符代码的校验和；CR 为回车控制符，LF 为换行控制符。

在 GPS 实际应用中，可根据具体需要，从字符串中选取有用信息。以 GPRMC 语句为例，该语句包含时间、日期、方位、速度和磁偏角等信息，满足导航需求。GPRMC 语句的结构为：$GPRMC，<1>，<2>，<3>，<4>，<5>，<6>，<7>，<8>，<9>，<10>，<11>，*hh。数据段说明如下：① UTC 时间；② 定位状态；③ 纬度格式；④ 纬度半球 N(北半球)或 S(南半球)；⑤ 经度格式；⑥ 经度半球 E(东经)或 W(西经)；⑦ 地面速率(000.0～999.9 节)；⑧ 地面航向(以正北为参考基准，000.0°～359.9°)；⑨ UTC 日期格式；⑩ 磁偏角(000.0°～180.0°)；⑪ 磁偏角方向，E(东)或 W(西)。

2. GPS 模块

本示例采用美国 AIRMAR 公司的 150WX 型超声波气象站，可以测量各种环境信息变量，同时内置 GPS 和罗盘，实现 GPS 定位以及导航等功能，优点是体积小、质量轻，可应用于移动交通工具，是便携的车载气象站，实物如图 9.5 所示。

图 9.5 气象站实物图

该气象站内部集成了多个传感器，主要测量以下多种环境参数。

(1) 风速与风向：通过超声波风速计测得，风速分辨率可达 0.1 m/s，正风风向分辨率为 0.1°，测量结果是与正北方向的顺时针夹角。

(2) 空气温度：通过热敏电阻测得，分辨率为 0.1 ℃。

(3) 大气气压：通过压阻压力传感器测得，分辨率为 0.029 inHg(1 inHg = 0.003782 MPa)。

(4) 空气相对湿度：通过电容式湿度传感器测得。

(5) 经纬度：由 GPS 获取。

150WX 型超声波气象站是集上述传感器于一体的紧凑设备。各个传感器数据通过 RS-232 串口通信，数据通信协议遵循 NMEA-0183 协议，传感系统采用 12 V 直流电源进行供电。

3. GPS 数据读取和解析程序

ARM 单片机通过串口(气象站—RS-232 接口—3.3 V TTL 接口—ARM 单片机)接收气象站模块发来的 $GPRMC 字符串，从中解析得到经纬度信息。

```
#include "2410addr.h"
#include <stdbool.h>
#include <string.h>
#include <stdio.h>
#define TXD0READY (1<<2)
#define RXD0READY 1
#define GPH_UART 10<<4
#define GPH_MSK 15<<4
//延时函数
void mydelay_ms(int time)
{
    int i, j;
    while(time--)
    {
        for (i=0; i<5; i++)
            for (j=0; j<514; j++);
    }
}
//串口初始化
void uart_init(void)
{
    GPHCON=~(GPH_MSK)&GPHCON;    //GPH2 3位清零
    GPHCON=GPH_UART|GPHCON;      //GPH2 3赋值设为 TXD0 和 RXD0
    UBRDIV0=0x1A;                //设置波特率为 115200 Baud
    ULCON0=0x03;                 //设置 8 位数据位,1 位停止位,无校验位
    UCON0=0x05;                  //设置为普通轮询
}
//发送字符
void putc(const char data)
{
    //等待,直到发送缓冲区中的数据已经全部发出去
    while(!(UTRSTAT0 & TXD0READY));
    UTXH0=data;                  //写入欲发送的字符,UART 自动发送
}
```

```
//发送字符串
void puts(const  char  *c)
{
    for (; *c !='\0'; c++)
    {    //不断查询,直到可以发送数据
        while(! (UTRSTAT0 & TXD0READY));
        UTXH0=*c;                  //发送数据
    }
}
//接收字符
unsigned char getchar()
{   //等待,直到接收缓存区中有数据来到
    while(! (UTRSTAT0 & RXD0READY));
    return URXH0;                  //直接读取 URXH0,即可获得数据
}
//定义结构体
struct
{
    char GPS_Buffer[90];
    bool isGetData;                //是否获取到 GPS 数据
    bool isParseData;              //是否解析完成
    char UTCTime[11];              //UTC 时间
    char latitude[11];             //纬度
    char N_S[2];                   //N/S
    char longitude[12];            //经度
    char E_W[2];                   //E/W
    bool isUsefull;                //定位信息是否有效
} Save_Data;

#define gpsRxBufferLength 90
char gpsRxBuffer[gpsRxBufferLength];
//解析错误函数
void errorLog()
{
    puts("ERROR");
}
//清空缓冲区
void clrGpsRxBuffer(void)
{
    memset(gpsRxBuffer, 0, gpsRxBufferLength);
}
//获取 GPS 数据:读取以 GPRMC 开头、以*结尾的中间的字符串
void gpsRead()
{
    char *GPS_BufferHead;
    char *GPS_BufferTail;
```

```
    if ((GPS_BufferHead=strstr(gpsRxBuffer,"GPRMC,"))!=NULL )
{
        if (((GPS_BufferTail=strstr(GPS_BufferHead,"*"))!=NULL) && (GPS_
BufferTail>GPS_BufferHead))
        {
            memcpy(Save_Data.GPS_Buffer, GPS_BufferHead, GPS_BufferTail-
GPS_BufferHead);
            Save_Data.isGetData=true;
            clrGpsRxBuffer();
        }
    }
}
//GPS 解析函数
void parseGpsBuffer()
{
    char *subString;
    char *subStringNext;
    if (Save_Data.isGetData)
    {
        Save_Data.isGetData=false;
        puts(Save_Data.GPS_Buffer);
        int i;
        for (i=0; i<=6; i++)
        {
            if (i==0)
            {
                if((subString=strstr(Save_Data.GPS_Buffer, ","))==NULL)
                    errorLog();    //解析错误
            }
            else
            {
                subString++;
                if ((subStringNext=strstr(subString, ",")) !=NULL)
                {
                    char usefullBuffer[2];
                    switch(i)
                    {
                         case 1:memcpy(Save_Data.UTCTime, subString, sub-
StringNext-subString);break;    //获取 UTC 时间
                         case 2: memcpy (usefullBuffer, subString, sub-
StringNext-subString);break;    //定位是否有效
                         case 3:memcpy(Save_Data.latitude, subString, sub-
StringNext-subString);break;    //获取纬度信息
                         case 4: memcpy (Save _ Data. N _ S, subString, sub-
StringNext-subString);break;    //获取 N/S
                         case 5: memcpy (Save _ Data. longitude, subString,
```

```
subStringNext-subString);break;    //获取纬度信息
                         case 6: memcpy (Save _ Data. E _ W, subString, sub-
StringNext-subString);break;    //获取 E/W
                         default: break;
                    }

                    subString=subStringNext;
                    Save_Data.isParseData=true;
                    if(usefullBuffer[0]=='A')
                        Save_Data.isUsefull=true;
                    else if(usefullBuffer[0]=='V')
                        Save_Data.isUsefull=false;
                }
                else
                {
                    errorLog();    //解析错误
                }
            }
        }
    }
}
//输出解析后的数据
void printGpsBuffer()
{
    if (Save_Data.isParseData)
    {
        Save_Data.isParseData=false;

        puts("Save_Data.UTCTime=");
        puts(Save_Data.UTCTime);

        if(Save_Data.isUsefull)
        {
            Save_Data.isUsefull=false;

            puts("Save_Data.latitude=");
            puts(Save_Data.latitude);
            puts("Save_Data.N_S=");
            puts(Save_Data.N_S);
            puts("Save_Data.longitude=");
            puts(Save_Data.longitude);
            puts("Save_Data.E_W=");
            puts(Save_Data.E_W);
        }
        else
        {
```

```
                puts("GPS DATA is not usefull!");
            }
        }
    }
    //ch数组复制到 dest 数组
    void copy(char *dest,char *ch)
    {
        int i=0;
        while(ch[i])
        {
            dest[i]=ch[i];
            i++;
        }
        dest[i]=0;
    }

    //主函数
    int main(void) {

    char a[90]={0};
    int m=0;
    unsigned char c;

        //串口初始化
        uart_init();
        //标志位置为 false
        Save_Data.isGetData=false;
        Save_Data.isParseData=false;
        Save_Data.isUsefull=false;
        while(1)
        {
            while(c !='\n')
            {
                c=getchar();
                a[m]=c;
                m++;
            }
            copy(gpsRxBuffer,a);
            m=0;
            puts(gpsRxBuffer);

            gpsRead();              //获取 GPS 数据
            parseGpsBuffer();       //解析 GPS 数据
            printGpsBuffer();       //输出解析后的数据
        }
        return 0;
    }
```

9.5 异步串行通信电平及转换

利用单片机的CMOS电平，结合一些电平转换芯片，可以实现不同电平形式的异步串行通信，满足不同场合的应用需求。

1. 5 V/3.3 V CMOS **电平**

由于单片机直接输出的电平为5 V CMOS电平或者3.3 V CMOS电平，故51单片机之间或ARM单片机之间可以直接以CMOS电平进行异步串行通信，不需要做电平转换。但若在51单片机与ARM单片机之间进行异步串行通信，则必须进行电平转换。可以利用74HCT244芯片将3.3 V CMOS(ARM TXD输出)电平转换为5.0 V CMOS(51 RXD输入)；利用74LV244芯片将5.0 V CMOS(51 TXD输出)电平转换为3.3 V CMOS(ARM RXD输入)；或者采用专用的电平转换芯片。将5.0 V CMOS电平的异步串行通信接口与3.3 V CMOS电平的异步串行通信接口互相转换的电路如图9.6所示，其中采用的电平转换器件为NMOS管(如IRF530)，要求MOS管的开启电压小于3.3 V。

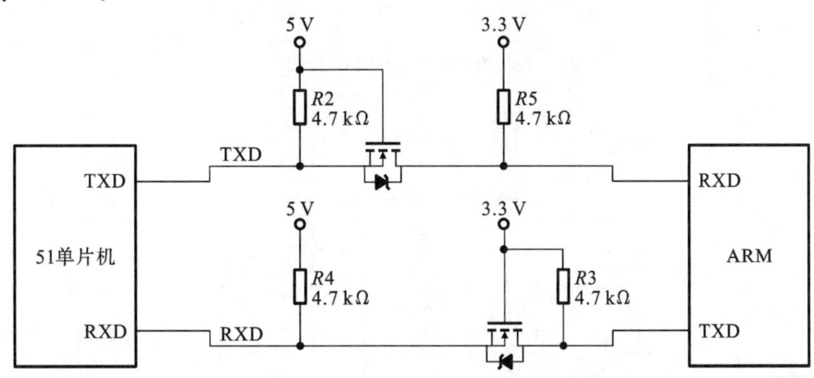

图9.6 5.0 V CMOS**电平的**UART**接口与**3.3 V CMOS**电平的**UART**接口的相互转换电路**

2. RS-232

RS-232是常用的串行通信接口标准之一，它是由美国电子工业协会(EIA)联合贝尔系统公司、调制解调器厂家及计算机终端生产厂家于1970年共同制定。工业控制的RS-232口一般只使用RXD、TXD、GND三条线，就可实现通信过程。RS-232采用负逻辑电平，逻辑“1”的电平为－15 V～－5 V，逻辑“0”的电平为＋5～＋15 V。RS-232规定的标准传送速率有50 b/s、75 b/s、110 b/s、150 b/s、300 b/s、600 b/s、1200 b/s、2400 b/s、4800 b/s、9600 b/s、19200 b/s，可以灵活地适应不同速率的设备。由于RS-232采用串行传送方式，并且将单片机的CMOS电平转换为RS-232C电平，其传送距离一般可达15～30 m。

将单片机的3.3 V CMOS异步串行通信接口转为RS-232通信接口的电路如图9.7所示。

3. RS-485

1983年，EIA在RS-422工业总线标准的基础上，制定并发布了RS-485总线工业标准。该标准规定了总线接口的电气特性标准：正电平在＋2～＋6 V，表示一个逻辑状态；负电平在－6～－2 V，表示另一个逻辑状态；数字信号采用差分传输方式，能够有效

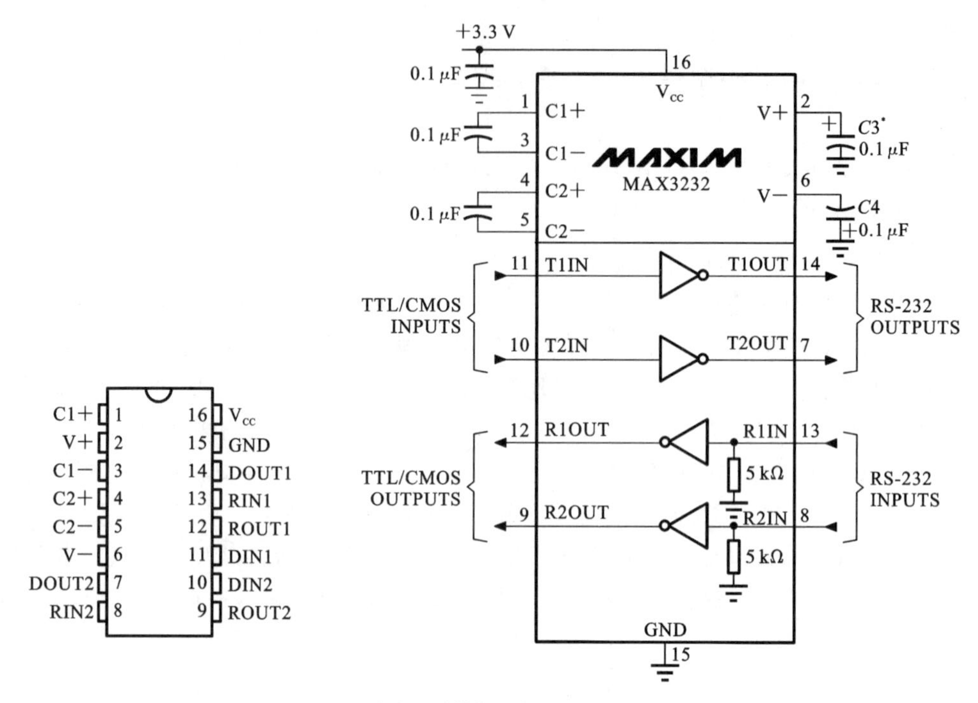

(a) 电平转换芯片MAX3232

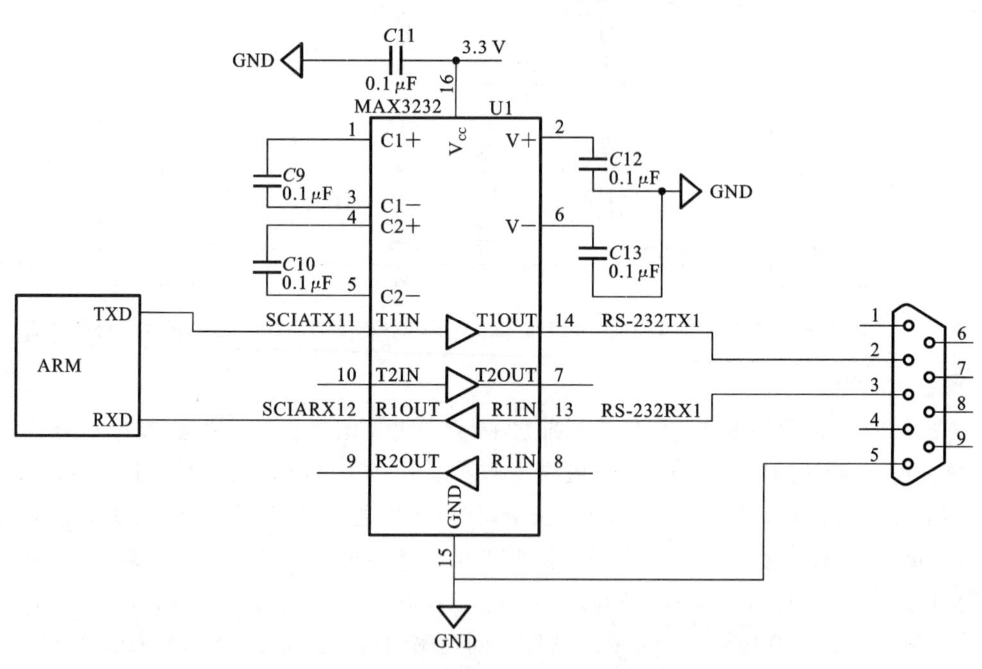

(b) 将ARM单片机的3.3 V CMOS电平的UART接口转换为RS-232接口的电路

图 9.7　RS-232 通信接口电路

减少噪声干扰。

利用专用的 RS-485 总线驱动器芯片(MAX485、MAX3485)可以将 5.0 V、3.3 V CMOS 电平的 UART 接口转换为 RS-485 通信接口,从而构建多机通信系统。节点中的串口控制器使用 RX 与 TX 信号线连接到 RS-485 收发器上,而收发器通过差分线连接到网络总线上,串口控制器与收发器之间一般采用 TTL 或 CMOS 电平传输信号,收发器与总线则使用差分电平传输信号。发送数据时，串口控制器的 TX 信号经过收发器转换成差分信号传输到总线上；接收数据时，收发器把总线上的差分信号转化成 TTL 或 CMOS 电平信号，再通过 RX 引脚传输至串口控制器。这些节点中只能有一个主机，剩下的为从机。在总线的起止端分别加一个 120 Ω 的匹配电阻。

采用电平转换芯片 MAX485，将单片机的 5.0 V CMOS 或者 3.3 V CMOS 异步串行通信接口转为 RS-485 通信接口的电路如图 9.8(b)所示。

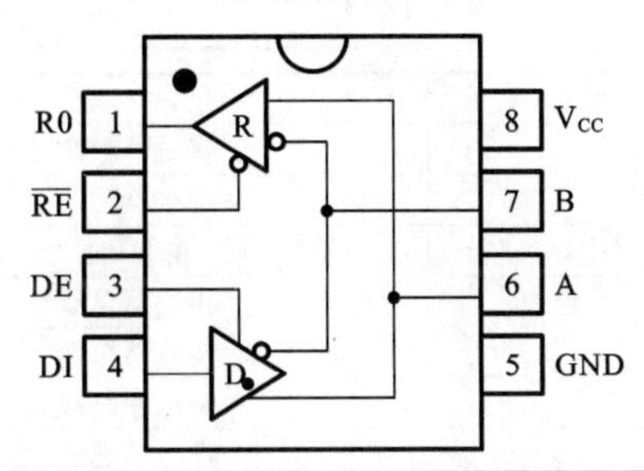

引脚名称	功　能
RO	接收器输出
$\overline{RE}$	接收器输出使能
DE	发送器输出使能
DI	发送器输入
V_{CC}、GND	电源、地
A	收发器总线 A
B	收发器总线 B

(a) 电平转换芯片 MAX485 及引脚功能

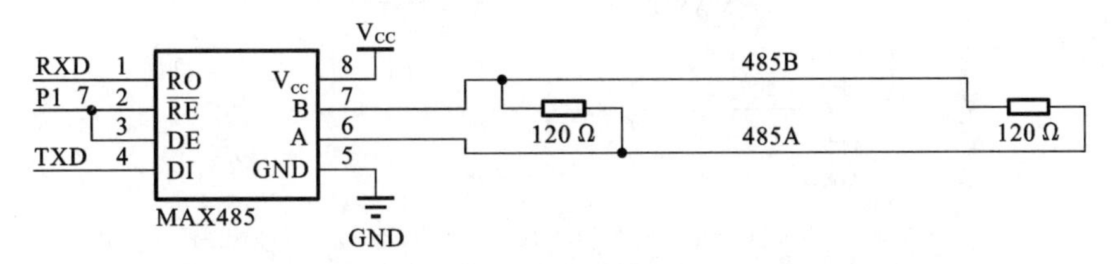

(b) 将 3.3V CMOS 电平的 UART 接口转换为 RS-485 接口的电路

图 9.8　RS-485 总线接口芯片及电路

4. RS-422

RS-422(又称 EIA-422)是一种采用 4 线、全双工、差分传输、多点通信的数据传输协议。其特点是：平衡、单向传输。RS-422 不允许出现多个发送端，但可以有多个接收端。RS-422 相当于两组 RS-485，即两个半双工的 RS-485 构成一个全双工的 RS-422。RS-422 四线接口采用独立的发送和接收通道。RS-422 的最大传输距离约 1219 m，最大传输速率为 10 Mb/s。平衡双绞线的长度与传输速率成反比，在 100 Kb/s 速率以下，才可能达到最大传输距离。只有在很短的距离下才能获得最高速率传输。一般 100 m 长的双绞线上所能获得的最大传输速率仅为 1 Mb/s。RS-422 需要一终接电阻，要求其阻值约等于传输电缆的特性阻抗。在短距离(＜300 m)传输时可不需终接电阻。利用 MAX488(5.0 V 供电)和 MAX3488(3.3 V 供电)，将单片机的 5 V CMOS 或者 3.3V CMOS 异步串行通信接口转为 RS-422 通信接口的电路如图 9.9(b)所示。

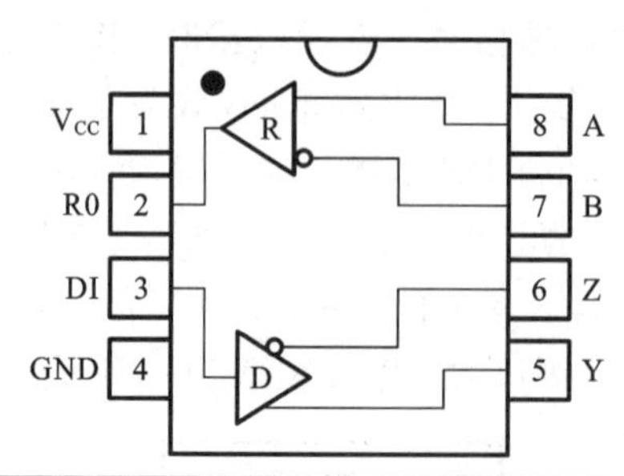

引脚名称	功　能
RO	接收器输出
DI	发送器输入
V_{CC}、GND	电源、地
A	接收器总线
B	接收器总线
Z	发送器总线
Y	发送器总线

(a) 电平转换芯片 MAX488 引脚及功能

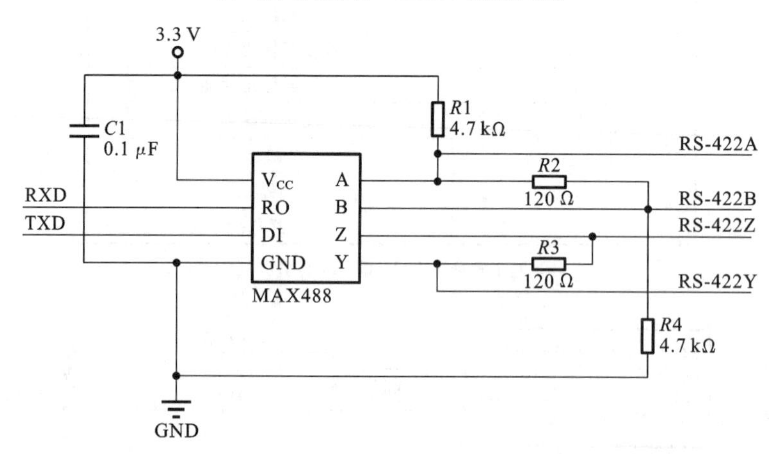

(b)将 3.3 V CMOS 电平的 UART 接口转换为 RS-422 接口的电路

图 9.9　RS-422 总线接口芯片及电路

5. CAN 接口设计

1991 年 Philips 制定并发布控制器局域网总线(controller area network,CAN)技术规范(2.0 版本)。CAN 总线是一种串行通信协议总线,它可以使用双绞线来传输信号,是世界上应用最广泛的现场总线之一。

CAN 网络上的节点不分主从,任一节点均可在任意时刻主动地向网络上其他节点发送信息,通信方式灵活,利用这一特点可方便地构成多机备份系统。CAN 只需通过报文滤波即可实现点对点、一点对多点及全局广播等几种方式传送/接收数据,无需专门的“调度”。CAN 的直接通信距离最远可达 10 km(速率为 5 Kb/s 以下);通信速率最高可达 1 Mb/s(此时通信距离最长为 40 m)。CAN 上的节点数主要取决于总线驱动电路,目前可达 110 个;报文标识符可达 2032 种(CAN2.0A),而扩展标准(CAN2.0B)的报文标识符几乎不受限制。

MCP2518FD 是一种经济、高效、小体积的 CAN-FD 控制器,可采用带有 SPI 接口的微控制器直接驱动。MCP2518FD 支持经典格式(CAN2.0B)和 CAN 灵活数据 ISO

中规定的速率(CAN FD)格式。MCP2518FD 的引脚及功能如图 9.10(a)所示，利用 ARM 单片机的 SPI 接口扩展 CAN 总线的电路图如图 9.10(b)所示。

TXCAN 1 | 14 V_{DD}
RXCAN 2 | 13 nCS
CLKO/SOF 3 | 12 SDO
$\overline{INT}$ 4 | 11 SDI
OSC2 5 | 10 SCK
OSC1 6 | 9 $\overline{INT0}$/GPIO0/XSTBY
V_{SS} 7 | 8 $\overline{INT1}$/GPIO1

引脚名称	功能
TXCAN、RXCAN	CAN 收发器输入/输出
CLKO/SOF	时钟输出/帧输出起始
$\overline{INT}$	中断输出
OSC1、OSC2	晶振引脚
VDD、VSS	电源引脚
NCS	片选输入
SDO	数据输出
SDI	数据输入
SCK	传输时钟
$\overline{INT0}$、$\overline{INT1}$	发送、接收中断输出

(a) MCP2518FD 的引脚及功能

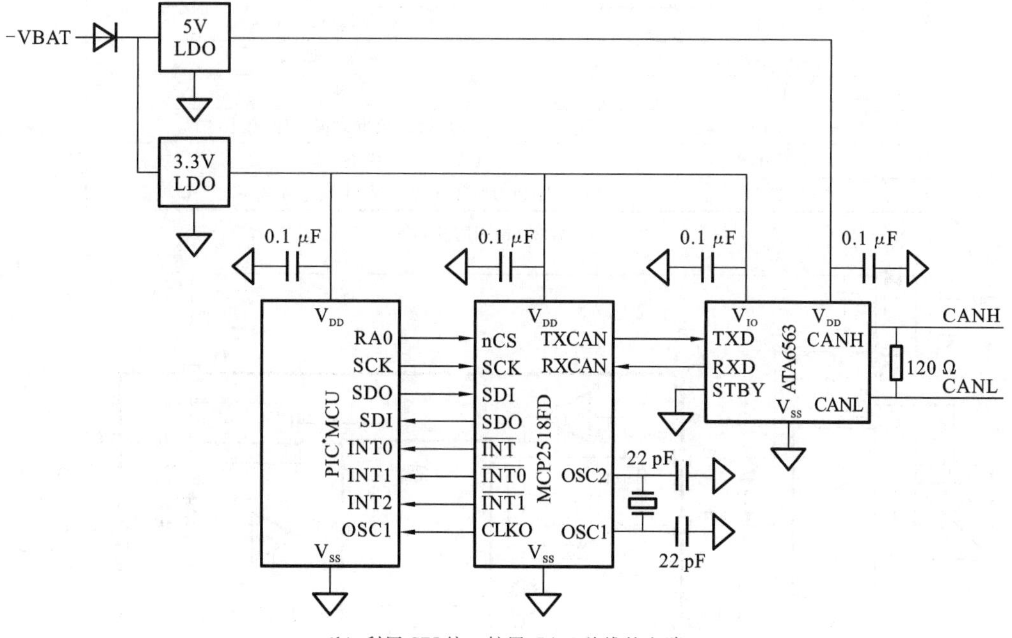

(b) 利用 SPI 接口扩展 CAN 总线的电路

图 9.10 CAN 总线接口芯片及电路

6. LIN 接口设计

LIN(local interconnect network)是一种低成本的串行通信网络，用于实现汽车中分布式电子系统的控制，采用单主机/多从机结构，无需仲裁，仅使用一根 12 V 信号总线和一根无固定时间基准的同步时钟线，最多可连接 16 个节点。LIN 总线的物理层收发器将全双工的 UART 信号转换成半双工的 LIN 总线信号进行传输，将串行通信模块输出的 TX 和 RX 的 TTL/CMOS 电平信号转换为 LIN 总线的显性电平(逻辑“0”，电气特性为 GND)和隐性电平(逻辑“1”，电气特性为 VBAT)。在节点的设计上，LIN 主节点需要一个上拉电阻、一个防反接二极管、一个对地的负载电容；LIN 从节点只需要一个并联到地的负载电容。一个完整的 LIN 总线报文帧(message frame)包含报头和响应，其中报头由间隔、同步和标识符构成，而响应由数据、校验和组成。

Freescale 公司的 MC33662LEF 和 MC33662SEF 提供了正常波特率(20×10^3 Baud)和慢速波特率(10×10^3 Baud)。当 LIN 总线对地短路或在低功率模式下发生 LIN 总线泄漏时，该芯片提供了良好的电磁兼容性和辐射发射性能、静电放电鲁棒性和安全性能。MC33662 的引脚及功能如图 9.11(a)所示，MC33662 与单片机的接口电路如图 9.11(b)所示。

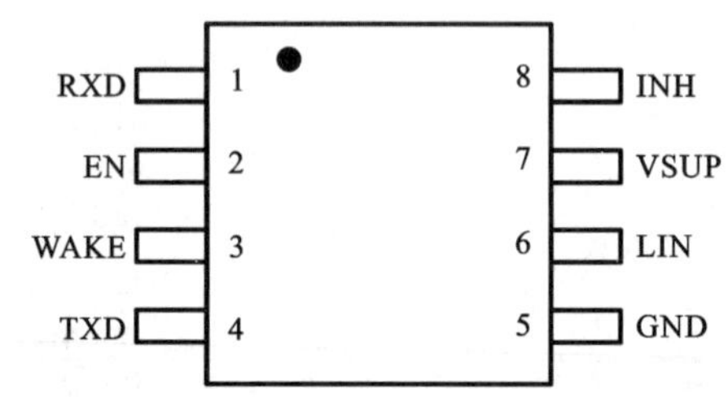

引脚名称	功　　能
RXD、TXD	接收、发送引脚，与 CPU 连接
EN	使能控制
WAKE	唤醒输入，高电平有效
OSC1、OSC2	晶振引脚
GND	地
LIN	单总线，负责数据发送/接收
VSUP	供电电源
INH	控制切换外部稳压器；主发送模式下接上拉电阻

(a) MC33662引脚及功能

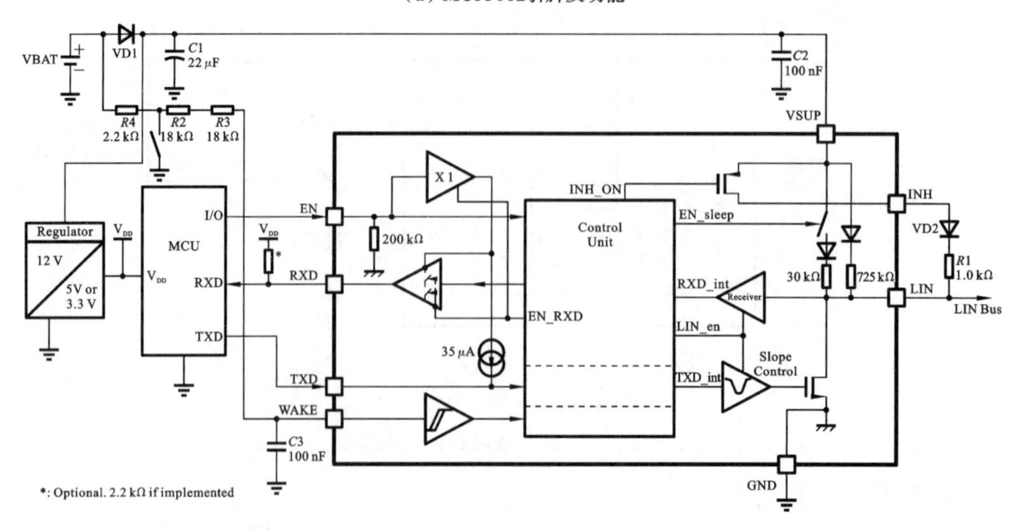

(b) 主节点

图 9.11　LIN 总线接口芯片及电路

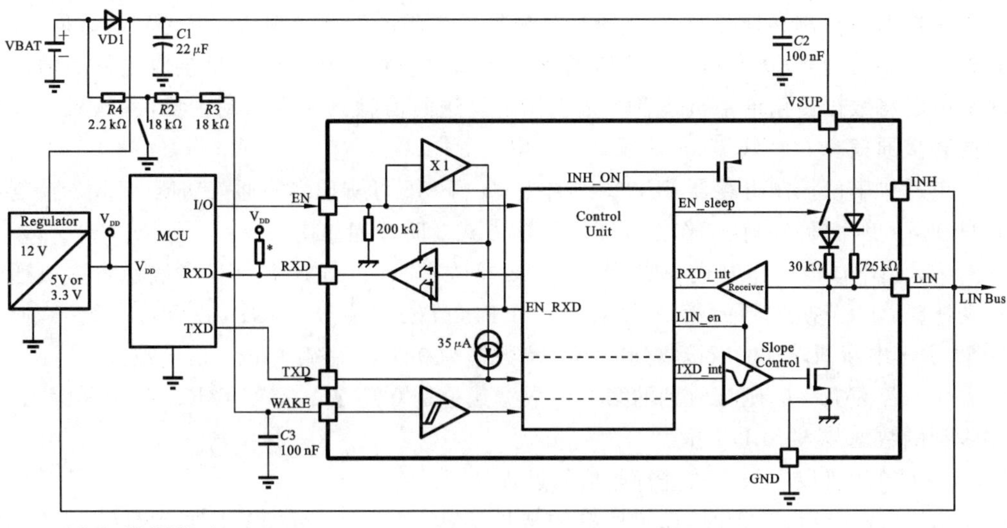

(c) 从节点

续图 9.11

9.6 多机通信

随着单片机技术的不断发展，其应用已从单机逐步转向多机和联网，而多机应用的关键在于微机之间的相互通信和数据共享。多机通信网络结构中，多个单片机可以通过串行通信方式实现数据和控制信号的传输。多机通信有星型、环型、树型、主从式、分布式和网状拓扑等多种网络结构。

在工业控制中，用户常常使用单片机的串口通信功能，实现与上位机的通信和多机通信。例如，工业现场中运行着大量的具备串口通信功能的传感器与检测仪表，工作人员可以在中控室通过串口通信实时读取表的运行状态和相关数据，迅速发现检测数据的异常，实现工业自动化控制。

9.6.1 基于 CMOS/RS-232 UART 的主从式多机通信结构

1. 多机通信结构及原理

主从式是应用较多的多机通信结构，CMOS 电平以及 RS-232 电平一般均采用这种形式，主要实现一台主机和多台从机进行通信。主从式多机通信的系统如图 9.12 所示，其中通信接口用于转换电平。

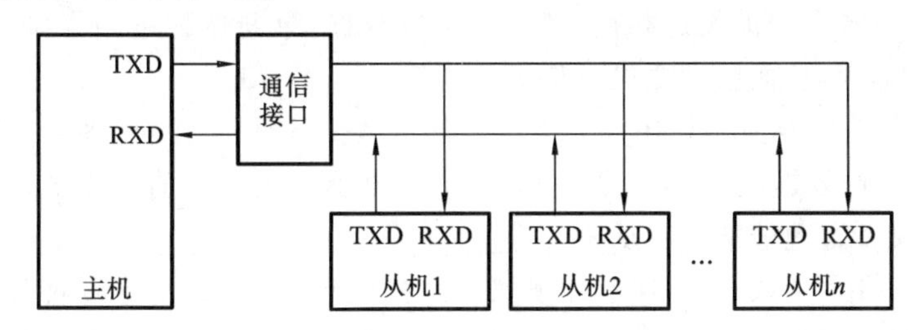

图 9.12 主从式多机通信系统示意图

主机作为控制和处理中心，负责向从机发送控制命令和接收从机发送来的数据，并进行下一步处理，发送的信息可以传送到多台从机或指定从机。从机接收主机的控制命令或者将数据传输给主机或者停止工作。发送的信息只能传送到主机，各从机之间不能直接通信。

单片机串口控制寄存器 SCON 中的控制位 SM2 可实现多机通信功能。SM2 控制位只在 51 单片机的串行工作方式 2 与工作方式 3 时才起作用。

(1) 当串口以工作方式 2 或工作方式 3 接收数据时，若 SM2＝1，则表示置多机通信功能位：① 当接收到的第 9 位数据为 1 时，数据才装入 SBUF，并置位 RI＝1，向 CPU 发出中断请求；② 当接收到的第 9 位数据为 0 时，不发生中断，信息被丢弃。

(2) 若 SM2＝0，则接收到的第 9 位数据无论是 0 还是 1，都产生 RI＝1 中断标志，接收到的数据装入 SBUF 中。

多个单片机以主从方式进行通信的过程如下。

(1) 从机等待：开始时，设置所有的从机 SM2 位为 1，处于只接收地址帧的状态（串行帧的第 9 位为 1），对数据帧（串行口的第 9 位为 0）则不做响应。

(2) 选中从机：当从机接收到主机发来的地址帧后，将所接收的地址与本机地址相比较，若地址与本机地址相符，便使 SM2 清零以接收主机随后发来的数据，对于地址不相符合的从机，仍保持 SM2＝1 状态，故不能接收主机随后发来的数据信息。

(3) 从机修改：当主机改为想与其他从机通信时，可再发出地址帧来寻找其他从机。而先前被寻址过的从机在分析出主机是对其他从机寻址时，恢复其 SM2＝1，等待主机的再一次寻址。

(4) 从机呼叫：从机要呼叫主机时，可先发送握手信号，之后便可发送数据给主机。主机通过该信号来判断从机所处的状态，从而做出相应的反应。

以 PC 作为主机时，可采用查询方式，具体原理如下。

大多数的多机通信系统都采用识别地址的方法。在发送或接收信息前，先发送和校验地址帧。多机系统中每一个单片机都有自己特定的地址码，当某台单片机的地址码与 PC 发出的地址码相同时，这台单片机就发出应答信号给 PC，而其他未被寻址的单片机不发应答信号。在某一时刻，PC 只能和一台单片机传输信息。

单片机的初始化过程：单片机采用中断方式发送和接收数据时，首先完成定时器的初始化，设置波特率，配置串口控制寄存器，允许中断。只有与主机联系上的从机(此时 SM2＝0)才会置中断标志 RI 为“1”，接收主机数据，从而与主机通信。其余从机则因为 SM2＝1，且第 9 位 RB8＝0，不满足数据接收条件，从机不会发生中断，而将所接收的数据丢弃。

2. 通信协议

由于串口方式 2、3 的发送和接收都是 11 位数据，第 9 位为可编程位，可以以此区分地址帧与数据帧，从而区别主机与从机。

(1) 数据传输的双方均使用相同波特率传送数据，使用单主机、多从机通信。

(2) 主机发送数据，从机接收数据，双方在发送数据时使用查询方式。双机开始传输数据时，主机发送地址帧呼叫从机。

(3) 各从机开始都处于只收地址帧状态。接收到地址帧后，将接收到的地址内容和本机地址比较，如果地址相同，则向主机返回本机地址作为确认信息，并开始接收数据；如果不同，则继续等待。

(4) 主机在发送地址帧后等待,如果接收到的应答内容和所发地址帧的内容相同,就开始发送数据,如果不一致,主机将继续发送地址帧。若多次应答仍无回应,则认为出错并跳出本次通信。

(5) 从机在接收完数据后,将根据最后的校验结果判断数据接收是否正确,若校验正确,则向主机发送应答信号,表示本次通信成功;若校验错误,则发送错误信号,表示接收数据错误,并请求重发。

(6) 主机接收到 2AH 信号,则通信结束,否则主机将重新发送这组数据。

3. 通信程序

主机程序:

```
#include <stdio.h>
#include <reg51.h>
//延时子程序
void delay(unsigned long n)
{
    unsigned int i;
    for(i=1;i< n;i++);
}
//串口初始化子程序
void uart_init(void)
{
    SCON=0xd0;                  //工作方式 3
    PCON=0x00;
    TMOD=(TMOD & 0xf)|0x20;
    TH1=0xfd;
    TL1=0xfd;
    TR1=1;
}
//主函数
void main(void)
{
    unsigned char ADDR=0x00;
    unsigned char tmp;
    unsigned char a=0;
    unsigned char i=0;
    unsigned char j=0;
    uart_init();
    while(1)
    {
        tmp=ADDR+1;
        while(tmp!=ADDR)
        {
            //发送从机地址
            TI=0;
            TB8=1; //发送地址帧
            delay(20);
            SBUF=ADDR;
            while(!TI);
```

```
                TI=0;
                delay(20);
                //接收从机应答
                delay(50);
                while(!RI);
                tmp=SBUF;
                RI=0;
                delay(20);
            }
            delay(10);
            while(!RI);
            a=SBUF;
            RI=0;
            delay(10);
            ADDR++;
            if(i>=3)
            {
                i=0;
                ADDR=0x00;
            }
        }
    }
```

从机程序：

```
#include<reg51.h>
#include<stdio.h>
#define ADDR 0x02                //本机地址
//延时子程序
void delay(unsigned long n)
{
    unsigned int i;
    for(i=1;i<n;i++){;}
}
//串口初始化子程序
void uart_init(void)
{
    SCON=0xd0;                   //工作方式 3
    PCON=0x00;
    TMOD=(TMOD & 0xf)|0x20;
    TH1=0xfd;
    TL1=0xfd;
    TR1=1;
}
//主程序
void main(void)
{
unsigned char a;
unsigned char tmp=0;
uart_init();
```

```
while(1)
{
    SM2=1;                  //只接收地址帧
    //如果接收到的地址帧不是本机地址,则继续等待
    tmp=ADDR+1;
    while(tmp!=ADDR)
    {
        while(!RI);
        tmp=SBUF:
        RI=0;
    }
    delay(20);
    //发送本机地址作为应答信号,准备接收数据
    delay(40);
    TI=0;
    TB8=0;                  //主机不检测该位
    SBUF=ADDR;
    delay(10);
    while(!TI);
    TI=0;
    //发送数据
    delay(40);
    a=0x88;
    SBUF=a;
    while(TI==0);
    TI=0;
    delay(60);
}
}
```

9.6.2 基于 CAN、LIN、RS-485、RS-422 总线的多机通信结构

利用 CAN、LIN、RS-485、RS422 异步串行通信总线可以构建多机通信系统,其结构如图 9.13 所示。

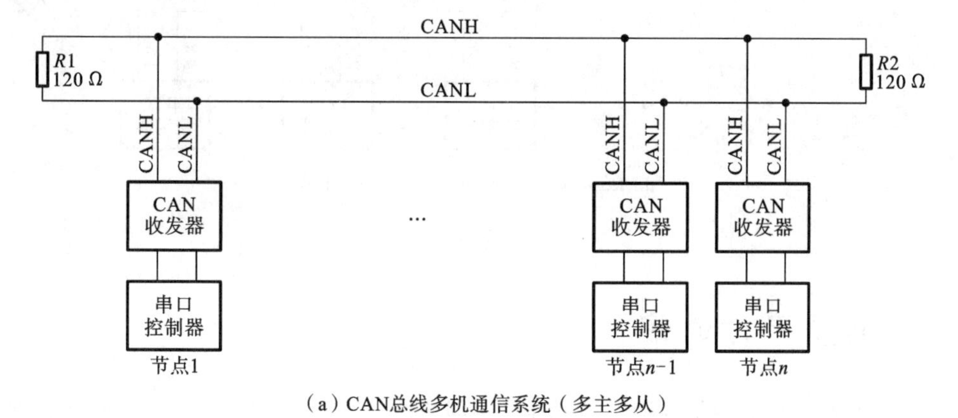

(a) CAN总线多机通信系统(多主多从)

图 9.13 基于其他异步串行总线的多机通信系统

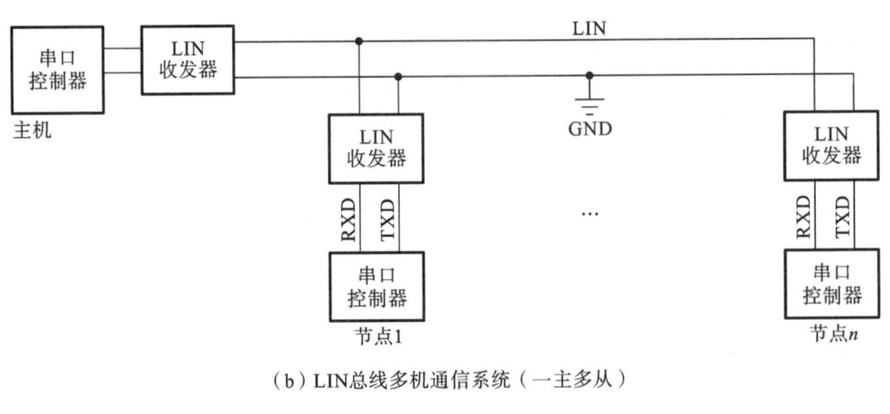

(b) LIN总线多机通信系统（一主多从）

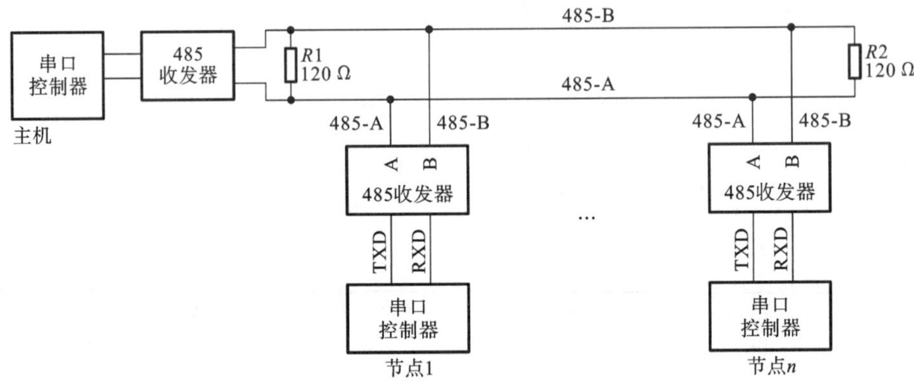

(c) RS-485总线多机通信系统（一主多从）

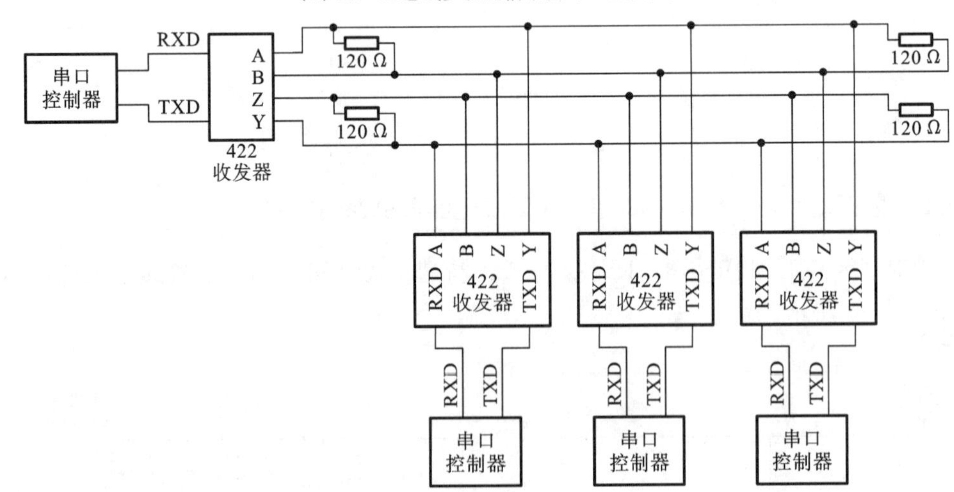

(d) RS-422总线多机通信系统（一主多从）

续图 9.13

9.7 同步串行通信

微处理器中常用的集成串行总线不仅可实现异步通信，还可实现同步通信。这些通信方式包含通用异步接收器传输总线(UART)、串行通信接口(SCI)、同步外设接口(SPI)、内部集成电路(IIC)和通用串行总线(USB)，以及车用串行总线，包括控制器区域网(CAN)和本地互联网(LIN)等。部分总线的相关特性如表9.8所示,其中线数指该总线用于数据传输的信号线,器件数量为主机数量与外设数量之和,传输速率因版本与硬件支持而有差异。本节主要介绍几种同步串行总线,包括IIC、SPI和USB。

表9.8 几种同步串行通信总线及其特征

总线类型	线数	通信类型	多主支持	器件数量	传输速率
SPI	3	同步	不支持	<10	>1 Mb/s
IIC	2	同步	支持	<10	<3.4 Mb/s
USB	2	同步	不支持	128	<480 Mb/s

9.7.1 IIC

IIC(inter-integrated circuit)总线是一种连接微控制器及其外围设备的双向、两线式、半双工串行总线。IIC总线由数据线SDA和时钟线SCL构成,如图9.14所示。各种控制器件均并联在这条总线上,每个挂接的器件都有唯一地址。

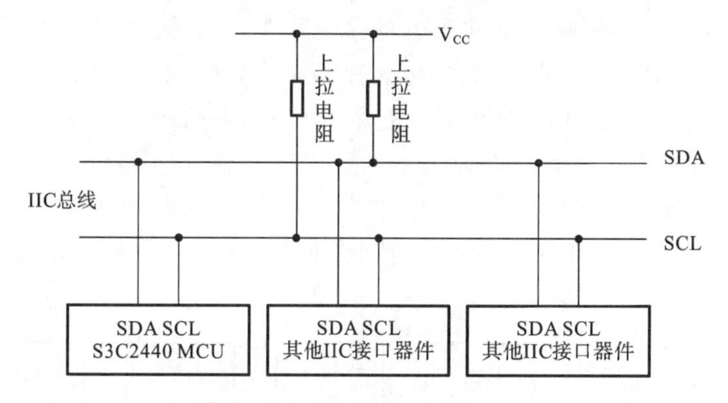

图9.14 IIC同步串行通信总线

在传送数据过程中,IIC总线共有三种类型信号:开始信号(SCL为高电平时,SDA由高电平向低电平跳变,开始传送数据)、结束信号(SCL为低电平时,SDA由低电平向高电平跳变,结束传送数据)和应答信号(接收端收到数据后,向发送方发出特定的低电平脉冲,表示已收到数据。CPU向受控单元发出一个数据后,等待受控单元发出一个应答信号,CPU接收到应答信号后,根据实际情况决定是否继续传输数据。若未收到应答信号,则判断为受控方出现故障)。

IIC总线工作时,采用主/从双向通信模式。某器件发送数据到总线上则定义为发送器,该器件接收数据则定义为接收器。主器件和从器件都可以工作于接收和发送状态,即发送器或接收器可以在主模式或从模式下操作。IIC是一个多主总线,即它可以由多个连接的器件控制,主控制器能够控制信号的传输和时钟频率,但在任何时间点上只能有一个主控,当有两个或更多的主控器件同时试图访问总线,在时钟信号为高电平时,在总线上置“1”的主控器件赢得总线仲裁。总线必须由主器件(通常为微控制器)控制,主器件产生串行时钟(SCL),控制总线的传输方向,并产生起始和停止条件。SDA线上的数据状态仅在SCL为低电平期间才能改变,SCL为高电平期间,SDA状态的改变表示起始和停止条件。

51 单片机内部没有 IIC 控制器，可以通过模拟时序方式产生 IIC 时序，从而读写 IIC 接口设备。S3C2410 内部集成了一个 IIC 控制器，通过寄存器就可以方便地控制 IIC 操作，这 4 个寄存器是：IICCON，IIC 控制寄存器；IICSTAT，IIC 状态寄存器；IICDS，IIC 发送/接收数据移位寄存器；IICADD，IIC 地址寄存器。

S3C2410 处理器内部集成的 IIC 控制器可支持主、从两种模式。通过对 IICCON、IICDS 和 IICADD 寄存器的操作，可在 IIC 总线上产生起始信号、停止信号、数据和地址，通过 IICSTAT 寄存器获取传输状态。S3C2410 的 IIC 总线接口有四种工作模式：主发送模式、主接收模式、从发送模式、从接收模式。

9.7.2 SPI

串行外围设备接口 SPI(serial peripheral interface)总线技术是 Motorola 公司推出的一种同步、全双工同步串行接口。SPI 用于 CPU/MCU 与各种外围器件进行全双工、同步串行通信，广泛用于与 EEPROM、FRAM(铁电存储器)、AD、DA、实时时钟、其他 MCU、LCD 显示驱动器之类的慢速外设器件的通信。

SPI 同步串行数据传输，是在主器件的移位脉冲下，数据按位传输，同时发出和接收串行数据。SPI 是以主从方式工作的，这种模式通常有一个主器件和一个或多个从器件，它只需四条线传输相应四种信号，完成与外围器件的通信，这四条线是：传输“由主器件产生的时钟信号”的串行时钟线(SCLK)、“主传输器件输入数据、从器件输出数据”的主机输入/从机输出数据线(MISO)、“主器件输出数据、从器件输入数据”的主机输出/从机输入数据线(MOSI)、“主器件控制、低电平有效的从器件使能信号”的从机选择线$\overline{SS}$，如图 9.15 所示。

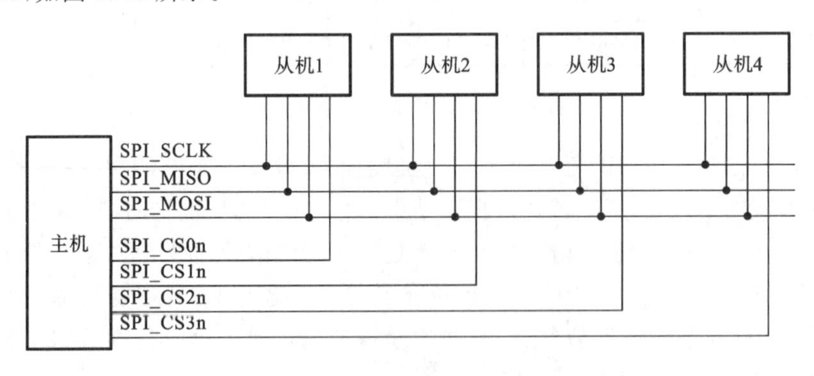

图 9.15 SPI 同步串行通信总线

SPI 接口的实质是两个发送与接收移位寄存器，传输的数据为 8 位，在主器件产生的从器件使能信号和移位脉冲下，移位寄存器中的数据逐位从输出引脚(MOSI)输出(数据的传输格式是高位 MSB 在前，低位 LSB 在后)，同时从输入引脚(MISO)接收的数据逐位移到移位寄存器(高位在前，低位在后)。主 SPI 的时钟信号(SCK)同步整个传输过程。

SPI 总线在一次数据传输过程中，只能有一个主机和一个从机进行通信。数据传输的时钟来自主处理器的时钟脉冲，从器件只能在主机发命令时，才能接收或向主机传送数据。

9.7.3 USB

通用串行总线USB(universal serial Bus)是一种计算机外围设备串行通信接口标准,是1994年由Intel、Microsoft、NEC等多家大型计算机软硬件厂商共同提出的开放标准,从而使不同生产厂家的设备能够被广泛使用,解决了传统总线技术的不足,实现了计算机通过外设接口与功能日益繁多的设备的连接与控制。

随着计算机技术的迅速发展,USB成为计算机与具有USB接口的多种外设连接通信的电缆总线。USB的分时处理机制实现了硬件上计算机外设的即插即用。在外设端,使用USB接口的设备也越来越多,如移动存储设备、键盘、打印机、数码相机、掌上电脑等。该总线接口具有安装使用方便、传输速度快、带宽大、易扩展、能支持多达127个外设、外设可以独立供电等优点。但是与RS-232串行接口比较,USB接口的计算机程序开发难度大,同时单片机硬件设计时必须选用带有USB接口的单片机或扩展专门的USB接口芯片,使得下位机的软硬件系统设计难度大、软硬件成本高。所以,USB接口通常用于对传输速度要求高、传输功能复杂、或需要上位机提供电源的外设和装置上。

USB在系统层次上包含USB主机、USB器件和USB连接。USB连接指的是USB器件和USB主机进行通信的方法,包括:① 总线的拓扑(由一点分出多点的网络形式);外设和主机连接的模式;② 各层之间的关系,即组成USB系统的各个部分在完成一个特定的USB任务时,各自之间的分工与合作;③ 数据流动的模式,即USB总线的数据传输方式。

一个USB系统仅可以有一个主机,为USB器件连接主机系统提供主机接口的部件称为USB主机控制器。USB器件可以分为两种:USB HUB(总线的扩展部件)和USB功能器件。USB的功能器件作为USB外设,必须保持和USB协议的完全兼容,并可以响应标准的USB操作。

USB总线由四根线组成,即电源线VBUS、地线GND、差动信号传输线(D+,D-)。

当一个USB外设初次接入USB系统时,主机就会为该USB外设分配一个唯一的USB地址,这个地址通过地址寄存器来标记,并作为该USB外设的唯一标识(USB系统最多可以分配127个地址),这称为USB的总线枚举过程。USB使用总线枚举方法在计算机系统运行期间动态检测外设的连接和摘除,并动态地分配USB地址,从而在硬件意义上真正实现"即插即用"和"热插拔"。

在所有的USB信道之间动态地分配带宽是USB总线的特征之一。当一台USB外设在连接并配置以后,主机即会为该USB外设的信道分配USB带宽;当该USB外设从USB系统中摘除或是处于挂起状态时,则它所占用的USB带宽即会被释放,并为其他USB外设所分享。这种"分时复用"的带宽分配机制大大提高了USB带宽利用率。

S3C2410内置的USB控制器具有以下特性:

(1) 完全兼容USB1.1协议;

(2) 支持全速设备;

(3) 集成的 USB 收发器；

(4) 支持控制、中断和大量(Bulk)传输模式；

(5) 5 个具备 FIFO 的通信端点；

(6) Bulk 端点支持 DMA 操作方式；

(7) 接收和发送 64 B 的 FIFO；

(8) 支持挂起和远程唤醒功能。

USB 总线采用星型网络结构来实现多机通信，如图 9.16 所示。

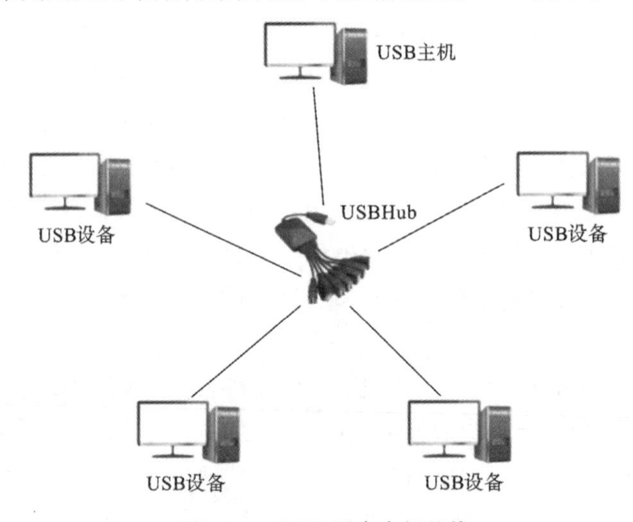

图 9.16　USB 同步串行总线

9.8　51 与 ARM 单片机的串行通信性能对比

51 与 ARM 单片机串口功能的对比结果如表 9.9 所示。

表 9.9　51 与 ARM 单片机串口特性的对比

对　比　点	51 单片机	ARM 单片机
串口数	1 个全双工串口	3 个独立异步串行 I/O
波特率来源	定时器 1 产生	专用波特率发生器
波特率	一般小于 115200 Baud	内部时钟可达 230400 外部时钟的速率更高
波特率时钟来源	机器周期时钟	PCLK/UCLK、EXTCLK
缓冲器	两个 8 位 SBUF	两个 16 字节 FIFO
工作方式	同步移位方式、异步方式、中断模式	回环模式、红外模式、自动流控制模式、中断模式、DMA 模式
数据格式	1 位起始位、1 位停止位、8 位数据位、1 位奇偶校验位	1 位起始位、1～2 位停止位；5～8 位数据位、1 位奇偶校验位
其他串行通信接口	无	USB、IIC、SPI
串口中断	发送中断、接收中断	发送、接收、错误中断

思 考 题

1. 单片机与其他设备之间可以采用什么方式通信？通信时主要考虑什么问题？
2. 串行通信和并行通信各有什么优缺点？
3. 利用51单片机和ARM单片机，分别编写程序，实现二者之间的异步串行通信。
4. 查阅资料，了解汽车总线的技术特点。
5. 在物联网应用领域，一般采用何种方式进行多机通信？

10

单片机的数据采集及应用

单片机应用系统的数据采集，体现了被采集对象与系统的相互联系。被采集的信号有多种类型，如模拟量、频率量、开关量、数字量等。开关量和数字量可由单片机并口或其扩展的接口电路直接采集，模拟量必须靠模数(AD)或压频(VF)变换实现，而频率量可由计数器或触发的外部中断计量得到。

(1) 开关量：获取字符设备的状态，如按键、发光二极管的状态。

(2) 数字量：指多位二进制信息，如光敏电阻传感器阵列的输出电平。

(3) 频率量(脉冲量)：常用于计数，进而转换为距离、速度等物理量，如光电编码器。

(4) 模拟量：一般指传感器输出的模拟电压，如模拟温度传感器(AD590)、电化学气体传感器。

本章将围绕单片机系统中常用的模拟量、频率量、开关量和数字量，给出各类型信号量的采集原理、硬件电路及编程方法。

10.1 开关量的采集

LED灯的亮灭状态可视为一种开关量。本节给出光敏三极管的原理以及如何用光敏三极管获取LED灯的亮灭状态。

10.1.1 光敏三极管

光敏三极管是一种光电转换器件，其基本原理是光照射到PN结上，吸收光能并转变为电能。光敏三极管的实质是一种在基极和集电极之间接有光敏二极管的普通三极管，光敏二极管的电流相当于二极管的基极电流。因为具有电流放大作用，光敏三极管比光敏二极管灵敏得多，在集电极可以输出较大的光电流。光敏三极管用于测量光亮度，经常与发光二极管配合使用作为信号接收器件。

10.1.2 发光二极管的状态采集电路

利用光敏三极管作为二极管的状态检测装置，具体电路如图10.1所示。当二极管亮时，光敏三极管在光照的条件下导通，从而输出为高电平；二极管灭时，光电三极管断开，从而输出为低电平(下拉电阻)。单片机通过读引脚P1.0，根据读到的电平，得到二极管的状态。

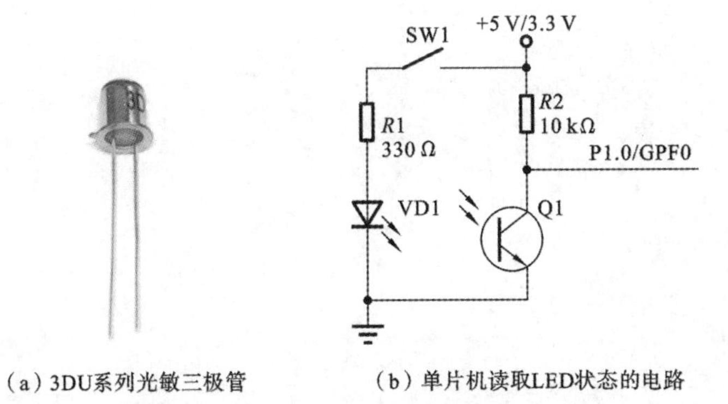

（a）3DU系列光敏三极管　　（b）单片机读取LED状态的电路

图 10.1　光敏三极管及其接口电路

10.1.3　软件编程

1. 51 单片机程序

```
#include "reg51.h"
sbit led=P1^0;                  //定义输入检测端口
bit led_flag;                   //lED 灯亮暗标志,亮"1",暗"0"
void main(void)
{
      while(1)
      {
        led=1;                  //读引脚之前,先置位端口寄存器
        if(led==0)
            led_flag=1;
        else
            ledflag=0;
        }
}
```

2. ARM9 单片机程序

```
#include "def.h"
#include "2410lib.h"
char led_flag;                                          //lED 亮暗标志,亮"1",暗"0"
void Leds_Init(void)
{
    rGPFCON=rGPFCON &(~(0x3<<(0*2)));                   //GPF0:输入
    rGPFUP=rGPFUP & (~(0x1<<(0*1)))|(0x1<<(0*1));       //GPF0 上拉禁止
}
int main(void)
{
    int led;
    Leds_Init();
    while(1)
```

```
    {
        led=rGPFDAT &(0x1<<(0));                    //读出 GPF0 的数据
        if(led==1)
            led_flag=0;
        else
            led_flag=0;
    }
    return 0;
}
```

10.2 数字量的采集

数字量是指多位二进制数，单片机可以利用片上并行接口或扩展的并行接口直接读取数字量。本节以光敏电阻传感器阵列为例，讲述单片机采集数字量的方法。

10.2.1 光敏电阻

光敏电阻是利用半导体的光电效应制成的一种电阻值随入射光的强弱而改变的电阻器，如图 10.2 所示。入射光强增大时，电阻减小，入射光强减弱时，电阻增大。光敏电阻一般用于光的测量、光的控制和光电转换。以 CdS(硫化镉)光敏电阻为例，其内部由电极、CdS、陶瓷基板、导线、树脂防潮膜等组成。根据光敏电阻的光谱特性，光敏电阻可分为紫外光敏电阻、红外光敏电阻、可见光光敏电阻三种。

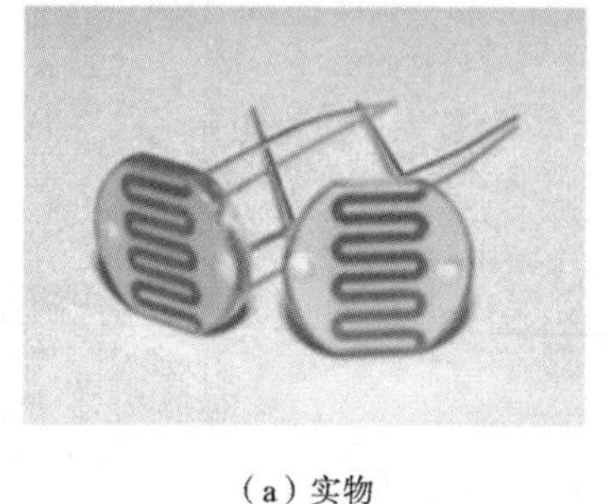

(a) 实物

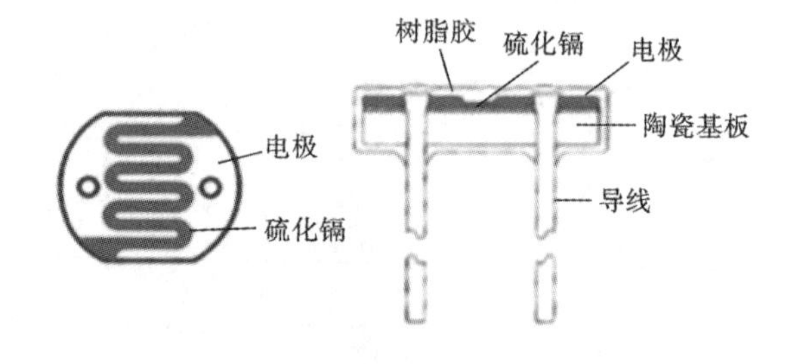

(b) 内部结构

图 10.2 光敏电阻

光敏电阻的性能指标：

(1) 光电流、亮电阻。光敏电阻在一定的外加电压下，当有光照射时，流过的电流称为光电流，外加电压与光电流之比称为亮电阻。

(2) 暗电流、暗电阻。光敏电阻在一定的外加电压下，当没有光照射时，流过的电流称为暗电流，外加电压与暗电流之比称为暗电阻。

(3) 灵敏度。光敏电阻不受光照射时的电阻值(暗电阻)与受光照射时的电阻值(亮电阻)的相对变化值。

(4) 光谱响应。光谱响应又称光谱灵敏度，是指光敏电阻在不同波长的单色光照射下的灵敏度。若将不同波长下的灵敏度画成曲线，就可以得到光谱响应曲线。

(5) 光照特性。光照特性是指光敏电阻输出的电信号随光照度变化而变化的特性。随着光照强度的增加，光敏电阻的阻值下降。在大多数情况下，该特性为非线性。

(6) 伏安特性曲线。描述光敏电阻的外加电压与光电流的关系，对于光敏器件来说，其光电流随外加电压的增大而增大。

(7) 温度系数。光敏电阻的光电效应受温度影响较大，部分光敏电阻在低温下的灵敏度较高，而在高温下的灵敏度则较低。

(8) 额定功率。额定功率是指光敏电阻用于某种线路中所允许消耗的功率，当温度升高时，消耗的功率降低。

10.2.2 光敏电阻阵列的状态采集电路

采用图 10.3 所示的比较器电路测量光亮度。具体原理：当环境光线亮度达不到设定阈值时，光敏电阻的阻值较大，比较器的同相输入端的电压大于设定的阈值（反相端的电压，可采用滑动变阻器来调节），此时，比较器输出高电平（5 V）；当外界环境光线亮度超过设定阈值时，比较器的同相输入端的电压小于反相端的电压，比较器输出低电平（0 V）。利用单片机 P1.0～P1.5 读取比较器电路输出的数字量。电路中，所用的比较

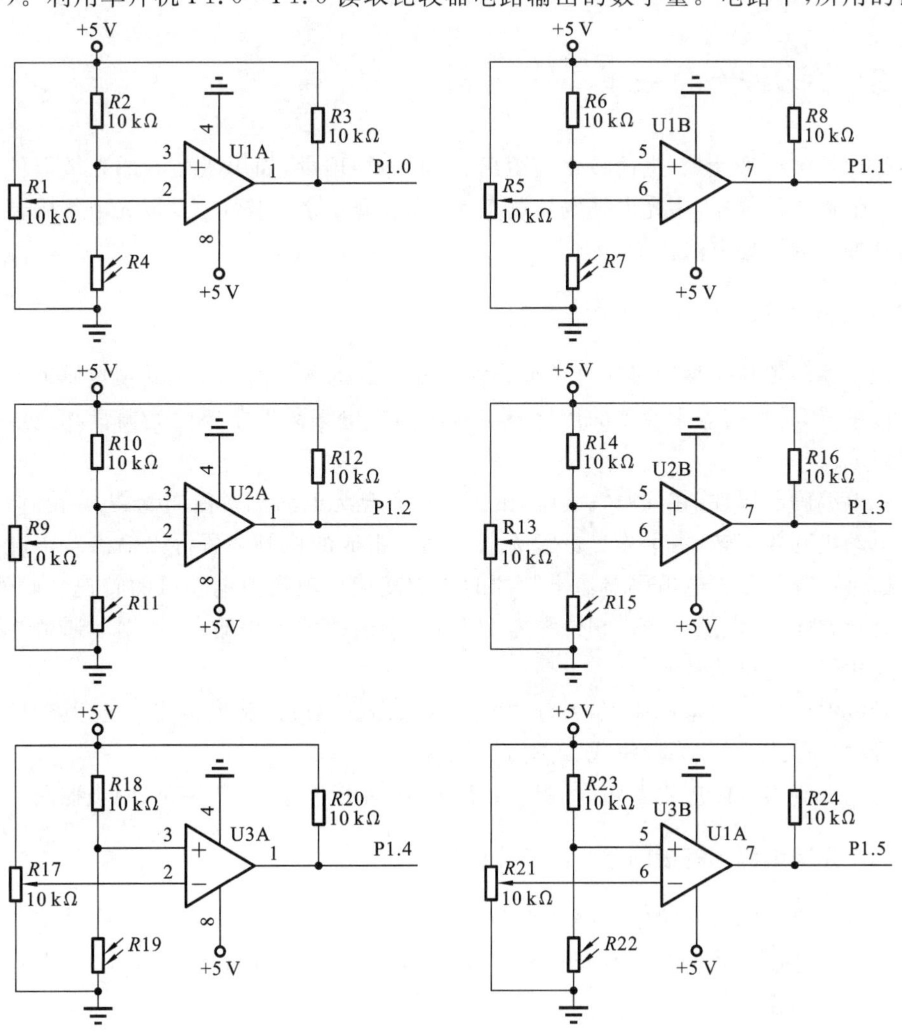

图 10.3 基于光敏电阻阵列的数字量采集电路

器型号为 LM393。

10.2.3 软件编程

```
#include "reg51.h"

char ldr_read;
void main(void)
{
    while(1)
    {
        P1=P1|0x3F;
        ldr_read=P1 & 0x3F;
        //后续处理
        ……
    }
}
```

10.3 脉冲量的采集

脉冲量常用来计数，进而转化为距离、速度等物理量，如用激光器加光敏器件组成的传送带货物计数器，用光电编码器测车速、转动角度等。本节主要以光电编码器为例介绍脉冲量的采集方法。

10.3.1 光电编码器

光电编码器是一种通过光电转换将输出轴上的机械几何位移量转换成脉冲或数字量的传感器，是目前应用最多的传感器。一般的光电编码器主要由光栅盘和光电探测装置组成。

光电编码器原理：在伺服系统中，由于光电码盘与电动机同轴，电动机旋转时，光栅盘与电动机同速旋转，由发光二极管等电子元件组成的检测装置可以输出若干脉冲信号。通过计算每秒光电编码器输出脉冲的个数就能反映当前电动机的转速。此外，为判断旋转方向，码盘还可提供相位相差 90°的 2 个通道的光码输出，根据双通道光码的状态变化确定电机的转向。

光电编码器根据检测原理，可分为光学式、磁式、感应式和电容式；根据其刻度方法及信号输出形式，可分为增量式、绝对式和混合式。

光电编码器可以应用于角度测量、长度测量、速度测量、位置测量、同步控制。

10.3.2 光电编码器的接口电路及软件编程

1. 基于计数器芯片的外部脉冲计数法

本应用通过计数器芯片对光电编码器的输出脉冲进行计数，同时利用 51 单片机读取计数器芯片输出的数字量。

1) EPC-755A 光电编码器简介

EPC-755A 光电编码器可用于角度、位移测量，抗干扰能力强，并具有稳定可靠的输出脉冲信号(A 和 B 为计数脉冲,Z 为基准脉冲信号)。EPC-755A 光电编码器的输出电路选用集电极开路形式,输出分辨率选为 360 脉冲/圈(该类型产品还有其他分辨率可供选择)。应用中需要对编码器的输出信号鉴相后才能确定旋转方向,并进行计数。

2) 接口电路及原理

74HC193 是同步 4 位二进制可逆计数器,具有双时钟输入,并具有异步清零和异步置数功能。74HC193 的引脚及功能如图 10.4 所示。图 10.5 给出了光电编码器实际使用的鉴相与双向计数电路,鉴相电路由 1 个 D 触发器和 2 个与非门组成,计数电路采用 3 片 74HC193 组成。

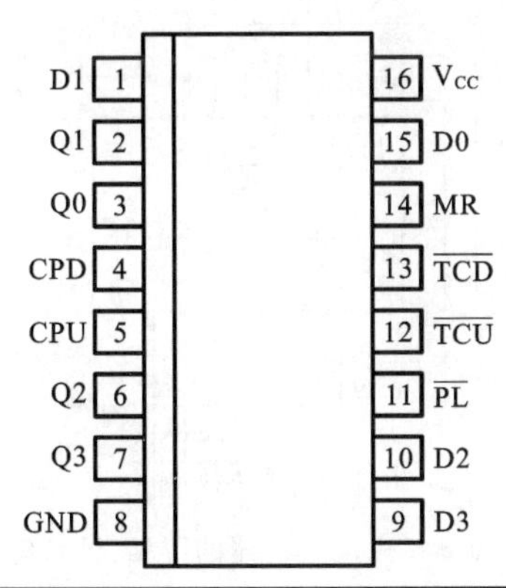

引脚符号	功　　能
D0～D3	数据输入
Q0～Q3	计数输出
CPD	减法计数时钟输入
CPU	加法计数时钟输入
V_{CC}、GND	电源、地
$\overline{PL}$	异步并行加载输入
$\overline{TCU}$	进位加法计数脉冲输入
$\overline{TCD}$	借位减法计数脉冲输入
MR	异步主复位输入

图 10.4　74HC193 的引脚及功能

如图 10.6 所示,当光电编码器顺时针旋转时,通道 A 输出波形超前通道 B 输出波形 90°,D 触发器输出 $\overline{Q}$(波形 W1)为高电平,Q(波形 W2)为低电平,上面与非门打开,计数脉冲通过(波形 W3),送至双向计数器 74HC193 的加脉冲输入端 CU,进行加法计数;此时,下面与非门关闭,其输出为高电平(波形 W4)。当光电编码器逆时针旋转时,通道 A 输出波形比通道 B 输出波形延迟 90°,D 触发器输出 $\overline{Q}$(波形 W1)为低电平,Q(波形 W2)为高电平,上面与非门关闭,其输出为高电平(波形 W3);此时,下面与非门打开,计数脉冲通过(波形 W4),送至双向计数器 74HC193 的减脉冲输入端 CD,进行减法计数。当汽车方向盘顺时针和逆时针旋转时,其最大旋转角度均为两圈半,选用分辨率为 360 个脉冲/圈的编码器,其最大输出脉冲数为 900 个;实际使用的计数电路由 3 片 74HC193 组成,在系统上电初始化时,先对其进行复位($\overline{CLR}$信号),再将其初值设

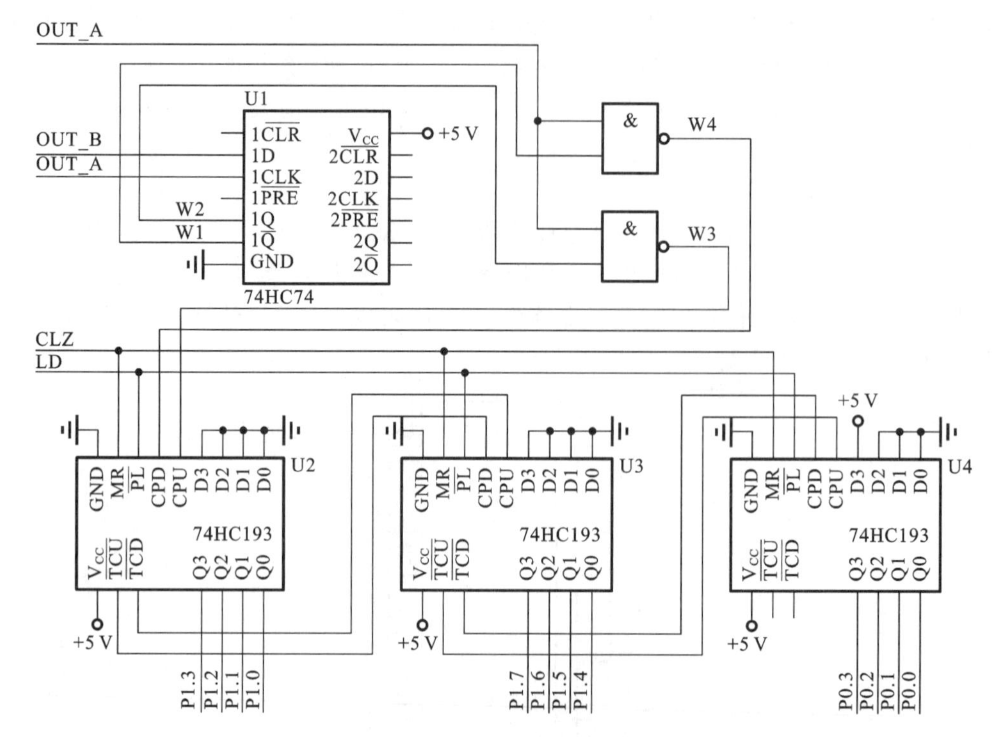

图 10.5 光电编码器的鉴相、计数电路

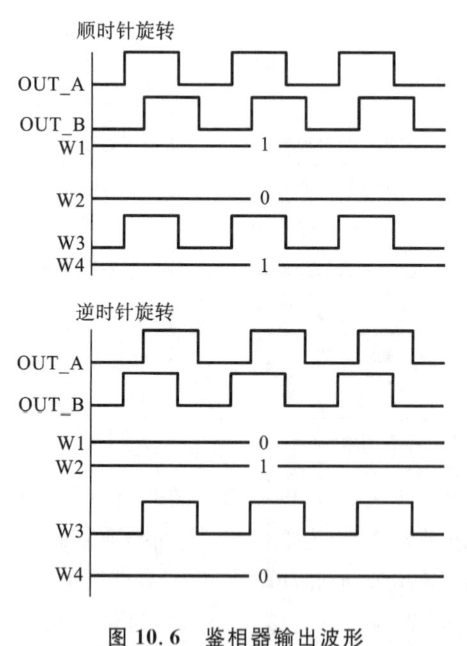

图 10.6 鉴相器输出波形

为 800H，即 2048(LD 信号)；如此，当方向盘顺时针旋转时，计数电路的输出范围为2048～2948，当方向盘逆时针旋转时，计数电路的输出范围为2048～1148；计数电路的数据输出 D0～D11 送至数据处理电路。

3）软件编程

针对以上示例，只需将单片机端口 P1.0～P1.7 以及 P0.0～P0.3 与计数器的输出 D0～D11 对应连接，然后使用单片机端口直接读取 74HC193 计数值即可得到对应转动值，读取程序可参考光敏电阻阵列的读取程序。

2. 基于 51 单片机的内部脉冲计数法

本程序利用单片机的计数器直接对光电编码器输出的脉冲信号进行计数，其电路如图 10.7 所示。程序中，定时器 0 用于 8 位数码管的动态扫描定时，扫描周期为 1 ms(12 MHz 晶振)。定时器 1 工作于模式 1，计数器方式，直接测量接在 T1 引脚的光电编码器的输出脉冲。外部中断 0，工作于边沿触发方式，接在编码器的 Z 信号(编码器旋转一周将输出一个脉冲信号)输出上，用于判断编码器是否旋转一周。8 位数码管按照动态扫描方法分别接在 P0 和 P2 口；下 4 位，用来显示上一周的实际脉冲数，上 4 位，用来显示当前周的脉冲数。

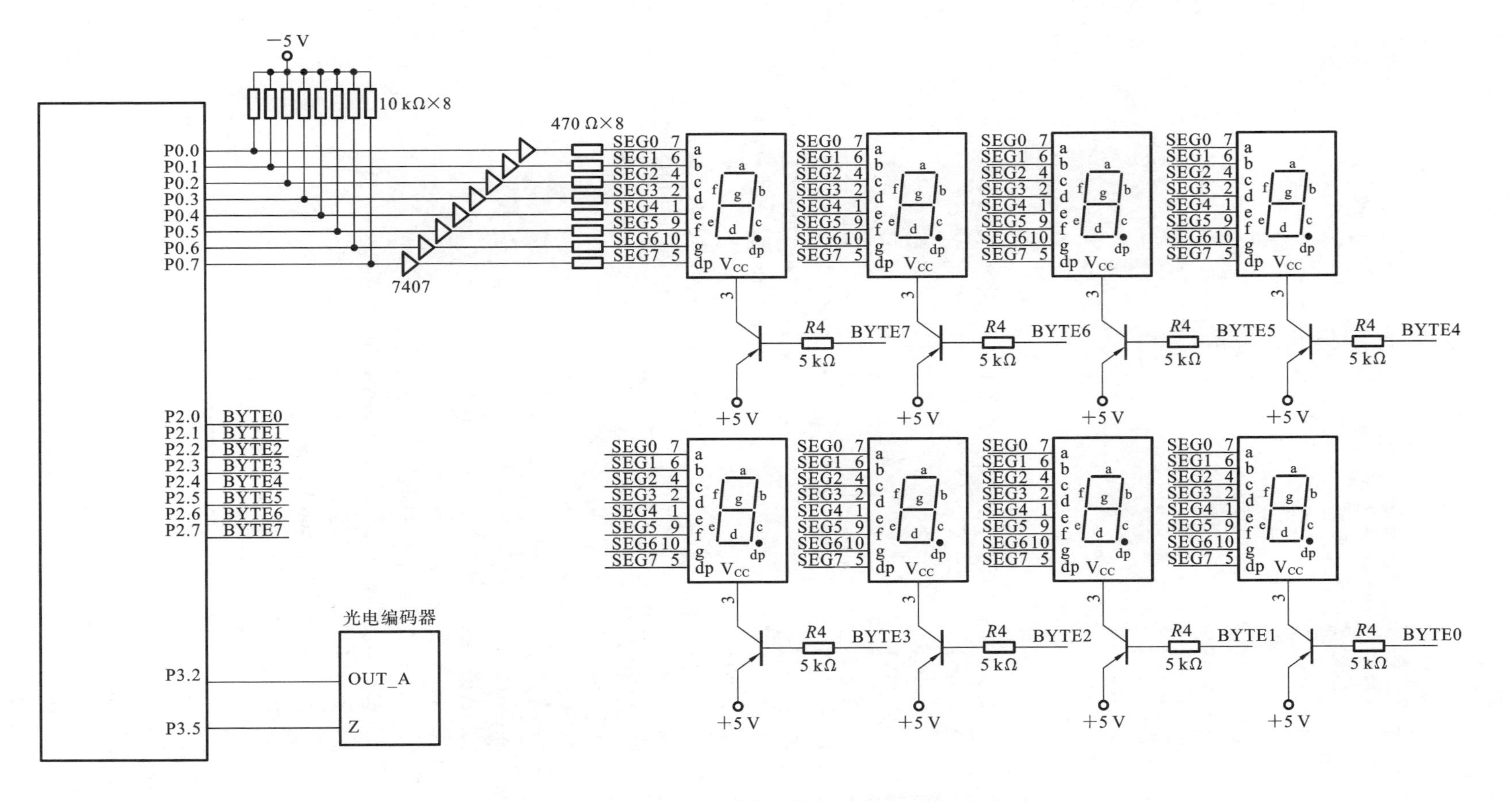

图10.7 采用51单片机直接采集光电编码器脉冲的电路

具体程序：

```
#include <reg51.h>
#include <intrins.h>
unsigned char data dis_digit;
//0～9 的显示段码,共阳极数码管
unsigned char code dis_code[11]={0xc0,0xf9,0xa4,0xb0, 0x99,0x92,0x82,
0xf8,0x80,0x90,0xff}
unsigned char data dis_buf[8];
unsigned char data dis_index;
unsigned int counter1,counter2;          //左右计数器数值
//主程序
void main(void)
{
    P0=0xff;
    P2=0xff;
    //定时器 0 工作在模式 1 定时器方式,定时器 1 工作在模式 1 计数器方式
    TMOD=0x51;
    TH0=0xFC;
    TL0=0x17;
    TH1=0;
    TL1=0;
    IE=0x83;                             //开定时器 0 中断和外部中断 0
    IT0=1;                               //外部中断 0 为边沿触发方式
    //显示初始化
    counter1=0;                          //右侧显示的本周当前脉冲数
    counter2=0;                          //左侧显示的上一周脉冲数
    dis_digit=0xfe;
    dis_index=0;
    TR0=1;
    TR1=1;
    while(1){
        counter1=(TH1* 0xff)+ TL1;
        dis_buf[0]=dis_code[0x0a];
        dis_buf[1]=dis_code[counter2/100];
        dis_buf[2]=dis_code[(counter2% 100)/10];
        dis_buf[3]=dis_code[counter2% 10];
        dis_buf[4]=dis_code[0x0a];
        dis_buf[5]=dis_code[counter1/100];
        dis_buf[6]=dis_code[(counter1% 100)/10];
        dis_buf[7]=dis_code[counter1% 10]; }
}
//外部中断 0
void int0(void) interrupt 0
{
    TL1=0;
    TH1=0;
```

```
        counter2=counter1;
    }
    //定时器 0 中断服务程序，用于数码管的动态扫描
    void timer0(void) interrupt 1
    {
        TH0=0xFC;
        TL0=0x17;
        P2=0xff;                            //先关闭所有数码管
        P0=dis_buf[dis_index];              //显示代码传送到 P0 口
        P2=dis_digit;
        //位选通值左移，下次中断时选通下一位数码管
        dis_digit=dis_digit<<1;
        if(dis_digit==0x7f)
            dis_digit=0xfe;
        dis_index++;
        //8 个数码管全部扫描完一遍之后，再回到第一个开始下一次扫描
        dis_index &=0x07;
    }
```

10.4 基于 ADC 的模拟量采集与应用

由于 51 单片机内部没有 ADC 模块，需要借助外部的 ADC 器件采集模拟量。ARM 单片机内部集成了 ADC 电路，可直接采集模拟信号，并将其转换为数字量。

10.4.1 电化学 CO_2 传感器——MG811

该传感器采用固体电解质电池原理，器件结构：空气、Au|NASICON|碳酸盐|Au、空气、CO_2。将传感器置于 CO_2 气体中，将发生以下电极反应：

负极：　$2Li^{+} + CO_2 + 1/2O_2 + 2e^{-} = Li_2CO_3$

正极：　$2Na^{+} + 1/2O_2 + 2e^{-} = Na_2O$

总电极反应：　$Li_2CO_3 + 2Na^{+} = Na_2O + 2Li^{+} + CO_2$

传感器敏感电极与参考电极间的电势差(EMF)符合能斯特方程：

$$\mathrm{EMF} = E_c - \frac{RT}{2F}\ln P(\mathrm{CO_2})$$

式中：$P(CO_2)$为 CO_2 分压；E_c 为常量；R 为气体常量；T 为绝对温度，K；F 为法拉第常量。

图 10.8 所示的为 MG811 传感器的实物及引脚。H 为传感器的加热控制端，A、B 为传感器的电压输出端。

10.4.2 ADC 的一般原理

常用的 ADC 种类有积分型、逐次逼近型、并行比较型/串并行比较型、Σ-Δ 调制型、电容阵列逐次比较型及压频变换型。

(1) 积分型(如 TLC7135)。积分型 ADC 的工作原理是将输入电压转换成时间(脉

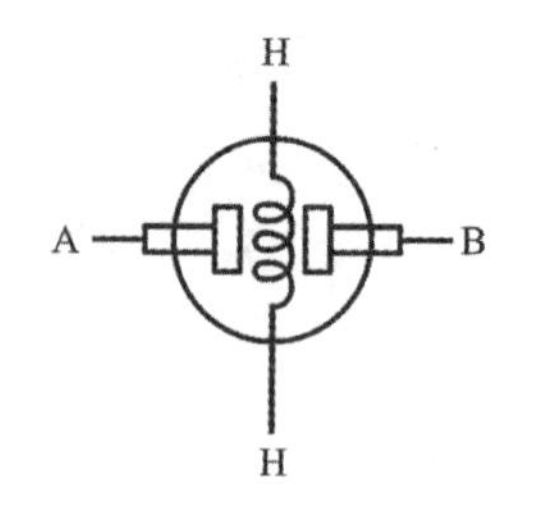

（a）实物　　（b）引脚

图 10.8 MG811 传感器

冲宽度信号）或频率（脉冲频率），再由定时/计数器获得数字值。其优点是用简单电路就能获得高分辨率，缺点是由于转换精度依赖于积分时间，因此转换速率低。早期的单片 ADC 大多采用积分型。

（2）逐次比较型（如 TLC0831）。逐次比较型 ADC 由一个比较器和 DAC 通过逐次比较逻辑构成，从高位开始，顺序地对将输入电压与内置 DAC 的输出进行比较，经 n 次比较而输出数字值。优点是速度较高、功耗低，在低分辨率（<12 位）时价格便宜，但高精度（>12 位）时价格很高。

（3）并行比较型/串并行比较型（如 TLC5510）。并行比较型 AD 采用多个比较器，仅作一次比较而进行转换。由于 n 位转换需要 $2n-1$ 个比较器，因此电路规模大，价格高，只适用于视频 ADC 等速度高的应用领域。串并行比较型 ADC 结构上介于并行和逐次比较型之间，最典型的结构是由 2 个 $n/2$ 位的并行比较型 ADC 配合 DAC 组成，通过两次比较实行转换。此外，分成三步或多步实现 ADC 的器件称为分级型 ADC，从转换时序角度又可称为流水线型 ADC，目前分级型 ADC 中还加入了对多次转换结果作数字运算而修正特性等功能。这类 ADC 的速度比逐次比较型的高，电路规模比并行比较型的小。

（4）Σ-Δ 调制型（如 AD7705）。Σ-Δ 型 ADC 由积分器、比较器、1 位 DAC 和数字滤波器等组成。原理上近似于积分型，将输入电压转换成时间（脉冲宽度）信号，用数字滤波器处理后得到数字值。其优点是电路的数字部分容易单片化，分辨率较高。

（5）电容阵列逐次比较型。电容阵列逐次比较型 ADC 在内置 DAC 中采用电容矩阵方式，也可称为电荷再分配型。用电容阵列取代电阻阵列，可以用低成本制成高精度单片 ADC。

（6）压频变换型（如 AD650）。压频变换型是通过间接转换方式实现模数转换的。原理是首先将输入的模拟信号转换成频率，然后用计数器将频率转换成数字量。从理论上讲，这种 ADC 的分辨率几乎可以无限增加，只要采样的时间能够满足输出频率分辨率要求的累积脉冲个数的宽度。其优点是分辨率高、功耗低、价格低，但是需要外部计数电路共同完成 AD 转换。

ADC 的主要技术指标：

（1）分辨率。分辨率是指数字量变化一个最小量时模拟信号的变化量，定义为满量程与 2^n 的比值。分辨率又称精度，通常以数字信号的位数来表示。

（2）转换速率。转换速率是指完成一次从模拟到数字的转换所需的时间的倒数。积分型 ADC 的转换时间是毫秒级，属于低速 ADC；逐次比较型 ADC 为微秒级，属于中速 ADC;全并行/串并行型 ADC 可达纳秒级。采样时间是指两次转换的间隔。为了保证转换的正确完成,采样速率必须小于或等于转换速率。因此,可将转换速率在数值上等同于采样速率,常用单位是 ks/s 和 Ms/s。

(3) 量化误差。由 ADC 的有限分辨率而引起的误差,即有限分辨率 AD 的阶梯状转移特性曲线与无限分辨率 AD(理想 AD)的转移特性曲线(直线)之间的最大偏差。通常是 1 个或半个最小数字量的模拟变化量,表示为 1LSB、1/2LSB。

(4) 偏移误差。输入信号为零时输出信号不为零的值。

(5) 满刻度误差。满度输出时对应的输入信号值与理想输入信号值之差。

(6) 线性度。实际转移函数与理想直线的最大偏移。

其他指标还有绝对精度、相对精度、微分非线性、单调性、无错码、总谐波失真、积分非线性。

10.4.3 ADC0809 的应用设计与编程

1. 8 位 ADC 芯片 ADC0809

ADC0809 是一种 8 位 AD 转换器,具有 8 个模拟量输入通道,芯片内包含通道地址译码锁存器,输出具有三态数据锁存器,脉冲启动方式,每一通道的转换时间大约 100 μs。

图 10.9 所示的为 ADC0809 的引脚及内部结构。ADC0809 由两部分组成:一部分为输入通道,包括 8:1 模拟开关、地址锁存器和译码器,可以实现 8 路模拟输入通道的选择;另一部分为一个逐次逼近型 AD 转换器。

对 ADC0809 引脚的功能描述如表 10.1 所示。

表 10.1 ADC0809 的引脚功能

引 脚	属 性	功 能
IN0～IN7	输入	8 通道模拟量输入端
D0～D7	输出	8 位数字量输出端
ADDC、ADDB、ADDA	输入	通道地址,000～111,对应于 IN0～IN7
ALE	输入	通道地址锁存
START	输入	启动转换
OE	输入	输出使能
CLOCK	输入	转换时钟
EOC	输出	转换结束
$V_{REF}(+)$,$V_{REF}(-)$	输入	参考电压
V_{CC},GND	输入	供电电源

ADC0809 的工作时序如图 10.10 所示。C、B、A 输入的通道地址在 ALE 有效时被锁存。启动信号 START 有效后开始 AD 转换。START 信号下降沿 10 μs 后,EOC 信号变为无效低电平,AD 转换期间,EOC 信号一直为低电平,转换结束后,EOC 变为高电平。而后,当 OE 信号为高电平时,ADC0809 将转换结果输出。

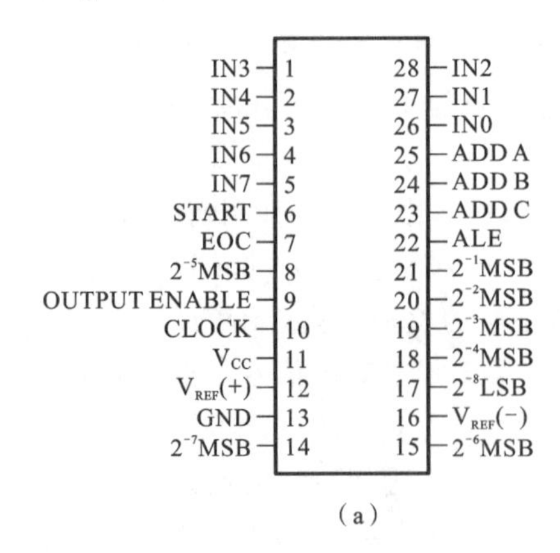

(a)

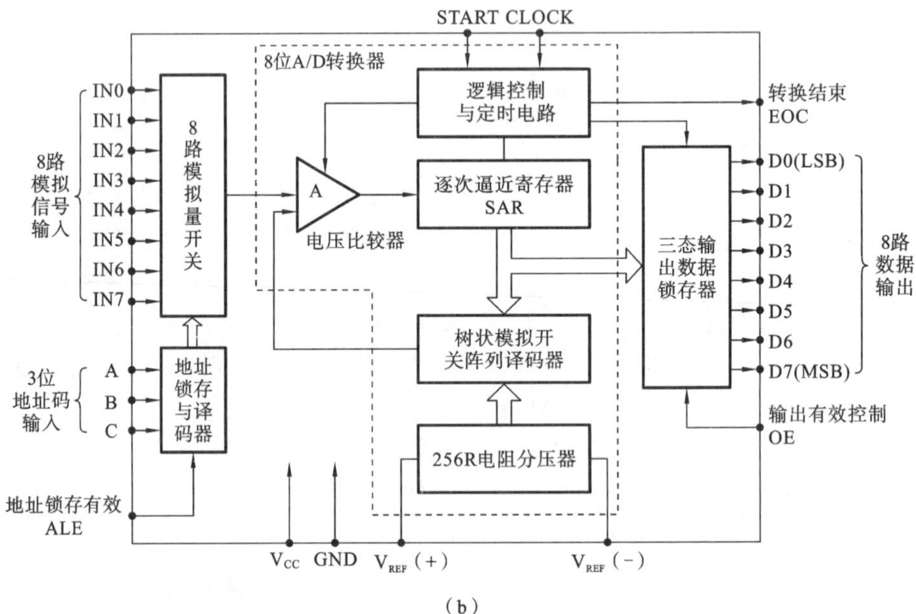

(b)

图 10.9 ADC0809 的引脚及内部结构

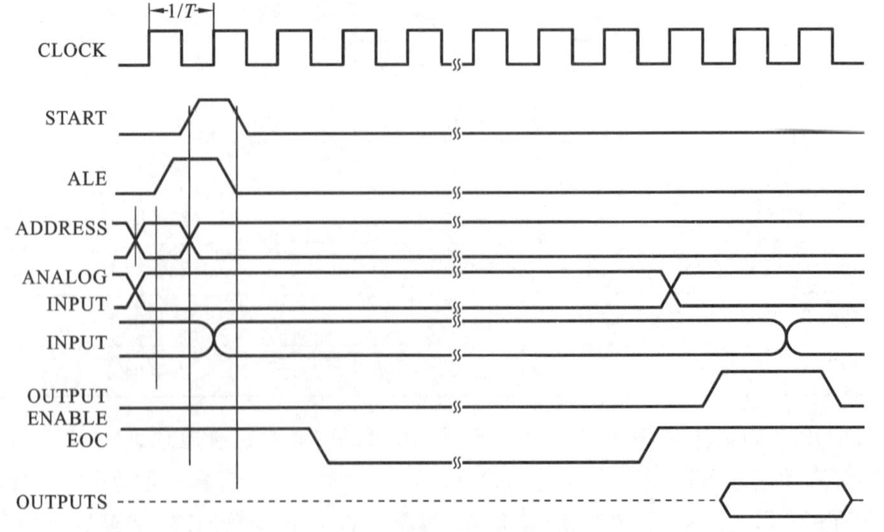

图 10.10 ADC0809 的工作时序

2. ADC0809 的接口电路

采用单片机的外部总线扩展 ADC0809，此时应充分利用单片机的地址线、读/写控制线来生成图 10.10 所示的时序。如图 10.11 所示，具体连接方法如下。

(1) ALE(地址锁存)与 START(启动转换)相连，即锁存通道地址同时启动转换。考虑到这两个信号在形状上为正脉冲方式，利用地址线 P2.7(低电平有效)与写信号 $\overline{WR}$(低电平有效)或非后，可产生该信号(执行 MOVX 写指令，相当于写外部 RAM)。此时可认为 P2.7 为 ADC0809 的片选线。

(2) 考虑到 OE 信号也为正脉冲形式，用地址线 P2.7(低电平有效)与读信号 $\overline{RD}$(低电平有效)或非后，可产生该信号(执行 MOVX 读指令，相当于读外部 RAM)。

(3) 地址线 C、B、A 接单片机扩展的低 3 位地址线，结合 P2.7 片选线，可确定出 8 个模拟通道的地址为 7FF8H～7FFFH。

(4) 考虑到单片机执行 MOVX 读写执行时，ALE 信号会缺失，因此将 ALE 信号与 $\overline{RD}$、$\overline{WR}$ 的“非”进行“或”处理后，形成严格的周期信号，作为 ADC0809 的工作时钟。

(5) 利用单片机的 P3.3 查询转换结束信号 EOC，读取转换结果。

3. 软件编程

功能：对 ADC0809 的 8 个通道轮流采集一次数据，将采集的结果放在数组 ad 中。

```
#include <absacc.h>
#include <reg51.h>
#define uchar unsigned char
#define IN0 XBYTE[0x7ff8]          /* 设置 ADC0809 的通道 0 地址 */
sbit ad_busy=P3^3;                 /* 即 EOC 状态 */
//ADC 程序
void ad0809(uchar idata *x)        /* 采样结果放在指针中的 A/D 采集函数 */
{
    uchar i;
    uchar xdata  *ad_adr;
    ad_adr=&IN0;
    for(i=0;i<8;i++)               /* 处理 8 通道 */
    {*ad_adr=0;                    /* 启动转换 */
        i=i;                       /* 延时等待 EOC 变低 */
        while(ad_busy==0);         /* 查询等待转换结束 */
        x[i]=*ad_adr;              /* 存转换结果 */
        ad_adr++;                  /* 下一通道 */
    }
}
//主程序
void main(void)
{
    static uchar idata ad[8];
    ad0809(ad);                    /* 采样 ADC0809 通道的值 */
```

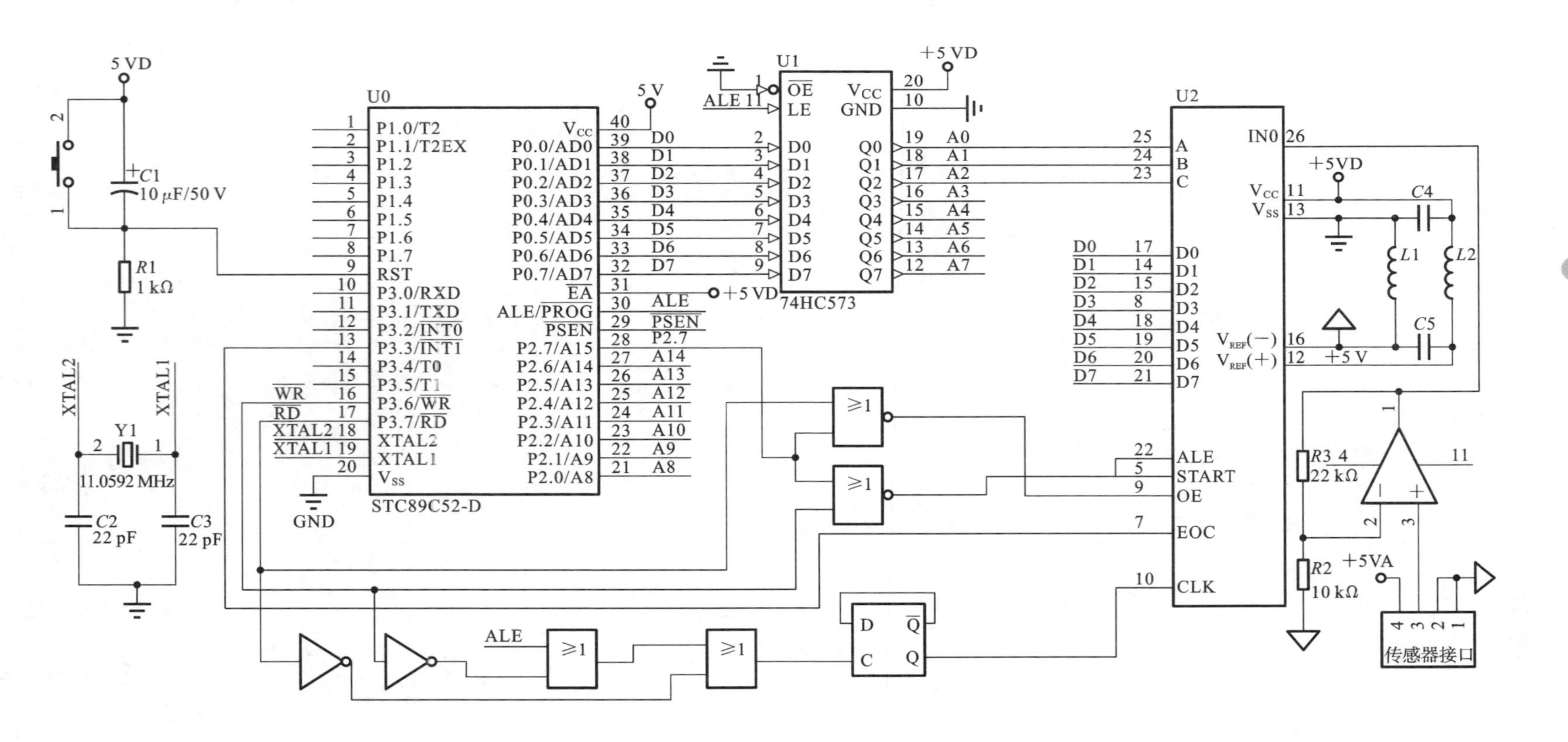

图10.11　ADC0809的接口电路

```
    //对传感器 MG811 输出电压采集后的处理
    ……
    while(1);
}
```

10.4.4 ARM 单片机内部 ADC 的应用设计与编程

S3C2410A 提供了 8 路 10 位 ADC，它将输入的模拟信号转换为 10 位二进制数。在 2.5 MHz 的 ADC 时钟下，最大转换速率可达 500 ks/s。ADC 支持片上采样和保持功能，并支持掉电模式。ARM 单片机的 ADC 控制寄存器如表 10.2 所示。

表 10.2 ADC 控制寄存器

寄存器	功能
ADC 控制寄存器 ADCCON(0x58000000)	[15]ECFLG：AD 转换结束标志，只读位。0＝AD 转换操作中；1＝AD 转换结束 [14]PRSCEN：A/D 转换器预分频器使能。0＝停止；1＝使能 [13:6]PRSCVL：ADC 预分频器数值，数据值范围为 1～255。当预分频的值为 *N* 时，则除数实际上为 *N*＋1。ADC 频率应该设置成小于 PLCK 的 5 倍，例如，如果 PCLK＝10 MHz，ADC 频率小于 2 MHz [5:3]SEL_MUX：模拟输入通道选择。000＝AIN0；001＝AIN1；010＝AIN2；011＝AIN3；100＝AIN4；101＝AIN5；110＝AIN6；111＝AIN7(XP) [2]STDBM：Standby 模式。0＝普通模式；1＝Standby 模式 [1]READ_START：通过读取来启动 AD 转换。0＝停止通过读取启动；1＝使能通过读取启动 [0]ENABLE_START：通过设置该位来启动 AD 操作。如果 READ_START 是使能的，这个值就无效。0＝无操作；1＝AD 转换启动，启动后该位被清零
ADC 数据寄存器 0 ADCDAT0(0x5800000C)	[9:0] 转换结果

ARM 单片机的 ADC 编程：① 利用在 ADCCON 中设置预分频器和选择通道；② 通过 ADCCON|＝0x1 启动转换；③ 查询启动和转换状态；④ 转换结束后，通过 ADCDAT0 寄存器读取转换结果。

下面是 ARM 单片机循环采集通道 0、1 的电压，将其转换为数字量，并计算得到模拟量的程序。

```
//定义 ADC 转换时钟 (2MHz)
#define  ADC_FREQ(2*1000000)
//ADC 函数
uint32  ReadAdc(uint32 ch)
{
    int i;
    ch=ch & 0x07;                          //参数过滤
```

```
    //PRSCEN=1,使能分频器
    //PRSCVL=(PCLK/ADC_FREQ-1),即 ADC 转换时钟为 ADC_FREQ
    //SEL_MUX=ch,设置 ADC 通道
    //STDBM=0,标准转换模式
    //READ_START=0,禁止读(操作后)启动 ADC
    //ENABLE_START=0,不启动 ADC
    rADCCON=(1<<14)|((PCLK/ADC_FREQ-1)<<6)|(ch<<3)|(0<<2)|(0<<1)|(0<<0);
    rADCTSC=rADCTSC & (~0x03);       //普通 ADC 模式(非触摸屏)
    for(i=0; i<100; i++);
    rADCCON=rADCCON | (1<<0);        //启动 ADC
    while(rADCCON & 0x01);           //等待 ADC 启动
    while(! (rADCCON & 0x8000));     //等待 ADC 完成
    return (rADCDAT0 & 0x3ff);       //返回转换结果
}
//主函数
int main(void)
{
    int  adc0, adc1, vin0, vin1;
    while(1)
    {
        //进行 AD 转换
        adc0=ReadAdc(0);
        adc1=ReadAdc(1);
        //计算实际电压值 (mV)
        vin0=(adc0 * 3300)/1024;
        vin1=(adc1 * 3300)/1024;
    }
    return(0);
}
```

10.5 基于 VF 变换的模拟量采集与应用

采集模拟量时,除 AD 变换外,还可以采用 VF 变换。VF 变换器将模拟电压信号转换成与电压成比例的脉冲频率量,通过采集脉冲量(频率量),间接得到模拟量。测量频率量可以采用两种方法:测量频率法和测量周期法。测量频率法是在单位定时时间内对被测信号脉冲进行计数(利用两个计数器,一个工作于定时模式,另一个工作于计数模式)。测量周期法是在被测信号周期时间内对某一基准脉冲进行计数(利用外部中断控制定时器,当第一个下降沿到来时,启动定时器;当第二个下降沿到来时,关闭定时器)。本节将以 VF 芯片 LM331 为例,介绍模拟量的间接采集方法。

10.5.1 VF 变换芯片——LM331

LM331 是美国国家半导体(NS)公司推出的芯片,可用作精密频率-电压转换器、ADC、线性频率调制解调器、长时间积分器及其他相关器件。LM331 采用了新的温度补偿能隙基准电路,在整个工作温度范围内和小于 4.0 V 电源电压下都有极高的精度。

LM331 的动态范围宽，可达 100 dB；线性度好，最大非线性失真小于 0.01%；工作频率低到 0.1 Hz 时尚有较好的线性；变换精度高，数字分辨率可达 12 位；外接电路简单，只需接入几个元件就可方便地构成 VF 或 FV 等变换电路，并且容易保证转换精度。LM331 的内部结构如图 10.12 所示，由输入比较器、定时比较器、RS 触发器、输出驱动管、复零晶体管、能隙基准电路、精密电流源电路、电流开关、输出保护管等部分组成。输出驱动管采用集电极开路形式，因而可以通过选择逻辑电流和外接电阻，灵活改变输出脉冲的逻辑电平，以适配 TTL、DTL 和 CMOS 等不同的逻辑电路。LM331 可采用双电源或单电源供电，可工作在 4.0～40 V，输出可高达 40 V，而且可以防止 V_{CC} 短路。

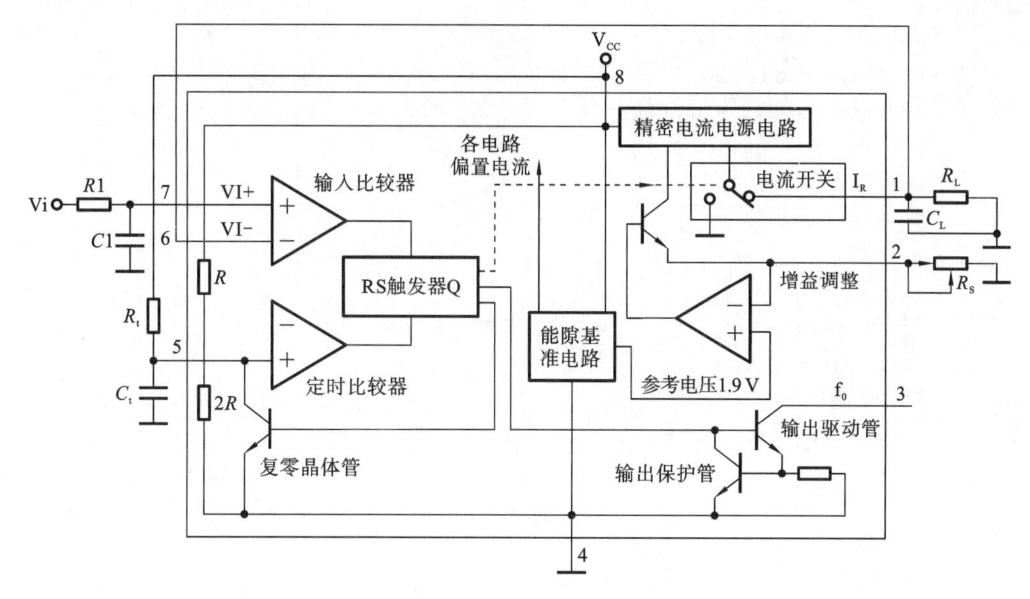

图 10.12 LM331 **的内部结构**

图 10.12 是由 LM331 组成的 VF 变换电路。外接电阻 R_t、C_t 和定时比较器、复零晶体管、RS 触发器等构成单稳态定时电路。当输入端 VI＋输入正电压时，输入比较器输出高电平，使 RS 触发器置位，Q 输出高电平，输出驱动管导通，输出端 f_0 为逻辑低电平，同时，电流开关打向右边，电流源 I_R 对电容 C_L 充电。此时由于复零晶体管截止，电源 V_{CC} 也通过电阻 R_t 对电容 C_t 充电。当电容 C_t 两端充电电压大于 V_{CC} 的 2/3 时，定时比较器输出一高电平，使 RS 触发器复位，Q 输出低电平，输出驱动管截止，输出端 f_0 为逻辑高电平，同时，复零晶体管导通，电容 C_t 通过复零晶体管迅速放电；电流开关打向左边，电容 C_L 对电阻 R_L 放电。当电容 C_L 放电电压等于输入电压 V_i 时，输入比较器再次输出高电平，使 RS 触发器置位，如此反复循环，构成自激振荡。

设电容 C_L 的充电时间为 t_1，放电时间为 t_2，则根据电容 C_L 上电荷平衡的原理，有：

$$(I_R - V_L/R_L)t_1 = t_2 V_L / R_L$$

实际上，该电路的 V_L 在很小的范围内（大约 10 mV）波动，因此，可认为 $V_L = V_i$，故上式可以表示为

$$f_0 = V_i/(R_L I_R t_1) = V_i/(R_L I_R 1.1 R_t C_t)$$

式中：I_R 由内部基准电压源供给的 1.90 V 参考电压和外接电阻 R_S 决定，$I_R = 1.90/R_S$，改变 R_S 的值，可调节电路的转换增益，t_1 由定时元件 R_t 和 C_t 决定，其关系

是：$t_1=1.1R_tC_t$，典型值 $R_t=6.8\ k\Omega$，$C_t=0.01\ \mu F$，$t_1=7.5\ \mu s$。电阻 R_S、R_L、R_t 和电容 C_t 直接影响转换结果 f_0，因此对元件的精度要有一定的要求，可根据转换精度适当选择。电容 C_L 对转换结果虽然没有直接影响，但应选择漏电流小的电容器。电阻 R_1 和电容 C_1 组成低通滤波器，可减少输入电压中的干扰脉冲，有利于提高转换精度。

10.5.2 LM331 的应用

采用 VF 变换采样 1 路模拟信号，采样周期取 0.1 s，在 11.0592 MHz 晶振频率下单片机定时 10 ms 中断一次，每 10 次中断后采样。

```
#include <reg51.H>
#include <stdio.H>
#define uchar unsigned char
#define uint unsigned int
#define TN 10
#define Vref 15
uint Fref, Fgnd;
uint Fin[7];
uchar numb;                      /* 中断次数*/
uint idata Volt;
//定时器中断函数
void t0_int(void)interrupt1     /* 10 ms 中断服务# /
{
    TL0=0x78;
    TH0=0xec;
    numb--;
}
//主函数
void main(void)
{
    uchar fh, fl;
    P1=0x07;
    IE=0x00;                     /* 初始化*/
    TCON=0x00;
    TMOD=0x51;
    IP=0x82;
    TL0=0x78; TH0=0xec;
    TL1=0x00;TH1=0x00;
    IE=0x82;
    do
    {
        TR1=1;
        numb=TN;
        while(numb);             /* 等待采样周期 0.1 s*/
        TR1=0;
        fh=TH1;
        fl=TL1;
```

```
        TH1=0;                  /* 计数初值*/
        TL1=0;
        Volt=fh*256+fl;
    }
}
```

10.6 51与ARM单片机的数据采集功能对比

51单片机和ARM单片机均可通过并行IO口直接采集开关量、数字量，均可利用内部计数器及定时器采集脉冲量。51单片机通过外扩ADC芯片采集模拟量，而ARM单片机片上具有8路10位ADC，可将输入的模拟信号转换为10位数字量。表10.3列出了51与ARM单片机数据采集功能的对比结果。

表10.3 51与ARM单片机数据采集功能的对比

采集的信号量	51单片机	ARM9
开关量	直接读单个IO引脚	设置单个IO口为输入功能，直接读数据寄存器的单个位
数字量	直接读多个IO引脚	设置多个IO口为输入功能，直接读数据寄存器的多个位
频率量	通常采用内部计数器进行计数，可测脉冲周期和频率	通常采用内部计数器进行计数，可测脉冲周期和频率
模拟量	需要外接ADC芯片采集模拟量	采用内部ADC直接采集模拟量

思考题

1. 单片机能够采集哪些信号量？这些信号量一般由什么设备产生？举例说明。
2. 可以采用哪些方法采集模拟量？各依据什么原理？
3. 51单片机和ARM单片机读取开关量时，有什么不同？
4. 单片机采集脉冲量时，可以采用什么办法？简述具体方案。
5. 如何利用测量周期法得到一个正弦波信号的频率？简述硬件方案，并分别编写51单片机和ARM单片机的程序。

11

单片机的输出控制及应用

单片机可以直接产生三种形态的信号量，即数字量、开关量和频率量（脉冲量）。被控制对象所需的驱动信号中，除上述三种可直接由单片机产生外，还有模拟量，单片机可以利用片上或片外的 D/A 转换器产生模拟信号。

（1）开关量：用于控制简单的字符设备，如控制 LED、蜂鸣器、继电器、晶闸管的状态。

（2）数字量：用于控制多位字符设备，如控制数码管、LCD、微型打印机。

（3）频率量：即脉冲量，多用于控制步进电机、直流电机、舵机等设备。

（4）模拟量：由单片机通过 D/A 转换产生，可以用于控制电磁阀、激光器等外部设备。

本章主要介绍单片机产生开关量、数字量、频率量和模拟量的方法，给出运用这些信号量控制外部典型设备的一般原理、接口电路及编程方法。

11.1　开关量的输出与控制应用

本节将以几种字符设备为例，介绍单片机输出开关量并控制字符设备的方法。

11.1.1　继电器的驱动与控制

1. 继电器的功能特点与分类

继电器是一种电控器件，具有控制系统（又称输入回路）和被控制系统（又称输出回路）之间的互动关系。继电器通常应用于自动化控制电路中，是用小电流去控制大电流运作的一种“自动开关”，在电路中起着自动调节、安全保护、转换电路等作用。

继电器的分类方式有以下几种：

（1）按继电器的工作原理或结构特征分类。

① 电磁继电器：利用输入电路中电流在电磁铁铁芯与衔铁间产生的吸力作用而工作的一种电气继电器。

② 固体继电器：指电子元件履行其功能而无机械运动构件、输入和输出隔离的一种继电器。

③ 温度继电器：当外界温度达到给定值时而动作的继电器。

④ 舌簧继电器：利用密封在管内、具有触电簧片和衔铁磁路双重作用的舌簧动作

来开、闭或转换线路的继电器。

⑤ 时间继电器：当施加或去除输入信号时，输出部分需延时或限时到规定时间才闭合或断开其被控线路的继电器。

⑥ 高频继电器：用于切换高频、射频线路而具有最小损耗的继电器。

⑦ 极化继电器：利用极化磁场与控制电流通过控制线圈所产生的磁场综合作用而动作的继电器。继电器的动作方向取决于控制线圈中流过的电流方向。

⑧ 其他类型的继电器：如光继电器、声继电器、热继电器、仪表式继电器、霍尔效应继电器、差动继电器等。

(2) 按继电器的负载分类，有微功率继电器、弱功率继电器、中功率继电器、大功率继电器。

(3) 按继电器的防护特征分类。

① 密封继电器：采用焊接或其他方法，将触点和线圈等密封在罩子内，与外围介质相隔离，泄漏率较低。

② 封闭式继电器：用罩壳将触点和线圈等密封加以防护。

③ 敞开式继电器：无防护罩。

继电器参数有如下几种。

(1) 额定工作电压：指继电器正常工作时线圈所需要的电压，可以是交流电压，也可以是直流电压。

(2) 直流电阻：指继电器中线圈的直流电阻，可以通过万用表测量。

(3) 吸合电流：指继电器能够产生吸合动作的最小电流。在正常使用时，给定的电流必须略大于吸合电流，这样继电器才能稳定地工作。对于线圈所加的工作电压，一般不要超过额定工作电压的 1.5 倍，否则会产生较大的电流而烧毁线圈。

(4) 释放电流：指继电器产生释放动作的最大电流。当继电器吸合状态的电流减小到一定程度时，继电器就会恢复到未通电的释放状态，这时的电流远远小于吸合电流。

(5) 触点切换电压和电流：是指继电器允许加载的电压和电流。

2. 继电器的接口电路

本例程以型号为 HK4100F 的电磁继电器为例。该继电器的主要参数如下。

(1) 触点参数。触点形式：单刀双掷。触点负载：3 A，250 V AC/30 V DC。阻抗：不大于 100 mΩ；额定电流：3 A；电气寿命：不小于 10 万次。机械寿命：不小于 1000 万次。

(2) 线圈参数。阻值(± 10%)：120 Ω。线圈功耗：0.2 W。额定电压：5 V DC。吸合电压：3.75 V DC。释放电压：0.5 V DC。

(3) 工作温度：−25～70 ℃。

(4) 绝缘电阻：不小于 100 MΩ。

(5) 线圈与触点间耐压：4000 V(AC)/min。

(6) 触点与触点间耐压：750 V(AC)/min。

驱动电磁继电器时需要满足驱动电流的大小要求；由于电磁继电器的驱动端具有电感特性，为防止感应电动势损毁继电器，一般需要外接续流二极管(见图 11.1 中 VD1)，为感应电动势提供放电回路。可以采用光耦实现控制端与驱动端的隔离。典型的电路如图 11.1(b)所示。

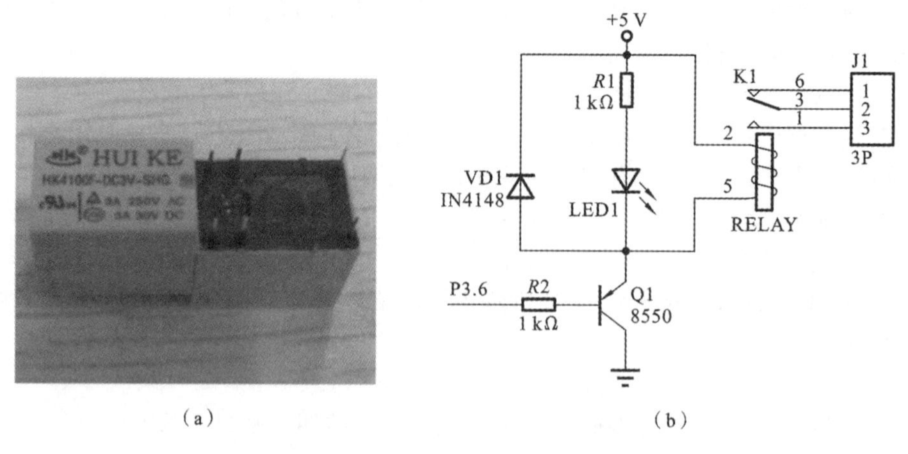

(a) (b)

图 11.1 电磁继电器及其驱动电路

3. 软件编程

```
#include <reg51.h>
#define uchar unsigned char
#define uint unsigned int
#define RLY_ON_OFF 1
sbit ctl_rly=P3^6;
void main(void)
{
    while(1)
    {
        if (RLY_ON_OFF) ctl_rly=0;
        else ctl_rly=1;
    }
}
```

11.1.2 晶闸管的驱动与控制

1. 晶闸管的功能特点及分类

晶闸管是一种开关元件，由 P-N-P-N 四层半导体构成，中间形成了三个 PN 结；能在高电压、大电流条件下工作；可控制工作过程。晶闸管广泛应用于可控整流、交流调压、无触点电子开关、逆变及变频等电子电路中，是典型的小电流控制大电流的设备。晶闸管的导通条件为：加正向电压且门极有触发电流。派生器件有快速晶闸管、双向晶闸管、逆导晶闸管、光控晶闸管等。

1) 晶闸管的分类

(1) 晶闸管按其关断、导通及控制方式可分为普通晶闸管(SCR)、双向晶闸管(TRIAC)、逆导晶闸管(RCT)、门极关断晶闸管(GTO)、Broadcast Time Group(BTG)晶闸管、温控晶闸管和光控晶闸管(LAT)等。

(2) 晶闸管按其引脚和极性可分为二极晶闸管、三极晶闸管和四极晶闸管三种。

(3) 晶闸管按其封装形式可分为金属封装晶闸管、塑封晶闸管和陶瓷封装晶闸管三种。

(4) 晶闸管按电流容量可分为大功率晶闸管、中功率晶闸管和小功率晶闸管三种。通常,大功率晶闸管多采用陶瓷封装,而中、小功率晶闸管则多采用塑封或金属封装。

(5) 晶闸管按其关断速度可分为普通晶闸管和快速晶闸管,快速晶闸管包括常规的快速晶闸管和工作在更高频率的高频晶闸管,可分别应用于 400 Hz 和 10 kHz 以上的斩波或逆变电路中。

2) 晶闸管的工作原理

晶闸管在工作过程中,它的阳极(A)和阴极(K)与电源和负载连接,组成晶闸管的主电路,晶闸管的门极 G 和阴极 K 与控制晶闸管的装置连接,组成晶闸管的控制电路。晶闸管为半控型电力电子器件。其工作原理如下。

(1) 晶闸管承受反向阳极电压时,不管门极承受何种电压,晶闸管都处于反向阻断状态。

(2) 晶闸管承受正向阳极电压时,仅在门极承受正向电压的情况下晶闸管才导通。这时晶闸管处于正向导通状态,这就是晶闸管的闸流特性,即可控特性。

(3) 晶闸管在导通情况下,只要有一定的正向阳极电压,不论门极电压如何,晶闸管保持导通,即晶闸管导通后,门极失去作用,门极只起触发作用。

(4) 晶闸管在导通情况下,当主回路电压(或电流)减小到接近于零时,晶闸管关断。

2. 晶闸管的控制电路

如图 11.2 所示,图中 MOC3061(U1)为光电耦合双向晶闸管驱动器,属于光电耦合器件,用来驱动双向晶闸管,可以起到隔离的作用。*R*2 为触发限流电阻,*R*4 为门极电阻,防止误触发,提高抗干扰能力。当 ARM 单片机的 GPF0 引脚输出低电平信号时,Q1 导通,MOC3061 导通,触发 BCR 导通,接通交流负载。当双向晶闸管接感性交流负载时,由于电源电压超前负载电流一个相位角,因此,当负载电流为零时,电源电压为反向电压,加上感性负载自感电动势,使得双向可控硅承受的电压值远远超过电源电压。虽然双向晶闸管反向导通,但容易击穿,故必须使双向晶闸管能承受这种反向电压。一般在双向晶闸管两极间并联一个 RC 阻容吸收电路,实现双向晶闸管的过压保护,图 11.2 中的 *C*1、*R*5 组成 RC 阻容吸收电路。

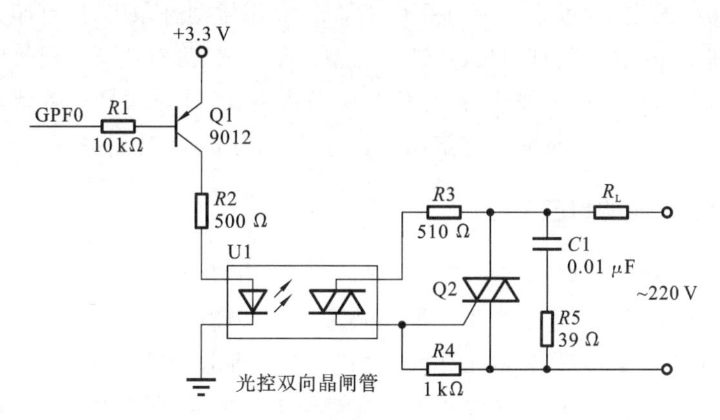

图 11.2 双向晶闸管的控制电路

3. 软件编程

```
#include "def.h"
#include "2410lib.h"
#define RLY_ON_OFF 1
//GPF0 口初始化
void GPF_Init(void)
{
    rGPFCON=(rGPF1CON & ~(0x3<<(0*2)))|(0x1<<(0*2));
    rGPFUP=rGPFUP|(0x1<<(0*1));
}
//主函数
int main(void)
{
    GPF_Init();
    while(1)
    {
        if(RLY_ON_OFF)
            rGPFDAT=rGPFDAT &(~(0x1<<(0*1)));
        else
            rGPFDAT=rGPFDAT|((0x1<<(0*1)));
    }
    return 0;
}
```

11.2 数字量的输出与控制应用

本节以微型打印机为例，介绍单片机数字量的输出与控制应用。

11.2.1 微型打印机

微型打印机主要包括 POS 打印机(商业 POS 及金融 POS)、税控打印机、ATM 等设备的内置或外挂式打印机。

微型打印机按用途，可分为专用微型打印机、通用微型打印机；按打印方式，可分为针式微型打印机、热敏微型打印机、热转印微型打印机等，另有微型字模打印机，多用在出租车、银行取款机等；按工作场所，可分为便携式微型打印机、台式微型打印机、嵌入式微型打印机。微型打印机的性能指标主要有速度、分辨率、耗材等。

11.2.2 微型打印机的接口电路

设计接口时，需要考虑微型打印机的通信方式(串口与并口)、接口电平、发送时序以及数据帧格式等问题。本节以 RD-E 型热敏微型打印机为例，该打印机的并口引脚及说明如表 11.1 所示，打印机的工作时序如图 11.3 所示。该打印机与 51 单片机的接口电路如图 11.4 所示。利用 P1.0 引脚读取打印机的状态，利用 P1.1 引脚为打印机提供数据选通脉冲，利用 P0 口作为打印机的数据口，向打印机发送数据。

表 11.1 打印机的并口及引脚说明

26线并口引脚号	信 号	方 向	说 明
1	STB	入	数据选通触发脉冲，上升沿时读入数据
3	DATA0	入	这些信号分别代表并行数据的第1位至第8位，每个信号为“1”时为“高电平”，为“0”时为低电平
5	DATA1	入	
7	DATA2	入	
9	DATA3	入	
11	DATA4	入	
13	DATA5	入	
15	DATA6	入	
17	DATA7	入	
19	ACK	出	回答脉冲，“低电平”表示数据已被接收
21	BUSY	出	“高电平”表示打印机正忙，不接收数据
23	PE	—	接地
25	SEL	出	经电阻上拉，“高电平”表示打印机在线
4	ERR	出	经电阻上拉，“高电平”表示无故障
2,6,8,26	NC	—	未接
10,12,14,16,18,20,22,24	GND	—	接地

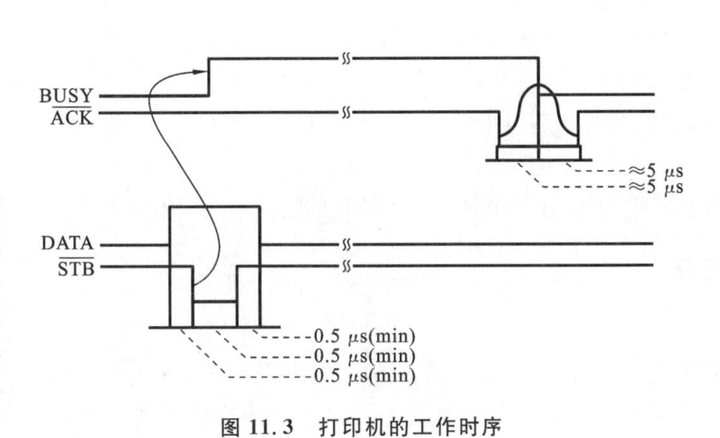

图 11.3 打印机的工作时序

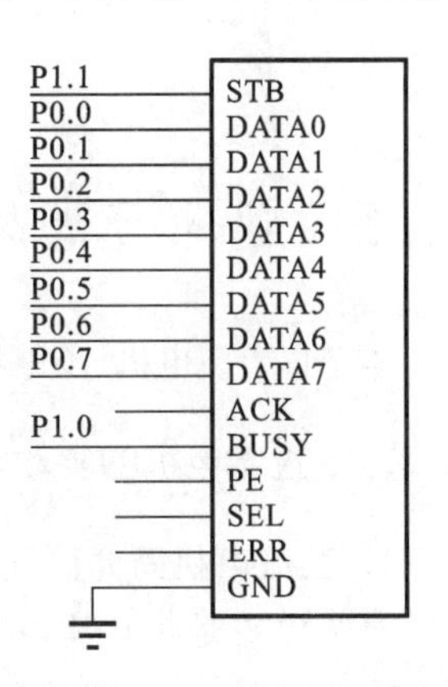

图 11.4 打印机与51单片机的接口电路

11.2.3 软件编程

按照打印机的工作时序，利用51单片机的I/O口模拟出该时序，读取打印机的工作状态并向其写入数据。

```
#include <reg51.h>
#include <string.h>
#include <INTRINS.H>
```

```
sbit STB=P1^1;
sbit BUSY=P1^0;
//并口打印子程序
void pprint(unsigned char ch)
{
    while(BUSY);
    P0=ch;
    STB=0;
    _nop_();
    _nop_();
    STB=1;
    _nop_();
    _nop_();
}
//主函数
void main(void)
{
    int i;
    char ch[]="测试程序";
    pprint(0x1b);
    pprint(0x38);
    pprint(0x00);                //调用汉字出库指令
    for(i=0;i<strlen(ch);i++)
        pprint(ch[i]);
    pprint(0x0d);                //回车
}
```

11.3 脉冲量的输出与控制应用

本节以直流电机、步进电机和舵机为例,介绍单片机的脉冲量的输出与应用编程方法。

11.3.1 直流电机的驱动与控制

1. 直流电机简介

直流电机是将直流电能转换为机械能的转动装置。其工作原理如下:直流电机内部固定有环状永磁体,电流通过转子上的线圈产生安培力。转子上的线圈与磁场平行后,若再继续转的话,受到的磁场方向将改变,此时转子末端的电刷跟转换片交替接触,从而线圈上的电流方向也发生改变,产生的洛伦兹力方向不变,所以电机能保持一个方向转动。

2. 直流电机分类

根据是否配置有电刷-换向器,直流电机可分为有刷直流电机和无刷直流电机两种。

按照供电方式的不同,无刷直流电机又可以分为:方波无刷直流电机,其反电势波形和供电电流波形都是矩形波,又称为矩形波永磁同步电机;正弦波无刷直流电机,其反电势波形和供电电流波形均为正弦波。

3. 直流电机的驱动电路设计

1）电路 1

利用 ARM 单片机驱动直流电机的电路如图 6.9 所示，图中采用分立式器件构建 H 桥电路驱动直流电机。当 GPH9＝0 时，若 GPB0＝1，则电机沿一个方向转动。由于 GPB0 引脚为 ARM 单片机的 PWM0 的输出引脚，若输出的 PWM 波的占空比越大，则电机的转速越快；若输出的 PWM 波的占空比越小，则电机的转速越慢。因此，可以利用 ARM 单片机产生占空比可调的方波信号作为步进电机速度的控制信号，利用占空比控制速度。该过程相当于利用占空比可调的方波信号（数字量）产生控制步进电机转速的直流电压（模拟量）。

2）电路 2

L298 是一种双 H 桥电机驱动芯片，每个 H 桥可以提供 2 A 的电流，逻辑部分为 5 V 供电，接收 5 V TTL/CMOS 电平。利用驱动适配芯片 L298 驱动直流电机（见图 11.5），将 PWM 信号作为芯片的使能信号，通过改变 PWM 信号的占空比，从而改变 L298 的选通时间，进而改变通过直流电机的平均电流（电压），改变电机转速。注意：引脚 A 和引脚＃A 控制电机的转向，10 和 01 分别对应电机的两个转动方向，00 和 11 为制动状态，实际操作中要求二者不可同时改变，否则可能烧坏电机。

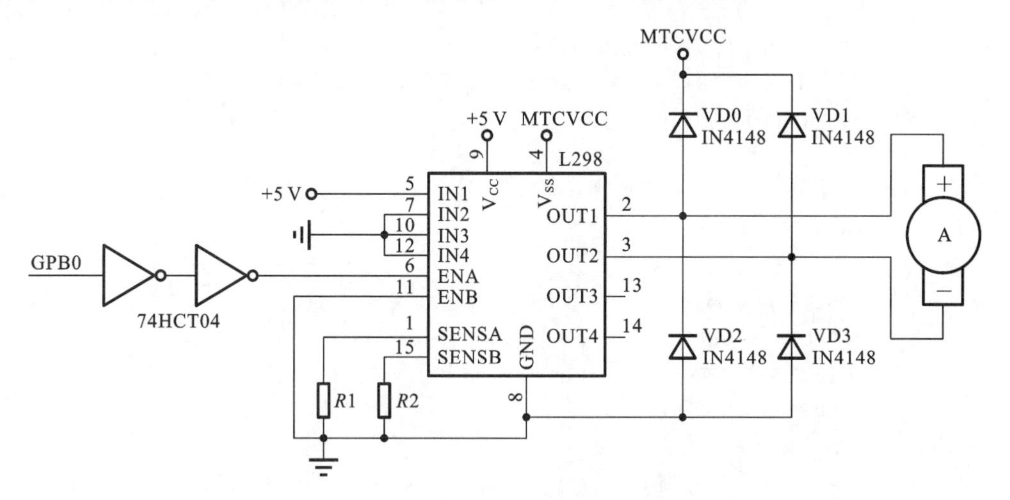

图 11.5　直流电机的驱动电路

4. 软件编程

本程序利用 ARM 单片机的定时器 0 产生 PWM 波，调节占空比，控制直流电机的转速。

```
#include "config.h"
#define KEY_CON (1<<4)
//延时程序
void DelayNS(uint32  dly)
    {
    uint32  i;
    for(; dly>0; dly--)
    for(i=0; i<50000; i++);
  }
//等待按键按下和抬起
```

```
void  WaitKey(void)
  {
    uint32  i;
    while(1)
        {
            while((rGPFDAT & KEY_CON)==KEY_CON);
            for(i=0; i<1000; i++);
            if((rGPFDAT & KEY_CON) !=KEY_CON) break;
        }
    while((rGPFDAT & KEY_CON)!=KEY_CON);
  }
//设置 PWM 定时器的参数
void  PWM_Init(uint16 cycle, uint16 duty)
{
    if(duty>cycle) duty=cycle;
    rTCFG0=97;
    rTCFG1=0;
    rTCMPB0=duty;
    rTCNTB0=cycle;
    if(rTCON & 0x04) rTCON=(1<<1);
        else rTCON=(1<<2)|(1<<1);
    rTCON=(1<<0)|(1<<3);
}
//主函数
int main(void)
{
    uint16 pwm_dac;
    rGPFCON=(rGPFCON & (~(0x03<<8)));
    rGPBCON=(rGPBCON & (~(0x03<<0))) | (0x02<<0);
    rGPBUP=rGPBUP | 0x0001;
    pwm_dac=0;
    PWM_Init(255, pwm_dac);
    while(1)
    {
        WaitKey();
        pwm_dac=pwm_dac+39;
        if(pwm_dac>255) pwm_dac=0;
        rTCMPB0=pwm_dac;
    }
    return(0);
}
```

11.3.2 步进电机的驱动与控制

1. 步进电机

步进电机是利用电磁铁原理，将脉冲信号转换成线位移或角位移的电机。每来一个电脉冲，电机转动一个角度。控制脉冲频率，可控制步进电机转速。改变脉冲顺序，可改变步进电机的转动方向。

以三相步进电机为例，其线圈分为A相、B相、C相。工作时，需要按照规定的顺序在不同的线圈上施加工作电流。以三相双三拍工作方式为例，施加电流的顺序为AB—BC—CA—AB；反向施加电流的顺序为AB—CA—BC—AB。若施加的顺序不对，则步进电机无法旋转。

2. 步进电机的驱动电路设计

如图11.6所示，利用单片机的P1.0～P1.2分别作为A、B、C相的控制信号，利用达林顿复合三极管为线圈提供供电电流，线圈上反接续流二极管保护步进电机。步进电机功率驱动电路工作在较大脉冲电流状态，采用光电耦合器将单片机与步进电机隔离，可以避免单片机与步进电机功率回路的共地干扰。此外，万一驱动电路发生故障，也不至于让功放中较高的电压串入单片机而使其损坏。

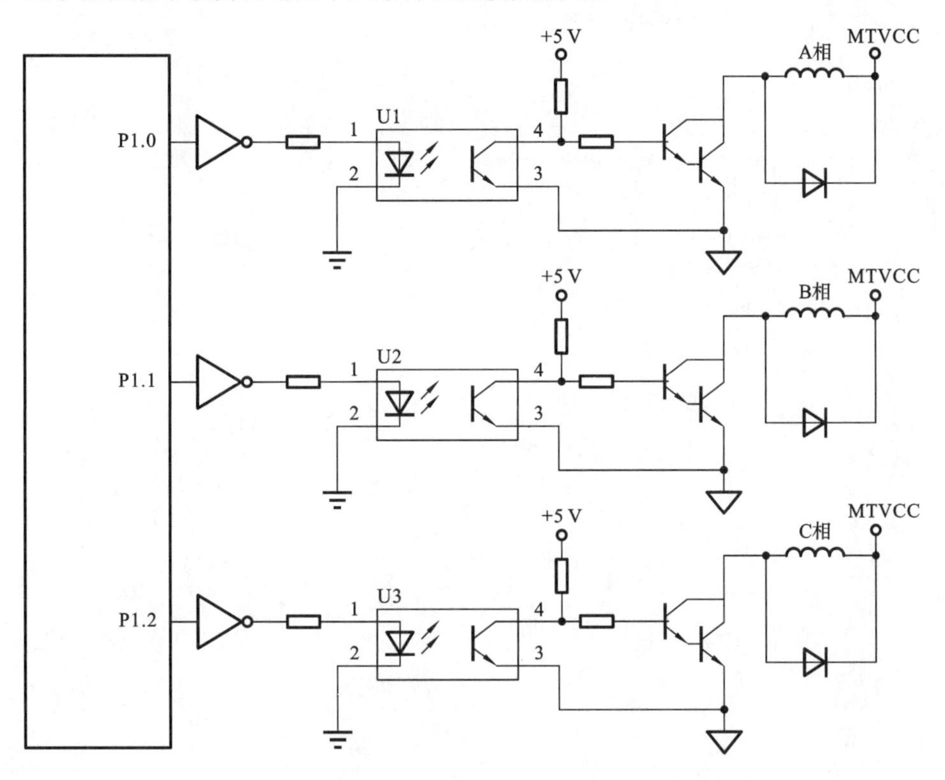

图11.6　51单片机驱动步进电机的电路

3. 软件编程

采用单三拍方式驱动步进电机，单三拍的通电方式为A→B→C→A→…，依次向P1口输出如下控制字：

P1.2 （C相）	P1.1 （B相）	P1.0 （A相）	
0	0	1	（01H）A相通，B、C相断
0	1	0	（02H）B相通，A、C相断
1	0	0	（04H）C相通，A、B相断

```
#include <reg51.h>
#define uchar unsigned char
#define uint unsigned int
void delay(uint x);
//步进电机的控制时序
void ctrl(bit dir, uint step)
{  uint i;
   uchar j=0x01;
   if(dir==0)
      for(i=0;i<step;i++)
          {  P1=j;
             delay(DL);
             j=j<<1;
             if(j==0x08)
             j=0x01;
      }
else
    {
    for(i=0;i<step;i++)
       { P1=j;
       delay(DL);
       j=j>>1;
       if( j==0)
         j=0x04;
       }
    }
}
//主程序
void main( void )
{
     P1 |=~0x07;
     do
     {
         ctrl(1,100);
         delay(5000);
         ctrl(0,100);
        delay(5000)
     } while (1);
}
```

11.3.3 舵机的驱动与控制

1. 舵机简介

舵机也叫伺服电机，可将脉冲信号转化为转矩和转速以驱动控制对象。舵机分为直流伺服电机和交流伺服电机。舵机主要由舵盘、减速齿轮组、位置反馈电位计、直流电机、控制电路等组成。

1）舵机工作原理

控制电路接收脉冲信号，控制电机转动，电机带动一系列齿轮组，减速后传动至输出舵盘。舵机的输出轴和位置反馈电位计相连，舵盘转动的同时，带动位置反馈电位计，电位计输出电压信号到控制电路板提供反馈，然后控制电路板，根据所在位置决定电机转动的方向和速度。

2）舵机的控制信号

周期为 20 ms 的脉宽调制（PWM）信号，其中脉冲宽度为 0.5～2.5 ms，相对应的舵盘位置为 0°～180°，呈线性变化。提供一定的脉宽，无论外界转矩怎么改变，输出轴总会保持在一定对应角度上，直到给它提供一个另外宽度的脉冲信号，它才会改变输出角度到新的对应位置上，如图 11.7 所示。舵机内部有一个基准电路，产生周期为 20 ms、宽度 1.5 ms 的基准信号。利用一个比较器，将外加信号与基准信号相比较，判断出方向和大小，从而产生电机的转动信号。由此可见，舵机是一种位置伺服驱动器，转动范围不能超过 180°，适用于机器人关节、飞机舵面等场合。

2. 舵机的驱动电路设计

利用 P1.0 产生舵机所需的控制信号（归位、左转、右转）。利用 P1.0～P1.2 扩展的三个按键控制舵机的转动与停止。相应的接口电路如图 11.8 所示。

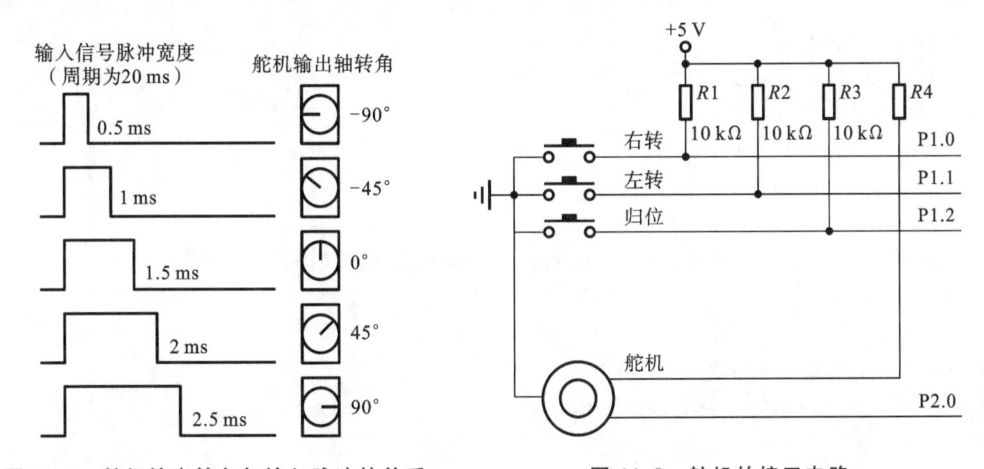

图 11.7 舵机输出转角与输入脉冲的关系

图 11.8 舵机的接口电路

3. 舵机的接口电路

利用定时器 1 产生 0.25 ms 的中断，在中断服务子程序中，通过中断的次数，控制 P2.0 引脚，使其产生所需要的一定占空比的方波信号，用于驱动舵机。

```
#include <reg51.h>
#define Stop 0                        //宏定义，停止
#define Left 1                        //宏定义，左转
#define Right 2                       //宏定义，右转
sbit ControlPort=P2^0;                //舵机信号端口
sbit KeyLeft=P1^0;                    //左转按键端口
sbit KeyRight=P1^1;                   //右转按键端口
sbit KeyStop=P1^2;                    //归位按键端口
unsigned char TimeOutCounter=0,LeftOrRight=0;
//初始化定时器函数
```

```
void InitialTimer(void )
{
    TMOD=0x10;                    //定时/计数器 1 工作于方式 1
    TH1=(65535-500)/256;          //0.25 ms
    TL1=(65535-500)%256;
    EA=1;                         //开总中断
    ET1=1;                        //允许定时/计数器 1 中断
    TR1=1;                        //启动定时/计数器 1 中断
}
//控制舵机函数
void ControlLeftOrRight(void)
{
    if(KeyStop==0)
        LeftOrRight=Stop;
    if(KeyLeft==0)
        LeftOrRight=Left;
    if(KeyRight==0)
        LeftOrRight=Right;
}
//主函数
void main(void )
{
    InitialTimer();
    for(;;)
    {
        ControlLeftOrRight();     //后台程序,读取按键
    }
}
//定时器中断函数
void Timer1(void) interrupt 3
{
    TH1=(65535-500)/256;
    TL1=(65535-500)%256;
    TimeOutCounter++;
    switch (LeftOrRight)
    {
        case 0:                   //为 0 时,舵机归位,宽 1.5 ms
        {
            if(TimeOutCounter <=6)
                ControlPort=1;
            else
                ControlPort=0;
            break;
        }
        case 1:   //为 1 时,舵机左转,宽 1 ms
        {
```

```
            if(TimeOutCounter <=4 )
                ControlPort=1;
            else
                ControlPort=0;
            break;
        }
        case 2 :                    //为 2 时,舵机右转,宽 2 ms
        {
            if( TimeOutCounter <=8 )
                ControlPort=1;
            else
                ControlPort=0;
            break;
        }
        default : break;
        }
        if( TimeOutCounter==80 )  //周期 20 ms
        TimeOutCounter=0;
}
```

11.4 模拟量的输出与控制应用

本节以分布反馈激光器的驱动和控制为例,介绍单片机的模拟量的输出与应用编程方法。

11.4.1 分布反馈激光器及其驱动要求

分布反馈激光器(distributed-feedback laser,DFBL)在光纤传感、光纤通信、激光雷达等领域具有广泛的应用。该类型激光器的主要特征是,其工作波长随温度和驱动电流的变化而变化。在一定的工作温度下,通过改变激光器的工作电流,可以调节激光器的工作波长,从而满足不同的应用需求。因此,在驱动激光器时,需要施加模拟电压信号(转换为电流信号),这就需要利用单片机产生不同波形的模拟信号。

11.4.2 基于 DAC 的模拟信号输出与应用

1. DAC 原理

数模转换器是将数字量转换为模拟量的主要装置,具有较多的集成芯片。基本的 DAC 器件类型包括权电阻网络型 DAC、权电流网络型 DAC、T 型解码网络 DAC、倒 T 型电阻网络 DAC 等。

DAC 的技术性能指标有绝对精度、相对精度、线性度、输出电压范围、温度系数、输入数字代码种类(二进制或 BCD 码)等。其主要参数指标有分辨率、建立时间、接口形式等。

(1) 分辨率:分辨率是 DAC 对输入量变化敏感程度的描述,与输入数字量的位数有关。

(2) 建立时间:建立时间是描述 DAC 转换速度快慢的一个参数,指从输入数字量变化到输出达到终值误差$\pm\frac{1}{2}$LSB(最低有效位)时所需的时间。通常以建立时间来表示转换速度。转换器的输出形式为电流时,建立时间较短;输出形式为电压时,由于建立时间还要加上运算放大器的延迟时间,因此建立时间要长一些。

(3) 接口形式:对于不带数据锁存器的 DAC,为了保存来自单片机的转换数据,接口时要另加锁存器;对于带锁存器的 DAC,可直接将 DAC 的数据口接在单片机的数据总线上。

2. DAC0832 简介

下面以 DAC0832 为例,介绍利用 DAC0832 产生三角波信号的方法。DAC0832 是采用 CMOS 工艺制成的单片直流输出型 8 位数/模转换器,由倒 T 型 R-2R 电阻网络、模拟开关、运算放大器和参考电压四部分组成。DAC0832 是一种 8 位的 D/A 转换集成芯片,与微处理器完全兼容。该芯片由 8 位输入锁存器、8 位 DAC 寄存器、8 位 DAC 转换电路及转换控制电路构成。根据对 DAC0832 的数据锁存器和 DAC 寄存器的不同控制方式,DAC0832 有三种工作方式:直通方式、单缓冲方式和双缓冲方式。图 11.9 所示的是 DAC0832 的引脚及内部结构。输入的数字量经两级锁存器锁在 DAC 后,即可启动转换。由于 DAC0832 的输出为电流信号,需要外接运放和反馈电阻(内置)将其转换为电压信号。

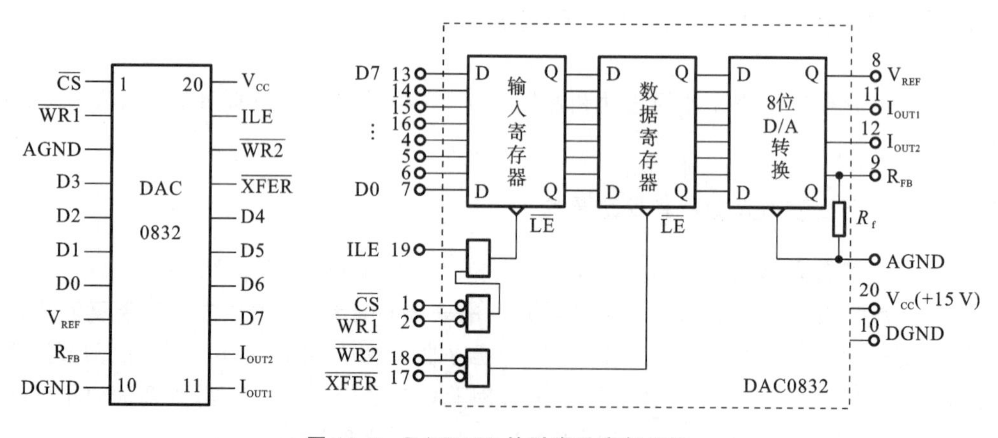

图 11.9 DAC0832 的引脚及内部结构

3. DAC0832 的接口电路设计

如图 11.10 所示,采用 DAC0832 设计了单缓冲接口电路,采用 51 单片机的外部并行总线扩展 DAC0832。具体连接方法如下。

(1) DAC0832 的第一级与第二级锁存器的控制信号$\overline{CS}$与$\overline{XFER}$接单片机的地址线 P0.0;当单片机执行 MOVX 写指令时,该信号将有效。由此确定出 DAC0832 的地址为 FFFEH(未用的地址线默认为高电平)。

(2) DAC0832 的第一级与第二级锁存器的控制信号$\overline{WR1}$与$\overline{WR2}$接单片机的地址线$\overline{WR}$。当单片机执行 MOVX 写指令时,该信号将有效。

(3) DAC0832 的数据线接单片机的数据总线 P0 口。

(4) 利用运算放大器将 DAC0832 的输出电流转换为电压,具有如下关系:

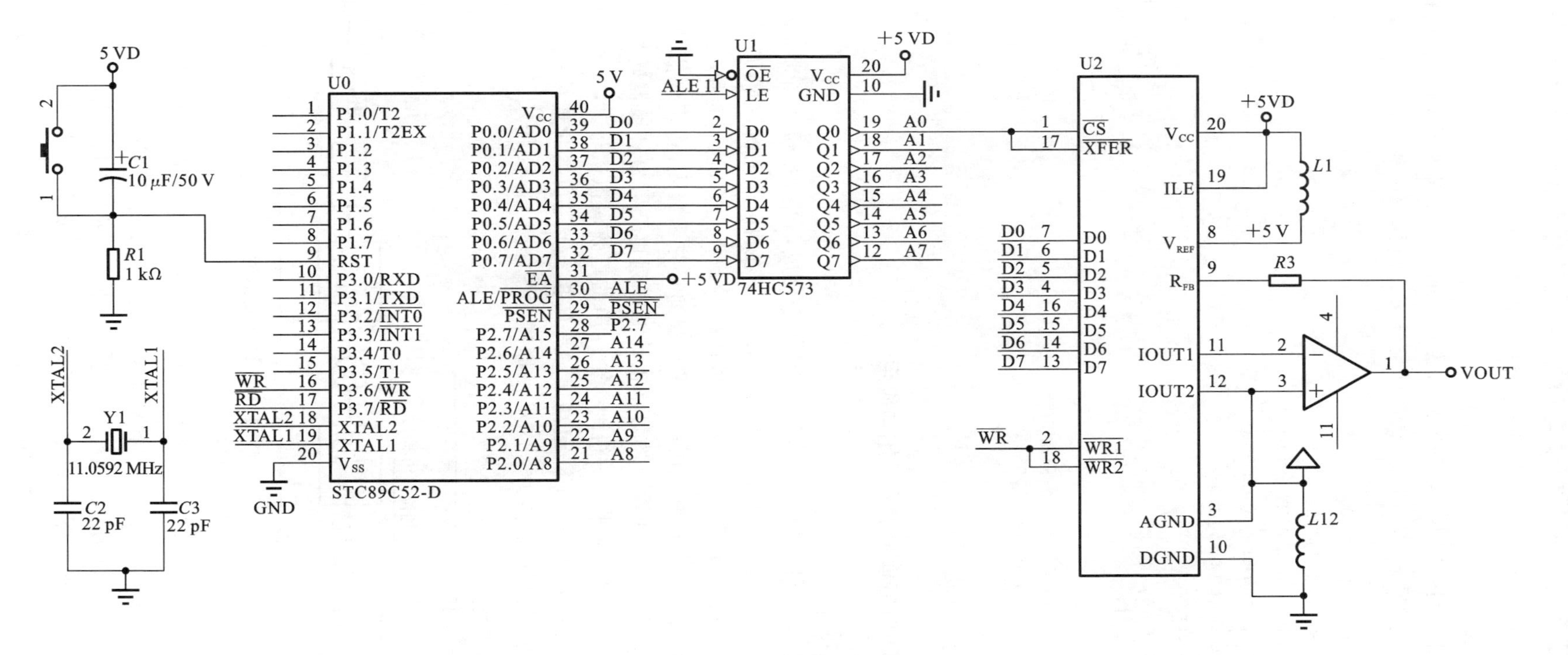

图11.10　DAC0832与51单片机的接口电路

$$Vout=-D/256\times V_{REF}$$

4. 软件编程

利用单片机访问外部 RAM 的方式将要转换的数字量写入 DAC0832 的锁存器中，启动转换过程，并等待转换结束后，读取转换结果。具体程序如下：

```
#include <absacc.h>
#include <reg51.h>
#define DA0832 XBYTE[0xfffe]
#define uchar unsigned char
#define uint unsigned int
void stair(void)
{   uchar i;
    while(1)
    {
        for (i=0;i<=255;i=i++)
            DA0832=i
    }
}
```

11.4.3 基于 DDS 的模拟信号输出与应用

1. DDS 技术

DDS(direct digital synthesis)，即直接数字合成，包括相位累加器、正弦函数表(ROM)、数模转换器(DAC)和低通滤波器(LPF)。在每一个时钟周期 T_c 内，频率控制字 M 与 N 比特相位累加器累加一次，并同时对 2^N 取模运算，得到的和(以 N 位二进制数表示)作为相位值，以二进制代码的形式去查询正弦函数表，将相位信息转变成相应的数字化正弦幅度值，ROM 输出的数字正弦波序列再经数模转换器转变为阶梯模拟信号，最后通过低通滤波器平滑后得到一个纯净的正弦模拟信号。DDS 的优点：① 频率分辨率高；② 工作频带较宽；③ 超高速频率转换；④ 相位变化连续；⑤ 具有任意输出波形的能力；⑥ 具有调制能力。DDS 的原理框图如图 11.11 所示。

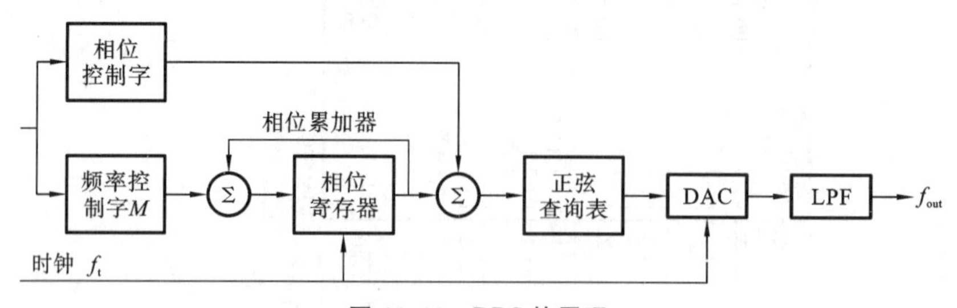

图 11.11 DDS 的原理

2. AD9834 简介

如图 11.12 所示，AD9834 是一种 75 MHz、低功耗的 DDS 器件，能够产生高性能正弦波和三角波。片内还集成一个比较器，支持产生方波以用于时钟发生器。当供电电压为 3 V 时，其功耗仅为 20 mW，非常适合对功耗要求严格的应用。

AD9834 提供相位调制和频率调制功能。频率寄存器为 28 位，时钟频率为 75 MHz，可以实现 0.28 Hz 的分辨率。同样，时钟频率为 1 MHz 时，AD9834 可以实

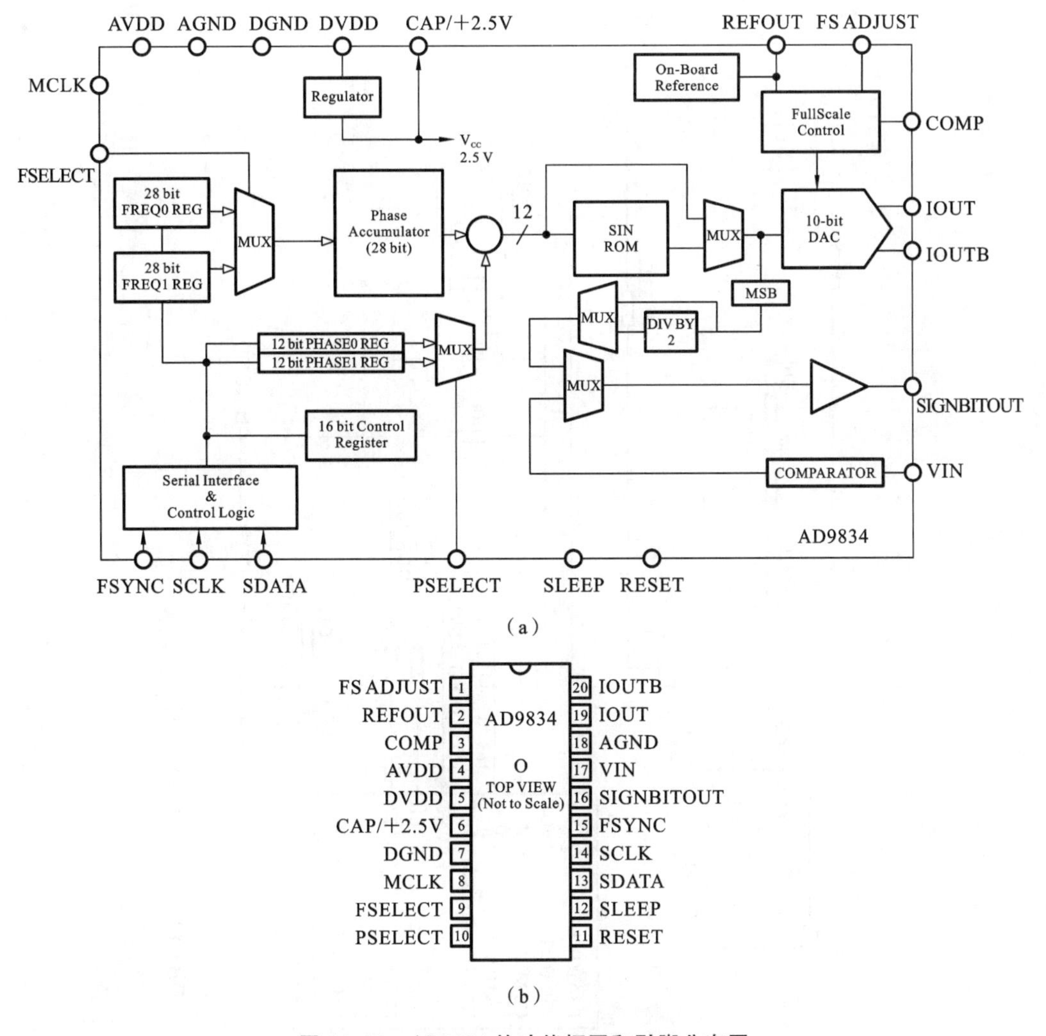

图 11.12　AD9834 **的功能框图和引脚分布图**

现 0.004 Hz 的分辨率。AD9834 通过一个三线式串行接口写入数据。该串口能够以最高 40 MHz 的时钟频率工作，并且与 DSP 和微控制器标准兼容。该器件采用 2.3～5.5 V 电源供电。模拟和数字部分彼此独立，可以采用不同的电源供电，例如，AVDD 可以是 5 V，而 DVDD 可以是 3 V。

AD9834 具有控制休眠的引脚(SLEEP)，支持从外部控制断电模式。器件中不用的部分可以断电，以将功耗降至最低。例如，在产生时钟输出时，可以关断 DAC。该器件采用 20 引脚 TSSOP 封装。

AD9834 具有一个 16 位的控制寄存器、两个频率寄存器和两个相位寄存器，单片机通过向这些寄存器写入控制字和初始数据，使 DDS 芯片产生所需要的输出信号。

3. AD9834 的接口电路设计

图 11.13 所示的是 AD9834 及其外围电路，51 单片机的引脚 P3.0～P3.2 分别接 AD9834 的 SCLK、SDATA、FSYNC。向 AD9834 发送数据时，应使 FSYNC=0。

4. 软件编程

```
#include <reg51.h>
```

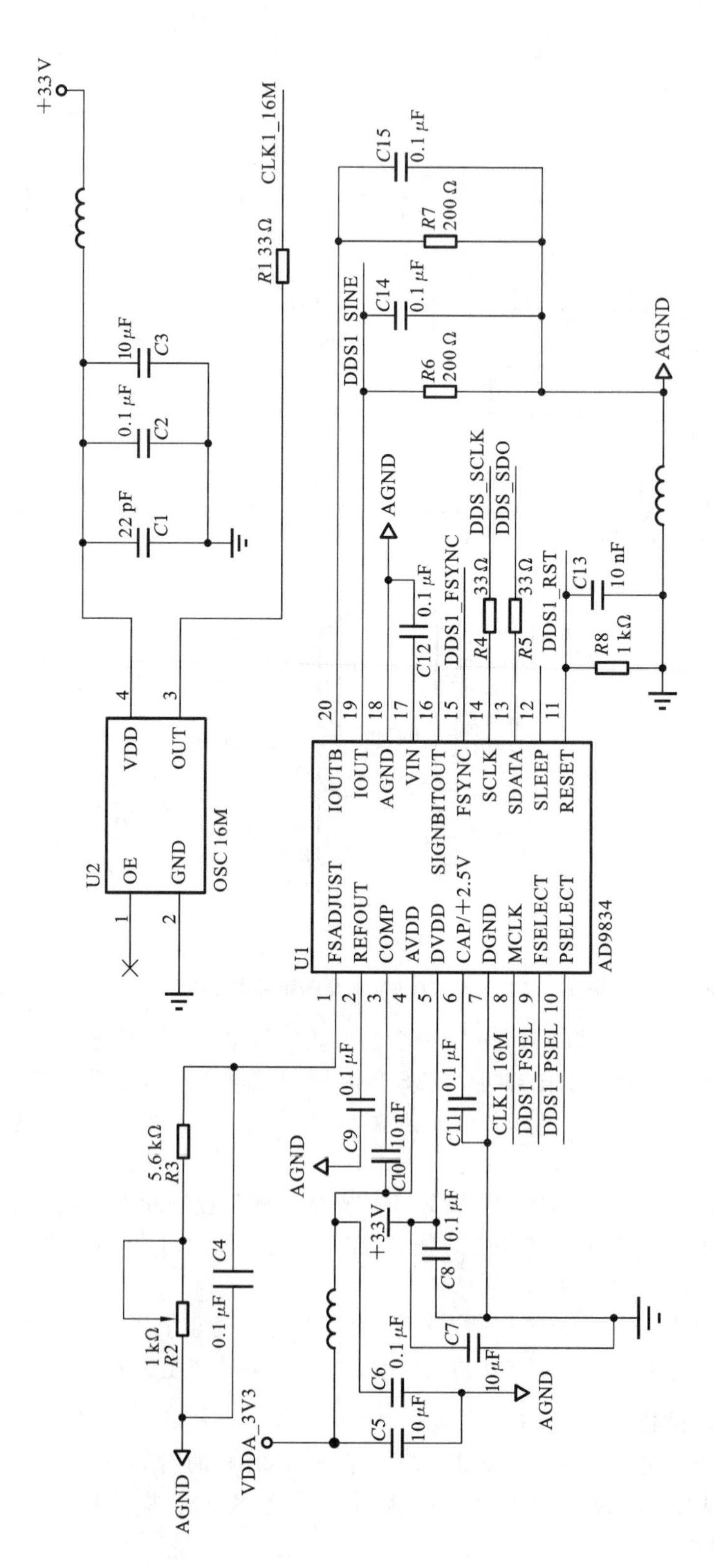

图11.13 AD9834的接口电路

```
#define uchar unsigned char
#define uint16 unsigned int
#define ulong unsigned long
sbit FSYNC=P3^4;
sbit SCLK=P3^5;
sbit SDATA=P3^6;
sbit RESET=P3^7;

#define DDS_FSYNC_CLR   FSYNC=0     //低电平有效控制输入
#define DDS_FSYNC_SET   FSYNC=1
#define DDS_SCK_CLR   SCLK=0
#define DDS_SCK_SET   SCLK=1
#define DDS_SDO_CLR   SDATA=0
#define DDS_SDO_SET   SDATA=1

void delay_us(uint16 x);
void xmit_DDS(uint16 a);
void AD9834wave(void);
#define FCLK 16000000                   //基准时钟频率(Hz)
#define Freq_value 5000.0               //设定频率(Hz)
#define phase_value 1024                //设定相位(其分辨率为 2 pi/4096)
unsigned long freq;

uint16 FLSB_DDS=0;
uint16 FMSB_DDS=0;
uint16 PLSB_DDS=0;
//延时函数
void delay(Uint16 x)
{
    uint i,j;
    for(i=x;i>0;i--)
        for(j=110;j>0;j--);
}
//波形设置
void AD9834wave(void)
{
freq=(unsigned long)(freq_value*16.777216);
phase=(unsigned long)(phase_value*16.777216);
//写 FREQ0 REG 的 LSB,加 0x4000 使最高两位变为 01,选中 FREQ0
FLSB_DDS=(freq% 0x4000)+0x4000;
//写 FREQ0 REG 的 MSB,加 0x4000 使最高两位变为 01,选中 FREQ0
FMSB_DDS=(freq/0x4000)+0x4000;
//写 PHASE0 REG 的 LSB,加 0xC000 使最高两位变为 11,选中 PHASE0
PLSB_DDS=(phase% 0x1000)+0xC000;
//连续写入并输出正弦波(0x2002 是连续写入并输出三角波,0x2038 是连续写入并输出
方波在 SING BIT OUT 脚输出)
```

```
xmit_DDS(0x2000);
xmit_DDS(FLSB_DDS);                    //低位写入
xmit_DDS(FMSB_DDS);                    //高位写入
xmit_DDS(PLSB_DDS);                    //90°相位
delay_us(500);
}
void AD9834init(void)                  //芯片初始化
{
        DDS_FSYNC_SET;
        delay(10);
        xmit_DDS(0x0100);              //复位
        xmit_DDS(0x2100);              //连续写入
        xmit_DDS(0x4000);              //freq0 的 LSB 置 0
        xmit_DDS(0x4000);              //freq0 的 MSB 置 0
        xmit_DDS(0X2900);              //连续写入
        xmit_DDS(0X8000);              //freq1 的 LSB 置 0
        xmit_DDS(0X8000);              //freq1 的 MSB 置 0
        xmit_DDS(0XC000);              //phase0 的 LSB 置 0
        xmit_DDS(0XE000);              //phase1 的 LSB 置 0
        xmit_DDS(0X2000);              //输出正弦并使用波 freq0、phase0
        delay(10);
}
void xmit_DDS(uint16 a)
{
        unsigned int i;
        DDS_SCK_SET;
        DDS_FSYNC_SET;
        delay(2);
        DDS_FSYNC_CLR;
        for(i=0;i<16;i++)
        {
            if(a & 0x8000)  DDS_SDO_SET;
                else DDS_SDO_CLR;
            delay(1);
            DDS_SCK_CLR;
            delay(1);
            a=a<<1;
            DDS_SCK_SET;
        }
          delay(1);
          DDS_FSYNC_SET;
          DDS_SCK_CLR;
}
//主函数
void main(void)
{
```

```
    AD9834init();
    AD9834wave();
    while(1);
}
```

11.5 51与ARM单片机的输出控制资源对比

表11.2列出了51与ARM单片机输出信号量与控制方式的对比结果。

表11.2 51与ARM单片机输出控制资源的对比

	51单片机	ARM单片机
开关量	向端口写入数据,再通过引脚直接输出	设置引脚的工作模式,向对应端口寄存器写数据
数字量	对多个端口直接写数据,通过引脚输出	设置各对应端口的工作模式,向对应端口寄存器写数据,通过引脚输出
脉冲量	利用定时器控制引脚输出脉冲量	利用定时器控制引脚输出脉冲量,或者利用PWM直接输出
模拟量	通过外部DAC产生;通过PWM-DAC产生	通过外部DAC产生;通过PWM-DAC产生

思考题

1. 51单片机与ARM单片机在输出开关量和数字量方面有什么不同?

2. 如何利用DAC0832产生正弦波程序?可以输出正弦波的频率范围是多少?

3. 利用ARM单片机的PWM功能,发出脉冲信号控制舵机。阐述硬件方案并编写相关程序。

4. 如何利用PWM波调节直流电机和步进电机的速度?

5. 查阅资料,利用DDS芯片AD9851,设计该芯片分别与51和ARM单片机的接口电路。

12

单片机的人机交互系统设计与应用

人机交互(human-computer interaction, HCI),是指人与计算机之间使用某种对话语言,以一定的交互方式完成确定任务的信息交换过程。人机交互由字符命令方式,逐步演化为图形化、可视化方式。多媒体技术、语音识别技术和计算机手写识别技术为人机交互提供了新的手段;虚拟现实技术的兴起,预示着未来人机交互的发展趋势是追求"人机和谐"的多维信息空间。未来人机交互的重点将放在智能化交互、多通道-多媒体交互、虚拟交互以及人机协同交互等方面,人机交互的未来将更进一步体现以人为中心的设计理念。

本章主要介绍单片机应用系统的人机交互设备、接口设计及其编程技术,包括键盘/触摸屏、发光二极管/数码管/液晶显示器、语音播报等模块。

12.1 单片机应用系统的输入和输出

单片机应用系统的人机交互,包括操作者对应用系统状态的干预与数据输入,以及应用系统向操作者报告运行状态与运行结果,经常会涉及显示器、键盘等人机交互设备。如何将它们与单片机的输入/输出端口相连并编程实现特定的功能是单片机应用开发人员必须掌握的基本技术。

12.1.1 单片机应用系统的输入

系统的输入是操作者向系统输入数据和信息,主要输入方式有按键、触摸屏、语音等,如图 12.1 所示。

图 12.1 常用的输入设备:按键、触摸屏

1. 按键

按照结构及原理,按键包括触点式开关按键、无触点式开关按键。触点式开关按键,是利用金属触点可以使电路开路、接通,如机械式开关、导电橡胶式开关等。无触点开关,是一种由微控制器和电力电子器件组成的新型开关器件,依靠改变电路阻抗值和/或负载电流,从而完成电路的通断,如电气式按键、磁感应按键等。

2. 触摸屏

触摸屏,是一种可接收触头等输入信号的感应式液晶显示装置,当接触屏幕上的图形按钮时,屏幕上的触觉反馈系统可根据预先编好的程序驱动各种连接装置,可取代机械式的按钮面板,并借由液晶显示画面制造出生动的影音效果。

按照触摸屏的工作原理和传输信息的介质,触摸屏可分为电阻式、电容感应式、红外线式以及表面声波式四种。

3. 语音

语音输入是利用麦克风将语音信号转换成相对应的数据信息,存储到外部存储器或单片机中。

12.1.2 单片机应用系统的输出

系统的输出是将内存中系统处理后的信息以能为人或其他设备所接受的形式输出。主要输出设备有发光二极管(LED)、蜂鸣器、液晶显示器(LCD)、微型打印机、脑机接口等,如图 12.2 所示。

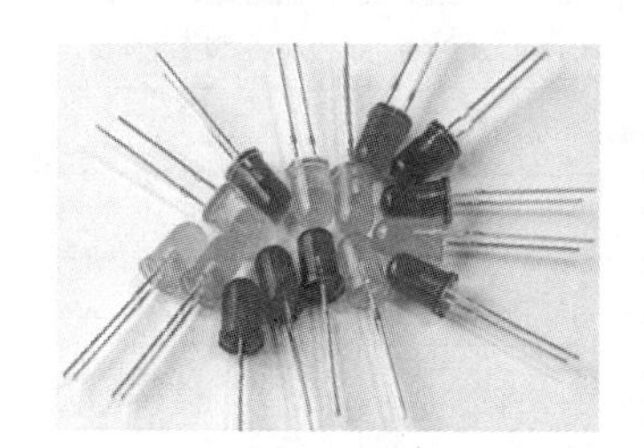

图 12.2　常用的输出设备:发光二极管、数码管、蜂鸣器

1. LED

LED 是采用半导体材料制成的、能够将电能直接转换成光能的半导体器件。LED 由 PN 结构成,具有单向导电性。当给发光二极管施加一定正向电流时,它就会发光,可作为指示(显示)、照明器件。

2. 蜂鸣器

蜂鸣器分为无源蜂鸣器和有源蜂鸣器,一般用于报警。蜂鸣器里面有磁铁和线圈。在线圈上施加不断变化的电压,和线圈固定在一起的振膜就会振动,由此产生声音。与无源蜂鸣器不同,有源蜂鸣器内部有发声电路,通上合适的直流电就会发出声音。

3. 数码管

1) 数码管的结构与原理

数码管是由发光二极管显示字段的显示器件。在单片机应用系统中通常使用的是七段 LED。这种显示器有共阴极和共阳极两种,如图 12.3 所示。七段显示器中有 8

个发光二极管，其中 7 个发光二极管构成七笔字型“8”，一个发光二极管构成小数点。

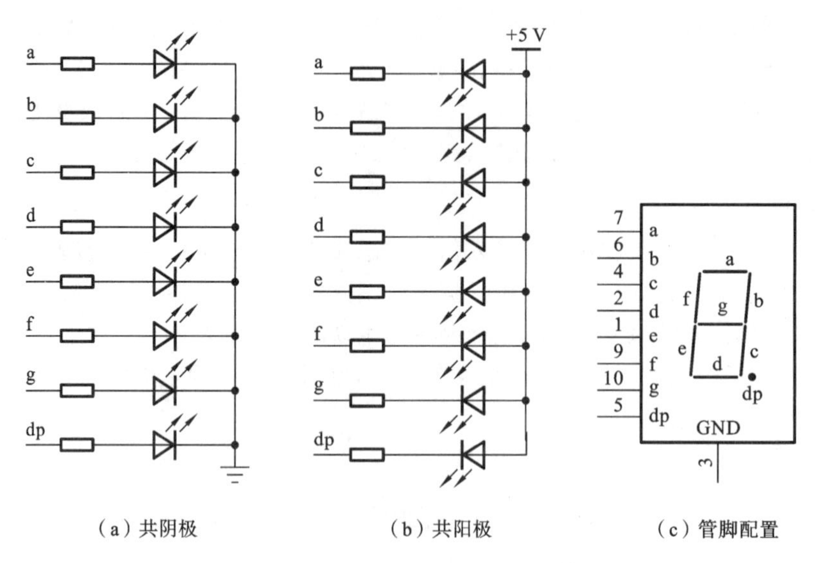

（a）共阴极　　（b）共阳极　　（c）管脚配置

图 12.3　七段 LED 显示器（数码管）

单片机将一个 8 位并行输出口与显示器的发光二极管引脚相连，并行输出口输出不同的字节数据即可显示不同的数字或字符，如表 12.1 所示。通常将控制发光二极管的 8 位字节数据称为段选码。

表 12.1　七段 LED 的段选码

显示字符	共阴段选码	共阳段选码	显示字符	共阴段选码	共阳段选码
0	0x3F	0xC0	B	0x7C	0x83
1	0x06	0xF9	C	0x39	0xC6
2	0x5B	0xA4	D	0x5E	0xA1
3	0x4F	0xB0	E	0x79	0x86
4	0x66	0x99	F	0x71	0x8E
5	0x6D	0x92	P	0x73	0x8C
6	0x7D	0x82	U	0x3E	0xC1
7	0x07	0xF8	Y	0x6E	0x91
8	0x7F	0x80	L	0x38	0x7C
9	0x6F	0x90	8.	0xFF	0x00
A	0x77	0x88			

从高位到低位依次接 dp、g、f、e、d、c、b、a。

2）数码管的显示方式

在单片机应用系统中使用数码管构成 N 位显示器。图 12.4 所示的为 N 位数码管显示器的构成原理图。N 位数码管有 N 根位选线和 $8N$ 根段选线。显示方式的不同，位选线与段选线的连接方法也不同。段选线控制字符的选择，位选线控制显示位的亮、灭。

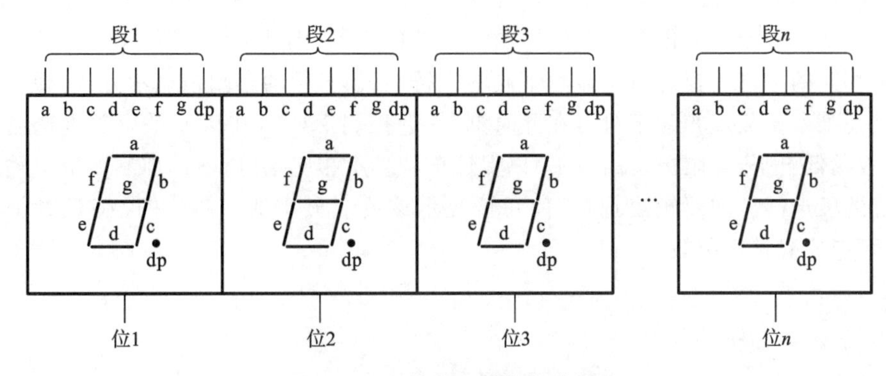

图 12.4 N 位数码管的构成原理

数码管有静态和动态两种显示方式。

(1) 静态显示方式。

数码管工作在静态显示方式时，共阴极或共阳极连接在一起接地或接+5 V；每位的段选线与一个 8 位并行口相连。图 12.5 所示的是一个 4 位静态 LED 显示器电路。该电路每一位可独立显示，只要在该位的段选线上保持段选码电平，该位就能保持相应的显示字段。由于每一位由一个 8 位输出口控制段选码，故在同一时间里每一位显示的字符可以各不相同。N 位静态显示器要求有 N×8 根 I/O 口线，占用 I/O 口资源较多。

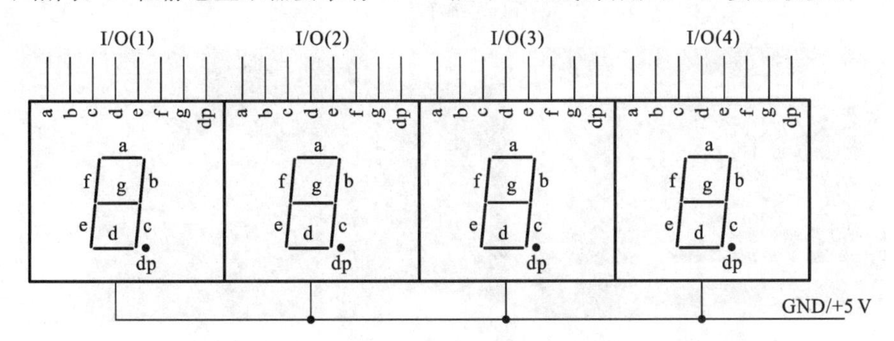

图 12.5 4 位数码管的静态显示

(2) 动态显示方式。

在多位数码管显示时，为了简化电路、降低成本，将所有位的段选线并联在一起，由一个 8 位 I/O 口控制，而共阴极点或共阳极点分别由相应的 I/O 口线控制。图 12.6 所示的是一种 8 位 LED 的动态显示电路。

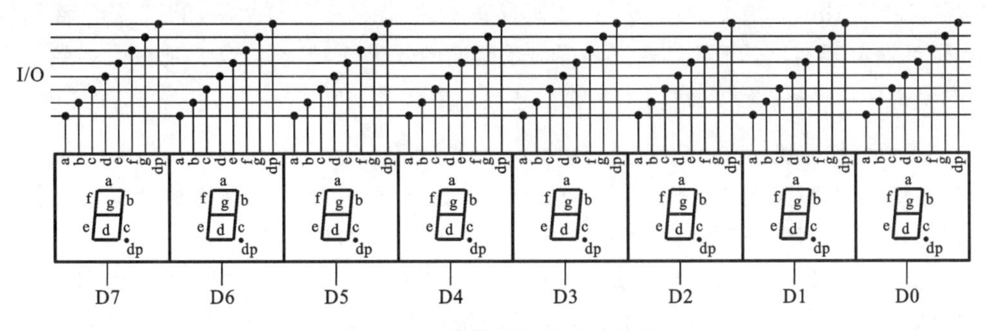

图 12.6 8 位数码管的动态显示

8 位数码管的动态显示电路只需要两个 8 位 I/O 口。其中一个控制段选码，另一个控制位选。由于所有位的段选码皆由一个 I/O 控制，因此，在某时刻，8 位 LED 只可能显示相同的字符。要想每位显示不同的字符，必须采用动态扫描显示方式，即在每一时刻只使某一位显示相应字符。在此时刻，位选控制 I/O 口在该显示位送入选通电平（共阴极送低电平，共阳极送高电平）以保证该位显示相应字符，段选控制 I/O 口输出相应字符的段选码。如此轮流扫描，使每位显示该位应显示的字符，并保持延时一段时间，即可造成视觉暂留效果。

4. LCD

1）字符型 LCD

字符型 LCD 是一类专门用于显示字母、数字、符号等信息的液晶显示模块，如图 12.7(a)所示。它由若干 5×7 或 5×11 等点阵字符位组成。每一个点阵字符位都可以显示一个字符。点阵字符位之间空有一个点阵的间隔起到了字符间保持间距和行距的作用。

(a) 字符型

(b) STN

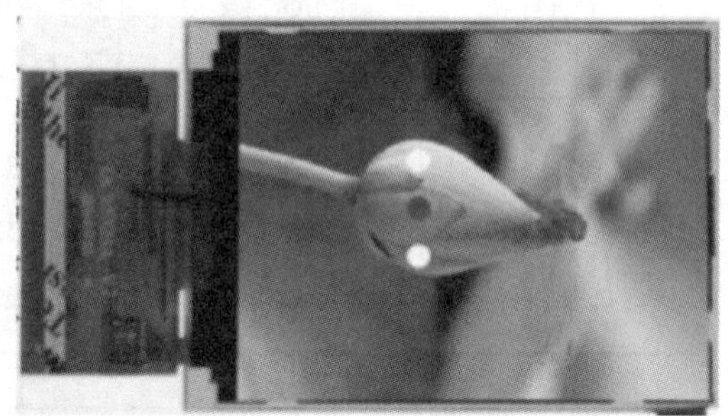

(c) TFT

图 12.7 液晶显示器

2）点阵型 LCD

点阵型 LCD 按显示原理分为 STN 和 TFT 两种。STN(super twisted nematic)即超扭曲向列液晶屏，如图 12.7(b)所示，常见的单色液晶屏及灰度液晶屏都是 STN 液晶屏。TFT(thin film transistor)即薄膜晶体管，如图 12.7(c)所示，TFT 彩色液晶屏与 STN 液晶屏相比，TFT 彩色液晶屏显示画面的效果好，但价格高。现在大多数笔记本电脑都使用 TFT 屏，也常用于主流台式显示器。

5. 微型打印机

微型打印机(见图 12.8)，是计算机的输出设备之一，用于将计算机处理结果打印在相关介质上。衡量打印机好坏的指标有打印分辨率、打印速度和噪声。

打印机的种类很多，按打印元件对纸是否有击打动作，分为击打式打印机和非击打式打印机；按打印字符结构，分为全形字打印机和点阵字符打印机；按一行字在纸上形成的方式，分为串式打印机和行式打印机；按所采用的技术，分为柱形、球形、喷墨式、热敏式、激光式、静电式、磁式、发光二极管式等打印机。

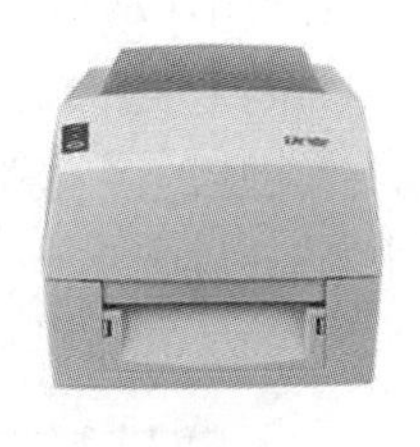

图 12.8 打印机

6. 脑机接口

脑机接口(brain-computer interface,BCI),是指在人或动物脑(或者脑细胞的培养物)与外部设备间建立的直接连接通路。在单向脑机接口中,计算机或者接收脑传来的命令,或者向脑发送信号(如视频重建),但不能同时发送和接收信号。双向脑机接口允许脑和外部设备间的双向信息交换。

目前大多数研究是基于稳态视觉诱发电位(SSVEP)的 BCI 系统,该系统可以用于控制空调、电视机,实现了电话拨话等功能,并在脑电信息传输率上取得了很高的水平。

12.2 按键输入设备的接口设计与编程

按键是单片机系统中常用的信息输入设备,用于智能控制、数据录入、异常处理。

12.2.1 按键的一般处理方法

(1) 检测有无按键按下。

(2) 若有键按下,通常先去抖,具体有硬件、软件两种实现方式。图 12.9 所示的是用 RS 触发器或单稳态电路构成的硬件去抖动电路。软件去抖:在检测到有键按下时,执行一个 10 ms 的延时程序后再读取引脚状态并确认按键是否仍然被按下。若保持按下,则确认有按键按下,从而消除了抖动影响。

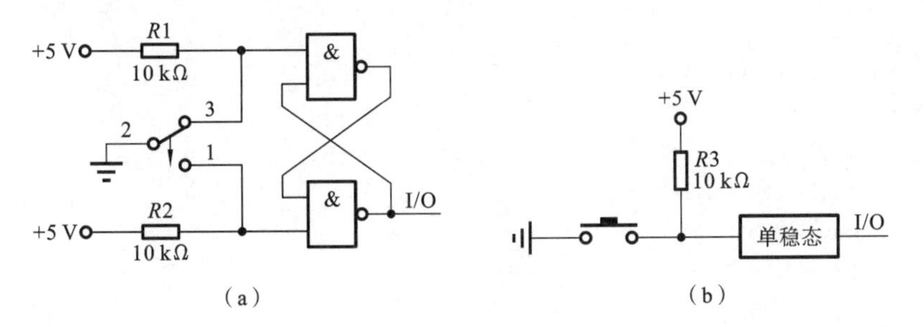

图 12.9 去抖动电路

(3) 可靠的逻辑处理方法。如按键锁定,即只处理一个键,期间任何按下又松开的键不产生影响;不管一次按键持续多长时间,仅执行一次按键功能程序等。

12.2.2 独立式按键

1. 独立按键的结构

独立按键是指直接用 I/O 口线构成的单个按键电路。每个独立按键单独占有一根

I/O 口线，每根 I/O 口线上的按键工作状态不会影响其他 I/O 口线的工作状态。独立按键的接口电路如图 12.10 所示。图 12.10(a)中用于向 CPU 申请中断的模块可以是具有“线与”功能的多输入与门。当任何一个按键按下时，与门输出变为低电平，从而触发外部中断。

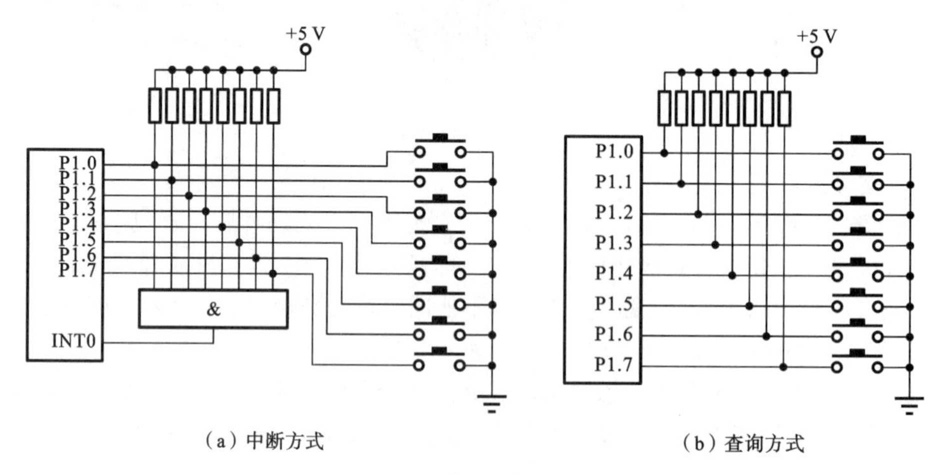

图 12.10 独立按键的接口电路

独立按键电路配置灵活，软件结构简单，但每个按键必须占用一根 I/O 口线，当按键数量较多时，I/O 口线浪费较大。故在按键数量不多时，常采用这种按键电路。通常按键输入都采用低电平有效，按键断开时，上拉电阻保证了 I/O 口线有确定的高电平。I/O 口内部有上拉电阻时，外电路可以不接上拉电阻。

2. 独立按键的软件编程

下面是查询方式的按键程序。prom0～prom7 分别是 8 个按键所对应的功能函数。按键由软件设置了优先级，顺序为 0～7。

```
//读按键函数
void key_port()
    {
    char key1,key2;
    P1=0xff;
    key1=P1:
    if(key1==0xff) return;
    key2=P1;
    if(key2==0xff||key1!=key2) return;
    switch(key2)
    {     case 0xFE:prom0();break;
          case 0xFD:prom1();break;
          case 0xFB:prom2();break;
          case 0xF7:prom3();break;
          case 0xEF:prom4();break;
          case 0xDF:prom5();break;
          case 0xBF:prom6();break;
          case 0x7F:prom7();break;
```

```
        }
    }
```

12.2.3 行列式按键

行列式键盘又叫矩阵式键盘，用 I/O 口线组成行、列结构，按键设置在行、列的交点上，如 2×2 的行、列结构可构成 4 个键的键盘，4×4 的行、列结构可构成 16 个键的键盘。因此，按键数量较多，可以节省 I/O 口线。

1. 键盘工作原理

行列式键盘电路原理图如图 12.11 所示。

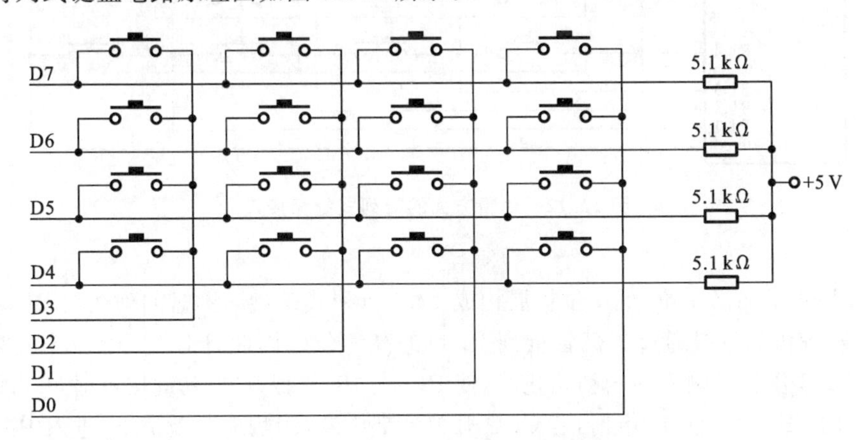

图 12.11 行列式键盘电路原理图

按键设置在行、列线交点上，行、列线分别连接到按键开关的两端，当行线通过上拉电阻接＋5 V 时，被钳位在高电平状态。

确定键盘中有无按键按下的方法：给列线的所有 I/O 口线均置成低电平，然后将行线电平状态读入。如果有键按下，则总会有一根行线电平被拉至低电平，从而使行输入不全为 1。

键盘中哪一个键按下是由列线逐列置低电平后，检查行输入状态而定的。具体方法：依次给列线送低电平，然后查所有行线状态，如果全为 1，则所按下之键不在此列，如果不全为 1，则所按下的键必在此列，而且是在与 0 电平行线相交的交点上的那个键。

2. 键盘扫描方式

单片机应用系统中，键盘扫描只是 CPU 工作的内容之一。因此，要根据应用系统中 CPU 的忙、闲情况，选择好键盘的工作方式。键盘的工作方式分为定时扫描方式和中断扫描方式。

(1) 定时扫描方式：利用单片机内部定时器产生定时中断，如 10 ms，CPU 响应中断后对键盘进行扫描，并在有键按下时转入键功能处理程序。定时扫描方式的键盘硬件电路与软件扫描方式的相同。

(2) 中断扫描方式：单片机应用系统工作时，并不经常需要按键输入。因此，CPU 经常处于空扫描状态。为了进一步提高 CPU 效率，可以采用中断扫描方式。当有键按下时，才执行键盘扫描，并执行该键的功能程序。中断扫描方式的键盘接口如图 12.12

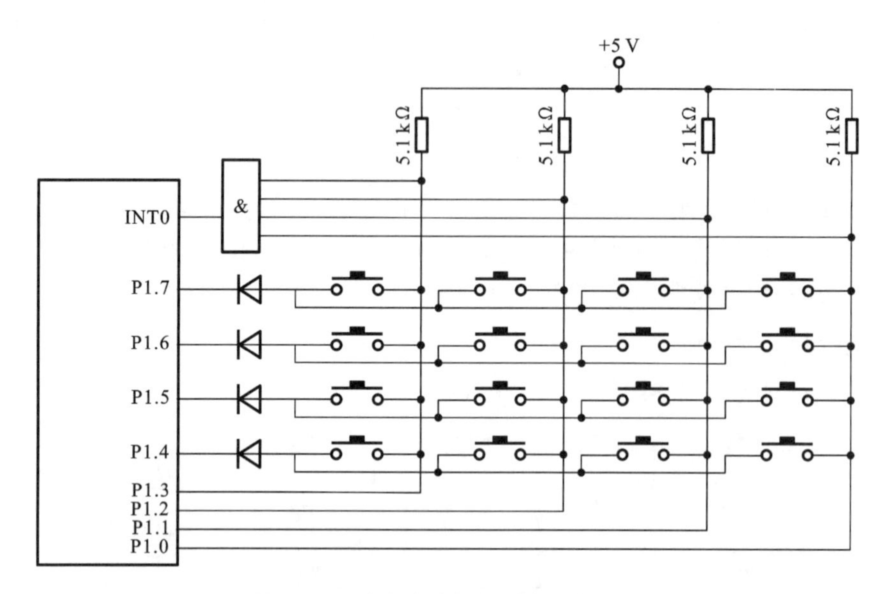

图 12.12 中断方式的行列式键盘接口

所示。

采用 P1 口的高 4 位、低 4 位扩展构成 4×4 行列式键盘。键盘的列线与 P1 口的低 4 位相连，键盘的行线通过二极管接到 P1 口的高 4 位。因此，P1.4～P1.7 作输出线，P1.0～P1.3 作扫描输入线。初始化时，使 P1.4～P1.7 置 0，当有键按下时，$\overline{\text{INT0}}$端为低电平，向 CPU 发出中断申请，若 CPU 开放外部中断，则响应中断请求，进入中断服务程序。在中断服务程序中除了完成键识别、键功能处理外，还必须消除键抖动、防止多次重复执行行键功能操作。

3. 键盘识别方法

当有键按下时，要逐行或逐列扫描，以判定是哪一个按键按下，通常有两种识别方式，即扫描法和反转法。

(1) 扫描法：在判定有键按下后，逐列(或逐行)置低电平，同时读入行(或列)状态，如果行(或列)状态出现非全 1 状态，这时 0 状态的行、列交点上的键就是所按下的键。扫描法的特点是逐行(或逐列)扫描查询，这时相应的行(或列)应有上拉电阻。

(2) 反转法：采用反转法时，只要经过两个步骤即可获得键值，原理如图 12.13 所示。采用中断方式，同时用一个 8 位 I/O 口扩展 4×4 键盘。假定图中所画的键为所按下的键。反转法的步骤如下。

第一步：将 D3～D0 编程为列输入线，D7～D4 编程为行输出线，并使 I/O 输出数据为 0FH(即保证行输出信号 D7～D4 为 0000)。若有键按下，与门的输出端变为低电平，向 CPU 申请中断，表示有键按下。与此同时，D3～D0 的数据用一个变量 x 保存。其中 0 位对应的是被按下键的列位置，然后转入第二步。

第二步：将第一步中的传送方向反转过来，即将 D7～D4 编程为输入线，D3～D0 编程为输出线。使 I/O 口输出数据为 x 的值(即 D3～D0 为按下键的列位置)，然后读入 I/O 数据，存入变量 y，该数据的 D7～D4 位中 0 电平对应的位是按下键的行位置。

最后，将 x 的 D3～D0 与 y 的 D7～D4 拼接起来就是按下键的键值，如图 12.13 所示，按下键的键值为 01111101＝0x7D。

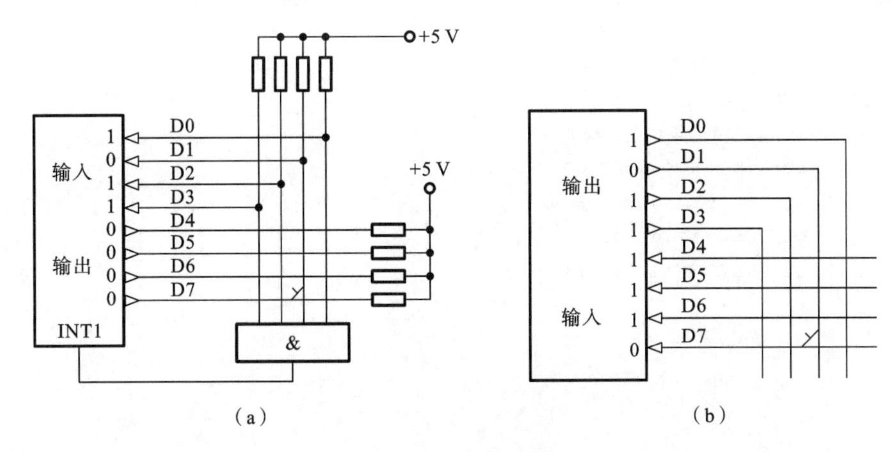

图 12.13　反转法原理

4. 应用示例

如图 12.14 所示，用 4×4 矩阵键盘控制连接在 P0、P1 口的 16 个 LED，当按下某键并释放后，只有对应的 LED 灯亮，例如，按下 S0 后 D0 亮，按下 S1 后 D1 亮。

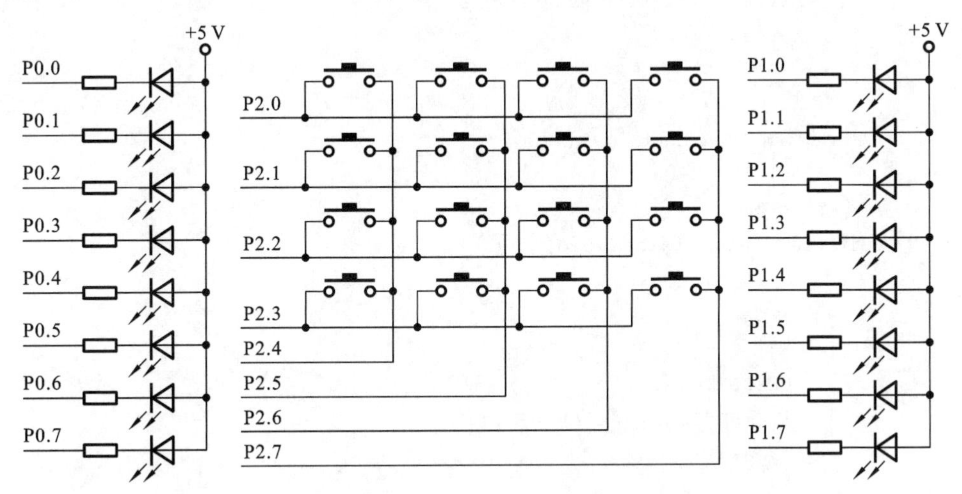

图 12.14　4×4 矩阵键盘

```
#include <reg.51.h>
#define KEYPORT P2
#define uchar unsigned char
uchar led[]={0xfe,0xfd,0xfb,0xf7,0xef,0xdf,0xbf,0x7f};
//是否有按键按下的函数
bit keyinput(void)
{
    KEYPORT=0x0f;
    if((KEYPORT & 0x0f)==0x0f)
        return 0;
    else
        return 1;
}
//识别按键
uchar key_identity(void)
```

```
{
    uchar linecode=0,rowcode=0;
    uchar i;
    uchar scancode=0xef;
    for(i=0;i<4;i++)
{
    KEYPORT=scancode;
    if((KEYPORT & 0x0f)==0x0f)
    {
        rowcode++;
        scancode=scancode<<1|1;
    }
    else
    {
        if(P2^0==0) linecode=0;
        if(P2^1==0) linecode=4;
        if(P2^2==0) linecode=8;
        if(P2^3==0) linecode=12;
        break;
      }
    }
    return (linecode+ rowcode);
}
//等待按键抬起
void wait_key_release(void)
{
    while(1)
    {
        KEYPORT=0x0f;
        if((KEYPORT & 0x0f)==0x0f)
        break;
    }
}
//显示 LED 的函数,n=0～15
void display(uchar n)
{
    if(n<8)
    {
        P0=led[n];
        P1=0xff;
    }
    else
    {
        P0=0xff;
        P1=led[n-8];}
    }
  }
//主函数
```

```
void main(void)
{  uchar keycode;
   usigned int i;
   while(1)
   {
    while(! keyinput());
    for(i=0;i< 500;i++);
    if(keyinput())
    {
        keycode=key_identity();
        wait_key_release();
        display(keycode);
    }
  }
}
```

12.3 触摸屏输入设备的接口设计与编程

ARM单片机具有触摸屏接口，借助于内部的ADC，可以识别电阻式触摸屏，从而实现信息输入。

12.3.1 触摸屏的接口电路

S3C2410A片上具有电阻式触摸屏接口，包含1个外部晶体管控制逻辑和1个带有中断产生功能的ADC接口逻辑。触摸屏接口的原理示意图如图12.15所示。采用中断方式，识别触摸屏的一般过程如下。

(1) 等待中断：S1闭合，S2、S3、S4断开；XP为高电平；YP为低电平。

(2) 响应中断：当按下触摸屏时，XP由高电平变为低电平，触发中断。

(3) 中断处理：S1、S2闭合，S3、S4断开，读取XP，确定竖直方向坐标；

S1、S2断开，S3、S4闭合，读取YP，确定水平方向坐标。

1. 触摸屏的配置过程

(1) 通过外部晶体管将触摸屏引脚连接到S3C2410A上；

(2) 设置X/Y的位置转换模式；

(3) 设置触摸屏接口为等待中断模式；

(4) 如果发生触摸屏中断，将激活相应的转换过程(X/Y位置分开转换模式或自动(连续的)转换模式)；

(5) 得到X/Y位置的正确值以后，返回等待中断模式。

2. 触摸屏操作模式

1) 分离的X/Y轴坐标转换模式

分离的X/Y轴坐标转换模式包括X轴坐标转换和Y轴坐标转换。X轴坐标转换(AUTO_PST＝0且XY_PST＝1)是将X轴坐标转换数值写入ADCDAT0寄存器；转换后，触摸屏接口将向中断控制器发出中断源(INT_ADC)请求。Y轴坐标转换(AUTO_PST＝0且XY_PST＝2)是将Y轴坐标转换数值写入ADCDAT1寄存器；转换后，

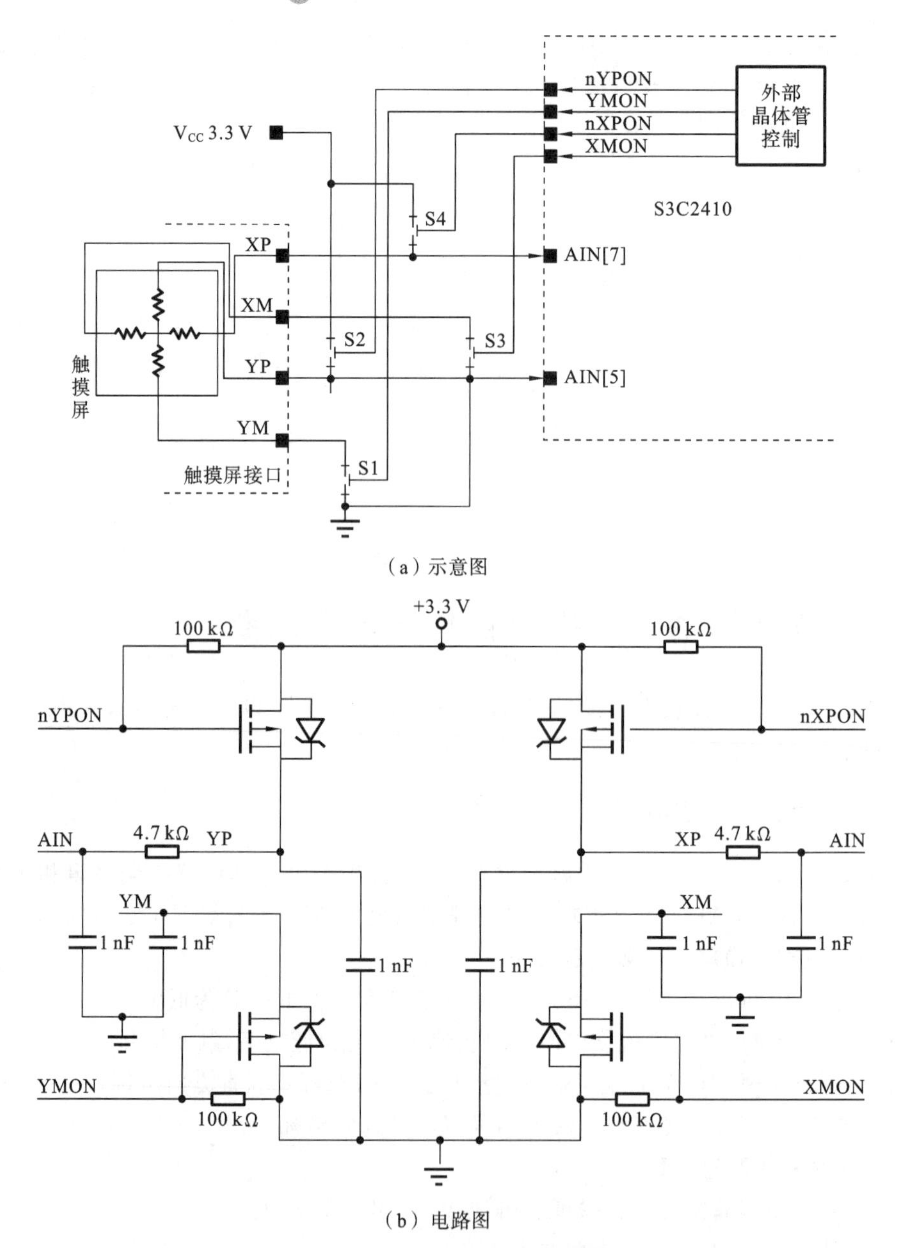

（a）示意图

（b）电路图

图 12.15　触摸屏的接口电路

触摸屏接口将向中断控制器发出中断源(INT_ADC)请求。不同模式下，触摸屏引脚的电平如表 12.2 所示。

表 12.2　不同模式下的触摸屏的引脚电平

模式	XP	XM	YP	YM
X 轴坐标转换	外部电压	GND	AIN[5]	Hi_Z
Y 轴坐标转换	AIN[7]	Hi_Z	外部电压	GND
等待中断模式	上拉电组	Hi_Z	AIN[5]	GND

2）自动(连续)*X*/*Y* 轴坐标转换模式

自动 *X*/*Y* 轴坐标转换模式(AUTO_PST=1 且 XY_PST=0)：触摸屏控制器自动

切换 X 轴坐标和 Y 轴坐标并读取两个坐标轴方向上的坐标。触摸屏控制器自动将测量到的 X 轴坐标写入 ADCDAT0、将 Y 轴坐标写入 ADCDAT1。自动转换之后，触摸屏控制器产生中断源(INT_ADC)请求。

3) 等待中断模式

当触摸笔点击触摸屏时，控制器产生中断信号(INT_TC)。然后通过设置适当的转换模式(分离的 X/Y 轴坐标转换模式或自动 X/Y 轴坐标转换模式)，读取 X 和 Y 的位置。

3. 相关的寄存器

与触摸屏相关的特殊功能寄存器如表 12.3 所示。

表 12.3　与触摸屏有关的特殊功能寄存器及其功能

寄存器	功能
ADCCON	[15]ECFLG:A/D 转换结束标志。0=转换正在进行,1=转换结束 [14]PRSCEN:分频器使能。0=不允许,1=允许 [13:6]PRSCVL:A/D 转换预分频值。A/D 转换频率=PCLK/(PRSCVL+1) [5:3]SEL_MUX:A/D 转换通道选择。000=AIN0,001=AIN1,010=AIN2,011=AIN3,100=AIN4,101=AIN5,110=AIN6,111=AIN7 [2]STDBM:电源方式。0=正常方式,1=休眠方式 [1]READ_START:A/D 转换结束读允许。0=禁止,1=允许 [0]ENABLE_START:启动 A/D 转换。0=无操作,1=启动 AD 转换;转换开始该位清零
ADCTSC	[8]RESERVED:触摸屏中断触发方式。0=表笔按下,1=表笔抬起(Stylus UP) [7]YM_SEN:选择 YMON 的输出值。0=YMON 输出为 0,1=YMON 输出为 1 [6]YP_SEL:选择 nYPON 的输出值。0=nYPON 输出为 0,1=nYPON 输出为 1 [5]XM_SEL:选择 XMON 的输出值。0=XMON 输出为 0,1=XMON 输出为 1 [4]XP_SEN:选择 nXPON 的输出值。0=nXPON 输出为 0,1=nXPON 输出为 1 [3]PULL_UP:上拉使能。0=XP 上拉使能,1=XP 上拉禁止 [2]AUTO_PST:X/Y 轴坐标自动转换使能。0=正常 AD 转换;1=X、Y 自动(连续)AD 转换 [1:0]XY_PST:X/Y 轴坐标自动(连续)转换模式。00=无操作,01=X 位置转换,10=Y 位置转换;11=等待中断模式
ADCDLY	[15:0]:设置 X/Y 轴坐标转换延时值,或者在等待中断模式下产生中断信号(INT_TC)

续表

寄 存 器	功 能
ADCDAT0/ADCDAT1	[15]UPDOWN:触笔状态。0=触笔按下,1=触笔抬起 [14]AUTO_PST:*X*/*Y* 轴坐标自动(连续)转换方式。0=正常转换,1=连续转换 [13:12]XY_PST:00=无操作模式,01=*X* 位置转换,10=*Y* 位置转换,11=等待中断模式 [11:10]Reserved:保留位 [9:0]XPDATA(正常 ADC)/YPDATA。位置转换结果,范围:0000~3FFH

12.3.2 软件编程

利用中断方式识别触摸屏的位置,并将触摸点的位置信息经串口发送到上位机。注:串口程序和相关寄存器的定义未给出。

```
//触摸屏中断服务函数
void IRQ_AdcTouch(void)
{
    uint32 point_adc;
    int i;
    //禁止 ADC 中断和触摸屏中断
    rINTSUBMSK |=(BIT_SUB_ADC|BIT_SUB_TC);

    if(rADCTSC & 0x100)
    {
        UART_SendStr("\n #####Stylus Up! \n");
        rADCTSC &=0x0ff;                        //设置等待下笔中断
    }
    else
    {
        UART_SendStr("\n #####Stylus Down! \n");
        //测量 X 位置
        rADCTSC=
            (0<<8)|(0<<7)|(1<<6)|(1<<5)|(0<<4)|(1<<3)|(0<<2)|(1<<0);
        for(i=0; i<10; i++);
        point_adc=0;
        for(i=0;i<4;i++)
        {
            rADCCON=rADCCON | (1<<0);          //启动 ADC
            while(rADCCON & 0x01);             //等待 ADC 启动
            while(!(rADCCON & 0x8000));        //等待 ADC 完成
            point_adc=point_adc+(rADCDAT0 & 0x3FF);
        }
        point_adc=point_adc>>2;                //计算平均值
        sprintf(disp_buf, "X-Posion[AIN5] is %04d \n", point_adc);
```

```
        UART_SendStr(disp_buf);
        //测量 Y 位置
        rADCTSC=
            (0<<8)|(1<<7)|(0<<6)|(0<<5)|(1<<4)|(1<<3)|(0<<2)|(2<<0);
        for(i=0; i<10; i++);
        point_adc=0;
        for(i=0;i<4;i++)
        {
            rADCCON=rADCCON | (1<<0);          //启动 ADC
            while(rADCCON & 0x1);              //等待 ADC 启动
            while(! (rADCCON & 0x8000));       //等待 ADC 完成
            point_adc=point_adc+(rADCDAT1 & 0x3FF);
        }
        point_adc=point_adc>>2;               //计算平均值
        sprintf(disp_buf, "Y-Posion[AIN7] is %04d \n", point_adc);
        UART_SendStr(disp_buf);
        //进入等待中断模式 (设置抬笔中断)
        rADCTSC=
        (1<<8)|(1<<7)|(1<<6)|(0<<5)|(1<<4)|(0<<3)|(0<<2)|(3<<0);
    }
    //清除中断标志
    rSUBSRCPND=rSUBSRCPND | BIT_SUB_TC;
    rINTSUBMSK=~(BIT_SUB_TC);
    ClearPending(BIT_ADC);
}
//触摸屏初始化函数
void  TouchInit(void)
{
    //设置 nYPCON、YMON、nXPCON、XMON 引脚连接
    rGPGUP=rGPGUP | 0xF000;
rGPGCON=rGPGCON | 0xFF000000;

    //设置 ADC 切换延时值,ADC 时钟频率,禁止读启动,正常工作模式,选用 AIN0
    rADCDLY=20000;
    rADCCON=(1<<14)|((PCLK/ADC_FREQ-1)<<6)|(0<<3)|(0<<2)|(0<<1)|(0<<0);
    //使能 XP 端的上拉电阻,YM=GND,YP->AIN5,XM 高阻,XP->AIN7,等待模式 (设置下
笔中断)
    rADCTSC=(0<<8)|(1<<7)|(1<<6)|(0<<5)|(1<<4)|(0<<3)|(0<<2)|(3<<0);
    //设置中断服务程序,允许中断
    VICVectAddr[31]=(uint32) IRQ_AdcTouch;
    rINTMSK=~BIT_ADC;
    rINTSUBMSK=~BIT_SUB_TC;
}
//主程序
int  main(void)
{
```

```
    UART_Select(0);                                    //选用 UART0
    UART_Init();                                       //初始化 UART0
    UART_SendStr("Touch Screen Test. \n");
    UART_SendStr("Separate X/Y position conversion mode test. \n");
    TouchInit();                                       //初始化触摸屏(ADC)
    IRQEnable();                                       //使能 IRQ 中断(CPSR)
    while(1);
    return(0);
}
```

12.4 字符型输出设备的接口设计与编程

12.4.1 LED 的接口设计与编程

本示例应用 51 单片机的 P2.0 引脚控制一个 LED 灯的亮、灭。当 P2.0=1 时，LED 灯亮；当 P2.0=1 时，LED 灯灭。同时，实现 LED 灯周期性的亮、灭。具体电路如图 12.16 所示。

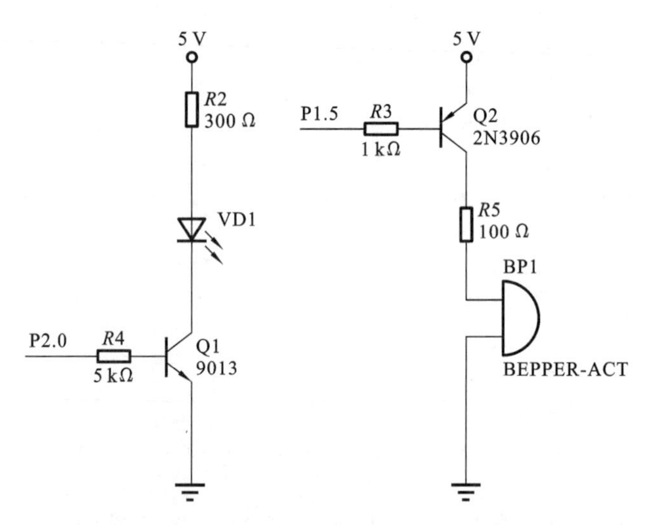

图 12.16 利用单片机控制 LED 灯与蜂鸣器

具体程序：

```
#include <reg51.h>                    //定义单片机的头文件
sbit led=P2^0;                        //定义单片机的管脚
//延时函数
void delay(unsigned int i)
{
    while(i--);
}
//主函数
void main(void)
{
```

```
    while(1)
    {
        led=0;
        delay(1000);
        led=1;
        delay(1000);
    }
}
```

12.4.2 蜂鸣器的接口设计与编程

本示例应用51单片机的P1.5引脚控制一个蜂鸣器。当P1.5=0时，蜂鸣器响；当P1.5=1时，蜂鸣器不响。在本程序中，实现蜂鸣器周期性的鸣叫。具体电路如图12.16所示。

```
#include <reg51.h>
sbit beep=P1^5;
//延时函数
void delay(unsigned int i)
{
    while(i--);
}
//主函数
void main(void)
{
    while(1)
    {
        beep=~beep;
        delay(1000);         //可以通过延时控制发音频率
    }
}
```

12.5 数码管的接口设计与编程

12.5.1 静态显示

如图12.17所示，采取静态显示方式，应用单片机P0口和P1口分别连接两个共阴极七段数码管。当控制位输出为1时，对应的段亮；当控制位输出为0时，对应的段灭。利用74HC07作为驱动器，为各个段提供工作电流。

编写程序，实现P0口上数码管从0到9循环显示，同时，实现P1口上数码管从9到1循环显示。

软件程序：

```
#include <reg51.h>
void delay (unsigned char n);
```

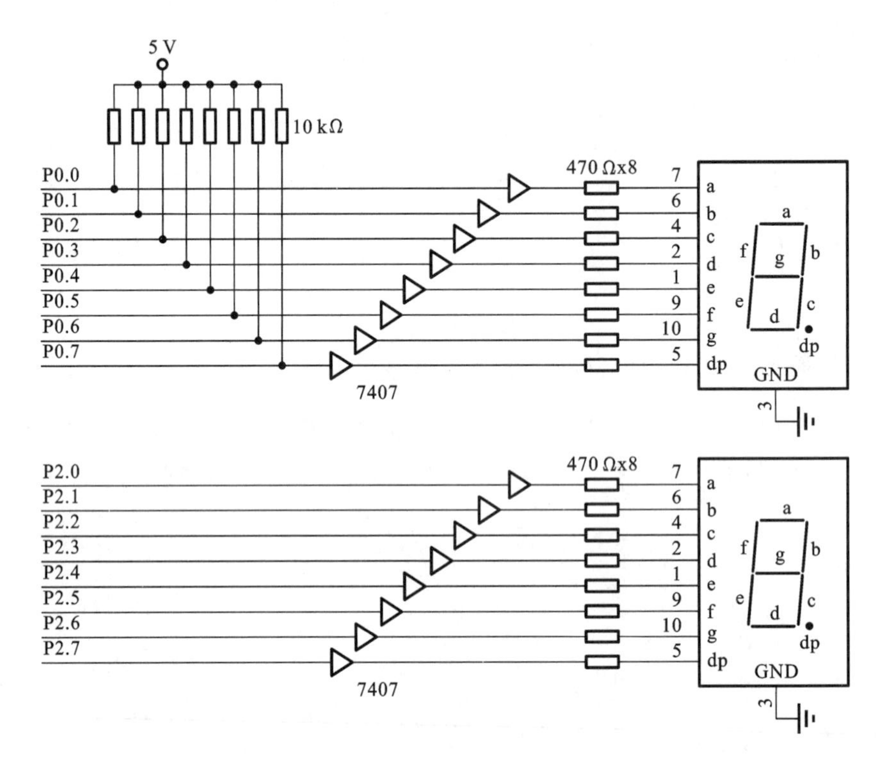

图 12.17　静态显示方式

```
//主函数
void main(void)
{
//共阳极数码管的显示段码
unsigned char led[]={0xC0,0xF9,0xA4,0xB0,0x99,0x92,0x82,0xF8,0x80,0x90};
unsigned char i;
while(1)
{
    for(i=0;i<10;i++)
    {
        P0=~led[i];
        P1=~led[9-i];
        delay(200);
    }
  }
}

void delay(unsigned char n)
{
    unsigned char i,j;
    for(i=0;i<n;i++)
        for(j=0;j<n;j++);
}
```

12.5.2 动态显示

如图 12.18 所示，2 个共阳极数码管采取动态显示方式与单片机相连。P0 口为段选端，P2.6 和 P2.7 分别与三极管基极相连作为位选端。利用定时器中断扫描 2 个数码管，实现 2 个数码管能够分别显示“1”和“2”。

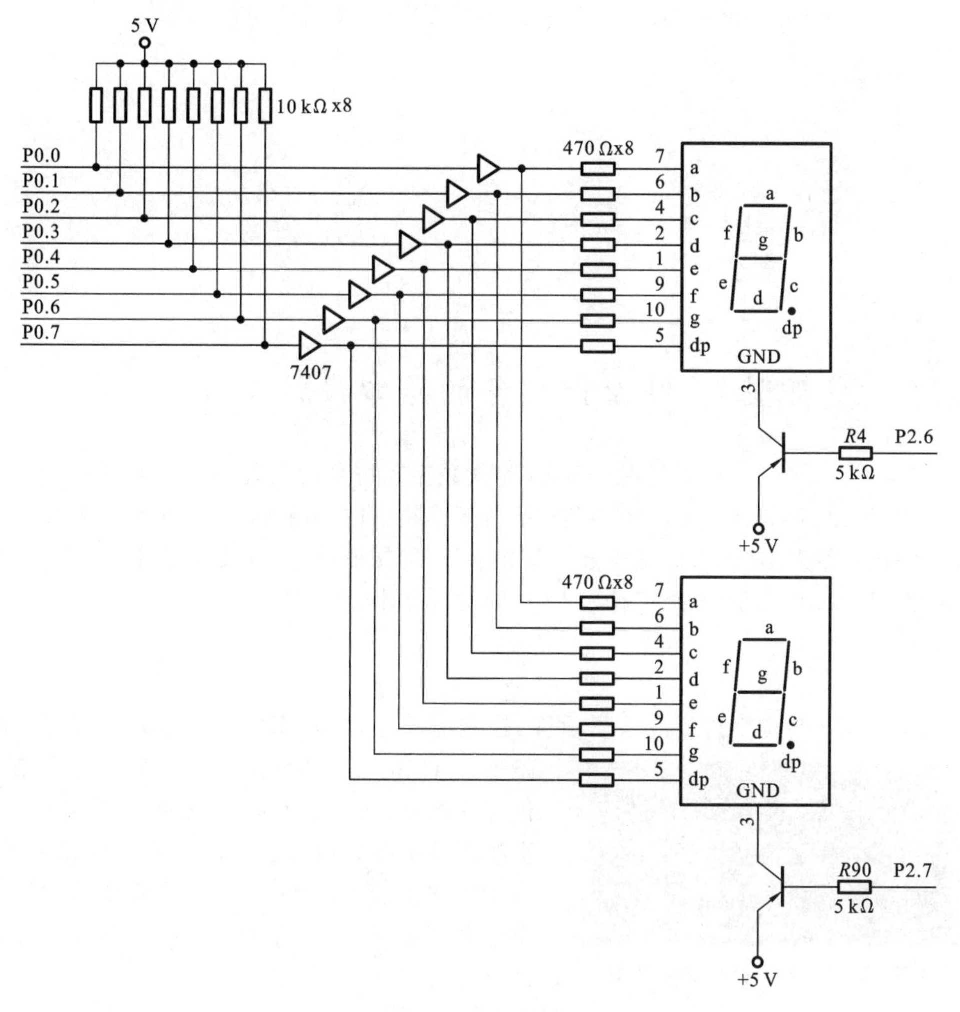

图 12.18 动态显示方式

软件程序：

```
#include <reg51.h>
unsigned char led[]={0xf9,0xa4};
unsigned char segment[]={0x7f,0xbf};
unsigned char k=0;
//主函数
void main(void)
{
    TMOD=0x02;
    TLO=(65536-2000)%256;
    THO=(65536-2000)/256;
```

```
        TR0=1;
        EA=1;
        ET0=1;
        while(1);
    }
    //定时器中断,扫描数码管
    void T0_timer(void) interrupt 1
    {
        P0=led[k];
        P2=segment[k];
        k++;
        if(k==2) k=0;
        TL0=(65536-2000)%256;
        TH0=(65536-2000)/256;
    }
```

12.6　字符型 LCD 输出设备的接口设计与编程

字符型 LCD 是一种专门用于显示字母、数字和符号的设备,如 16 字符×1 行、16 字符×2 行、20 字符×2 行和 40 字符×2 行等模块。LCD1602(16 字符×2 行)字符型 LCD 的控制器为 HD44780,能够显示英文字母、阿拉伯数字、日文片假名和一般符号。本节以 LCD1602 为例,介绍字符型 LCD 的接口设计与编程方法。

12.6.1　LCD1602

LCD1602 是由字符型液晶显示屏、控制驱动主电路 HD44780 及其扩展驱动电路 HD44100,以及少量电阻、电容元件和结构件等装配在 PCB 板上而组成的。LCD1602 的实物图及引脚分别如图 12.19 和表 12.4 所示。LCD1602 的读/写操作、显示屏和光标的操作都是通过指令来实现的,所用到的指令如表 12.5 所示。

图 12.19　LCD1602 的实物图

表 12.4　LCD1602 的引脚及功能

脚　号	符　号	引脚功能	脚　号	符　号	引脚功能
1	GND	电源地	9	D2	数据 I/O
2	VDD	电源正	10	D3	数据 I/O
3	V0	显示偏压信号	11	D4	数据 I/O
4	RS	数据/命令控制,H/L	12	D5	数据 I/O
5	R/W	读/写控制,H/L	13	D6	数据 I/O
6	E	使能信号	14	D7	数据 I/O
7	D0	数据 I/O	15	BL1	背光源正
8	D1	数据 I/O	16	BL2	背光源负

表 12.5　LCD1602 的命令

序号	指　令	RS	R/W	D7	D6	D5	D4	D3	D2	D1	D0
1	清屏	0	0	0	0	0	0	0	0	0	1
2	光标复位	0	0	0	0	0	0	0	0	1	×
3	输入方式设置	0	0	0	0	0	0	0	1	I/D	S
4	显示开关控制	0	0	0	0	0	0	1	D	C	B
5	光标或字符移位控制	0	0	0	0	0	1	S/C	R/L	×	×
6	功能设置	0	0	0	0	1	DL	N	F	×	×
7	字符发生器 RAM 地址设置	0	0	0	1	字符发生存储器地址					
8	数据存储器地址设置	0	0	1	显示数据存储器地址						
9	读忙标志或地址	0	1	BF	计数器						
10	写入数据到 CGRAM 或 DDRAM	1	0	要写入的数据内容							
11	从 CGRAM 或 DDRAM 中读取数据	1	1	读取的数据内容							

LCD1602 液晶模块内部的字符发生存储器(CGROM)存储了 160 个不同的点阵字符图形，包括阿拉伯数字、英文字母的大小写、常用的符号、日文片假名等，每个字符都有一个固定的代码，比如大写的英文字母“A”的代码是 01000001B(41H,65)，显示时模块把地址 41H 中的点阵字符图形显示出来，就能看到字母“A”。

显示某个字符时，需要定位显示地址。LCD1602 的 2 行地址分别为：第一行：00～0FH；第二行 40H～4FH。利用数据存储器地址设置指令，设置该显示数据存储器的地址后，再向该单元写入要显示的数据(字符的 ASCII 码值)，然后就可以在该位置显示出对应 ASCII 码值的字符。

各指令的具体含义如下。

(1) 指令 1：清屏，指令码 01H，光标复位到地址 00H。

(2) 指令 2：光标复位，光标返回地址 00H。

(3) 指令 3：输入方式设置。I/D：光标移动方向，高电平右移，低电平左移；S：屏幕上所有文字是否左移或者右移，高电平表示有效，低电平表示无效。

(4) 指令 4：显示开关控制。D：控制整体显示的开与关，高电平表示开显示，低电平表示关显示；C：控制光标的开与关，高电平表示有光标，低电平表示无光标；B：控制光标是否闪烁，高电平表示闪烁，低电平表示不闪烁。

(5) 指令 5：光标或字符移位控制。S/C：高电平时移动显示的文字，低电平时移动光标；R/L：高电平右移，低电平左移。

(6) 指令 6：功能设置。DL：高电平时为 4 位总线，低电平时为 8 位总线；N：低电平时为为单行显示，高电平时为双行显示；F：低电平时显示 5×7 点阵字符，高电平时显示 5×10 的点阵字符。

(7) 指令 7：字符发生器 RAM 地址设置。

(8) 指令 8：数据存储器地址设置。

(9) 指令 9：读忙标志或地址。BF：为忙标志位，高电平表示忙，此时模块不能接收

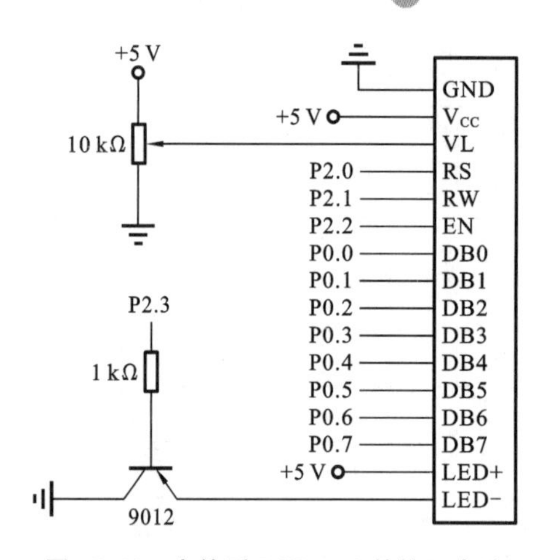

图 12.20　字符型 LCD1602 的接口电路

命令或者数据，如果为低电平，则表示不忙。

(10) 指令 10：写数据。

(11) 指令 11：读数据。

12.6.2　LCD1602 与 51 单片机的接口设计

LCD1602 具有 8 根数据线和 3 根控制线(E、RS 和 R/W)。一般应用中只需向 LCD1602 写入命令和数据。VL 引脚是液晶对比度调节端，通常连接一个 10 kΩ 的电位器即可实现对比度的调整。如图 12.20 所示，将 LCD1602 的 RS、RW、E 分别接单片机的 P2.0、P2.1、P2.2 引脚，数据线直接接单片机的 P0 口上。

```
#include <reg51.h>
#include <intrins.h>                                //其中有 nop 函数的定义
#define uchar unsigned char
#define uint unsigned int
sbit LcdRs=P2^0;
sbit LcdRw=P2^1;
sbit LcdEn=P2^2;
sfr DBPort=0x80;                                    //数据端口
//检测 LCD 是否忙
unsigned char LCD_Wait(void)
{
    LcdRs=0;
    LcdRw=1;_nop_();
    LcdEn=1;_nop_();
    while(DBPort & 0x80);
    LcdEn=0;
    return DBPort;
}
//向 LCD 写入命令或数据
#define LCD_COMMAND            0        //命令
#define LCD_DATA               1        //数字
#define LCD_CLEAR_SCREEN       0x01     //清屏
#define LCD_HOMING             0x02     //光标返回原点
void LCD_Write(bit style, unsigned char input)
{
    LcdEn=0;
    LcdRs=style;
    LcdRw=0;_nop_();
    DBPort=input;_nop_();                          //注意顺序
    LcdEn=1;_nop_();                               //注意顺序
    LcdEn=0;_nop_();
```

```
    LCD_Wait();
}
//设置显示模式
#define LCD_SHOW          0x04        //显示开
#define LCD_HIDE          0x00        //显示关
#define LCD_CURSOR        0x02        //显示光标
#define LCD_NO_CURSOR     0x00        //无光标
#define LCD_FLASH         0x01        //光标闪动
#define LCD_NO_FLASH      0x00        //光标不闪动
void LCD_SetDisplay(unsigned char DisplayMode)
{
    LCD_Write(LCD_COMMAND, 0x08|DisplayMode);
}
//移动光标或屏幕
#define LCD_CURSOR        0x02
#define LCD_SCREEN        0x08
#define LCD_LEFT          0x00
#define LCD_RIGHT         0x04
void LCD_Move(unsigned char object, unsigned char direction)
{
    if(object==LCD_CURSOR)
        LCD_Write(LCD_COMMAND,0x10|direction);
    if(object==LCD_SCREEN)
        LCD_Write(LCD_COMMAND,0x18|direction);
}
//初始化 LCD
void LCD_Initial()
{
    LcdEn=0;
    LCD_Write(LCD_COMMAND,0x38);                  //8位数据端口,2行显示,5×7点阵
    LCD_Write(LCD_COMMAND,0x38);
    LCD_SetDisplay(LCD_SHOW|LCD_NO_CURSOR);     //开启显示, 无光标
    LCD_Write(LCD_COMMAND,LCD_CLEAR_SCREEN);    //清屏
    LCD_SetInput(LCD_AC_UP|LCD_NO_MOVE);        //AC递增, 画面不动
}
//定位:x=0-15; y=0-1
void GotoXY(unsigned char x, unsigned char y)
{
    if(y==0)
        LCD_Write(LCD_COMMAND,0x80|x);
    if(y==1)
        LCD_Write(LCD_COMMAND,0x80|(x+0x40));
}
//显示一个字符串
void Print(unsigned char *str)
{
```

```
        while(*str!='\0')
        {
            LCD_Write(LCD_DATA,*str);
            str++;
        }
    }
    //主程序
    void main(void)
    {
        LCD_Initial();
        GotoXY(0,0);
        Print("The 1602LCD Test");
        GotoXY(0,1);
        Print("ok!");

        while(1){}
    }
```

12.7 点阵型 LCD 的接口设计与编程

LCD240128 是一种图形点阵液晶显示器，它主要由行驱动器、列驱动器以及 240×128 全点阵液晶显示器组成。该点阵型 LCD 能够显示图形，也可以显示 15×8 个(16×16 点阵)汉字。本节以 LCD240128 为例讲述点阵型 LCD 的接口设计与编程方法。

12.7.1 LCD240128

LCD240128 以 T6963C 为控制器，KS0086 驱动液晶显示。LCD240128 控制原理及引脚分别如图 12.21 和表 12.6 所示。LCD240128 具有与 51 单片机时序相适配的接口，操作时序如表 12.7 所示。LCD240128 拥有专门的指令集完成文本、图形显示功能，指令的写入流程如图 12.22 所示，所用到的指令集如表 12.8 所示。单片机写入的指令包含双参数、单参数和无参数指令，指令需要写入命令口，数据需要写入数据口。

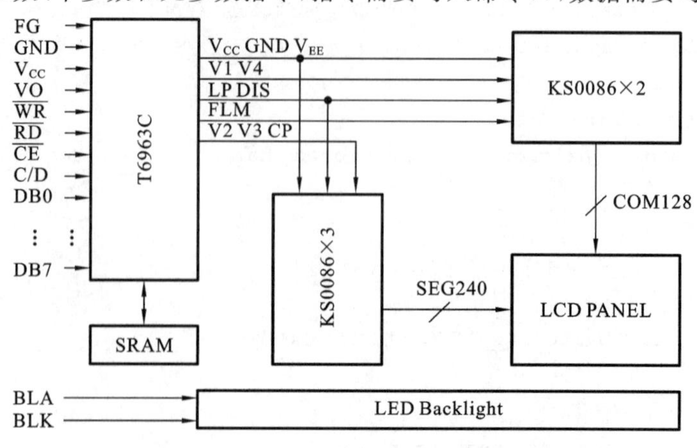

图 12.21 LCD240128 液晶显示控制原理

表 12.6 LCD240128 的引脚及功能

标 号	引 脚	引 脚 功 能
1	FG	结构地
2	GND	逻辑电源负(0 V)
3	V_{CC}	逻辑电源正(5 V)
4	VO	液晶显示电压输入
5	$\overline{WR}$	写信号
6	$\overline{RD}$	读信号
7	$\overline{CE}$	片选信号
8	C/D	H:指令通道;L:数据通道
9	RES	复位信号
10～17	DB0～DB7	数据位 0～数据位 7
18	FS	液晶字体选择
19	BLA	背光正
20	BLK	背光负
21	VOUT	液晶显示电压输出

表 12.7 T6963C 的接口信号

D7～D0	三 态	数 据 总 线
$\overline{RD}$	输入	低电平有效,计算机发给 T6963C 的读操作信号
$\overline{WR}$	输入	低电平有效,计算机发给 T6963C 的写操作信号
$\overline{CE}$	输入	低电平有效,计算机发给 T6963C 的片选信号
C/D	输入	通道选择信号,C/D=1 指令通道,C/D=0 数据通道

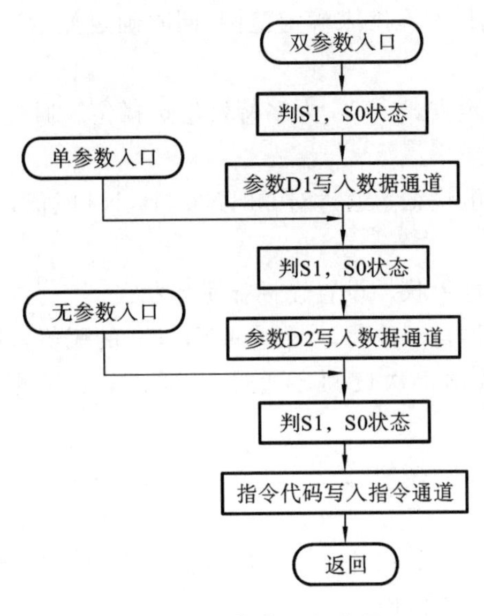

图 12.22 指令写入流程

表 12.8 LCD240128 的指令集

指令序号	指令名称	控制状态			指令代码							
		CD	RD	RW	D7	D6	D5	D4	D3	D2	D1	D0
1	读状态字	1	0	1	S7	S6	S5	S4	S3	S2	S1	S0
2	地址指针设置	1	1	0	0	0	1	0	0	N2	N1	N0
3	显示区域设置	1	1	0	0	1	0	0	0	0	N1	N0
4	显示方式设置	1	1	0	1	0	0	0	CG	N2	N1	N0
5	显示状态设置	1	1	0	1	0	0	1	N3	N2	N1	N0
6	光标形状设置	1	1	0	1	1	1	0	0	N2	N1	N0
7	数据自动读写设置	1	1	0	1	0	0	1	0	0	N1	N0
8	数据一次读写设置	1	1	0	1	1	1	0	0	N2	N1	N0
9	屏读(1 字节)设置	1	1	0	1	1	1	0	0	0	0	0
10	屏拷贝(1 行)设置	1	1	0	1	1	1	0	1	0	0	0
11	位操作	1	1	0	1	1	1	1	N3	N2	N1	N0
12	数据写操作	0	1	0	数据							
13	数据读操作	0	0	1	数据							

指令的具体含义如下。

(1) 指令 1:读状态字。检测指令读写、数据读写、数据自动读写、控制器运行、屏读(拷贝)以及闪烁状态。

(2) 指令 2:设置地址指针。通过 N2、N1、N0 三位判断光标地址、CGRAM 偏置地址以及显示地址位置。

(3) 指令 3:设置显示区域。将显示存储器内划分出各显示区域的范围。由设定 N1、N0 显示区域的首地址和宽度来确定范围,同时确定显示存储器单元与显示屏各个像素的对应关系。

(4) 指令 4:设置显示方式。CG 为字符发生选择位。通过 N2、N1、N0 确定文本与图形的逻辑合成关系。

(5) 指令 5:设置显示状态。通过对 N3、N2、N1、N0 赋值,设置光标状态、文本显示以及图形显示。

(6) 指令 6:设置光标形状。设置光标显示形状。

(7) 指令 7:设置数据自动读写。通过对 N1、N0 的赋值,进入、退出自动读或写。

(8) 指令 8:设置数据一次读写。通过对 N2、N1、N0 赋值进行数据读写,地址增减。

(9) 指令 9:设置屏读一次(1 字节)。屏读是指显示屏上的内容,取出来作为数据提供给计算机使用。

(10) 指令 10:设置屏拷贝(1 行)。屏拷贝是指把显示屏上的某一行显示内容,取出来作为数据提供给计算机使用。

(11) 指令 11:位操作。该指令可以对当前显示地址指针所指单元的数据任一位写

"0"或"1",操作由 N2、N1、N0 确定,N3 为写入数据。

(12) 指令 12:写数据。

(13) 指令 13:读数据。

12.7.2 LCD240128 与 51 单片机的接口设计

按照图 12.23 所示电路,采用单片机的外部总线操作 LCD240128,根据连接关系,可确定命令口地址为 0x8100,数据口地址为 0x8000。

12.7.3 软件编程

本程序将以点阵方式在 LCD240128 的设定位置显示汉字、打点或者绘制直线。

```
#define ulong unsigned long
#define uchar unsigned char
#define uint unsigned int
#define TBUF_SIZE     10
#define RBUF_SIZE     10
#define ColumnChar         30
#define LCD_CMD_ADDR           0x8100
#define LCD_DAT_ADDR           0x8000
#define HZ_Number              80
#define TEXT_START_ADDR        5000
#define GRA_FIRST_ADDR         0x0000
#define GRAPHIC_START_ADDR 0x0000
#define LINEWIDTH 30
#define LOBYTE(w) ((unsigned char)(w))
#define HIBYTE(w) ((unsigned char)(((unsigned int)(w)>>8) & 0xFF))
#define Is_Chinese(HZ_Byte) ((HZ_Byte>=0xA1)&&(HZ_Byte<=0xFE))
#define lcd_Number 0x15
//LCD 状态查询等待函数
static void LCDWait(char sta)
{
    char LCDState;
    while(1)
    {
    P2=HIBYTE(LCD_CMD_ADDR);                    //页地址
    LCDState=PBYTE[LOBYTE(LCD_CMD_ADDR)];  //页内地址
    if(sta==0)                                  //数据和指令的读写状态
        if((LCDState & 0x03)==0x03)
        break;
    else if(sta==1)                             //数据自动读状态
        if((LCDState & 0x04)==0x04)
          break;
    else if(sta==2)                             //数据自动写状态
        if((LCDState & 0x08)==0x08)
          break;
    else
          break;
```

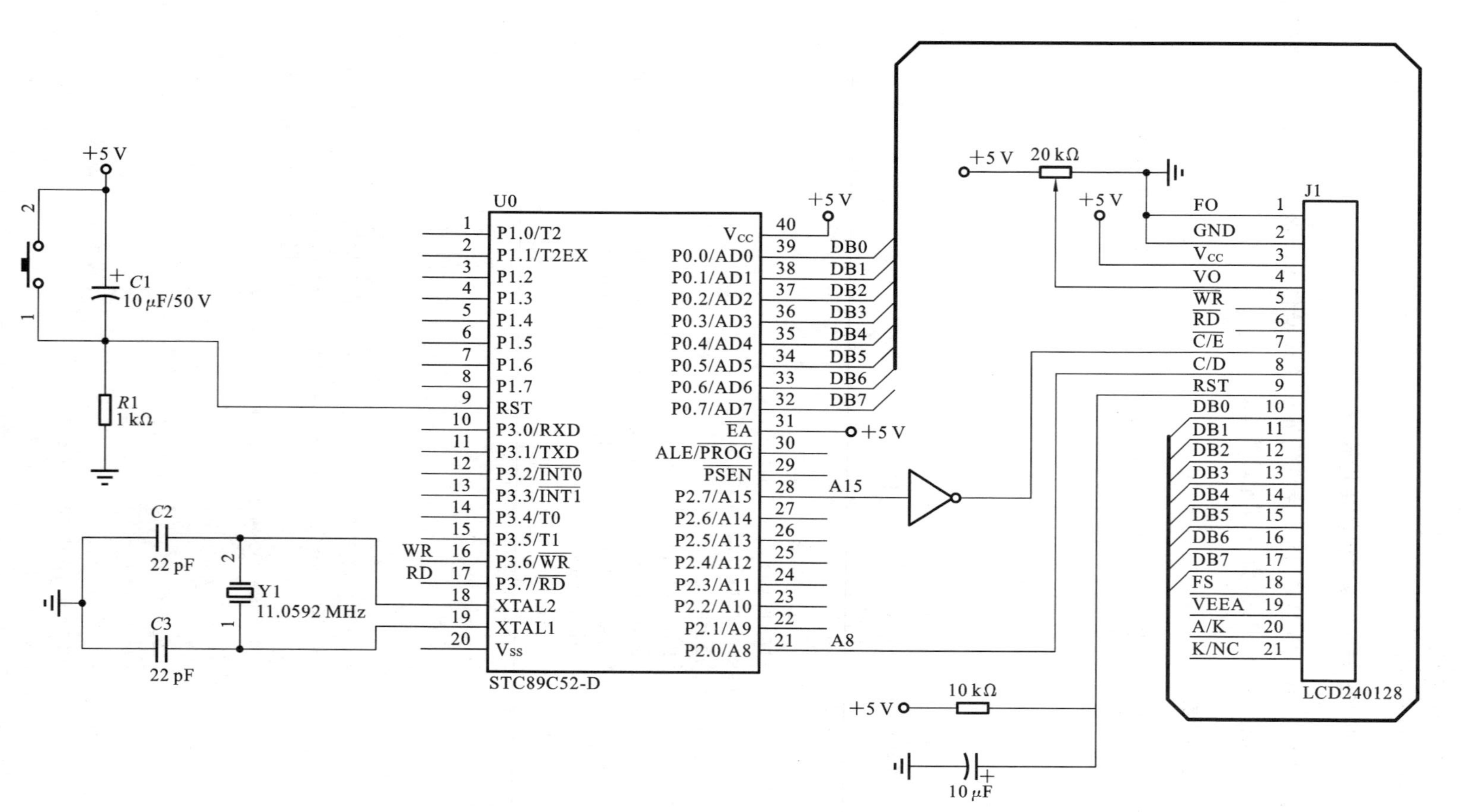

图12.23　点阵型LCD240128的接口电路

```
    }
}
//向 LCD 发命令的函数,其中 PNUM 为参数的个数
void LCDCommand(char dat1,char dat2,char cmd,char pnum)
{
if((pnum==1)||(pnum==2)){
    LCDWait(0);
    P2=HIBYTE(LCD_DAT_ADDR);                    //数据地址
    PBYTE[LOBYTE(LCD_DAT_ADDR)]=dat1;
    Delay_It();
    }
    if(pnum==2){
    LCDWait(0);
    P2=HIBYTE(LCD_DAT_ADDR);
    PBYTE[LOBYTE(LCD_DAT_ADDR)]=dat2;
    Delay_It();
    }
    LCDWait(0);
    P2=HIBYTE(LCD_CMD_ADDR);         //命令地址
    PBYTE[LOBYTE(LCD_CMD_ADDR)]=cmd;
    return;
}
//LCD 初始化的函数
void LCDInt()
{
    LCDCommand(0,0,0x24,2);          //地址指针指向 0000H
    Delay_It();
    //图形区首址
    LCDCommand(LOBYTE(GRA_FIRST_ADDR),HIBYTE(GRA_FIRST_ADDR),0x42,2);
    Delay_It();
    //图形区宽度(30 字节/行)即 0x1e=30d
    LCDCommand(LINEWIDTH,0x00,0x43,2);
    Delay_It();
    //文本区首址

    LCDCommand(LOBYTE(TEXT_START_ADDR),HIBYTE(TEXT_START_ADDR),0x40,2);
    LCDCommand(30,0x0,0x41,2);       //文本区宽度(30 字节/行)
    LCDCommand(0,0x0,0xa7,0);        //光标形状(8 列×7 行)
    LCDCommand(0,0,0x24,2);          //置地址指针位置(显示缓冲区 RAM 0000H)
    LCDCommand(0,0,0x0b0,0);         //设置 LCD 为自动写入状态
    LCDCommand(0,0,0x80,0);          //字符发生器为 CGRAM,显示方式为逻辑“或”
    Delay_It();
    LCDCommand(0,0,0x98,0);          //启用图形显示,光标闪烁
    Delay_It();
    LCDCommand(00,00,0x21,2);        //光标指针(00,00)
}
//清显示屏命令,2 KB 的区域都清零
void Clear(void)
```

```
{
    unsigned char i,j;
    LCDCommand(LOBYTE(0),HIBYTE(0),0x24,2);
    i=0;
    LCDCommand(0,0,0xB0,0);            /* 自动写*/
    for(i=0;i<8;i++)
      for(j=0;j<255;j++)
        {
            LCDCommand(0,0,0xc0,1);
            Delay_It();
        }
    LCDCommand(00,00,0xB2,0);          /* 取消自动写*/
}
//由汉字的机内码获得汉字在显示字库数组中的位置
//函数返回的是汉字在字库中的位置参数
unsigned int Get_HZ_Code(unsigned char HZ_Code1,unsigned char HZ_Code2)
{
    unsigned int Internal_Code=0;
    for(Internal_Code=0;Internal_Code< HZ_Number;Internal_Code++ )
    {
        if((HZ_Code1==HIBYTE(HZ_Table[Internal_Code].Code1))&&
            (HZ_Code2==LOBYTE(HZ_Table[Internal_Code].Code1)) )
        return (Internal_Code);
    }
  return(12);
}
//正常写一个汉字
Write_One_Chinese(unsigned char HZ_Code1,unsigned char HZ_Code2,unsigned
int lin,unsigned int column, bit mode)
{
unsigned int i,j;
unsigned int StartAddr;
unsigned long Internal_Code;

Internal_Code=Get_HZ_Code(HZ_Code1,HZ_Code2);
StartAddr=lin*0x1e+column;
if(mode==0)                              //定位起始行
for(i=0;i<=15;i++)
{
    //定位当前指针位置
    LCDCommand(LOBYTE(StartAddr),HIBYTE(StartAddr),0x24,2);
    //显示当前一行
    LCDCommand(HZ_Table[Internal_Code].Data1[i*2], 0,0xc4,1);
    LCDCommand(LOBYTE(StartAddr+1),HIBYTE(StartAddr+1),0x24,2);
    LCDCommand(HZ_Table[Internal_Code].Data1[i*2+1], 0,0xc4,1);
    StartAddr=StartAddr+0x1e;
}
else
```

```
for(i=0;i<=15;i++)
{
    //定位当前指针位置
    LCDCommand(LOBYTE(StartAddr),HIBYTE(StartAddr),0x24,2);
    //显示当前一行
    LCDCommand(~HZ_Table[Internal_Code].Data1[i*2], 0,0xc4,1);
    LCDCommand(LOBYTE(StartAddr+1),HIBYTE(StartAddr+1),0x24,2);
    LCDCommand(~HZ_Table[Internal_Code].Data1[i*2+1], 0,0xc4,1);
    StartAddr=StartAddr+0x1e;
}
}
//写一个汉字字符串
void Write_String(char *String, unsigned char Pos_X, unsigned char Pos_Y,
bit mode)
{
    unsigned char i,Pos_X1;
    unsigned long HZ_Code;
    i=0;
    Pos_X1=Pos_X;
    do
    {
        Write_One_Chinese(String[i],String[i+1],Pos_X1,Pos_Y+i,mode);
        i+=2;
    } while ((String[i]!=0)&&(i<30));
}
//图形操作函数
/*******************************************************/
void Write_LCD_Bit(uint addr,uchar addrb,bit s)
{
    LCDCommand(LOBYTE(addr),HIBYTE(addr),0x24,2);
    addrb|=0xf8;
    if(!s)
    {
    addrb&=0xf7;
    }
    LCDCommand(0,0,addrb,0);
}
/*******************************************************/
uchar Read_LCD_One_Byte(uint addr)
{
    uchar k;
    LCDCommand(LOBYTE(addr),HIBYTE(addr),0x24,2);
    LCDCommand(0,0,0xc5,0);
    LCDWAIT();
    P2=HIBYTE(LCD_DAT_ADDR);
    k=PBYTE[LOBYTE(LCD_DAT_ADDR)];
    return (k);
}
```

```
/*******************************************************/
bit Read_LCD_Bit(uint addr,uchar addrb)
{
    uchar k;
    k=Read_LCD_One_Byte(addr);
    //addrb=(addrtobit[addrb & 0x07]+1)>>1;
    //if(addrb==0) addrb=0x80;
    switch(addrb & 0x07)
    {
    case 0:addrb=0x01;break;
    case 1:addrb=0x02;break;
    case 2:addrb=0x04;break;
    case 3:addrb=0x08;break;
    case 4:addrb=0x10;break;
    case 5:addrb=0x20;break;
    case 6:addrb=0x40;break;
    case 7:addrb=0x80;break;
  }
  k=k&addrb;
  if(k==0x00)
    return 0;
  else
    return 1;
}
//在坐标 X,Y 处(均为像素)显示一个点
void DrawPoint(uchar x0,uchar y0,uchar mode)
{
    uint StartAddr;
    uchar addrb;
    bit s;
    if(x0>239||x0<0||y0<0||y0>127)
    return;
    StartAddr=((uint)(x0/8+30*y0))+GRA_FIRST_ADDR;
    addrb=7-x0%8;
    if(mode>1)
    s=~Read_LCD_Bit(StartAddr,addrb);
  else
    s=mode==0? 0:1;
  Write_LCD_Bit(StartAddr,addrb,s);
}
//函数功能:绘制直线;画直线函数 mode 0:清除,1:正常画,其他:反显
void DrawLine(int x0,int y0,int x1,int y1,uchar mode)
{
  int dx,dy,dm,dn,m,xl=0,yl=0,x,y;
  if(x0>x1)
  {
  dm=x0;x0=x1;x1=dm;
  dm=y0;y0=y1;y1=dm;
```

```
}
//直线在屏幕左侧或右侧或上侧或下侧
if(x1<0||x0>240||(y0<0&&y1<0)||(y0>128&&y1>128))
    return;
  dx=x1-x0;if(dx<0) dx=-dx;
  dy=y1-y0;if(dy<0) dy=-dy;
  dm=x1>x0? 1:-1;
  dn=y1>y0? 1:-1;
  m=dx>dy? dx:dy;
  x=x0;y=y0;
  do
  {
    DrawPoint((uchar)x,(uchar)y,mode);
    xl+=dx; if(xl>=m) {xl=xl-m;x+=dm;}
    yl+=dy; if(yl>=m) {yl=yl-m,y+=dn;}
  }while(x<x1);
}
//定义字库
code struct HZ_Table_Struct
{
unsigned int Code1;
unsigned char Data1[32];
};
code struct HZ_Table_Struct
HZ_Table[]=
  {
/* 基*/ 0xBBF9, {0x08, 0x20, 0x08, 0x20, 0x7f, 0xfc, 0x08, 0x20, 0x0f, 0xe0,
0x08, 0x20, 0x0f, 0xe0, 0x08, 0x20, 0xff, 0xfe, 0x08, 0x20, 0x11, 0x18, 0x3f,
0xee, 0xc1, 0x04, 0x01, 0x00, 0x7f, 0xfc, 0x00, 0x00},
/* 于*/ 0xD3DA, {0x00, 0x00, 0x3f, 0xfc, 0x01, 0x00, 0x01, 0x00, 0x01, 0x00,
0x01, 0x00, 0xff, 0xfe, 0x01, 0x00, 0x01, 0x00, 0x01, 0x00, 0x01, 0x00, 0x01,
0x00, 0x01, 0x00, 0x09, 0x00, 0x05, 0x00, 0x02, 0x00},
/* 单*/ 0xB5A5, {0x08, 0x20, 0x06, 0x30, 0x04, 0x40, 0x3f, 0xf8, 0x21, 0x08,
0x3f, 0xf8, 0x21, 0x08, 0x21, 0x08, 0x3f, 0xf8, 0x21, 0x08, 0x01, 0x00, 0xff,
0xfe, 0x01, 0x00, 0x01, 0x00, 0x01, 0x00, 0x01, 0x00},
  }
//主函数
void main(void)
{
    LCDInt();
     for (i=0;i<2;i++)
        DIt(0x4e20);                //延时函数
    Clear();
    for (i=0;i<2;i++)
        DIt(0x4e20);
    LCDWait(0);
```

```
        for (i=0;i<1;i++)
            DIt(0x4e20);
        Write_String("基于单",0,0);
        while(1);
    }
```

12.8 彩色 LCD 的接口设计与编程

51 单片机不具有 LCD 控制器，无法直接驱动更为复杂的 LCD 屏。ARM 单片机具有 LCD 控制器，可以直接驱动彩色 LCD 液晶屏。本节主要介绍 ARM 单片机的 LCD 控制器、LCD 接口设计与编程方法。

12.8.1 S3C2410 的 LCD 控制器

S3C2410A 内部集成了 LCD 控制器，作用是传输视频数据并产生所需的控制信号，控制各种类型的 LCD 屏，如 STN 和 TFT 屏。LCD 控制器把系统内存视频缓冲区内的图像数据传送给外部的 LCD 驱动器，从而在 LCD 屏上显示图像。S3C2410 的 LCD 控制器的逻辑框图如图 12.24 所示。

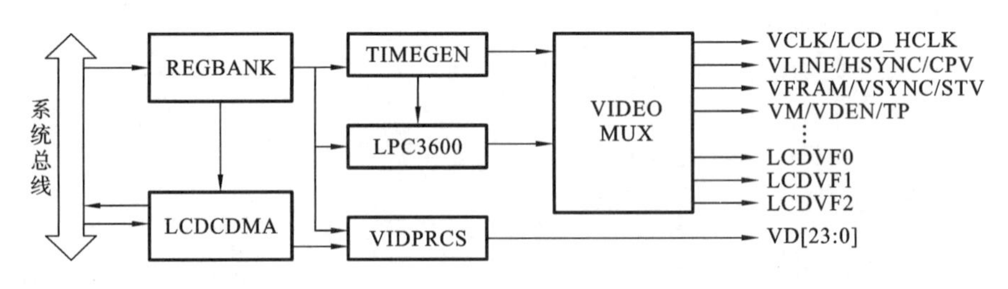

图 12.24 LCD 控制器框图

12.8.2 STN 和 TFT 屏的视频操作

1. STN 屏的视频操作

S3C2410A LCD 控制器支持 8 位彩色模式(256 色)、12 位彩色模式(4096 色)、4 灰度级模式、16 灰度级模式和单色模式。

1) 查找表

查找表就是一个调色板，可从中选择不同的颜色和灰度。在 4 灰度级模式下，可从查找表的 16 个灰度级中选择 4 个灰度级进行显示。在 256 色模式下，3 位为红、3 位为绿、2 位为蓝，从 16 个红色级中选择 8 个，16 个绿色级中选择 8 个，16 个蓝色级中选择 4 个，从而得到 256 种颜色。

2) 灰度模式操作

LCD 控制器支持两种灰度模式：2bpp(4 灰度级)和 4bpp(16 灰度级)模式。2bpp 模式使用查找表 BLUELUT，从 16 个可选灰度级中选 4 个。2bpp 模式查找表使用 BLUELUT 寄存器的 BLUEVAL[15：0]。灰度级 0 由 BLUE[3：0]决定，灰度级 1 由 BLUE[7：4]确定，灰度级 2 由 BLUE[11：8]确定，灰度级 3 由 BLUE[15：12]确定。

3) 256 色模式操作

LCD 控制器支持 8bpp 即 256 色显示模式，每个像素对应的 8 位数据中，3 位红色、3 位绿色、2 位蓝色。红色、绿色和蓝色使用独立的查找表，分别为 REDLUT 寄存器的 REDVAL[31：0]，GREENLUT 寄存器的 GREENVAI[31：0]和 BLUELUT 寄存器的 BLUEVAL[15：0]。

与灰度模式下类似，REDLUT 中的数据 REDVAL[31：0]分为 8 组，每 4 位为一组，REDVAL[31：28]、REDVAL[27：24]、REDVAL[23：20]、REDVAL[19：16]、REDVAL[15：12]、REDVAL[11：8]、REDVAL[7：4]、REDVAL[3：0]分别对应各个红色级。绿色的分组方式与红色的一样。对于 BLUELUT，BLUE[15：0]中用 2 位表示一个色度级。

4) 4096 色模式

LCD 控制器支持 12bbp 即 4096 色模式，数据格式为 4 位红、4 位绿、4 位蓝。这个模式下不使用查找表。

5) 显示驱动方式

对于 STN 屏，LCD 控制器支持三种扫描方式：4 位双扫、4 位单扫和 8 位单扫模式。

4 位双扫显示模式下，8 位并行数据同时传送给屏幕的上下两部分，4 位送给上半部分，另 4 位送给下半部分。8 个引脚(VD[7：0])可以直接连接 LCD 驱动器。

4 位单扫模式下，4 位并行数据线逐行传送数据，直到一帧结束。4 个引脚(VD[3：0])直接连到 LCD 驱动器上，VD[7：4]悬空。

对于 8 位单扫模式，8 位数据同时传送到并行数据线上，VD[7：0]这 8 个引脚直接和 LCD 驱动器相连。

2. TFN 屏的视频操作

LCD 控制器对 TFT LCD 支持 1/2/4/8bpp 调色板显示模式和 16/24bpp 非调色板显示模式。

S3C2410A 让用户从 64K 颜色中选取 256 种颜色进行显示，每种颜色包含 16 位数据，具有 2 种格式，即 5(红)：6(绿)：5(蓝)和 5(红)：5(绿)：5(蓝)：1(公共位)。因此，256 色的调色板的数据存储容量为 256×16 位，该存储器类型为 SPSRAM，内存起始地址为 0x4D000400。

在 256 色调色板显示方式下，单片机数据线每次输出的 32 位数据，仅有低 16 位有效，对应 256 种调色板颜色中的一种。

在 16bpp 非调色板显示模式下，每个像素具有 2 种数据格式，即 5(红)：6(绿)：5(蓝)和 5(红)：5(绿)：5(蓝)：1(公共位)，单片机数据线每次输出的 32 位数据包含了 2 个像素点。

在 24bpp 非调色板显示模式下，每个像素的数据格式为 8(红)：8(绿)：8(蓝)，单片机数据线每次输出 32 位数据，包含了 1 个像素点(24 位数据)，并舍弃其中的 8 位数据。

3. 特殊功能寄存器

与 LCD 控制器相关的特殊寄存器如表 12.9 所示。

表 12.9 特殊功能寄存器

寄存器名称	功　　能
LCD 控制寄存器 1 LCDCON1	[27：18]LINECNT(只读)：行扫描的计数值 [17：8]CLKVAL：确定 VCLK 的频率，即 STN：VCLK＝HCLK/(CLKVAL×2) (CLLKVAL≥2)； TFT：VCLK＝HCLK/[(CLKVAL＋1)×2] (CLLKVAL≥0) [7]MMODE：决定 VM 的改变频率。0＝每一帧，1＝由 MVAL 决定 [6：5]PNRMODE：选择显示模式。00＝4 位双扫描(STN)，01＝4 位单扫描(STN)，10＝8 位单扫描(STN)，11＝TFT 屏 [4：1]BPPMODE：选择 BPP 模式(位/像素)，即 0000＝1bpp，STN，黑白模式；0001＝2bpp，STN，4 级灰度； 0010＝4bpp，STN，16 级灰度；0011＝8bpp，STN，彩色模式； 0100＝12bpp，STN，彩色模式； 1000＝1bpp，TFT；1001＝2bpp，TFT；1010＝4bpp，TFT； 1011＝8bpp，TFT；1100＝16bpp，TFT；1101＝24bpp，TFT [0]ENVID：LCD 图像输出和逻辑使能。0＝禁止视频和 LCD 控制输出，1＝允许视频和 LCD 控制输出
LCD 控制寄存器 2 LCDCON2	[31：24]VBPD：场同步信号后沿。TFT：当一帧开始时，场同步信号产生后的无效行数；SNT：设置为 0 [23：14]LINEVAL：确定 LCD 的垂直尺寸 [13：6]VFPD：场同步信号前沿。TFT：当一帧结束时，场同步信号发生前的无效行数；SNT：设置为 0 [5：0]VSPW：场同步脉冲宽度。TFT：确定 VSYNC；SNT：设置为 0
LCD 控制寄存器 3 LCDCON3	[25：19]HBPD(TFT)：HSYNC 下降沿到有效数据前，VCLK 的周期数；WDLY(STN)：决定 VLINE 到 VCLK 之间的延时 [18：8]HOZVAL：确定 LCD 的水平尺寸 [7：0]HFPD(TFT)：水平同步信号前沿有效数据结束到 HSYNC 上升沿之间 VCLK 的周期数；LINEBLANK(STN)：行扫描的空闲时间
LCD 控制寄存器 4 LCDCON4	[15：8]MVAL(STN)：当 MMODE＝1 时，决定 VM 的频率 [7：0]HSPW(TFT)：行同步脉冲宽度；WLH(STN)：VLINE 脉冲高电平的宽度
LCD 控制寄存器 5 LCDCON5	[31：17]Reserved：保留位并且为 0 [16：15]VSTATUS(TFT)：场同步状态标志位(只读)。00＝VSYNC，01＝BACK Porch，10＝ACTIVE，11＝FRONT Porch [14：13]HSTATUS(TFT)：行同步状态标志位(只读)。00＝HSYNC，01＝BACK Porch，10＝ACTIVE，11＝FRONT Porch [12]BPP24BL(TFT)：确定 24bpp 图像数据的存储顺序。0＝低位有效，1＝高位有效 [11]FRM565(TFT)：选择 16bpp 输出图像数据的格式。0＝5：5：5：1 格式，1＝5：6：5 格式

续表

寄存器名称	功　能
LCD 控制寄存器 5 LCDCON5	[10]INVVCLK(STN/TFT):控制 VCLK 有效沿。0=下降沿,1=上升沿 [9]INVVLINE(STN/TFT):控制 VLINE/HSYNC 脉冲极性。0=正常,1=反相 [8]INVVFRAME(STN/TFT):控制 VFRAME/VSYNC 脉冲极性。0=正常,1=反相 [7]INVVD(STN/TFT):控制 VD(图像数据)脉冲极性。0=正常,1=反相 [6]INVVDEN(TFT):控制 VDEN 信号极性。0=正常,1=反相 [5]INVPWREN(STN/TFT):控制 PWREN 信号极性。0=正常,1=反相 [4]INVLEND(TFT):控制 LEND 信号极性。0=正常,1=反相 [3]PWREN(STN/TFT):LCD_PWREN 输出信号使能。0=禁止,1=允许 [2]ENLEND(TFT):LEND 输出信号使能。0=禁止,1=允许 [1]BSWP(STN/TFT):字节交换控制位。0=禁止,1=允许 [0]HWSWP(STN/TFT):半字交换控制位。0=禁止,1=允许
高位帧缓存地址寄存器 LCDSADDR1	[29:21]LCDBANK:视频缓冲区起始地址的高位部分 A[30:22] [20:0]LCDBASEU:双扫:高位地址计数器的起始地址 A[21:1];单扫:视频缓冲区起始地址的低位部分 A[21:1]
低位帧缓存地址寄存器 LCDSADDR2	[20:0]LCDBASEL:双扫:低位地址计数器的起始地址 A[21:1];单扫:视频缓冲区的结束地址 A[21:1] 计算公式:LCDBASEL= LCDBASEU+(PAGEWIDTH+OFFSET)×(LINEVAL+1)
虚屏地址寄存器 LCDSADDR3	[21:11]OFFSIZE: LCD 屏的偏移尺寸(半字的数量)。上一行最后一个半字地址与下一行第一个半字地址之间相差的半字数 [10:0]PAGEWIDTH:LCD 屏的页面宽度(半字数)
STN 屏颜色定义寄存器 REDVAL、GREENVAL、BLUEVAL	分别为红色、绿色、蓝色查找表寄存器。以 REDVAL 为例,从 16 级灰度等级中,选择 8 种红色等级,由该寄存器决定: 000=REDVAL[3:0]　001=REDVAL[7:4] 010=REDVAL[11:8]　011=REDVAL[15:12] 100=REDVAL[19:16] 101=REDVAL[23:20] 110=REDVAL[27:24] 111=REDVAL[31:28]
STN 屏抖动模式寄存器 DITHMODE	[18:0]LCD 使用的值:0x00000 或者 0x12210
调色板暂存寄存器 TPAL	[24]TPALEN:临时的调色板寄存器使能位。0=禁止,1=允许 [23:0]TPALVAL:调色板寄存器的暂存值。TPALVAL[23:16]:红;TPALVAL[15:8]:绿;TPALVAL[7:0]:蓝

续表

寄存器名称	功　　能
LCD 中断挂起寄存器 LCDINTPND	[1]INT_FrSyn:LCD 帧同步中断挂起状态标志。0=没有中断请求，1=有帧中断请求 [0]INT_FiCnt:LCD FIFO 中断挂起状态标志。0=没有中断请求，1=有 FIFO 中断请求
LCD 源挂起寄存器 LCDSRCPND	[1]INT_FrSyn:LCD 帧同步中断源挂起状态标志。0=没有中断请求，1=有帧同步中断源请求 [0]INT_FiCnt:LCD FIFO 中断源挂起状态标志。0=没有中断请求，1=有 FIFO 中断源请求
LCD 中断屏蔽寄存器 LCDINTMSK	[2]FIWSEL:确定 LCD FIFO 的触发水平。0=4 字，1=8 字 [1]INT_FrSyn: LCD 帧同步中断使能。0=响应中断，1=屏蔽中断 INT_FiCnt[0]: LCD FIFO 中断。0=可响应中断，1=屏蔽中断
LPC3600 控制寄存器 LPCSEL	[2]Reserved:保留，初始值=1 [1]RES_SEL:1=240×320，初始状态=0 [0]LPC_EN: LPC3600 使能位。0=禁止，1=允许

12.8.3 彩色 LCD 的接口设计与软件编程

1. STN 屏接口电路的设计与编程

1）硬件接口设计

如图 12.25 所示，利用 74HCT244 实现 3.3 V 电平到 5.0 V 电平的转换。STN 液

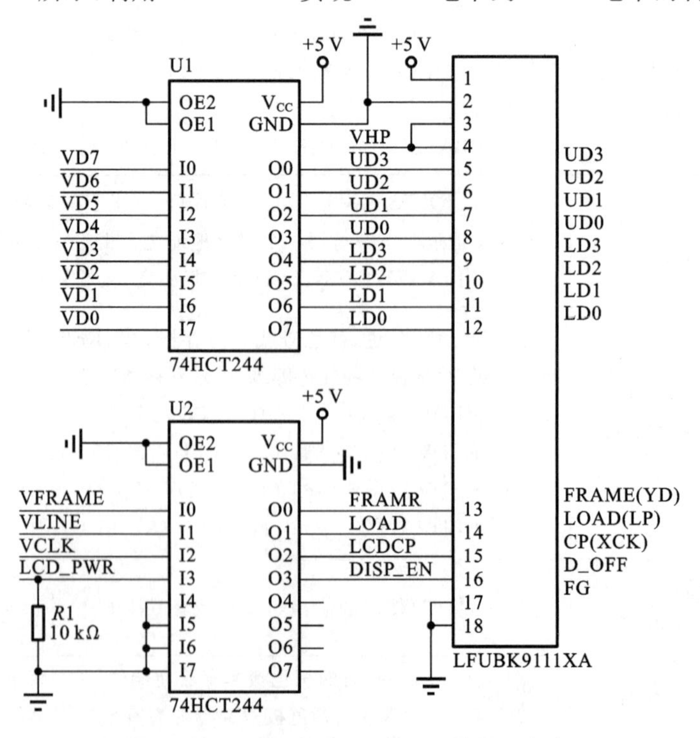

图 12.25　STN 屏 LFUBK9111 的接口电路

晶屏 LFUBK9111 的主要性能参数:320×240,伪彩色,5 V 工作电压。采用 8bpp 显示方式。8 位数据:D7～D5:红;D4～D2:绿;D1～D0:蓝。

2) 软件编程

```
//定义颜色数据类型
#define TCOLOR uint8

//定义 LCM 像素数宏
#define GUI_LCM_XMAX 320        /* 定义液晶 X 轴的点数 */
#define GUI_LCM_YMAX 240        /* 定义液晶 Y 轴的点数 */

//设置颜色宏定义 (格式: R=3, G=3, B=2)
#define   BLACK   0x00     /* 黑色:     0,0,0 */
#define   NAVY    0x02     /* 深蓝色:   0,0,128 */
#define   DGREEN  0x10     /* 深绿色:   0,128,0 */
#define   DCYAN   0x12     /* 深青色:   0,128,128 */
#define   MAROON  0x80     /* 深红色:   128,0,0 */
#define   PURPLE  0x82     /* 紫色:     128,0,128 */
#define   OLIVE   0x90     /* 橄榄绿:   128,128,0 */
#define   LGRAY   0xCA     /* 灰白色:   192,192,192 */
#define   DGRAY   0x92     /* 深灰色:   128,128,128 */
#define   BLUE    0x03     /* 蓝色:     0,0,255 */
#define   GREEN   0x1C     /* 绿色:     0,255,0 */
#define   CYAN    0x1F     /* 青色:     0,255,255 */
#define   RED     0xE0     /* 红色:     55,0,0 */
#define   MAGENTA0xE3      /* 品红:     255,0,255 */
#define   YELLOW  0xFC     /* 黄色:     255,255,0 */
#define   WHITE   0xFF     /* 白色:     255,255,255 */

//定义清屏色
#define   GUI_CCOLOR        BLACK
//定义 FRAMEBUFFER 缓冲区
__align(4) volatile uint8 FrameBuffer[GUI_LCM_YMAX][GUI_LCM_XMAX];
void LCD_PortInit(void)
{
    //设置 C 口(VCLK,HSYNC,VSYNC,VM,VD0～VD7),C1～C4,C8～C15
    rGPCUP=rGPCUP | (0xFF1E);          //禁止上拉电阻
    rGPCCON=(rGPCCON & (～0xFFFF03FC)) | (0xAAAA02A8);

    //设置 D 口(VD8～VD23),D0～D15
    rGPDUP=rGPDUP | 0xFFFF;
    rGPDCON=0xAAAAAAAA;

    //设置 G 口(LCD_PWR),G4
    rGPGUP=rGPGUP | (0x01<<4);
    rGPGCON=rGPGCON | (0x03<<8);
}
```

```
void LCD_ControlInit(void)
{
    //CLKVAL=6
    //MMOD=0,VM 输出设置
    //PNRMODE=2,显示模式——8bit STN
    //BPPMODE=0x03,8BPP STN
    //ENVID=0,关闭显示
    rLCDCON1=(6<<8)|(0<<7)|(2<<5)|(0x03<<1)|0;

    //VBPD=0,STN 屏必须设置为 0
    //LINEVAL=239,垂直行数为 240 行
    //VFPD=0,STN 屏必须设置为 0
    //VSPW=0,STN 屏必须设置为 0
    rLCDCON2=(0<<24)|(239<<14)|(0<<6)|(0);

    //WDLY=1,VLINE 信号过 32 个 HCLK 后,开始输出 VCLK
    //HOZVAL=320*3/8-1,水平列数为 320 列
    //LINEBLANK=100,水平不显示周期为 100×8 个 HCLK
    rLCDCON3=(1<<19)|(119<<8)|(100);

    //MVAL=13, VM 输出频率控制
    //WLH=1,VLINE 信号宽度为 32 个 HCLK
    rLCDCON4=(13<<8) | 1;

    //INVVCLK=0,VCLK 下降沿取数
    //INVVLINE=0,VLINE 信号正常
    //INVVFRAME=0,VFRAME 信号正常
    //INVVD=0,VD 数据正常
    //INVVDEN=0,VDEN 信号正常
    //INVPWREN=0,LCD_PWREN 信号正常
    //INVLEND=0,LEND 信号正常
    //PWREN=1,使能 LCD_PWREN 信号输出
    //ENLEND=0,禁止 LEND 信号输出
    //BSWP=0,HWSWP=0,禁止高低字节取反
    rLCDCON5=(0<<10)|(0<<9)|(0<<8)|(0<<7)|(0<<6)|(0<<5)|(0<<4)|(1<<3)
|(0<<2)|(0<1)|0;

    //设置显示缓冲区——左上角
    //LCDBANK=A30～A22
    //LCDBASEU=A21～A1
    rLCDSADDR1=((((uint32)FrameBuffer) & 0x7FC00000)>>1) | ((((uint32)
FrameBuffer) & 0x003FFFFE)>>1);

    //设置显示缓冲区——双屏的第 2 屏左上角
    //LCDBASEL=A21～A1
    //不使用虚拟屏功能
```

```
    rLCDSADDR2=(((uint32)FrameBuffer+320*240*1) & 0x003FFFFE)>>1;

    //设置显示缓冲区——虚拟屏设置
    //OFFSIZE=0(单位为半字)
    //PAGEWIDTH=160(单位为半字)
    rLCDSADDR3=(0<<11) | (160);

    //禁止LCD的FIFO中断、帧同步中断
    rLCDINTMSK=rLCDINTMSK | 3;

    //禁止LPC3600
    rLPCSEL=0x00;

    //抖动模式设置
    rDITHMODE=0x00000000;

    //调色板设置
    rTPAL=0x000000000;              //禁止临时调色板
    rREDLUT=0xfdb96420;             //RED: 15, 13, 11, 9, 6, 4, 2, 0
    rGREENLUT=0xfdb96420;           //GRN: 15, 13, 11, 9, 6, 4, 2, 0
    rBLUELUT=0xfb40;                //BLU: 15, 11, 4, 0
}
void LCD_DispOn(void)
{
    rLCDCON1=rLCDCON1 | 0x01;//ENVID=1
}
void LCD_DispOff(void)
{
    rLCDCON1=rLCDCON1 & 0xFFFFFFFE; //ENVID=0
}
void  STN_FillSCR(uint8 dat)
{
    uint16 i, j;
    volatile uint8 *p_buffer;
    p_buffer=(uint8*)FrameBuffer;
    for(i=0; i<GUI_LCM_YMAX; i++)
    {
        for(j=0; j<GUI_LCM_XMAX; j++)
        {
            * p_buffer++=dat;
        }
    }
}
void GUI_Initialize(void)
{
    LCD_PortInit();                 //初始化LCD控制口线
```

```
    LCD_ControlInit();                    //初始化 LCD 控制器
    LCD_DispOn();                         //打开 LCD 显示
    STN_FillSCR(GUI_CCOLOR);              //全屏填充清屏颜色(即清屏)
}
void  GUI_FillSCR(TCOLOR dat)
{
    STN_FillSCR(dat);
}
void  GUI_ClearSCR(void)
{
    STN_FillSCR(GUI_CCOLOR);
}
uint32  GUI_Point(uint16 x, uint16 y, TCOLOR color)
{
    volatile uint8 *DAT_Point;
    uint32 addr;
    //参数过滤
    if(x>=GUI_LCM_XMAX) return(0);
    if(y>=GUI_LCM_YMAX) return(0);
    x=GUI_LCM_XMAX-x-1;
    y=GUI_LCM_YMAX-y-1;
    addr=y*GUI_LCM_XMAX+x;
    addr=(uint32)FrameBuffer+addr;
    if(addr & 0x01)
    {
        DAT_Point=(uint8*)(addr & 0xFFFFFFFE);
        * DAT_Point=color;
    }
    else
    {
        DAT_Point=(uint8*)(addr | 0x00000001);
        *DAT_Point=color;
    }
    return(1);
}
uint32 GUI_ReadPoint(uint16 x, uint16 y, TCOLOR *ret)
{
    volatile uint8  *DAT_Point;
    uint32  addr;
    //参数过滤
    if(x>=GUI_LCM_XMAX) return(0);
    if(y>=GUI_LCM_YMAX) return(0);
    x=GUI_LCM_XMAX-x-1;
    y=GUI_LCM_YMAX-y-1;
    addr=y*GUI_LCM_XMAX+x;
    addr=(uint32)FrameBuffer+ addr;
```

```
    if(addr & 0x01)
    {
        DAT_Point=(uint8*)(addr & 0xFFFFFFFE);
        *ret=*DAT_Point;
    }
    else
    {
        DAT_Point=(uint8*)(addr | 0x00000001);
        *ret=*DAT_Point;
    }
    return(1);
}
void  GUI_HLine(uint16 x0, uint16 y0, uint16 x1, TCOLOR color)
{
    uint16  bak;
    if(x0>x1)
    {
        bak=x1;
        x1=x0;
        x0=bak;
    }
    //参数过滤
    if(x0>=GUI_LCM_XMAX) return;
    if(y0>=GUI_LCM_YMAX) return;
    while(x1>=x0)
    {
        GUI_Point(x0, y0, color);
        x0++;
        if(x0>=GUI_LCM_XMAX) return;
    }
}
void GUI_RLine(uint16 x0, uint16 y0, uint16 y1, TCOLOR color)
{
    uint16  bak;
    if(y0>y1)
    {
        bak=y1;
        y1=y0;
        y0=bak;
    }
    //参数过滤
    if(x0>=GUI_LCM_XMAX) return;
    if(y0>=GUI_LCM_YMAX) return;
    while(y1>=y0)
    {
        GUI_Point(x0, y0, color);
```

```
        y0++;
        if(y0>=GUI_LCM_YMAX) return;
    }
}
void  GUI_Rectangle(uint32 x0, uint32 y0, uint32 x1, uint32 y1, TCOLOR color)
{
    GUI_HLine(x0, y0, x1, color);
    GUI_HLine(x0, y1, x1, color);
    GUI_RLine(x0, y0, y1, color);
    GUI_RLine(x1, y0, y1, color);
}
void  GUI_RectangleFill(uint32 x0, uint32 y0, uint32 x1, uint32 y1, TCOLOR color)
{
    uint32  i;
    if(x0>x1)
    {
        i=x0;
        x0=x1;
        x1=i;
    }

    if(y0>y1)
    {
        i=y0;
        y0=y1;
        y1=i;
    }
    if(y1==y0)
    {
        GUI_HLine(x0, y0, x1, color);
        return;
    }
    if(x1==x0)
    {
        GUI_RLine(x0, y0, y1, color);
        return;
    }
    while(y0<=y1)
    {
        GUI_HLine(x0, y0, x1, color);
        y0++;
    }
}
void  GUI_DispPic( uint16 x, uint16 y,
                   uint16 w, uint16 h,
                   uint8  *buffer)
```

```
{
    int i, j;
    volatile uint8 *DAT_Point;
    volatile uint8 *DAT_Point1;
    uint32 lcm_addr;
    //参数过滤
    if(x>(GUI_LCM_XMAX-1)||y>(GUI_LCM_YMAX-1))
    return;
    if((x+w)>GUI_LCM_XMAX)
    return;
    if((y+h)>GUI_LCM_YMAX)
    return;
    buffer=buffer+w*h-1;
    x=GUI_LCM_XMAX-(x+w);
    y=GUI_LCM_YMAX-(y+h);
    for(i=0; i<h; i++)
    {
        lcm_addr=y*GUI_LCM_XMAX+x;
        DAT_Point=(uint8*)FrameBuffer;
        DAT_Point+=lcm_addr;
        for(j=0; j<w; j++)
        {
            lcm_addr=(uint32) DAT_Point;
            if(lcm_addr & 0x01)
            {
                DAT_Point1=(uint8*)(lcm_addr & 0xFFFFFFFE);
                *DAT_Point1=*buffer;
            }
            else
            {
                DAT_Point1=(uint8*)(lcm_addr | 0x00000001);
                *DAT_Point1=*buffer;
            }
            buffer--;
            DAT_Point++;
        }
        y++;
    }
}
```

2. TFT 屏接口电路的设计与编程

1）硬件接口设计

如图 12.26 所示，采用的 TFT-LCD 模块型号为 LQ0S0V3DG01，主要参数：分辨率为 640×480。显示格式：16 位数据，5（红，视频数据线：VD19～VD23）：6（绿，视频数据线：VD10～VD15）：5（蓝，视频数据线：VD3～VD7）格式。

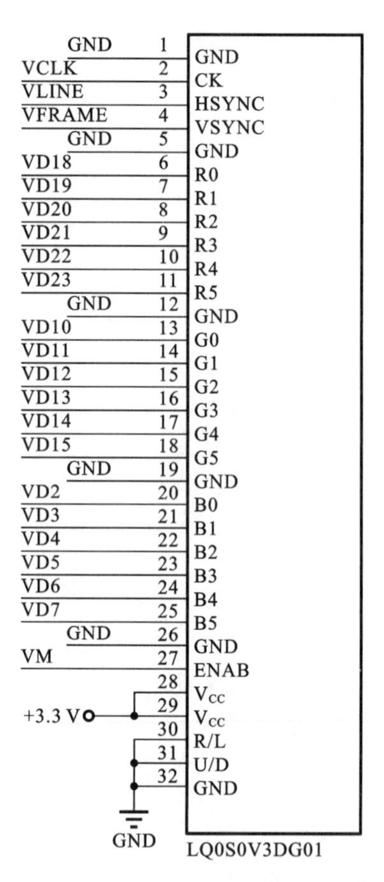

图 12.26　TFT 屏的接口电路

2）软件编程

```
//定义 FRAMEBUFFER 缓冲区
__align(4) volatile uint16 FrameBuffer[GUI_LCM_YMAX][GUI_LCM_XMAX];
//定义颜色数据类型(可以是数据结构)
#define  TCOLOR        uint16
//定义 LCM 像素数宏
#define  GUI_LCM_XMAX    640    /* 定义 X 轴的点数 */
#define  GUI_LCM_YMAX    480    /* 定义 Y 轴的点数 */
//设置颜色宏定义 (格式: R=5, G=6, B=5)
#define  BLACK          0x0000 /* 黑色:      0,0,0 */
#define  NAVY           0x000F /* 深蓝色:    0,0,128 */
#define  DGREEN         0x03E0 /* 深绿色:    0,128,0 */
#define  DCYAN          0x03EF /* 深青色:    0,128,128 */
#define  MAROON         0x7800 /* 深红色:    128,0,0 */
#define  PURPLE         0x780F /* 紫色:      128,0,128 */
#define  OLIVE          0x7BE0 /* 橄榄绿:    128,128,0 */
#define  LGRAY          0xC618 /* 灰白色:    192,192,192 */
#define  DGRAY          0x7BEF /* 深灰色:    128,128,128 */
#define  BLUE           0x001F /* 蓝色:      0,0,255 */
#define  GREEN          0x07E0 /* 绿色:      0,255,0 */
#define  CYAN           0x07FF /* 青色:      0,255,255 */
```

```
#define  RED            0xF800 /* 红色:     255,0,0 */
#define  MAGENTA        0xF81F /* 品红:     255,0,255 */
#define  YELLOW         0xFFE0 /* 黄色:     255,255,0 */
#define  WHITE          0xFFFF /* 白色:     255,255,255 */
//定义清屏色
#define  GUI_CCOLOR  BLACK
void LCD_PortInit(void)
{
    //设置 C 口(VCLK,HSYNC,VSYNC,VM,VD2～VD7),C1～C4,C10～C15
    rGPCUP=rGPCUP | (0x7E0F<<1);     //禁止上拉电阻
    rGPCCON=(rGPCCON & (~(0x3FFC00FF<<2))) | (0x2AA800AA<<2);
    //设置 D 口(VD10～VD15, VD18～VD23),D2～D7,D10～D15
    rGPDUP=rGPDUP | (0x3F3F<<2);
    rGPDCON=(rGPDCON & (~(0xFFF0FFF<<4))) | (0xAAA0AAA<<4);
}
void  LCD_ControlInit(void)
{
    //CLKVAL=1
    //NMOD=0
    //PNRMODE=3,显示模式——TFT
    //BPPMODE=0x0C,16BPP
    //ENVID=0,关闭显示
    rLCDCON1=(1<<8)|(0<<7)|(3<<5)|(0x0C<<1)|0;
    //VBPD=32,垂直不显示周期为 33 行
    //LINEVAL=479,垂直行数为 480 行
    //VFPD=9,垂直不显示周期为 10 行
    //VSPW=0,帧信号(VSYNC)宽度为 1 行
    rLCDCON2=(32<<24)|(479<<14)|(9<<6)|(0);
    //HBPD=47,水平不显示周期为 48 个 VCLK(前)
    //HOZVAL=639,水平列数为 640 列
    //HFPD=15,水平不显示周期为 16 个 VCLK(后)
    rLCDCON3=(47<<19)|(639<<8)|(15);
    //HSPW=95,行信号(HSYNC)宽度为 96 个 VCLK
    rLCDCON4=95;
    //FRM565=1,设置 16bbp 显示数据格式为 5:6:5
    //INVVCLK=0,VCLK 下降沿取数
    //INVVLINE=1,HSYNC、信号取反
    //INVVFRAME=1,VSYNC 信号取反
    //INVVD=0,VD 数据正常
    //INVVDEN=0,VDEN 信号正常
    //INVPWREN=0,LCD_PWREN 信号正常
    //INVLEND=0,LEND 信号正常
    //PWREN=0,禁止 LCD_PWREN 信号输出
    //ENLEND=0,禁止 LEND 信号输出
    //BSWP=0,HWSWP=1,高低字节取反,即低位字节对应于低点像素
    rLCDCON5=(1<<11)|(0<<10)|(1<<9)|(1<<8)|(0<<7)|(0<<6)|(0<<5)|(0<<
4)|(0<<3)|(0<<2)|(0<<1)|1;
    //设置显示缓冲区——左上角
```

```
    //LCDBANK=A30~A22
    //LCDBASEU=A21~A1
    rLCDSADDR1=((((uint32)FrameBuffer) & 0x7FC00000)>>1) | ((((uint32)
FrameBuffer) & 0x003FFFFE)>>1);
    //设置显示缓冲区——双屏的第 2 屏左上角
    //LCDBASEL=A21~A1
    //不使用虚拟屏功能
    rLCDSADDR2=(((uint32)FrameBuffer + 640* 480* 2) & 0x003FFFFE)>>1;
    //设置显示缓冲区——虚拟屏设置;OFFSIZE=0(单位为半字);PAGEWIDTH=640 (单
位为半字)
    rLCDSADDR3=(0<<11) | (640);
    //禁止 LCD 的 FIFO 中断、帧同步中断
    rLCDINTMSK=rLCDINTMSK | 3;
    //禁止 LPC3600
    rLPCSEL=0x00;
    //禁止临时调色板
    rTPAL=0x000000000;
}
void LCD_DispOn(void)
{
    rLCDCON1=rLCDCON1 | 0x01;//ENVID=1
}
void  LCD_DispOff(void)
{
    rLCDCON1=rLCDCON1 & 0xFFFFFFFE; //ENVID=0
}
void  TFT_FillSCR(uint16 dat)
{
    uint16  i, j;
    volatile uint16  *p_buffer;
    p_buffer=(uint16*)FrameBuffer;
    for(i=0; i<GUI_LCM_YMAX; i++)
    {
        for(j=0; j<GUI_LCM_XMAX; j++)
        {
            *p_buffer++=dat;
        }
    }
}
void GUI_Initialize(void)
{
    LCD_PortInit();                  //初始化 LCD 控制口线
    LCD_ControlInit();               //初始化 LCD 控制器
    LCD_DispOn();                    //打开 LCD 显示
    TFT_FillSCR(GUI_CCOLOR);         //全屏填充清屏颜色(即清屏)
}
void  GUI_FillSCR(TCOLOR dat)
{
```

```
    TFT_FillSCR(dat);
}
void  GUI_ClearSCR(void)
{
    TFT_FillSCR(GUI_CCOLOR);
}
uint32  GUI_Point(uint16 x, uint16 y, TCOLOR color)
{
    volatile uint16  *p_buffer;
    //参数过滤
    if(x>=GUI_LCM_XMAX) return(0);
    if(y>=GUI_LCM_YMAX) return(0);
    p_buffer=(uint16*)FrameBuffer;
     //计算显示点对应显示缓冲区的位置
    p_buffer=p_buffer+y*GUI_LCM_XMAX+x;
    *p_buffer=color;                //写入数据
    return(1);
}
uint32 GUI_ReadPoint(uint16 x, uint16 y, TCOLOR *ret)
{
    volatile uint16 *p_buffer;
    //参数过滤
    if(x>=GUI_LCM_XMAX) return(0);
    if(y>=GUI_LCM_YMAX) return(0);
    //读取数据
    p_buffer=(uint16*)FrameBuffer;
    //计算显示点对应显示缓冲区的位置
    p_buffer=p_buffer+y*GUI_LCM_XMAX+x;
    *ret=*p_buffer;
    return(1);
}
void  GUI_HLine(uint16 x0, uint16 y0, uint16 x1, TCOLOR color)
{
    volatile uint16 *p_buffer;
    uint16 bak;
    if(x0>x1)
    {
        bak=x1;
        x1=x0;
        x0=bak;
}
//参数过滤
    if(x0>=GUI_LCM_XMAX) return;
    if(y0>=GUI_LCM_YMAX) return;
    p_buffer=(uint16*)FrameBuffer;
    //计算显示点对应显示缓冲区的位置
    p_buffer=p_buffer+y0*GUI_LCM_XMAX+x0;
    while(x1>=x0)
```

```
        {
            *p_buffer++=color;
            x0++;
            if(x0>=GUI_LCM_XMAX) return;
        }
}
void  GUI_RLine(uint16 x0, uint16 y0, uint16 y1, TCOLOR color)
{
    uint16  bak;
    if(y0>y1)
    {
        bak=y1;
        y1=y0;
        y0=bak;
    }
    //参数过滤
    if(x0>=GUI_LCM_XMAX) return;
    if(y0>=GUI_LCM_YMAX) return;
    while(y1>=y0)
    {
        GUI_Point(x0, y0, color);
        y0++;
        if(y0>=GUI_LCM_YMAX) return;
    }
}
void  GUI_Rectangle(uint32 x0, uint32 y0, uint32 x1, uint32 y1, TCOLOR color)
{
    GUI_HLine(x0, y0, x1, color);
    GUI_HLine(x0, y1, x1, color);
    GUI_RLine(x0, y0, y1, color);
    GUI_RLine(x1, y0, y1, color);
}
void  GUI_RectangleFill(uint32 x0, uint32 y0, uint32 x1, uint32 y1, TCOLOR color)
{
    uint32  i;
    //若 x0>x1,则 x0 与 x1 交换
    if(x0>x1)
    {
        i=x0;
        x0=x1;
        x1=i;
    }
    //若 y0>y1,则 y0 与 y1 交换
    if(y0>y1)
    {
        i=y0;
        y0=y1;
```

```
        y1=i;
    }
    //判断是否只是直线
    if(y0==y1)
    {
        GUI_HLine(x0, y0, x1, color);
        return;
    }
    if(x0==x1)
    {
        GUI_RLine(x0, y0, y1, color);
        return;
    }
    while(y0<=y1)
    {
        GUI_HLine(x0, y0, x1, color);
        y0++;
    }
}
void  GUI_DispPic( uint16 x, uint16 y,
                   uint16 w, uint16 h,
                   uint16 *buffer)
{
    int  i, j;
    volatile uint16 *p_buffer;
    //参数过滤
    if( (x>=GUI_LCM_XMAX) ||(y>=GUI_LCM_YMAX))
    return;
    if((x+w)>GUI_LCM_XMAX)
    return;
if((y+h)>GUI_LCM_YMAX)
    return;
    //更新缓冲区
    for(i=0; i<h; i++)
    {
        p_buffer=(uint16*)FrameBuffer;
        p_buffer=p_buffer +  y* GUI_LCM_XMAX+x;
        for(j=0; j<w; j++)
        {
            *p_buffer++=*buffer++;
        }
        y++;
    }
}
```

12.9 语音输出设备的接口设计与编程

12.9.1 语音芯片 ISD4004

ISD4004 语音芯片的工作电压为 3 V，单片录放时间 8～16 min，音质好，适用于移动电话及其他便携式电子产品。芯片采用 CMOS 技术，内含振荡器、防混淆滤波器、平滑滤波器、音频放大器、自动静噪及高密度多电平闪存。所有操作必须由微控制器控制，操作命令可通过串行通信接口(SPI 或 Microwire)送入。芯片采用多电平直接模拟量存储技术，每个采样值直接存储在片内 Flash 存储器中，因此能够非常真实、自然地再现语音、音乐、音调和效果声，避免了一般固体录音电路因量化和压缩造成的量化噪声和“金属声”。采样频率可为 4.0 kHz、5.3 kHz、6.4 kHz、8.0 kHz，频率越低，录放时间越长，而音质则有所下降，片内信息存于 Flash 存储器中，可在断电情况下保存 100 年(典型值)，反复录音 10 万次。

ISD4004 的内部结构及芯片引脚如图 12.27 所示。对该芯片各引脚的功能的描述

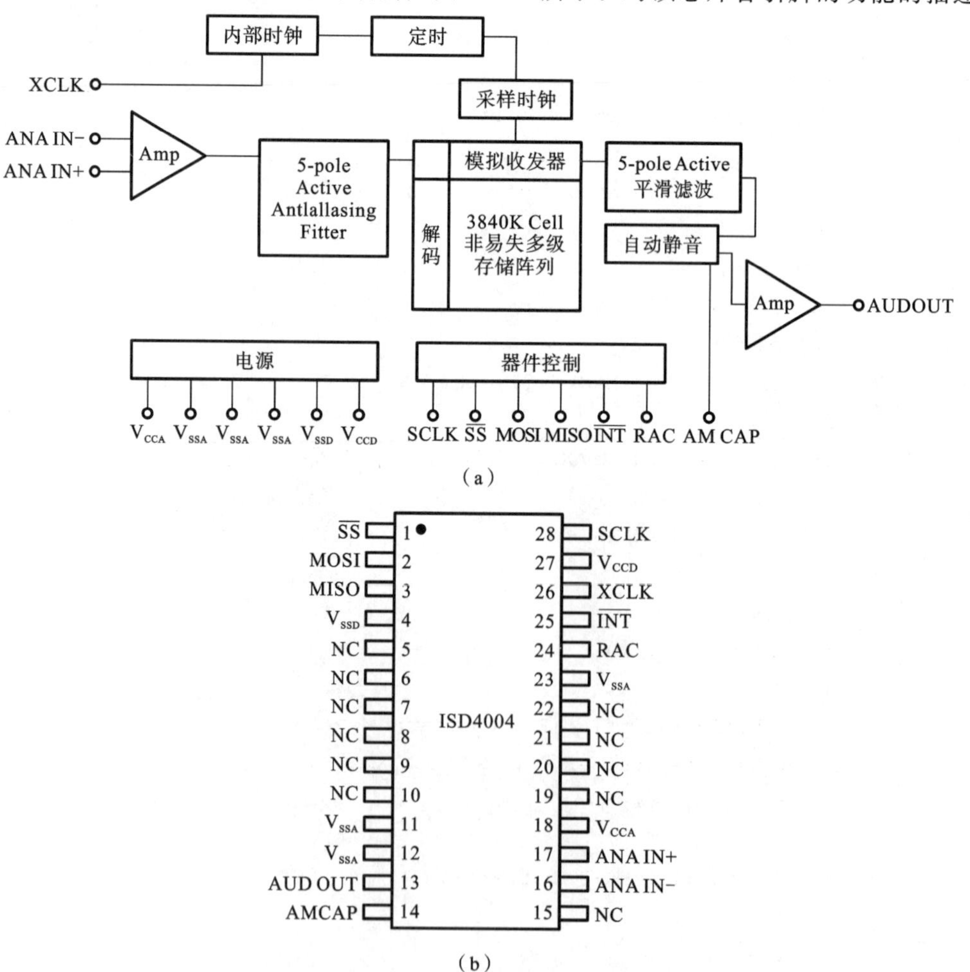

图 12.27 ISD4004 的内部结构及功能描述

如表 12.10 所示。ISD4004 的指令如表 12.11 所示。

表 12.10　ISD4004 的引脚及功能描述

引脚名称	功　　能
电源(V_{CCA},V_{CCD})	模拟和数字电路使用不同的电源,分别走线
地线(V_{SSA},V_{SSD})	芯片内部的模拟和数字电路也使用不同的地线
同相模拟输入(ANA IN+)	录音信号的同相输入端。单端输入时,最大幅度为峰峰值 32 mV,差分驱动时,最大幅度为峰峰值 16 mV
反相模拟输入(ANA IN−)	差分驱动时,录音信号的反相输入端,最大幅度为峰峰值 16 mV
音频输出(AUD OUT)	提供音频输出,可驱动 5 kΩ 的负载
片选($\overline{SS}$)	低电平有效,即向 ISD4004 芯片发送指令,两条指令之间为高电平
串行输入(MOSI)	主控制器应在串行时钟上升沿之前半个周期将数据放到本端,供 ISD 输入
串行输出(MISO)	ISD 未选中时,本端呈高阻态
串行时钟(SCLK)	时钟输入端,由主控制器产生,用于同步 MOSI 和 MISO 的数据传输。数据在 SCLK 上升沿锁存到 ISD,在下降沿移出 ISD
中断($\overline{INT}$)	漏极开路输出。ISD 在任何操作(包括快进)中检测到 EOM 或 OVF 时,本端变低并保持。中断状态在下一个 SPI 周期开始时清除。中断状态也可用 RINT 指令读取。OVF 标志——指示 ISD 的录、放操作已到达存储器的末尾。EOM 标志——只在放音中检测到内部的 EOM 标志时,此状态位才置 1
行地址时钟(RAC)	漏极开路输出。每个 RAC 周期表示 ISD 存储器的操作进行了一行(ISD4004 系列中的存储器共 2400 行)。该信号 175 ms 保持高电平,低电平保持时间为 25 ms。快进模式下,RAC 218.75 μs 保持高电平,低电平保持时间为 31.25 μs。该端可用于存储管理技术
外部时钟(XCLK)	内部下拉。在不外接时钟时,此端必须接地
自动静噪(AMCAP)	当录音信号电平下降到内部设定的某一阈值以下时,自动静噪功能使信号衰弱,这样有助于降低无信号(静音)时的噪声。通常本端对地接 1 mF 的电容,构成内部信号电平峰值检测电路的一部分。检出的峰值电平与内部设定的阈值作比较,决定自动静噪功能的翻转点。大信号时,自动静噪电路不衰减,静音时衰减 6 dB。1 mF 的电容也影响自动静噪电路对信号幅度的响应速度。本端接 V_{CCA} 则禁止自动静噪

表 12.11　ISD4004 的指令表

指　　令	8 位控制码＜16 位地址＞	操作摘要
POWERUP	00100XXX＜XXXXXXXXXXXXXXXX＞	上电:等待 TPUD 后器件可以工作
SET PLAY	11100XXX＜A15～A0＞	从指定地址开始放音,后跟 PLAY 指令可使放音继续进行下去
PLAY	11110XXX＜XXXXXXXXXXXXXXXX＞	从当前地址开始放音(直至 EOM 或 OVF)

续表

指　　令	8 位控制码<16 位地址>	操 作 摘 要
SET REC	10100XXX<A15～A0>	从指定地址开始放音，后跟 REC 指令可使放音继续进行下去
REC	10110XXX<XXXXXXXXXXXXXXXX>	从当前地址开始放音（直至 OVF 或停止）
SET MC	11101XXX<A15～A0>	从指定地址开始快进，后跟 MC 指令可使放音继续进行下去
MC	11111XXX<XXXXXXXXXXXXXXXX>	执行快进，直至 EOM；若再无信息，则进入 OVF 状态
STOP	0X110XXX<XXXXXXXXXXXXXXXX>	停止当前操作
STOPWRDN	0X01XXXX<XXXXXXXXXXXXXXXX>	停止当前工作或掉电
RINT	0X110XXX<XXXXXXXXXXXXXXXX>	读状态：OVF 或 EOM

12.9.2 硬件接口设计

ISD4004 语音芯片与单片机的典型连接如图 12.28 所示。采用 74HC245 实现 51 单片机与 ISD4004 的电平匹配。

12.9.3 软件编程

```
#include <reg51.h>
#include <intrins.h>
#define uchar unsigned char
#define uint unsigned int

#define ISDPOWERUP 0X20//ISD4004 上电
#define ISDSTOP 0X10//ISD4004 下电
#define OPERSTOP 0X30//ISD4004 停止当前操作
#define PLAYSET 0XE0//ISD4004 从指定地址开始放音
#define PLAYCUR 0XF0 //ISD4004 从当前地址开始放音
#define RECSET 0XA0 //ISD4004 从指定地址开始录音
#define RECCUR 0XB0 //ISD4004 从当前地址开始录音
sbit SS=P1^4;
sbit MOSI=P1^5;
sbit SCLK=P1^7;
sbitINT=P3^2;
sbit ctl=P1^3;
uint addr;                          //放音地址

void play(void)
{
    uint y;
    SS=0;
```

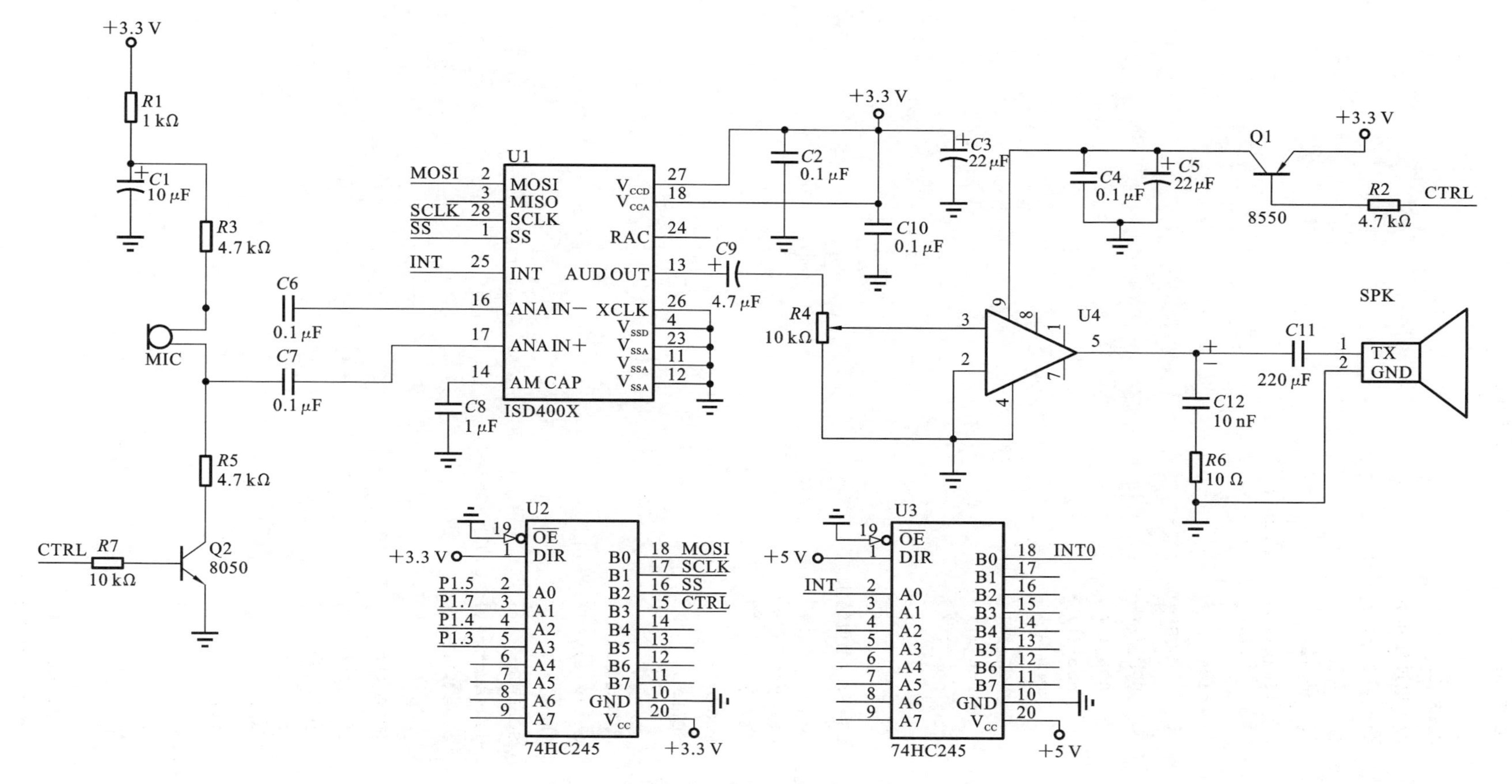

图12.28 语音芯片的接口电路

```
MOSI=0;                     //发送开始

SCLK=0;
//上电过程开始
for(y=0;y<8;y++)
{
    SCLK=0;
    if((0x20>>y)&0x01)
        MOSI=1;
    else
        MOSI=0;
    _nop_();
    _nop_();
    _nop_();
    SCLK=1;
    _nop_();
    _nop_();
    _nop_();
}

SS=1;//上电结束

delayms(50);
SS=0;
MOSI=0;
SCLK=0;

//发送地址
for(y=0;y<16;y++)
{
SCLK=0;
if((addr>>y)&0x01) MOSI=1;
else MOSI=0;
_nop_();
_nop_();
_nop_();
SCLK=1;
_nop_();
_nop_();
_nop_();
}

MOSI=0;                     //放音

SCLK=0;
for(y=0;y<8;y++)
```

```
    {
    SCLK=0;
    if((0xe0>>y)&0x01) MOSI=1;
    else MOSI=0;
    _nop_();
    _nop_();
    _nop_();
    SCLK=1;
    _nop_();
    _nop_();
    _nop_();
    }
    SS=1;
    SS=0;
    MOSI=0;

    SCLK=0;
    //play 指令
    for(y=0;y<8;y++)
    {
    SCLK=0;
    if((0xf0>>y)&0x01) MOSI=1;
    else MOSI=0;
    _nop_();
    _nop_();
    _nop_();
    SCLK=1;
    _nop_();
    _nop_();
    _nop_();
    }
    SS=1;
    }

void rec(void)
{
    uint y;
    SS=0;
    MOSI=0;

    //上电
    SCLK=0;
    for(y=0;y<8;y++)
    {
    SCLK=0;
    if((0x20>>y)&0x01) MOSI=1;
```

```
else MOSI=0;
_nop_();
_nop_();
_nop_();
SCLK=1;
_nop_();
_nop_();
_nop_();
}

SS=1;

delayms(50);
SS=0;
MOSI=0;

//发送录音地址
SCLK=0;
for(y=0;y<16;y++)
{
SCLK=0;
if((addr>>y)& 0x01)MOSI=1;
else MOSI=0;
_nop_();
_nop_();
_nop_();
SCLK=1;
_nop_();
_nop_();
_nop_();
}//发送地址结束

MOSI=0;
SCLK=0;
for(y=0;y<8;y++)
{
SCLK=0;
if((0xa0>>y)& 0x01)MOSI=1;
elseMOSI=0;
_nop_();
_nop_();
_nop_();
SCLK=1;
_nop_();
_nop_();
_nop_();
```

```
}
SS=1;

//发送 rec 命令
SS=0;
MOSI=0;
SCLK=0;
for(y=0;y<8;y++)
{
SCLK=0;
if((0xb0>>y)&0x01)MOSI=1;
else MOSI=0;
_nop_();
_nop_();
_nop_();
SCLK=1;
_nop_();
_nop_();
_nop_();
}
SS=1;
}

void stop()
{
uchar y;
SS=1;
SS=0;
MOSI=0;                    //放音

SCLK=0;
for(y=0;y<8;y++)
{
SCLK=0;
if((0x30>>y)&0x01)MOSI=1;
else MOSI=0;
_nop_();
_nop_();
_nop_();
SCLK=1;
_nop_();
_nop_();
_nop_();
}
SS=1;
}
```

```
//延时子程序
void delayms(uchar ms)
{
uchar j;
while(ms--)
{
for(j=0;j<120;j++);
}
}
//主程序
void main(void)
{
while(1)
{
if(K1==0)
{
    delayms(10);
    while(K1==0);              //按键释放
    addr=0X05;                 //从 0X05 单元开始
    rec();
    while(K1==1);
    delayms(10);
    while(K1==0);              //松手判断
    }
if(K2==0)
{
    delayms(10);
    while(K2==0);
    addr=0X05;
    play();
}

if(K3==0)
{
    delayms(10);
    while(K3==0);
    stop();
}
}
}
```

12.10 51 与 ARM 单片机的人机交互功能对比

表 12.12 列出了 51 与 ARM 单片机在人机交互功能方面的对比结果。

表 12.12 51 与 ARM 单片机的人机交互功能的对比

对 比 点	51 单片机	ARM 单片机
字符设备:按键、发光二极管、继电器、蜂鸣器	采用 IO 口可以驱动	采用 IO 口可以驱动
数码管	采用 IO 口可以驱动	采用 IO 口可以驱动
字符型 LCD	采用 IO 口可以驱动	采用 IO 口可以驱动
点阵型 LCD	需要外置 LCD 控制器	直接驱动
STN LCD	需要外置 LCD 控制器	直接驱动
TFT LCD	需要外置 LCD 控制器	直接驱动
触摸屏	需要外置触摸屏控制器	直接驱动

思 考 题

1. 如何利用 51 单片机的外部总线扩展并行接口(74HC573),驱动 LED 阵列和识别行列式按键?

2. 如何利用 51 单片机的外部总线扩展并行接口(74HC573),以动态方式驱动 4 个数码管?

3. 查询可以静态驱动数码管的芯片,并设计这些芯片与 ARM 单片机的接口电路以及显示程序。

4. 参考本章给出的 STN 屏和 TFT 屏示例程序,编写在这些屏上显示一个汉字的程序。

5. 参考本章给出的 TFT 屏示例,设计一个 ARM 嵌入式系统,包含一个按键和一个 TFT 显示屏,每次按下该按键时,在 TFT 屏的不同行显示不同的信息。

6. 总结视频缓冲区的功能,并回答在程序设计中,如何设置和使用视频缓冲区。

附　录

1. NMOS、PMOS、CMOS、HMOS、CHMOS

NMOS(N-metal-oxide-semiconductor)，即N型金属-氧化物-半导体，指具有P型衬底、N沟道结构的半导体器件或工艺。

PMOS(P-metal-oxide-semiconductor)，即P型金属-氧化物-半导体，指具有N型衬底、P沟道结构的半导体器件或工艺。

CMOS(complementary metal oxide semiconductor)：互补金属氧化物半导体，即将NMOS和PMOS器件同时制作在同一硅衬底上，形成CMOS集成电路，主要特点是低功耗。

HMOS，指高密度金属氧化物半导体(high density metal oxide semiconductor)或者高速金属氧化物半导体(high speed metal oxide semiconductor)。

CHMOS：CMOS和HMOS的结合，除了保持HMOS的高速度和高密度之外，还具有CMOS低功耗的特点。

2. CMOS **工艺精度**

三星S3C44B0 250 nm CMOS工艺；三星S3C2410 180 nm CMOS工艺；三星S3C6410 65 nm CMOS工艺；三星Exynos4412 32 nm CMOS工艺。

3. CISC **与** RISC

CISC(complex instruction set computing)：复杂指令集计算机，特点：指令集庞大、程序设计简单、功耗高、芯片设计周期长。

RISC(reduced instruction set computing)：精简指令集计算机，特点：指令集小、程序设计复杂、流水线操作、芯片设计周期短。

4. SRAM、DRAM、SDRAM

SRAM(static random access memory)：静态随机存取存储器。SRAM不需要刷新电路即能保存数据，但集成度较低、功耗大。

DRAM(dynamic random access memory)：动态随机存取存储器。集成度高、访问速度慢。

SDRAM(synchronous dynamic random access memory)：同步动态随机存取存储器。SDRAM有一个同步接口，能和计算机的系统总线同步。

5. PROM、EPROM、EEPROM、Flash

PROM：可编程只读存储器，一次性写入，而后不能再次擦除。

EPROM：可擦除可编程只读存储器，可紫外擦除，并可再编程。

EEPROM：电可擦除可编程只读存储器，按照字节操作。

Flash：一种EEPROM存储器，可做外部存储设备，但按照扇区写入/擦除操作。

6. ISP、IAP

ISP(in-system programmability)即在系统可编程，是指在设计的电子系统中或电路板上为重构逻辑而对逻辑器件进行编程或反复编程的能力。

IAP(in-application programmability)即在应用编程，是用户程序在运行过程中对Flash的部分区域进行烧写，从而可方便地对产品中的固件程序进行更新升级。

7. IP核

IP核：知识产权核。

软核是用硬件描述语言描述的功能块，并不涉及具体电路元件。

固核只对描述功能中一些比较关键的路径进行预先布局布线，而其他部分仍然可以任由编译器进行优化处理。

硬核提供设计阶段的最终产品：掩膜，即经过完全的布局布线的网表。

8. 存储器架构

冯·诺依曼结构也称普林斯顿结构，是一种将程序存储器和数据存储器合并在一起的存储器结构。

哈佛结构是一种将程序存储器和数据存储器分开的存储器结构。

9. 面向过程/对象的编程语言

机器语言是机器能直接识别的程序语言或指令代码。

汇编语言是一种用于电子计算机、微处理器、微控制器或其他可编程器件的低级语言，亦称为符号语言。

BASIC是一种直译式的编程语言，不须经由编译及链接即可执行。

C语言是一种面向过程的、抽象化的通用程序设计语言。

C#是一种最新的、面向对象的编程语言。

C++是C语言的继承，既可以开展C语言的过程化程序设计，又可以开展以抽象数据类型为特点的基于对象的程序设计，还可以进行以继承和多态为特点的面向对象的程序设计。

G语言是指图形化的程序语言。

R是用于统计分析、绘图的语言和操作环境。

Python是一种跨平台的计算机程序设计语言，是一种面向对象的动态类型语言。

Java是一种面向对象的编程语言，具有C++语言的各种优点，摒弃了C++中难以理解的多继承、指针等概念。

HTML称为超文本标记语言，是一种标识性语言。

10. 硬件描述语言

硬件描述语言(hardware description language，HDL)是电子系统硬件行为描述、结构描述、数据流描述的语言。

VHDL语言是一种用于电路设计的高级语言，出现于20世纪80年代后期，由美国国防部开发出来供美军用来提高设计可靠性和缩减开发周期的一种使用范围较小的设计语言。

Verilog HDL是一种硬件描述语言，以文本形式来描述数字系统硬件的结构和行为，用于从算法级、门级到开关级的多种抽象设计层次的数字系统建模。

11. 嵌入式处理器

微控制单元(microcontroller unit,MCU),又称单片微型计算机或者单片机,将存储器、计数器、中断、串口等功能模块集成在单一芯片上,形成芯片级的计算机。

微处理器(microprocessor unit,MCU),相比微控制器,数据宽度变大、功能更强、速度更快,因此更擅长信号处理。

嵌入式 DSP(rembedded digital signal processor,EDSP)是一种擅长于高速实现各种数字信号处理运算(如数字滤波、频谱分析等)的嵌入式处理器。

片上系统(SoC),是信息系统核心的芯片集成,是将系统关键部件集成在一块芯片上。

12. 嵌入式软件开发工具

Keil C51 是美国 Keil Software 公司推出的面向 51 系列兼容单片机的 C 语言软件开发系统。

Keil for ARM:Keil 公司开发的 Keil μVision4 系列,是为 Cortex-M、Cortex-R4、ARM7、ARM9 处理器提供的开发环境。

ADS1.2 是 ARM 公司推出的集成开发环境。

Eclipse 是一个开放源代码、基于 Java 的可扩展开发平台,是一种可扩展的集成开发环境。

13. 可编程器件

CPLD 即复杂可编程逻辑器件。采用 EPROM、E^2PROM、Flash 和 SRAM 等编程技术,构成了高密度、高速度和低功耗的可编程逻辑器件。

FPGA 即现场可编程门阵列,是在 PAL、GAL 等可编程器件的基础上进一步发展的产物。作为专用集成电路(ASIC)领域中的一种半定制电路,既解决了定制电路的不足,又克服了原有可编程器件门电路数有限的缺点。

ASIC 即专用集成电路,是指应特定用户要求和特定电子系统的需要而设计、制造的集成电路。目前用 CPLD 和 FPGA 来设计 ASIC 是最为流行的方式之一,它们的共性是都具有用户现场可编程特性,都支持边界扫描技术,但两者在集成度、速度以及编程方式上具有各自的特点。

14. PLC

PLC(programmable logic controller)即可编程逻辑控制器,是一种具有微处理器的用于自动化控制的数字运算控制器,可以将控制指令随时载入内存进行储存与执行。可编程逻辑控制器由 CPU、指令及数据内存、输入/输出接口、电源、数字模拟转换等功能单元组成。

15. 逻辑电平

TTL 即晶体管-晶体管逻辑。输出高电平大于 3.5 V,输出低电平小于 0.2 V;输入高电平不小于 2.0 V,输入低电平不大于 0.8 V。

CMOS 电平即互补金属氧化物半导体逻辑电平。

5 V CMOS:$V_{OH} \geqslant 4.45$ V;$V_{OL} \leqslant 0.5$ V;$V_{IH} \geqslant 3.5$ V;$V_{IL} \leqslant 1.5$ V。

3.3 V LVCMOS:$V_{OH} \geqslant 3.2$ V;$V_{OL} \leqslant 0.1$ V;$V_{IH} \geqslant 2.0$ V;$V_{IL} \leqslant 0.7$ V。

2.5 V LVCMOS：$V_{OH}\geqslant 2$ V；$V_{OL}\leqslant 0.1$ V；$V_{IH}\geqslant 1.7$ V；$V_{IL}\leqslant 0.7$ V。

16. 串行通信协议

UART(universal asynchronous receiver/transmitter)即通用异步收发器。

RS-232，又称 EIA-232，是常用的串行通信接口标准之一。

RS-422，又称 EIA-422，是采用 4 线、全双工、差分传输、多点通信的数据传输协议。

RS-485 是一个定义平衡、数字、多点系统中驱动器和接收器电气特性的标准。

SPI(serial peripheral interface)即串行外设接口，是一种高速、全双工、同步通信总线。

IIC(inter-integrated circuit)即集成电路总线，是一种多主从串行通信总线。

USB(universal serial bus)即通用串行总线，具有传输速度快、支持热插拔、连接灵活、独立供电等优点，可以连接键盘、鼠标、大容量存储设备等多种外设，也被广泛用于智能手机中。

CAN(controller area network)即控制器域网，由研发和生产汽车电子产品著称的德国 BOSCH 公司开发，并成为国际标准(ISO11898)。是国际上应用最广泛的现场总线之一。

17. 无线通信方式

Wi-Fi(wireless-fidelity)是一种将个人计算机、手持设备等终端以无线方式互相连接的技术。

ZigBee 是一种低速、短距离的无线传输协议，主要特点：低速、低功耗、低成本、支持大量网上节点、支持多种网上拓扑、低复杂度、快速、可靠、安全。

蓝牙技术是一种为固定和移动设备建立通信环境的近距离无线连接技术。

无线射频识别(radio frequency identification，RFID)，是自动识别技术的一种，通过无线射频方式进行非接触双向数据通信，利用无线射频方式对记录媒体(电子标签或射频卡)进行读写，从而识别目标和交换数据。

红外通信是一种基于红外线的传输技术，不受无线电干扰和国家无线管理委员会的限制。但红外线对非透明物体的透过性较差，导致传输距离受限制。

18. 计算机的存储单元

外存储器是指除计算机内存及 CPU 缓存以外的存储器，此类存储器一般断电后仍然能保存数据，常见的外存储器有硬盘、软盘、光盘、U 盘等。

硬盘是计算机中最重要的存储器之一，计算机正常运行所需的大部分软件都存储在硬盘上。

内存是外存与 CPU 进行沟通的桥梁。计算机中所有程序的运行都是在内存中进行的，内存又称主存，是 CPU 能直接寻址的存储空间。

闪存是介于 CPU 和内存之间的存储器，速度快于内存，用于提高 CPU 执行程序的效率和速度。

19. 触发器、缓冲器(三态门)

在时钟信号触发时才能动作的存储单元电路称为触发器。

在计算机领域，缓冲器即缓冲寄存器，包括输入缓冲器和输出缓冲器。前者的作用是将外设送来的数据暂时存放，以便处理器将它取走；后者的作用是用来暂时存放处理器送往外设的数据。有了数控缓冲器,就可以在使高速工作的 CPU 与慢速工作的外设之间进行协调和缓冲,实现数据传送的同步。由于缓冲器接在数据总线上,故必须具有三态输出功能。

三态电路可提供三种不同的输出值:逻辑“0”、逻辑“1”和高阻态。高阻态主要用来将逻辑门与系统的其他部分加以隔离。

20. BJT、JFET、MOSFET、VMOS

BJT(bipolar transistor)即双极性晶体管,是一种具有三个终端的电子器件,由三部分掺杂程度不同的半导体制成,晶体管中的电荷流动主要是由于载流子在 PN 结处的扩散作用和漂移运动。

FET(field effect transistor)即场效应晶体管,是通过控制输入回路的电场效应来控制输出回路电流的一种半导体器件,由多数载流子参与导电。

JFET(junction field effect transistor)即结型场效应晶体管,是由 PN 结栅极(G)、源极(S)和漏极(D)构成的一种具有放大功能的三端有源器件,通过电压改变沟道的导电性来控制输出电流。

MOSFET(metal oxide semiconductor field effect transistor)即金属-氧化物-半导体场效应晶体管,根据“通道”的极性不同,分为 NMOS、PMOS。

VMOS(V-groove metal-oxide semiconductor)即功率场效应管,不仅输入阻抗高、驱动电流小,还具有耐压高、工作电流大、输出功率高、跨导线性好、开关速度快等优良特性,在电压放大器、功率放大器、开关电源和逆变器中获得了广泛应用。

21. PLL、DDS、VCO

PLL 即锁相环,是一种利用相位同步产生的电压,去调谐压控振荡器以产生目标频率的负反馈控制系统。

DDS 即全数字化的频率合成器,由相位累加器、波形 ROM、DA 转换器和低通滤波器构成。

VCO 即压控振荡器,指输出信号频率与输入控制电压有对应关系的振荡电路。

22. FFT、IIR、FIR

FFT 即快速傅里叶变换,是计算离散傅里叶变换的高效、快速方法。

FIR 滤波器即有限长单位冲激响应滤波器,又称非递归型滤波器,是数字信号处理系统中最基本的元件,它可以在保证任意幅频特性的同时具有严格的线性相频特性,同时其单位抽样响应是有限长的,因而滤波器是稳定的系统。FIR 滤波器在通信、图像处理、模式识别等领域都有着广泛的应用。

IIR 滤波器即无限脉冲响应滤波器,它采用一个或多个输出信号作为输入。

23. PID(**数字、模拟、模糊**)

PID 控制算法是结合比例、积分和微分三种环节于一体的控制算法,它是连续系统中技术最为成熟、应用最为广泛的一种控制算法,出现于 20 世纪三四十年代。PID 控制的实质就是根据输入的偏差值,按照比例、积分、微分的函数关系进行运算,运算结果用以控制输出。

模拟 PID:采用比例单元 P、积分单元 I 和微分单元 D 电路实现反馈控制。

数字 PID:采用计算机或微控制器芯片取代模拟 PID 控制电路组成控制系统,不仅可以用软件实现 PID 控制算法，还可以利用计算机和微控制器芯片的逻辑功能，使 PID 控制更加灵活。

模糊自整定 PID 属于一种智能 PID 控制，根据误差和误差的变化来自动调节 PID 的参数。首先，将操作人员或专家的调节经验作为知识库；然后，运用模糊控制理论的基本方法把知识库转化为模糊推理机制，利用模糊规则实时在线地对 PID 参数进行修改，以满足不同时刻的误差和误差变化率对 PID 参数自整定的要求。

24. 经典滤波器、现代滤波器

滤波器是一种选频装置，可以使信号中特定的频率成分通过，而极大地衰减其他频率成分。按所通过信号的频段，滤波器分为低通、高通、带通、带阻和全通滤波器五种。

椭圆滤波器是在通带和阻带中等纹波的一种滤波器。椭圆滤波器相比其他类型的滤波器，在阶数相同的条件下有着最小的通带和阻带波动。

切比雪夫滤波器是在通带或阻带上频率响应幅度等波纹波动的滤波器。

巴特沃斯滤波器也叫最大平坦滤波器。巴特沃斯滤波器的特点是通频带内的频率响应曲线最大限度平坦，没有纹波，而在阻频带则逐渐下降为零。

经典滤波是从频率的角度把有用信号与噪声区分开；现代滤波是运用统计和估计的方法滤除噪声。

维纳滤波器是一种基于最小均方误差准则、对平稳过程的最优估计器。这种滤波器的输出与期望输出之间的均方误差最小，因此它是一个最佳滤波系统，可用于提取被平稳噪声污染的信号。维纳滤波根据全部过去观测值和当前观测值来估计信号的当前值。

卡尔曼滤波器是一种利用线性系统状态方程，通过系统输入/输出观测数据，对系统状态进行最优估计的滤波器。由于观测数据中包括系统中的噪声和干扰的影响，所以最优估计也可看作是滤波过程。

小波分析是近年来发展起来的一种新的信号处理工具，这种方法源于傅里叶分析。小波可以沿时间轴前后平移，也可按比例伸展和压缩以获取低频和高频小波，构造好的小波函数可以用于滤波或压缩信号，从而可以提取出含噪信号中的有用信号。

25. AC/DC、DC/DC(Buck、Boost)、DC/AC

AC/DC 转换器是将交流电变为直流电的设备。

DC/DC 变换是将固定的直流电压变换成可变的直流电压，也称为直流斩波。包括 Buck 电路——降压斩波器、Boost 电路——升压斩波器、Buck-Boost 电路——降压或升压斩波器、Cuk 电路——降压或升压斩波器。

逆变器(DC/AC)是把直流电能(电池、蓄电瓶)转变成定频定压或调频调压交流电的转换器，由逆变桥、控制逻辑和滤波电路组成。

26. JTAG

JTAG(joint test action group)是一种国际标准测试协议，主要用于芯片内部测试。目前多数器件都支持 JTAG 协议，如 DSP、FPGA。标准的 JTAG 接口是 4 线：TMS、TCK、TDI、TDO，分别为模式选择、时钟、数据输入和数据输出线。

JTAG 最初用来测试芯片，JTAG 的基本原理是在器件内部定义一个 TAP(test access port，测试访问口)，通过专用的 JTAG 测试工具对内部节点进行测试。JTAG

测试允许多个器件通过 JTAG 接口串联在一起，形成一个 JTAG 链，能实现对各个器件的分别测试。JTAG 接口还常用于实现 ISP(在系统编程)，对 Flash 等器件进行程序烧写。JTAG 编程采用在线方式，大大加快了工程进度。

27. ADC、DAC、LCD、LED、LCM

ADC 即模数转换器，通常是指将模拟信号转变为数字信号的电子元件。

DAC 即数模转换器，是把数字量转变成模拟量的器件。

LCD 即液晶显示器，原理是液晶在不同电压的作用下会呈现不同的光特性。

LED 即发光二极管，由含镓(Ga)、砷(As)、磷(P)、氮(N)等元素的半导体化合物制成。主要原理：电子与空穴复合时能辐射出可见光。

LCM 是指将液晶显示器件、连接件、控制与驱动等外围电路、PCB 电路板、背光源、结构件等装配在一起的组件。

参考文献

一、主要参考书目

[1] 马忠梅，籍顺心，张凯，等.单片机的C语言应用程序设计[M].4版.北京：北京航空航天大学出版社，2007.

[2] 范书瑞，赵燕飞，高铁成.ARM处理器与C语言开发应用[M].北京：北京航空航天大学出版社，2014.

[3] 郭天祥.新概念51单片机C语言教程[M].北京：电子工业出版社，2009.

[4] 侯殿有.嵌入式系统开发基础——基于ARM9微处理器C语言程序开设计[M].3版.北京：清华大学出版社，2014.

[5] 杜春雷.ARM体系结构与编程[M].北京：清华大学出版社，2003.

[6] Sloss A N，Symes D，Wright C. ARM嵌入式系统开发：软件设计与优化[M].沈建华，译.北京：北京航空航天大学出版社，2005.

[7] 王黎明.ARM9嵌入式系统开发与实践[M].北京：北京航空航天大学出版社，2008.

[8] 徐英慧，马忠梅，王磊，等.ARM9嵌入式系统设计——基于S3C2410与Linux[M]. 3版.北京：北京航空航天大学出版社，2015.

[9] 周立功.ARM嵌入式系统基础教程[M].北京：北京航空航天大学出版社，2005.

[10] 周立功.ARM嵌入式系统软件开发的实例[M].北京：北京航空航天大学出版社，2004.

[11] 周立功.ARM微控制器基础与实战[M].北京：北京航空航天大学出版社，2005.

[12] 周立功，陈明计，陈渝.ARM嵌入式Linux系统构建与驱动开发范例[M].北京：北京航空航天大学出版社，2005.

[13] 李宁.模拟电路[M].北京：清华大学出版社，2011.

[14] 闫石.数字电子技术基础[M].北京：高等教育出版社，1998.

[15] 张肃文.高频电子线路[M].北京：高等教育出版社，2009.

[16] 李瀚荪.电路分析基础[M].北京：高等教育出版社，2006.

[17] 杨文帮.新型继电器使用手册[M].北京：人民邮电出版社，2004.

[18] Josef，Lutz.功率半导体器件——原理、特性和可靠性[M].北京：机械出版社，2020.

[19] 牛跃听，周立功，方丹，等.CAN总线嵌入式开发——从入门到实践[M].北京：航空航天大学出版社，2016.

[20] 王黎明.网络化监控技术[M].北京：清华大学出版社，2017.

二、主要参考芯片手册

[1] 74HC193-Q100 Presettable synchronous 4-bit binary up/down counter[R]. Netherlands ：Nexperia，2013.

[2] 1N/FDLL 914A/B/916/A/B/4148/4448 Small Signal Diode[R]. USA：Fairchild

Semiconductor, 2013.

[3] 3MTM Eurosocket Type C (Rows A & C or A, B & C Filled)[R]. USA: 3M Interconnect Solutions,2007(62c64).

[4] 74HC/HCT74 Dual D-type flip-flop with set and reset positive-edge trigger[R]. Netherlands: Philips Semiconductors, 2003.

[5] 74HC/HCT244 Octal buffer/line driver 3-state[R]. Netherlands: Philips Semiconductors, 1990.

[6] 74HC245; 74HCT245 Octal bus transceiver 3-state[R]. Netherlands: Philips Semiconductors, 2005.

[7] 74HC/HCT373 Octal D-type transparent latch 3-state[R]. Netherlands: Philips Semiconductors,1993.

[8] 74HC/HCT573 Octal D-type transparent latch 3-state [R]. Netherlands: Philips Semiconductors,1990.

[9] ADC0808/ADC0809 8-Bit μP Compatible A/D Converters with 8-Channel Multiplexer[R]. USA: National Semiconductor, 1999.

[10] DAC0830/DAC0832 8-Bit μP Compatible, Double-Buffered D to A Converters [R]. USA: National Semiconductor, 2002.

[11] ISD4004series Single-chip multiple-message voice record/playback devices 8-, 10-, 12-, AND 16-Minute duration [R]. China: Nuvoton Intellectual Property, 2008.

[12] L298Dual Full-Bridge Driver [R], STMicroelectronics,2000.

[13] LM111/LM211/LM311 Voltage Comparator [R]. USA: National Semiconductor,2001.

[14] LM193, LM293, LM293A,LM393, LM393A, LM2903, LM2903V Dual Differential Comparator [R]. Germany: TEXAS Instrument,2004.

[15] NPN Silicon Epitaxial Planar Transistor S9013[R]. China: BL Galaxy Electrical, 2015.

[16] TOSHIBA Photocoupler GaAs Ired & Photo-Transistor TLP521-1,TLP521-2, TLP521-4 [R]. Japan: TOSHIBA, 2007.

[17] 6-pin DIP zero-cross phototriac driver optocoupler (600V PEAK)MO3061[R]. Fairchild Semiconductor Corporation,2003.

[18] FKPF12N60/FKPF12N80 Bi-Directional Triode Thyristor Planar Silicon [R]. USA:Fairchild Semiconductor Corporation, 2002.

[19] 74HC07Hex Buffer (Open Drain)[R]. STMicroelectronics,2003.

[20] T6963CCMOS Digital Integrated Circuit Row Driver For a Dot Matrix LCD [R]. Japan: Toshiba, 1998.

[21] 74LV245 Octal bus transceiver (3-State)[R]. Netherlands: Philips Semiconductors,1998.

[22] 256K (32K x 8) Paged Parallel EEPROM AT28C256[R]. USA: Atmel Corporation, 2009.

[23] 32Kx8 bit Low Power CMOS Static RAM[R]. 4th ed. Republic of Korea: Sumsung Electronics, 1997.

[24] 3 Volt Intel © StrataFlash Memory 28F128J3A, 28F640J3A, 28F320J3A (x8/x16)[R]. USA:Intel,2001.

[25] K9F1208U0M-YCB0, K9F1208U0M-YIB0 64M x 8 Bit NAND Flash Memory [R]. 4th ed. Republic of Korea: Sumsung Electronics,2001.

[26] 256Mbit SDRAM 4M x 16bit x 4 Banks Synchronous DRAM LVTTL[R]. Republic of Korea: Sumsung Electronics,1999.

[27] Quad 3 State Noninverting Buffers High Performance Silicon Gate CMOS[R]. China: ON Semiconductor,2007.

[28] N-Channel Enhancement Mode Power MOS Transistor [R]. France: SGS-Thomson,1988.

[29] MAX232x Dual EIA-232 Drivers/Receivers[R]. TEXAS INSTRUMENTS,2014.

[30] MAX3232 3-V 5.5-V Multichannel RS-232 Line Driver/Receiver with ±15-KV ESD Protection. USA: Texas Instrument,2004.

[31] Low-Power, Slew-Rate-Limited RS-485/RS-422 Transceivers[R]. USA: Maxim,2003.

[32] 3.3V-Powered, 10Mbps and Slew-Rate-Limited True RS-485/RS-422 Transceivers[R]. USA: MAXIM,1994.

[33] MCP2518FD External CAN FD Controller with SPI Interface[R]. USA:Microchip,2019.